JN055719

ドリルと演習シリーズ

電磁気学

群 馬 大 学

伊藤 文武 監修

電 気 書 院

ま え が き

　本書は電磁気学を初めて学ぶ人のための電磁気学演習書としての「電磁気学ドリル」である。

　電磁気学は「難しい学問」とされている。その理由の一つは電磁気学における電磁場が空間における「場」と見なされることにある。この「場」は日常生活の五感からかけ離れた概念であるため，生活体験からただちには理解し難いことがあることである。もう一つのより大きな理由は電磁場がベクトル場であるために，法則や定理が微分積分を含むベクトル式で表されるために，多くの初学者には理解し難いことがあり，このことが電磁気学の充分な理解を妨げる要因になっているように思われる。電磁気学は近代科学の発展を支えた貴重な学問であり，技術革新の基礎としても重要である。電磁気学の内容を充分に理解するためには，優れた教科書と演習書が必要であるが，既存の演習書は教科書の延長的色彩が強く，教科書と同程度に難しいものが多いように思われる。

　本電磁気学ドリルの電磁気学がわかりやすい演習書をめざしており，以下の構成になっている。

第1章　電磁気学の基礎数学	第2章　静電場とクーロンの法則
第3章　ガウスの法則と静電ポテンシャル	第4章　誘電体
第5章　定常電流	第6章　定常電流と静磁場
第7章　電磁誘導と準定常電流	第8章　電磁波
付　　録	

　第1章に電磁気学の基礎数学の章をもうけ，ベクトルの基礎，ベクトルの演算，ベクトルの微分・積分などを整理した。さらに，本電磁気学ドリルで使われる数学を付録にまとめておいた。

　第2章〜第4章は電磁気学における電場の問題であり，第5章〜第7章は磁場の問題である。第8章は電磁気学の最終ゴールである電磁波の問題である。各章とも，その章で扱う課題の基本法則とそれから導き出される基本概念をまとめた後，基本概念の物理的意味を理解するための問題を「例題」として取り上げ，その丁寧な解法と解説を詳述した。

　さらにその章の理解を深めるために適当な問題を数題配置するという形式をとった。

　電磁気学の理論構造として電場 (E) と磁束密度 (B) を対応させる E-B 対応を採用したが，電磁気全般の基本問題が理解し，問題が解けるように留意したつもりである。

　本電磁気学ドリルは大学や高専・専門学校の学生を念頭においた演習書であるが，電磁気学はその内容の複雑さと深遠さからみて，一般社会人の電磁気学入門書としても有用であると自負している。

　最後に本書の発行にあたり，「ドリルと演習シリーズ」の1巻として電磁気学の発行を勧めてくださり，何回も桐生まで足を運び種々コメントしていただいた電気書院の金井秀弥氏に感謝申し上げる。

　平成24年5月

監修者　群馬大学　名誉教授

伊藤　文武

本書の執筆にあたって

　「電磁気学は難しい」。恐らく多くの学生諸君はこのように感じていると思います。私が学生だった頃もそうでした。当時は先生が教室に入って来るなり，いきなりマックスウェルの方程式を黒板に書いたかと思うと，難解（？）な式を次から次へと板書し，我々学生はそれを必死になって書き写していました。それでも講義が終わると何となく解った気がしましたが，いざ演習になると全くわかっていないことを思い知らされたものです。結局，私の場合は兄からおさがりの「有名な演習書」を片手に演習問題を一所懸命に数多くこなすことでなんとか試験を乗り切った覚えがあります。後になって，「講義」とは武術における「型」の「見取り稽古」であり，「演習」とは体を動かして「稽古」することだとつくづく実感したものです。つまり，電磁気学に限りませんが，身に付けるためには講義を受けるだけでは不十分で，実際に自力で問題を解く「演習」を数多くこなす必要があります。しかし，問題を解いた後で，その解答を読んだときに天下り的な記述があると，そこから先の解答が良く理解できないことが間々あります。多くの教科書や演習書の問題解答は，紙面の都合もあるのでしょうが，途中の計算を省いている場合が少なくありません。そこで，本書では問題を解くときの論理や途中の計算過程を可能な限り省かず，天下り的な記述をしないように留意しました。

　本書は，電気書院の金井秀弥氏から私の電磁気学の講義ノートや今まで伊藤文武先生と共同で作成した演習問題について出版の話があったとき，私と同じ物理学を専門とする先生方に声をかけさせていただき，講義ノートや作成した演習問題を基に加筆・再構成したものです。なお，図面は全て本書に合わせて修正または作図し直しました。

　本書の各章は講義ノートに対応する解説部分と，例題・ドリル問題の演習部分からなります。解説は各章のはじめにまとめました。解説部分は切り取ってファイルに綴じれば電磁気学の要点集として使うこともできます（※）。また，授業を担当される先生は，解説部分や例題部分をそのままノートや板書代わりに使って，学生には講義に集中してもらう，という使い方もできると思います。

　例題および問題は必要性に応じて 基礎 ， 必修 ， 発展 に分類しました。 基礎 は電磁気学を学ぶ上で基礎的な要素の問題，必ず解いてもらいたい問題は 必修 ，発展的な要素の問題は 発展 としました。

　第1章では電磁気学を修めるために必要な数学的基礎を中心にまとめ，さらに発展した数学的内容や補足的な内容は付録に収めました。また，各章の問題は解説の内容を用いて解けるように配慮し，問題を解く上での論理や考え方もできるだけ文章の形にするように努めました。

　本書が読者諸兄の電磁気学の修得の一助になれば幸いです。

　最後に，群馬工業高等専門学校の青木利澄先生に貴重なご意見を頂きましたことを感謝申し上げます。

平成 24 年 5 月

編著者代表　**古澤　伸一**

（※）初版には二穴・ミシン目が入っていましたが、このコンパクト版には入っておりません。

コンパクト版　ドリルと演習シリーズ

電 磁 気 学　目 次

1．電磁気学の基礎数学

2．静電場とクーロンの法則

3．ガウスの法則と静電ポテンシャル

4．誘　電　体

5. 定 常 電 流

6. 定常電流と静磁場

7. 電磁誘導と準定常電流

8. 電　磁　波

付　録

解　　　　答

第 1 章　電磁気学の基礎数学

1．1　ベクトルの基礎

> ベクトルの足し算と内積を理解しよう。

本書でのベクトルの表記法

本書では，ベクトルは全て太字（立体ボールド）のアルファベットで表す。ベクトル $\mathbf{a}$ の大きさ（長さ）は，記号 $|\mathbf{a}|$ または単に a と表記する。長さが 1 のベクトルは**単位ベクトル**と呼ぶ。長さが 0（ゼロ）のベクトルは**ゼロベクトル**といい $\mathbf{0}$ と表す。xyz 座標における，x, y, z の正方向の単位ベクトルを**基本単位ベクトル**と呼び，それぞれ，$\mathbf{i}$, $\mathbf{j}$, $\mathbf{k}$ と表すことにする。方向と大きさの両方の情報を持つ物理量を**ベクトル量**といい，ベクトルの記号を使って表す。例えば，位置ベクトルは $\mathbf{r}$，力は $\mathbf{F}$，電場は $\mathbf{E}$，磁場は $\mathbf{H}$，電束密度は $\mathbf{D}$，磁束密度は $\mathbf{B}$，分極ベクトルは $\mathbf{P}$，などと表記されることが多い。

ベクトルのスカラー倍，足し算

成分表示を使うと，ベクトルのスカラー倍，足し算は，

$$\alpha\mathbf{a} = \alpha\,(a_x,\ a_y,\ a_z) = (\alpha a_x,\ \alpha a_y,\ \alpha a_z) \quad\cdots\cdots (1.1\text{a})$$

$$\mathbf{a}+\mathbf{b} = (a_x,\ a_y,\ a_z)+(b_x,\ b_y,\ b_z) = (a_x+b_x,\ a_y+b_y,\ a_z+b_z) \quad\cdots\cdots (1.1\text{b})$$

と書ける。ベクトルの足し算はベクトルの合成とも呼ばれる。

交換則・分配則・結合則

ベクトルのスカラー倍，足し算の定義から，つぎの交換則・分配則・結合則が成立する。

$$\mathbf{a}+\mathbf{b} = \mathbf{b}+\mathbf{a} \quad\cdots\cdots (1.2\text{a})$$

$$\mathbf{a}+(\mathbf{b}+\mathbf{c}) = (\mathbf{a}+\mathbf{b})+\mathbf{c} \quad\cdots\cdots (1.2\text{b})$$

$$(\alpha+\beta)\mathbf{a} = \alpha\mathbf{a}+\beta\mathbf{a} \quad\cdots\cdots (1.2\text{c})$$

$$\alpha(\beta\mathbf{a}) = \beta(\alpha\mathbf{a}) = \alpha\beta\mathbf{a} \quad\cdots\cdots (1.2\text{d})$$

内積（スカラー積）

ベクトル $\mathbf{a}$, $\mathbf{b}$ の内積 $\mathbf{a}\cdot\mathbf{b}$ は，$\mathbf{a}$ と $\mathbf{b}$ の間の角 θ，$\mathbf{a}$ と $\mathbf{b}$ の大きさ a, b を用いて，

$$\mathbf{a}\cdot\mathbf{b} = ab\cos\theta \quad\cdots\cdots (1.3)$$

と定義される（図 1.1）。内積はスカラー積ともいう。自分自身との内積 $\mathbf{a}\cdot\mathbf{a}$ を $\mathbf{a}^2$ とも表す。ベクトル $\mathbf{a}$, $\mathbf{b}$ が互いに垂直なときには，それらの内積はゼロになる。基本単位ベクトルの内積は，

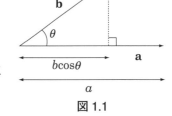

図 1.1

$$\mathbf{i}\cdot\mathbf{i} = \mathbf{j}\cdot\mathbf{j} = \mathbf{k}\cdot\mathbf{k} = 1, \quad \mathbf{i}\cdot\mathbf{j} = \mathbf{j}\cdot\mathbf{k} = \mathbf{k}\cdot\mathbf{i} = 0 \quad\cdots\cdots (1.4)$$

である。また，次のような等式が成立する。

$$(\alpha\mathbf{a})\cdot\mathbf{b} = \mathbf{a}\cdot(\alpha\mathbf{b}) = \alpha(\mathbf{a}\cdot\mathbf{b}) \quad\cdots\cdots (1.5\text{a})$$

$$\mathbf{a}\cdot\mathbf{b} = \mathbf{b}\cdot\mathbf{a} \quad\cdots\cdots (1.5\text{b})$$

$$\mathbf{a}\cdot(\mathbf{b}+\mathbf{c}) = \mathbf{a}\cdot\mathbf{b}+\mathbf{a}\cdot\mathbf{c} \quad\cdots\cdots (1.5\text{c})$$

(1.4)式，(1.5c)式の関係を用いると，$\mathbf{a} = a_x\mathbf{i}+a_y\mathbf{j}+a_z\mathbf{k}$，$\mathbf{b} = b_x\mathbf{i}+b_y\mathbf{j}+b_z\mathbf{k}$ の内積は，

$$\mathbf{a}\cdot\mathbf{b} = (a_x\mathbf{i}+a_y\mathbf{j}+a_z\mathbf{k})\cdot(b_x\mathbf{i}+b_y\mathbf{j}+b_z\mathbf{k}) = a_xb_x+a_yb_y+a_zb_z \quad\cdots\cdots (1.6\text{a})$$

となり，ベクトルの成分の積の和で与えられる。(1.3)式および(1.6a)式より，

$$\mathbf{a}\cdot\mathbf{b} = a_xb_x+a_yb_y+a_zb_z = ab\cos\theta \quad\cdots\cdots (1.6\text{b})$$

の関係がある。

ベクトルの外積を理解しよう。

外積（ベクトル積）

ベクトル **a**，**b** の外積 **a**×**b** は，ベクトルである。**c**=**a**×**b** と書けば，その大きさは，ベクトル **a** と **b** が張る平行四辺形の面積に等しく，またその方向はベクトル **a** と **b** の両方に垂直で，ベクトル **a** と **b** が張る平行四辺形の内部を横切るようにしてベクトル **a** をベクトル **b** に重ねるようにスパナを回したときに，ナットが進む方向として定義される（**図1.2a**）。**図1.2b** に **a**，**b**，**c** の幾何学的な関係が示してある。ベクトル **a** と **b** が張る平行四辺形の面積 S は，ベクトル **a**，**b** の成す角を θ とすると，$S=ab\sin\theta$ であるから $|\mathbf{a}\times\mathbf{b}|=ab\sin\theta$ となる。外積はベクトル積ともいう。

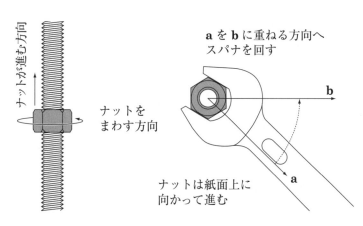

図1.2a　右ねじとナットの関係とベクトルの外積の幾何学的関係

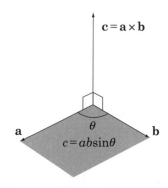

図1.2b　外積 **c**=**a**×**b** における各ベクトルの幾何学的関係

外積の交換

外積の順序を入れ替えると符号が変わる。

$$\mathbf{a}\times\mathbf{b} = -\mathbf{b}\times\mathbf{a} \quad\cdots\cdots\cdots (1.7)$$

基本単位ベクトルの外積

基本単位ベクトル同士の外積については，外積の幾何学的な定義から，

$$\mathbf{i}\times\mathbf{j}=\mathbf{k},\ \mathbf{j}\times\mathbf{k}=\mathbf{i},\ \mathbf{k}\times\mathbf{i}=\mathbf{j} \quad\cdots\cdots (1.8a)$$
$$\mathbf{i}\times\mathbf{i}=\mathbf{j}\times\mathbf{j}=\mathbf{k}\times\mathbf{k}=\mathbf{0} \quad\cdots\cdots (1.8b)$$

が成立する。ここで，**i**, **j**, **k** は，右手系 xyz 座標における x, y, z の正方向の単位ベクトルである。

外積の分配則

ベクトルの外積については，分配則

$$\mathbf{a}\times(\mathbf{b}+\mathbf{c})=\mathbf{a}\times\mathbf{b}+\mathbf{a}\times\mathbf{c} \quad\cdots\cdots\cdots (1.9)$$

が成立する。

外積の成分表示

$\mathbf{a}=a_x\mathbf{i}+a_y\mathbf{j}+a_z\mathbf{k}=(a_x, a_y, a_z)$，$\mathbf{b}=b_x\mathbf{i}+b_y\mathbf{j}+b_z\mathbf{k}=(b_x, b_y, b_z)$ と成分表示すると，外積は，

$$\mathbf{a}\times\mathbf{b} = (a_x, a_y, a_z)\times(b_x, b_y, b_z) = (a_yb_z-a_zb_y)\mathbf{i}+(a_zb_x-a_xb_z)\mathbf{j}+(a_xb_y-a_yb_x)\mathbf{k}$$
$$= (a_yb_z-a_zb_y, a_zb_x-a_xb_z, a_xb_y-a_yb_x) \quad\cdots\cdots\cdots (1.10)$$

と書ける。

これは，3行3列の行列の行列式を使って，

$$\mathbf{a} \times \mathbf{b} = \begin{vmatrix} \mathbf{i} & \mathbf{j} & \mathbf{k} \\ a_x & a_y & a_z \\ b_x & b_y & b_z \end{vmatrix} \quad \cdots\cdots\cdots\cdots\cdots\cdots\cdots\cdots\cdots\cdots\cdots\cdots\cdots\cdots\cdots\cdots\cdots\cdots\cdots\cdots\cdots \text{(1.11)}$$

と表記しておくと覚えやすい。

1.2 偏微分と全微分

偏微分を理解しよう。

偏 微 分

変数が1つしかない1変数関数 $f(x)$ の微分は，$\dfrac{df(x)}{dx} = \lim\limits_{\Delta x \to 0} \dfrac{f(x+\Delta x) - f(x)}{\Delta x}$ で定義される。これは，関数 $f(x)$ の x における変化率を表している。しかし，電磁気学をはじめとする自然科学では関数の変数は1つばかりとは限らない。むしろ，自然界で起こっている現象を表すためには，3次元的な位置を表す x, y, z や時間 t をはじめとして，温度 T，圧力 p …など現象を記述するために必要な変数は複数存在することが多く，$f(x,y,z,t,T,p,\cdots)$ と多変数関数で扱う必要がある。このようなとき，着目している変数のみを微分すべき変数として扱い，それ以外の変数は定数のように扱って微分をする。つまり，偏って微分するのである。これを**偏微分**という。例えば，3次元的な座標 $\mathbf{r} = (x,y,z)$ の関数 $f(\mathbf{r})$（$=f(x,y,z)$）の x 方向の変化率（微分）は，

$\lim\limits_{\Delta x \to 0} \dfrac{f(x+\Delta x,y,z) - f(x,y,z)}{\Delta x}$ で定義されるが，これを $\left(\dfrac{\partial f(x,y,z)}{\partial x} \right)_{y,z}$ と書き「x に関する偏微分」という。

すなわち，

x に関する偏微分：$\left(\dfrac{\partial f(x,y,z)}{\partial x} \right)_{y,z} = \lim\limits_{\Delta x \to 0} \dfrac{f(x+\Delta x,y,z) - f(x,y,z)}{\Delta x}$ $\cdots\cdots\cdots\cdots\cdots$ (1.12a)

y に関する偏微分：$\left(\dfrac{\partial f(x,y,z)}{\partial y} \right)_{x,z} = \lim\limits_{\Delta y \to 0} \dfrac{f(x,y+\Delta y,z) - f(x,y,z)}{\Delta y}$ $\cdots\cdots\cdots\cdots\cdots$ (1.12b)

z に関する偏微分：$\left(\dfrac{\partial f(x,y,z)}{\partial z} \right)_{x,y} = \lim\limits_{\Delta z \to 0} \dfrac{f(x,y,z+\Delta z) - f(x,y,z)}{\Delta z}$ $\cdots\cdots\cdots\cdots\cdots$ (1.12c)

である。ここで定数と見なしている変数は $\left(\dfrac{\partial f(x,y,z)}{\partial x} \right)_{y,z}$ の外の y,z のように下付で書くが，誤解がなければ $(\quad)_{y,x}$ は省略して $\dfrac{\partial f(x,y,z)}{\partial x}$ のみでも構わない。本書では省略して書いている。

また，微分記号 d と区別するため偏微分を表す記号 ∂ はラウンデッドディー（rounded d）と呼ばれるが，単にラウンド（round），デル（"der" または "del"）と読まれることも多い。

偏微分の順序

$\dfrac{\partial}{\partial x} \left(\dfrac{\partial f(x,y,z)}{\partial y} \right)$ は，まず y で偏微分した結果を x で偏微分することを表している。これは，

$\dfrac{\partial^2 f(x,y,z)}{\partial x \partial y}$ と表記されることが多い。

関数 $f(x,y,z)$ が微分する領域で滑らかな連続関数であれば，

$$\frac{\partial^2 f(x,y,z)}{\partial x \partial y} = \frac{\partial^2 f(x,y,z)}{\partial y \partial x}, \quad \frac{\partial^2 f(x,y,z)}{\partial y \partial z} = \frac{\partial^2 f(x,y,z)}{\partial z \partial y}, \quad \frac{\partial^2 f(x,y,z)}{\partial x \partial z} = \frac{\partial^2 f(x,y,z)}{\partial z \partial x}$$

$$\cdots\cdots\cdots (1.13)$$

のように微分の順序を入れ替えて計算を行っても結果は変わらない。

全微分を理解しよう。

全 微 分

多変数関数において全ての変数が同時に微小変化したときの変化分を**全微分**という。

例えば，3次元の座標 $\mathbf{r} = (x,y,z)$ の関数 $f(\mathbf{r})$（$=f(x,y,z)$）の全微分 $df(\mathbf{r})$ は，

$$df(\mathbf{r}) = df(x,y,z) = f(x+dx, y+dy, z+dz) - f(x,y,z)$$

$$= \frac{\partial f(x,y,z)}{\partial x}dx + \frac{\partial f(x,y,z)}{\partial y}dy + \frac{\partial f(x,y,z)}{\partial z}dz \qquad \cdots\cdots\cdots (1.14)$$

で与えられる。(1.14) 式は，ベクトル $\left(\dfrac{\partial f(x,y,z)}{\partial x}, \dfrac{\partial f(x,y,z)}{\partial y}, \dfrac{\partial f(x,y,z)}{\partial z} \right)$ とベクトル $d\mathbf{r} = (dx, dy, dz)$

の内積と見ることができるので，

$$df(\mathbf{r}) = \left(\frac{\partial f(x,y,z)}{\partial x}, \frac{\partial f(x,y,z)}{\partial y}, \frac{\partial f(x,y,z)}{\partial z} \right) \cdot (dx, dy, dz) \qquad \cdots\cdots\cdots (1.15)$$

と書ける。

さらに，

$$\left(\frac{\partial f(x,y,z)}{\partial x}, \frac{\partial f(x,y,z)}{\partial y}, \frac{\partial f(x,y,z)}{\partial z} \right) = \left(\frac{\partial}{\partial x}, \frac{\partial}{\partial y}, \frac{\partial}{\partial z} \right) f(x,y,z) = \nabla f(x,y,z) \qquad \cdots\cdots (1.16)$$

と書けば，

$$df(\mathbf{r}) = \nabla f(\mathbf{r}) \cdot d\mathbf{r} \qquad \cdots\cdots\cdots\cdots\cdots (1.17)$$

と書ける。ここで (1.16) 式で定義される $\nabla \equiv \left(\dfrac{\partial}{\partial x}, \dfrac{\partial}{\partial y}, \dfrac{\partial}{\partial z} \right)$ を**ナブラ演算子**という（ナブラ演算子については付録 F 参照）。

内積の基礎 I

ベクトルの内積に関する計算ができる。

必修 **例題** **1** 任意のベクトル $\mathbf{a}$ および $\mathbf{b}$ について，$\mathbf{a} \cdot \mathbf{b} = ab\cos\theta$ $= a_x b_x + a_y b_y + a_z b_z$ であることを示せ。ただし，θ は $\mathbf{a}$ および $\mathbf{b}$ の成す角である。

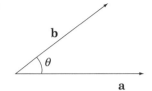

解答 $\mathbf{c} = \mathbf{a} - \mathbf{b}$ とすると，

$$|\mathbf{c}|^2 = |(a_x, a_y, a_z) - (b_x, b_y, b_z)|^2 = (a_x - b_x)^2 + (a_y - b_y)^2 + (a_z - b_z)^2$$
$$= (a_x^2 - 2a_x b_x + b_x^2) + (a_y^2 - 2a_y b_y + b_y^2) + (a_z^2 - 2a_z b_z + b_z^2)$$
$$= a_x^2 + a_y^2 + a_z^2 - 2(a_x b_x + a_y b_y + a_z b_z) + b_x^2 + b_y^2 + b_z^2$$
$$= a^2 + b^2 - 2(a_x b_x + a_y b_y + a_z b_z)$$

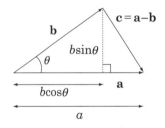

である。一方，右図の関係から三平方の定理を使って，

$$|\mathbf{c}|^2 = c^2 = (a - b\cos\theta)^2 + (b\sin\theta)^2 = a^2 - 2ab\cos\theta + b^2(\cos^2\theta + \sin^2\theta) = a^2 - 2ab\cos\theta + b^2$$

であるので，

$$a^2 + b^2 - 2(a_x b_x + a_y b_y + a_z b_z) = a^2 + b^2 - 2ab\cos\theta$$

となって，

$$ab\cos\theta = a_x b_x + a_y b_y + a_z b_z$$

を得る。（証明終）

補足：$c^2 = a^2 - 2ab\cos\theta + b^2$ の関係は**余弦定理**と呼ばれる。

発展 **例題** **2** 任意のベクトル $\mathbf{a}$ および $\mathbf{b}$ の成す角を θ として，$(ab\sin\theta)^2 = (a_y b_z - a_z b_y)^2 + (a_z b_x - a_x b_z)^2 + (a_x b_y - a_y b_x)^2$ であることを示せ。

解答 $(ab\sin\theta)^2 = a^2 b^2 \sin^2\theta = a^2 b^2 (1 - \cos^2\theta) = a^2 b^2 - (ab\cos\theta)^2$

ここで (1.6b) 式より，$\mathbf{a} \cdot \mathbf{b} = ab\cos\theta = a_x b_x + a_y b_y + a_z b_z$ であるから，上の式は，

$$(ab\sin\theta)^2 = a^2 b^2 - (a_x b_x + a_y b_y + a_z b_z)^2 = (a_x^2 + a_y^2 + a_z^2)(b_x^2 + b_y^2 + b_z^2) - (a_x b_x + a_y b_y + a_z b_z)^2$$
$$= a_x^2 b_x^2 + a_y^2 b_x^2 + a_z^2 b_x^2 + a_x^2 b_y^2 + a_y^2 b_y^2 + a_z^2 b_y^2 + a_x^2 b_z^2 + a_y^2 b_z^2 + a_z^2 b_z^2$$
$$- (a_x^2 b_x^2 + a_y^2 b_y^2 + a_z^2 b_z^2 + 2a_x b_x a_y b_y + 2a_x b_x a_z b_z + 2a_y b_y a_z b_z)$$
$$= a_y^2 b_x^2 + a_z^2 b_x^2 + a_x^2 b_y^2 + a_z^2 b_y^2 + a_x^2 b_z^2 + a_y^2 b_z^2 - 2a_x b_x a_y b_y - 2a_x b_x a_z b_z - 2a_y b_y a_z b_z$$
$$= a_y^2 b_z^2 - 2a_y b_y a_z b_z + a_z^2 b_y^2 + a_z^2 b_x^2 - 2a_x b_x a_z b_z + a_x^2 b_z^2 + a_x^2 b_y^2 - 2a_x b_x a_y b_y + a_y^2 b_x^2$$
$$= (a_y b_z - a_z b_y)^2 + (a_z b_x - a_x b_z)^2 + (a_x b_y - a_y b_x)^2$$

を得る。

内積の基礎Ⅱ

ドリル No.01	Class		No.		Name	

必修 **問題 1.1** $(\mathbf{a} \pm \mathbf{b})^2$ を $\mathbf{a}$ の大きさ a, $\mathbf{b}$ の大きさ b, および, $\mathbf{a}$ と $\mathbf{b}$ の成す角 θ を用いて表せ。

必修 **問題 1.2** $(\mathbf{a} + \mathbf{b}) \cdot (\mathbf{a} - \mathbf{b})$ を $\mathbf{a}$ の大きさ a, $\mathbf{b}$ の大きさ b, および, $\mathbf{a}$ と $\mathbf{b}$ の成す角 θ を用いて表せ。

必修 **問題 1.3** $\mathbf{a} \neq \mathbf{0}$, $\mathbf{b} \neq \mathbf{0}$ のとき, $\mathbf{a} \cdot \mathbf{b} = 0$ ならば, ベクトル $\mathbf{a}$ とベクトル $\mathbf{b}$ は垂直であることを示せ。

必修 **問題 1.4** $\mathbf{a} \neq \mathbf{0}$, $\mathbf{b} \neq \mathbf{0}$ のとき, ベクトル $\mathbf{a}$ とベクトル $\mathbf{b}$ が垂直ならば, $\mathbf{a} \cdot \mathbf{b} = 0$ であることを示せ。

チェック項目	月 日	月 日
ベクトルの内積の基本を理解している。		

外積の基礎 I

ベクトルの外積に関する計算ができる。

基礎 **例題** **3** ベクトルの外積の性質（順序の交換, 分配則, 基本単位ベクトル間の外積）を使って, $\mathbf{a}\times\mathbf{b}$ を「成分で表示した式」$\mathbf{a}\times\mathbf{b}=(a_y b_z - a_z b_y)\mathbf{i}+(a_z b_x - a_x b_z)\mathbf{j}+(a_x b_y - a_y b_x)\mathbf{k}$ を導け。

解答

$$
\begin{aligned}
\mathbf{a}\times\mathbf{b} &= \left(a_x\mathbf{i}+a_y\mathbf{j}+a_z\mathbf{k}\right)\times\left(b_x\mathbf{i}+b_y\mathbf{j}+b_z\mathbf{k}\right)\\
&= \left(a_x\mathbf{i}+a_y\mathbf{j}+a_z\mathbf{k}\right)\times b_x\mathbf{i}+\left(a_x\mathbf{i}+a_y\mathbf{j}+a_z\mathbf{k}\right)\times b_y\mathbf{j}+\left(a_x\mathbf{i}+a_y\mathbf{j}+a_z\mathbf{k}\right)\times b_z\mathbf{k}\\
&= a_x\mathbf{i}\times b_x\mathbf{i}+a_y\mathbf{j}\times b_x\mathbf{i}+a_z\mathbf{k}\times b_x\mathbf{i}+a_x\mathbf{i}\times b_y\mathbf{j}\\
&\quad +a_y\mathbf{j}\times b_y\mathbf{j}+a_z\mathbf{k}\times b_y\mathbf{j}+a_x\mathbf{i}\times b_z\mathbf{k}+a_y\mathbf{j}\times b_z\mathbf{k}+a_z\mathbf{k}\times b_z\mathbf{k}\\
&= a_x b_x\mathbf{0}-a_y b_x\mathbf{k}+a_z b_x\mathbf{j}+a_x b_y\mathbf{k}+a_y b_y\mathbf{0}-a_z b_y\mathbf{i}-a_x b_z\mathbf{j}+a_y b_z\mathbf{i}+a_z b_z\mathbf{0}\\
&= (a_y b_z - a_z b_y)\mathbf{i}+(a_z b_x - a_x b_z)\mathbf{j}+(a_x b_y - a_y b_x)\mathbf{k}
\end{aligned}
$$

必修 **例題** **4** ベクトル $\mathbf{a}$ および $\mathbf{b}$ と, ベクトルの外積 $\mathbf{a}\times\mathbf{b}=(a_y b_z - a_z b_y)\mathbf{i}+(a_z b_x - a_x b_z)\mathbf{j}+(a_x b_y - a_y b_x)\mathbf{k}$ は垂直であることを示せ。

解答
$$
\begin{aligned}
\mathbf{a}\cdot(\mathbf{a}\times\mathbf{b}) &= (a_x, a_y, a_z)\cdot(a_y b_z - a_z b_y, a_z b_x - a_x b_z, a_x b_y - a_y b_x)\\
&= a_x a_y b_z - a_x a_z b_y + a_y a_z b_x - a_y a_x b_z + a_z a_x b_y - a_z a_y b_x = 0
\end{aligned}
$$
同様にして,
$$
\mathbf{b}\cdot(\mathbf{a}\times\mathbf{b})=0
$$

発展 **例題** **5** スカラー3重積 $\mathbf{c}\cdot(\mathbf{a}\times\mathbf{b})$ の絶対値は, ベクトル $\mathbf{a}$, $\mathbf{b}$, $\mathbf{c}$ の張る平行六面体の体積に等しいことを証明せよ。ただし, $\mathbf{a}$, $\mathbf{b}$, $\mathbf{c}$ の順に右手系であるとする。

解答 図のように底面積を S, 高さを h とすると, 平行六面体の体積 V は $V=Sh$。

ベクトル積の定義から $S=|\mathbf{a}\times\mathbf{b}|$。高さ方向の単位ベクトルは $\dfrac{\mathbf{a}\times\mathbf{b}}{|\mathbf{a}\times\mathbf{b}|}$ なので, 高さ h は,

$$
h=\mathbf{c}\cdot\frac{\mathbf{a}\times\mathbf{b}}{|\mathbf{a}\times\mathbf{b}|}
$$

である。

したがって,

体積 V は $V=hS=\mathbf{c}\cdot\dfrac{\mathbf{a}\times\mathbf{b}}{|\mathbf{a}\times\mathbf{b}|}|\mathbf{a}\times\mathbf{b}|=\mathbf{c}\cdot(\mathbf{a}\times\mathbf{b})$。

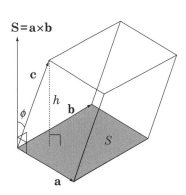

外積の基礎 II

ドリル No.02	Class		No.		Name	

必修 **問題 2.1** 外積の定義から，以下の関係が成立することを証明せよ。交換則が成立していない $(\mathbf{a} \times \mathbf{b} \neq \mathbf{b} \times \mathbf{a})$ ことに注意せよ。

(1) $\alpha\mathbf{a} \times \mathbf{b} = \mathbf{a} \times \alpha\mathbf{b} = \alpha(\mathbf{a} \times \mathbf{b})$

(2) $\mathbf{a} \times \mathbf{b} = -(\mathbf{b} \times \mathbf{a})$

(3) $\mathbf{a} \times \mathbf{a} = \mathbf{0}$

必修 **問題 2.2** ベクトル $\mathbf{a}$ と $\mathbf{b}$ が平行のとき，$\mathbf{a} \times \mathbf{b}$ を求めよ。

必修 **問題 2.3** ベクトル $\mathbf{a}$ と $\mathbf{b}$ が垂直のとき，$|\mathbf{a} \times \mathbf{b}|$ を，$\mathbf{a}$ の大きさ a，$\mathbf{b}$ の大きさ b を用いて表せ。

チェック項目	月 日		月 日	
ベクトルの外積の定義を理解している。				

外積の基礎 Ⅲ

ドリル No.03	Class		No.		Name	

発展 **問題 3.1**　$\mathbf{a}\times(\mathbf{b}\times\mathbf{c})=(\mathbf{a}\cdot\mathbf{c})\mathbf{b}-(\mathbf{a}\cdot\mathbf{b})\mathbf{c}$ を示せ。

発展 **問題 3.2**　二つのベクトル $\mathbf{a}=2\mathbf{i}+3\mathbf{j}-2\mathbf{k}$, $\mathbf{b}=3\mathbf{i}-2\mathbf{j}+4\mathbf{k}$ の両方に垂直なベクトルを求めよ。

発展 **問題 3.3**　3点, $P(3,-1,3)$, $Q(1,-2,-2)$, $R(4,-3,5)$ を頂点とする三角形の面積 S を求めよ。

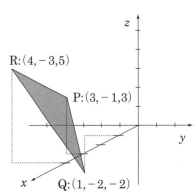

チェック項目	月　日	月　日
ベクトルの内積・外積の基本を理解している。		

偏微分と全微分の基礎

偏微分と全微分に関する計算ができる。

必修 例題 6 $f(\mathbf{r}) = \sqrt{x^2 + y^2 + z^2}$ について $x,\ y,\ z$ に関する偏微分を求めよ。

解答

$$\frac{\partial}{\partial x} f(\mathbf{r}) = \frac{\partial}{\partial x} \sqrt{x^2 + y^2 + z^2} = \frac{1}{2} \frac{1}{\sqrt{x^2 + y^2 + z^2}} 2x = \frac{x}{\sqrt{x^2 + y^2 + z^2}}$$

$$\frac{\partial}{\partial y} f(\mathbf{r}) = \frac{\partial}{\partial y} \sqrt{x^2 + y^2 + z^2} = \frac{1}{2} \frac{1}{\sqrt{x^2 + y^2 + z^2}} 2y = \frac{y}{\sqrt{x^2 + y^2 + z^2}}$$

$$\frac{\partial}{\partial z} f(\mathbf{r}) = \frac{\partial}{\partial z} \sqrt{x^2 + y^2 + z^2} = \frac{1}{2} \frac{1}{\sqrt{x^2 + y^2 + z^2}} 2z = \frac{z}{\sqrt{x^2 + y^2 + z^2}}$$

必修 例題 7 $\phi(\mathbf{r}) = \dfrac{1}{\sqrt{x^2 + y^2 + z^2}}$ の全微分を求めよ。

解答 全微分の定義（1.14）式から，

$$d\phi(\mathbf{r}) = \frac{\partial \phi(\mathbf{r})}{\partial x} dx + \frac{\partial \phi(\mathbf{r})}{\partial y} dy + \frac{\partial \phi(\mathbf{r})}{\partial z} dz$$

$$= \left(\frac{\partial}{\partial x} \frac{1}{\sqrt{x^2 + y^2 + z^2}} \right) dx + \left(\frac{\partial}{\partial y} \frac{1}{\sqrt{x^2 + y^2 + z^2}} \right) dy + \left(\frac{\partial}{\partial z} \frac{1}{\sqrt{x^2 + y^2 + z^2}} \right) dz$$

$$= -\frac{x}{\left(x^2 + y^2 + z^2\right)^{\frac{3}{2}}} dx - \frac{y}{\left(x^2 + y^2 + z^2\right)^{\frac{3}{2}}} dy - \frac{z}{\left(x^2 + y^2 + z^2\right)^{\frac{3}{2}}} dz$$

$$= \frac{-1}{\left(x^2 + y^2 + z^2\right)^{\frac{3}{2}}} (x dx + y dy + z dz)$$

偏微分の基礎

必修 **問題 4.1** $\phi(\mathbf{r}) = \dfrac{1}{\sqrt{x^2 + y^2 + z^2}}$ について x に関する偏微分を求めよ。

必修 **問題 4.2** 関数 $\phi(x,t) = \phi_0 \sin(\omega t - kx)$ について，以下の計算を行え。

(1) x に関する偏微分を求めよ。

(2) t に関する偏微分を求めよ。

(3) x に関する 2 階偏微分を求めよ。

(4) t に関する 2 階偏微分を求めよ。

チェック項目	月 日	月 日
偏微分の計算ができる。		

全微分の基礎

ドリル No.05	Class		No.		Name	

必修 **問題 5.1** $f(\mathbf{r}) = \sqrt{x^2 + y^2 + z^2}$ の全微分を求めよ。

必修 **問題 5.2** ある関数 D が変数 $T,\ E,\ H,\ \Theta$ の関数であるとき，D の全微分を表す式を書け。

チェック項目	月 日	月 日
全微分の計算ができる。		

第2章 静電場とクーロンの法則

2.1 点電荷間に働く力

点電荷間に働く力（クーロンの法則）について理解し，ベクトル計算による求め方を学ぼう。

クーロンの法則

真空中にある2個の点電荷間に働く力を表す法則を**クーロンの法則**といい，電荷間に作用する力を**クーロン力**と呼ぶ。

図2.1に示すように位置 $\mathbf{r}_0$ にある点電荷 q が位置 $\mathbf{r}$ にある電荷 Q に及ぼすクーロン力 の大きさ $F(\mathbf{r})=|\mathbf{F}(\mathbf{r})|$ は，電荷 q と Q の積に比例し，点電荷間の距離 $|\mathbf{r}-\mathbf{r}_0|$ の2乗に反比例する。このときの比例定数は $\dfrac{1}{4\pi\varepsilon_0}$ で与えられる。すなわち，

$$F(\mathbf{r})=\frac{1}{4\pi\varepsilon_0}\frac{|qQ|}{|\mathbf{r}-\mathbf{r}_0|^2} \quad\cdots\cdots\cdots\cdots\cdots\quad (2.1)$$

である。ここで，ε_0 は**真空の誘電率**と呼ばれる定数で，

$$\varepsilon_0=8.854\times10^{-12}\,\mathrm{A^2\cdot s^2\cdot N^{-1}\cdot m^{-1}}$$

である。また力の向きは q と Q を結ぶ直線上にあり，積 qQ の符号が正（＋）のときは**斥力**であり，負（－）のときは**引力**である。[注]

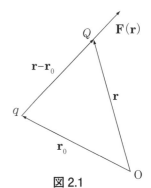

図2.1

さらに，$\mathbf{F}(\mathbf{r})=F(\mathbf{r})\times$（力の向き）であるから，

$$\mathbf{F}(\mathbf{r})=F(\mathbf{r})\times(qQ\text{ の符号})\times\frac{\mathbf{r}-\mathbf{r}_0}{|\mathbf{r}-\mathbf{r}_0|}$$

$$=\frac{1}{4\pi\varepsilon_0}\frac{qQ}{|\mathbf{r}-\mathbf{r}_0|^2}\frac{\mathbf{r}-\mathbf{r}_0}{|\mathbf{r}-\mathbf{r}_0|}=\frac{qQ}{4\pi\varepsilon_0}\frac{\mathbf{r}-\mathbf{r}_0}{|\mathbf{r}-\mathbf{r}_0|^3}\quad\cdots\cdots\cdots\cdots\cdots\cdots\cdots\cdots\cdots\cdots\cdots\quad (2.2)$$

となる。

〔注意〕斥力とは2つの物体に働く力のうち，互いを遠ざける向きに働く力であり，引力は互いを近づける向きに働く力である。

多数の点電荷間に働く力

図2.2に示すように座標 $\mathbf{r}_1,\mathbf{r}_2,\cdots\cdots,\mathbf{r}_i,\cdots\cdots\mathbf{r}_n$ にある点電荷 q_1，$q_2,\cdots\cdots,q_i,\cdots\cdots q_n$ が $\mathbf{r}$ にある点電荷 Q に及ぼす合力 $\mathbf{F}(\mathbf{r})$ は，

$$\mathbf{F}(\mathbf{r})=\sum_{i=1}^{n}\mathbf{F}_i(\mathbf{r})=\sum_{i=1}^{n}\frac{q_iQ}{4\pi\varepsilon_0}\frac{\mathbf{r}-\mathbf{r}_i}{|\mathbf{r}-\mathbf{r}_i|^3}$$

$$=\sum_{i=1}^{n}\frac{q_iQ}{4\pi\varepsilon_0}\frac{(x-x_i,y-y_i,z-z_i)}{\left[(x-x_i)^2+(y-y_i)^2+(z-z_i)^2\right]^{\frac{3}{2}}}\quad\cdots\quad (2.3)$$

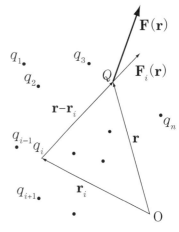

図2.2

のように，個々の点電荷のおよぼすクーロン力のベクトル的な合成によって得られる。

2.2 電　　場

点電荷系のつくる電場を理解し，ベクトル計算による電場の求め方を学ぼう。

2.1 では電荷同士が直接にクーロン力を及ぼしあっていると考えたが，さらに次のように考えて電場が定義される。電荷 q が存在するとその周りの空間が電気的に歪み，この空間の歪みの中に電気量 Q をもつ別の電荷を置くと，この電荷は歪みの度合いと Q の大きさに比例した力を受けるのである。すなわち，

クーロン力＝電気量×空間の歪み

である。この空間の電気的な歪みを**電場**という。クーロン力はベクトル量であり，電気量はスカラー量であるから電場はベクトル量である。

すなわち，電気量 Q を持つ点電荷が，位置 $\mathbf{r}$ において電気的な力 $\mathbf{F}(\mathbf{r})$ を受けるとき，

$$\mathbf{F}(\mathbf{r}) = Q\mathbf{E}(\mathbf{r}) \quad\cdots\cdots\cdots\cdots\cdots\cdots\cdots\cdots\cdots\cdots\cdots\cdots\cdots\cdots\cdots\cdots\cdots\cdots\cdots\cdots \text{(2.4)}$$

で決まるベクトル $\mathbf{E}(\mathbf{r})$ を位置 $\mathbf{r}$ における電場と定義する。

点電荷の作る静電場
(1)　1 個の点電荷が作る電場

図 2.3 に示すように位置 $\mathbf{r}_0$ にある点電荷 q が位置 $\mathbf{r}$ に作る電場 $\mathbf{E}(\mathbf{r})$ は (2.2) 式および (2.4) 式から得られる。その大きさは電荷 q の大きさに比例し，q からの距離 $|\mathbf{r}-\mathbf{r}_0|$ の 2 乗に反比例する。

$$|\mathbf{E}(\mathbf{r})| = \frac{|q|}{4\pi\varepsilon_0}\frac{1}{|\mathbf{r}-\mathbf{r}_0|^2} = \frac{|q|}{4\pi\varepsilon_0}\frac{1}{(x-x_0)^2+(y-y_0)^2+(z-z_0)^2} \quad \text{(2.5)}$$

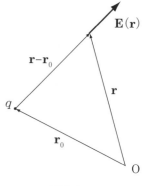

図 2.3

ただし，2 つの位置ベクトルの成分表示を $\mathbf{r}=(x,y,z)$，$\mathbf{r}_0=(x_0,y_0,z_0)$ とする。また，電場 $\mathbf{E}(\mathbf{r})$ の向きは，点電荷 q の位置 $\mathbf{r}_0$ と電場を求めたい位置 $\mathbf{r}$ を結んだ直線上にある。q が正の場合は電荷から遠ざかる向き，負の場合は電荷に近づく向きになっている。図 2.3 は q が正の値の場合を表す。ベクトルの形で表すと，

$$\mathbf{E}(\mathbf{r}) = \frac{q}{4\pi\varepsilon_0}\frac{\mathbf{r}-\mathbf{r}_0}{|\mathbf{r}-\mathbf{r}_0|^3} = \frac{q}{4\pi\varepsilon_0}\frac{(x-x_0,y-y_0,z-z_0)}{\left[(x-x_0)^2+(y-y_0)^2+(z-z_0)^2\right]^{\frac{3}{2}}} \quad\cdots\cdots\cdots\cdots\cdots \text{(2.6)}$$

となる。

(2)　複数個の点電荷が作る電場　―重ね合わせの原理―

図 2.4 に示すように位置ベクトル $\mathbf{r}_1,\mathbf{r}_2,\cdots,\mathbf{r}_n$ で指定される位置に $q_1,q_2,\cdots,q_n$ の n 個の点電荷があるとき，場所 $\mathbf{r}$ における電場 $\mathbf{E}(\mathbf{r})$ は，それぞれの電荷が $\mathbf{r}$ に作る電場のベクトル的な合成で与えられる。これを電場の**重ね合わせの原理**という。i 番目の点電荷の作る電場は，

$$\mathbf{E}_i(\mathbf{r}) = \frac{q_i}{4\pi\varepsilon_0}\frac{\mathbf{r}-\mathbf{r}_i}{|\mathbf{r}-\mathbf{r}_i|^3} = \frac{q_i}{4\pi\varepsilon_0}\frac{(x-x_i,y-y_i,z-z_i)}{\left[(x-x_i)^2+(y-y_i)^2+(z-z_i)^2\right]^{\frac{3}{2}}}$$

であるので，

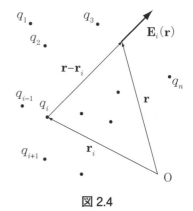

図 2.4

$$\mathbf{E}(\mathbf{r}) = \sum_{i=1}^{n}\mathbf{E}_i(\mathbf{r}) = \sum_{i=1}^{n}\frac{q_i}{4\pi\varepsilon_0}\frac{\mathbf{r}-\mathbf{r}_i}{|\mathbf{r}-\mathbf{r}_i|^3}$$

$$= \sum_{i=1}^{n}\frac{q_i}{4\pi\varepsilon_0}\frac{(x-x_i,y-y_i,z-z_i)}{\left[(x-x_i)^2+(y-y_i)^2+(z-z_i)^2\right]^{\frac{3}{2}}} \quad \cdots\cdots\cdots\cdots\cdots\cdots\cdots \quad (2.7)$$

となる。

2.3 連続的に分布した電荷による電場

連続的に分布した電荷がつくる電場の求め方を学ぼう。

電場の原因となる電荷が，点電荷ではなく，広がった領域に連続的に分布している場合，すべての電荷が作る電場の合計は，以下のような手順で求めることができる。すなわち，

(1) 電荷が連続的に分布した領域を微小部分に分ける。この微小部分のサイズを点電荷とみなせるぐらい小さくとれば，その電荷が作る電場は，点電荷の作る電場の公式 (2.6) 式で近似できる。

(2) 重ね合わせの原理を用いて，すべての微小部分による電場をベクトル的に加えれば，合計の電場が求まる。分割の数を増やして各微小部分のサイズを限りなく小さくする極限をとれば，正確な電場が求まる。

なお，微小部分内に含まれる電荷量は，（電荷密度）×（微小部分のサイズ）で求まる。例えば電荷の分布する領域が，曲線，曲面，立体のどれであるかに応じて，電荷の密度はそれぞれ，単位長さあたり，単位面積あたり，単位体積あたりの電荷量を意味し，それぞれ電荷の線密度，面密度，体積密度と呼ぶ。これらに対応して，微小部分のサイズとしては，それぞれ，長さ，面積，体積を掛けることになる。以下でこれらを個別に見ていく。

線電荷のつくる電場が線積分によって求められることを学ぼう。

(1) 線電荷の作る電場 ―線密度 $\lambda(\mathbf{r})$ で分布する線電荷の作る電場―

電荷の分布が経路 C に沿った線状であり，なおかつ電荷の線密度 λ が場所 $\mathbf{r}'$ の関数 $\lambda(\mathbf{r}')$ で与えられる場合を考える。線電荷全体が場所 $\mathbf{r}$ に作る電場 $\mathbf{E}(\mathbf{r})$ は，図 2.5 のように経路中の微小な線電荷 $\lambda(\mathbf{r}_i)ds(\mathbf{r}_i)$ を点電荷とみなして，1つ1つの微小電荷 $\lambda(\mathbf{r}_i)ds(\mathbf{r}_i)$ が作る電場 $d\mathbf{E}_i(\mathbf{r})$ をベクトル的に加え合わせれば求まる。

すなわち，(2.7) 式の q_i に $\lambda(\mathbf{r}_i)ds(\mathbf{r}_i)$ を代入して，

$$\mathbf{E}(\mathbf{r}) = \sum_{i=1}^{n}d\mathbf{E}_i(\mathbf{r}) = \sum_{i=1}^{n}\frac{\lambda(\mathbf{r}_i)ds(\mathbf{r}_i)}{4\pi\varepsilon_0}\frac{\mathbf{r}-\mathbf{r}_i}{|\mathbf{r}-\mathbf{r}_i|^3}$$

となる。経路の分割数 n を無限に増やし，微小な線電荷の各々のサイズを無限に小さくする極限をとれば，正確な結果が得られるので，

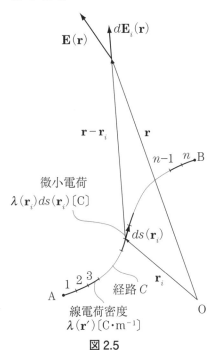

図 2.5

$$\mathbf{E}(\mathbf{r}) = \lim_{n \to \infty} \sum_{i=1}^{n} \frac{\lambda(\mathbf{r}_i) ds(\mathbf{r}_i)}{4\pi\varepsilon_0} \frac{\mathbf{r} - \mathbf{r}_i}{|\mathbf{r} - \mathbf{r}_i|^3} = \frac{1}{4\pi\varepsilon_0} \lim_{n \to \infty} \sum_{i=1}^{n} \lambda(\mathbf{r}_i) \frac{\mathbf{r} - \mathbf{r}_i}{|\mathbf{r} - \mathbf{r}_i|^3} ds(\mathbf{r}_i)$$

となる。これは積分の定義に他ならないので,

$$\mathbf{E}(\mathbf{r}) = \frac{1}{4\pi\varepsilon_0} \int_C \lambda(\mathbf{r}') \frac{(\mathbf{r} - \mathbf{r}')}{|\mathbf{r} - \mathbf{r}'|^3} ds(\mathbf{r}') \quad \cdots\cdots\cdots\cdots\cdots\cdots\cdots\cdots\cdots\cdots\cdots\cdots\cdots\cdots\cdots\cdots \quad (2.8)$$

が得られる。

補足 (2.8)式は,ベクトルを無限本足すことを意味しているが,実際にこの式のままで計算することは少ない。具体的には,例えば,右辺を成分(スカラー)に分け,成分ごとに(スカラーの関数)を積分する事例が多い。その場合,x, y, z 成分について積分を3つ実行することになる。ただし,積分を行う前に,対称性を考察することにより,合成電場の方向や,ゼロでない成分がわかることが多いため,これらを初めに考えてから問題を解くと,積分の回数や計算の量を節約することができる。同様の注意は,面に分布した電荷,体積分布した電荷による電場の計算にも共通して当てはまる。

> 面電荷のつくる電場が面積分によって求められることを学ぼう。

---

(2) 面電荷の作る電場 ―面密度 $\sigma(\mathbf{r})$ で分布する電荷が作る電場―

電荷の分布が曲面 S 上に限定されており,なおかつ電荷の面密度 $\sigma(\mathbf{r})$ が場所に依存している場合を考える。面電荷全体が作る電場は,図2.6のように曲面 S 上の微小な面電荷を点電荷とみなしたとき,1つ1つの微小電荷 $\sigma(\mathbf{r}_i) dS(\mathbf{r}_i)$ が作る電場をベクトル的に加え合わせればよい。すなわち,(2.7)式の q_i に $\sigma(\mathbf{r}_i) dS(\mathbf{r}_i)$ を代入して,

$$\mathbf{E}(\mathbf{r}) = \sum_{i=1}^{n} d\mathbf{E}_i(\mathbf{r}) = \sum_{i=1}^{n} \frac{\sigma(\mathbf{r}_i) dS(\mathbf{r}_i)}{4\pi\varepsilon_0} \frac{\mathbf{r} - \mathbf{r}_i}{|\mathbf{r} - \mathbf{r}_i|^3}$$

となる。曲面 S の分割数 n を無限にし,それぞれのサイズを無限に小さくすれば厳密な結果が得られるので,

$$\mathbf{E}(\mathbf{r}) = \lim_{n \to \infty} \sum_{i=1}^{n} \frac{\sigma(\mathbf{r}_i) dS(\mathbf{r}_i)}{4\pi\varepsilon_0} \frac{\mathbf{r} - \mathbf{r}_i}{|\mathbf{r} - \mathbf{r}_i|^3}$$
$$= \frac{1}{4\pi\varepsilon_0} \lim_{n \to \infty} \sum_{i=1}^{n} \sigma(\mathbf{r}_i) \frac{\mathbf{r} - \mathbf{r}_i}{|\mathbf{r} - \mathbf{r}_i|^3} dS(\mathbf{r}_i)$$

となる。これは積分の定義に他ならないので,

$$\mathbf{E}(\mathbf{r}) = \frac{1}{4\pi\varepsilon_0} \int_S \sigma(\mathbf{r}') \frac{(\mathbf{r} - \mathbf{r}')}{|\mathbf{r} - \mathbf{r}'|^3} dS(\mathbf{r}') \cdots\cdots\cdots\cdots \quad (2.9)$$

が得られる。

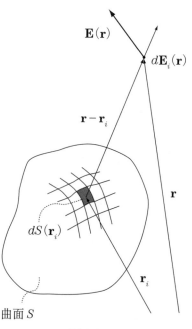

図2.6

対称性の良い点電荷系のクーロン力 I

> 対称性の良い系の点電荷間に働くクーロン力を求められること。

必修 例題 2.1　図のように，1辺の長さが l の正方形の頂点に点電荷 $+q$，$-Q$ が配置されている。

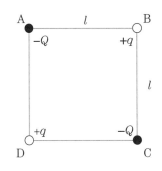

ただし，点電荷 $+q$ は固定されており，点電荷 $-Q$ のみ自由に動けるとする。図の状態のまま釣り合うための q と Q の比を求めよ。

解答　例えば，図のように点電荷 A について考えると，AC 間に働く斥力 $\mathbf{F}_{AC}$ と AB 間に働く引力 $\mathbf{F}_{AB}$ および AD 間に働く引力 $\mathbf{F}_{AD}$ が釣り合っていればよい。クーロンの法則 (2.1) 式により，

$$F_{AC} = \frac{1}{4\pi\varepsilon_0}\frac{Q^2}{2l^2} \ , \quad F_{AB} = F_{AD} = \frac{1}{4\pi\varepsilon_0}\frac{qQ}{l^2}$$

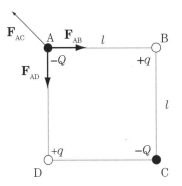

力の釣り合いの条件は $\mathbf{F}_{AC} = \mathbf{F}_{AB} + \mathbf{F}_{AD}$ なので，図より，

$$F_{AC} = F_{AB}\cos 45° + F_{AD}\cos 45°$$

となる。したがって，

$$\frac{1}{4\pi\varepsilon_0}\frac{Q^2}{2l^2} = \frac{1}{4\pi\varepsilon_0}\frac{qQ}{l^2}\frac{1}{\sqrt{2}} + \frac{1}{4\pi\varepsilon_0}\frac{qQ}{l^2}\frac{1}{\sqrt{2}}$$

となり，

$$Q = 2\sqrt{2}q$$

を得る。

対称性の良い点電荷系のクーロン力 II

ドリル No.06	Class		No.		Name	

必修 **問題6** 図のように q_0 から q_8 までの電荷が一辺の長さが $2a$ の正方形上に配置されているとき以下の問いに答えよ。ただし，$q_0 = q_2 = q_4 = q_6 = q_8 = Q$，$q_1 = q_3 = q_5 = q_7 = -Q$ とする。

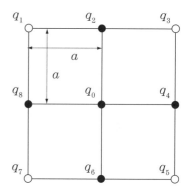

(1) 対称性の考察から，中央の電荷 q_0 に作用しているクーロン力の合力は **0** であることを説明せよ。

(2) 電荷 q_1 の電気量を 0 にしたとき，中央の電荷 q_0 に作用しているクーロン力の合力を求めよ。

チェック項目	月 日	月 日
系の対称性を考えてクーロン力を求めることができる。		

対称性の良い点電荷系のクーロン力Ⅲ

ドリル No.07	Class		No.		Name	

必修 **問題7** 図のように q_0 から q_6 までの電荷が1辺の長さ $2a$ の正三角形上に配置されているとき，以下の問いに答えよ。ただし，$q_0 = q_2 = q_4 = q_6 = Q$，$q_1 = q_3 = q_5 = -Q$ である。

(1) 対称性の考察から，中央の電荷 q_0 に作用しているクーロン力の合力は **0** であることを説明せよ。

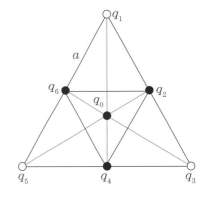

(2) 電荷 q_1 の電気量を 0 にしたとき，中央の電荷 q_0 に作用しているクーロン力の合力を求めよ。

チェック項目	月　日	月　日
系の対称性を考えてクーロン力を求めることができる。		

クーロン力の数値計算

> クーロン力に関する数値計算ができる。

必修 例題 2.2 半導体素子を設計するとき，万有引力を無視して静電気力（クーロン力）のみを考慮している。2つの電子が原子間距離程度離れた位置にあるとしてクーロン力 F_C と万有引力 F_G を計算し，その理由を考えてみよう。ただし，2つの電子間の距離 $r = 10^{-10}$ m，電子の電荷 $e = 1.602 \times 10^{-19}$ C，真空の誘電率 $\varepsilon_0 = 8.854 \times 10^{-12}$ A²·s²·N⁻¹·m⁻²，電子の質量 $m = 9.109 \times 10^{-31}$ kg，万有引力定数 $G = 6.673 \times 10^{-11}$ N·m²·kg⁻² とする。

(1) クーロン力 F_C を計算せよ。

(2) 万有引力は $F_G = G\dfrac{m^2}{r^2}$ で与えられる。F_G を計算せよ。

(3) $\dfrac{F_G}{F_C}$ を計算し，万有引力が無視できることを説明せよ。

(4) 宇宙空間で天体や人工衛星などの運動を考えるとき，クーロン力を無視して万有引力のみを考慮している。この理由を説明せよ。

解答

(1)
$$F_C = \frac{1}{4\pi\varepsilon_0}\frac{e^2}{r^2}\left[\frac{1}{\text{A}^2 \cdot \text{s}^2 \cdot \text{N}^{-1} \cdot \text{m}^{-2}}\right] \times \left[\frac{\text{C}^2}{\text{m}^2}\right]$$

$$= \frac{1}{4 \times 3.142 \times 8.854 \times 10^{-12}}\left[\frac{\text{N} \cdot \text{m}^2}{\text{A}^2 \cdot \text{s}^2}\right] \times \frac{(1.602 \times 10^{-19})^2}{(10^{-10})^2}\left[\frac{\text{A}^2 \cdot \text{s}^2}{\text{m}^2}\right]$$

$$= 2.306 \times 10^{-8}\ \text{N}$$

〔注意〕：1秒あたり1Cの電荷が流れているときの電流量が1Aであるから1C=1A·sである。

(2) $F_G = G\dfrac{m^2}{r^2}[\text{N} \cdot \text{m}^2 \cdot \text{kg}^{-2}] \times \left[\dfrac{\text{kg}^2}{\text{m}^2}\right] = 6.673 \times 10^{-11}\dfrac{(9.109 \times 10^{-31})^2}{(10^{-10})^2}\left[\dfrac{\text{N} \cdot \text{m}^2}{\text{kg}^2}\right] \times \left[\dfrac{\text{kg}^2}{\text{m}^2}\right] = 5.537 \times 10^{-51}\ \text{N}$

(3) $\dfrac{F_G}{F_C} = \dfrac{5.537 \times 10^{-51}}{2.306 \times 10^{-8}}\left[\dfrac{\text{N}}{\text{N}}\right] = 2.401 \times 10^{-43}$

このように，電子間に働く万有引力はクーロン力に比べてはるかに小さいので無視してよい。

(4) 地球，月，人工衛星などは各々電気的にほぼ中性で帯電していないとみなせる。したがってクーロン力は働かない。

補足 地球と月が及ぼしあう万有引力を考える。地球の質量 M_E は約 5.972×10^{24}kg，月の質量 M_L は約 7.3458×10^{22}kg である。一方，地球の中心と月の中心の間の距離は約 384,400km＝3.844×10^8m であるので，

$$F_G = G\frac{M_L M_E}{r^2}[\text{N} \cdot \text{m}^2 \cdot \text{kg}^{-2}] \times \left[\frac{\text{kg}^2}{\text{m}^2}\right] = 6.673 \times 10^{-11}\frac{7.3458 \times 10^{22} \times 5.972 \times 10^{24}}{(3.844 \times 10^8)^2}\left[\frac{\text{N} \cdot \text{m}^2}{\text{kg}^2}\right] \times \left[\frac{\text{kg}^2}{\text{m}^2}\right]$$
$$= 19.811 \times 10^{19}\ \text{N}$$

となる。同じ引力をクーロン力で得るためには，

$$F_C = \frac{1}{4\pi\varepsilon_0}\frac{Q^2}{r^2} = \frac{1}{4 \times 3.142 \times 8.854 \times 10^{-12}}\frac{Q^2}{(3.844 \times 10^8)^2} = 19.811 \times 10^{19}\ \text{N}$$

より，$Q = \sqrt{19.811 \times 10^{19} \times 4 \times 3.142 \times 8.854 \times 10^{-12}} \times 3.844 \times 10^8 \left[\sqrt{\text{N} \times \dfrac{\text{A}^2 \cdot \text{s}^2}{\text{N} \cdot \text{m}^2}} \times \text{m} = \sqrt{\dfrac{\text{C}^2}{\text{m}^2}} \times \text{m}\right]$

$\qquad = 5.707 \times 10^{13}\ \text{C}$

もの莫大な電荷が帯電していなければならない。

クーロン力と力の釣り合い

ドリル No.08	Class		No.		Name	

基礎 **問題8** 質量 m〔kg〕の2個の小球に, 同量の電荷 q〔C〕を帯電させてある。この2個の小球を, 長さ L〔m〕の2本の絶縁糸の先端に取りつけ, 同一点から吊るす。2本の糸のなす角が 2θ であるとき釣合った。以下の問いに答えよ。

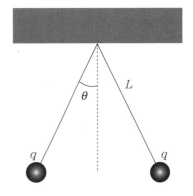

(1) $\dfrac{\sin^3\theta}{\cos\theta} = \dfrac{q^2}{4\pi\varepsilon_0 mg(2L)^2}$ の関係があることを証明せよ。

ただし, 糸の質量は無視してよい。

(2) $m=1.11\times10^3$ g, $q=5.0$ nC, $L=1$ m のとき, 糸の角度 θ を求めよ。ただし, 重力加速度を $g=9.8$ m·s^{-2}, $\theta \ll 1$ として計算せよ。

チェック項目	月 日	月 日
クーロン力に関する力の釣り合いを理解し, 具体的な数値計算ができる。		

対称性の良い点電荷系のクーロン力Ⅳ（クーロン力のベクトル計算）

ベクトル計算で点電荷間に働くクーロン力を求められること。

基礎 例題 **2.3** 図のように原点Oを挟んで同じ大きさの正電荷 q が，距離 $2a$ だけ離れて置かれている。z 軸上に，+1C の電荷を置く。この電荷に及ぼされる力を求め，その大きさ（絶対値）が最大となる位置を求めよ。ただし，+1C の電荷がある点を点Pとし，その座標を $(0,0,z)$ とする。

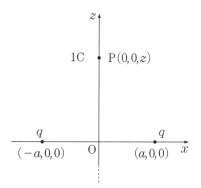

解答 図のようにこの +1C の電荷がそれぞれの点電荷から受ける力を $\mathbf{F}_1$，$\mathbf{F}_2$ とすれば，(2.2) 式より，

$$\mathbf{F}_1 = \frac{1 \times q}{4\pi\varepsilon_0} \frac{\mathbf{r}_1}{|\mathbf{r}_1|^3} = \frac{q}{4\pi\varepsilon_0} \frac{(a,0,z)}{(a^2+z^2)^{\frac{3}{2}}}$$

$$\mathbf{F}_2 = \frac{1 \times q}{4\pi\varepsilon_0} \frac{\mathbf{r}_2}{|\mathbf{r}_2|^3} = \frac{q}{4\pi\varepsilon_0} \frac{(-a,0,z)}{(a^2+z^2)^{\frac{3}{2}}}$$

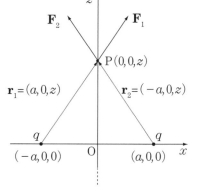

である。+1C の電荷が2つの電荷から受ける力は，(2.3) 式

$$\mathbf{F}(\mathbf{r}) = \sum_{i=1}^{n} \mathbf{F}_i(\mathbf{r}) = \sum_{i=1}^{n} \frac{q_i Q}{4\pi\varepsilon_0} \frac{\mathbf{r}-\mathbf{r}_i}{|\mathbf{r}-\mathbf{r}_i|^3}$$

$$= \sum_{i=1}^{n} \frac{q_i Q}{4\pi\varepsilon_0} \frac{(x-x_i, y-y_i, z-z_i)}{\left[(x-x_i)^2 + (y-y_i)^2 + (z-z_i)^2\right]^{\frac{3}{2}}}$$

のように，$\mathbf{F}_1$ と $\mathbf{F}_2$ のベクトル和をとればよい。したがって，

$$\mathbf{F}(0,0,z) = \mathbf{F}_1 + \mathbf{F}_2 = \frac{1}{4\pi\varepsilon_0}\left[\frac{q\mathbf{r}_1}{|\mathbf{r}_1|^3} + \frac{q\mathbf{r}_2}{|\mathbf{r}_2|^3}\right] = \frac{1}{4\pi\varepsilon_0}\left[\frac{q(a,0,z)}{(a^2+z^2)^{\frac{3}{2}}} + \frac{q(-a,0,z)}{(a^2+z^2)^{\frac{3}{2}}}\right]$$

$$= \frac{1}{4\pi\varepsilon_0}\left[\frac{2q}{(a^2+z^2)^{\frac{3}{2}}}\right](0,0,z)$$

となり，z 成分しか持たない。

力の z 成分は，$F(z) = \dfrac{1}{4\pi\varepsilon_0} \dfrac{2qz}{(a^2+z^2)^{\frac{3}{2}}}$ である。

$F(z)$ を z について微分して極値について議論すれば力の最大値がわかる。$F(z)$ の z 微分は，

$$\frac{dF(z)}{dz} = \frac{d}{dz}\left(\frac{1}{4\pi\varepsilon_0}\frac{2qz}{(a^2+z^2)^{\frac{3}{2}}}\right) = \frac{1}{4\pi\varepsilon_0}\frac{2q}{(a^2+z^2)^{\frac{3}{2}}} - \frac{1}{4\pi\varepsilon_0}\frac{3}{2}\frac{2qz \times 2z}{(a^2+z^2)^{\frac{5}{2}}} = \frac{2q}{4\pi\varepsilon_0}\left(\frac{(a^2+z^2)-3z^2}{(a^2+z^2)^{\frac{5}{2}}}\right)$$

$$= \frac{2q}{4\pi\varepsilon_0}\left(\frac{a^2-2z^2}{(a^2+z^2)^{\frac{5}{2}}}\right)$$

となる。

したがって，

$F(z)$ は $z = \pm\dfrac{a}{\sqrt{2}}$ で極値 $\pm\dfrac{1}{3\sqrt{3}\pi\varepsilon_0}\dfrac{q}{a^2}$ を持つ。

$|z| < \dfrac{a}{\sqrt{2}}$ で単調増加，$|z| > \dfrac{a}{\sqrt{2}}$ で単調減少なので，右図のよう

になる。これらの極値の絶対値は $\dfrac{1}{3\sqrt{3}\pi\varepsilon_0}\dfrac{q}{a^2}$ であるから，力の

大きさは $z = \pm\dfrac{a}{\sqrt{2}}$ で最大となる。

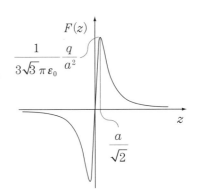

点電荷系のクーロン力のベクトル計算

ドリル No.09	Class		No.		Name	

必修 **問題9** 座標がそれぞれ，$(a,0,0)$，$(0,b,0)$，$(0,0,c)$ の位置に点電荷 q が置いてある。各点電荷に働く力のベクトルを成分に分けて求めよ。

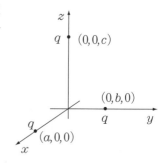

チェック項目	月 日	月 日
点電荷系のクーロン力をベクトルの計算によって求めることができる。		

点電荷系の電場のベクトル計算 I

複数の点電荷の作る電場を求められること。グラフに描けること。

発展 例題 **2.4** 図のように，1 辺の長さが $2l$ の正方形の頂点 1，2 に電気量 $-Q$（<0）の点電荷，頂点 3，4 に電気量 $+q$（>0）の点電荷を固定する。正方形の面と垂直に z 軸をとり，点 P を z 軸上の点とする。図には各頂点や点 P の座標の x, y, z 成分が示されている。

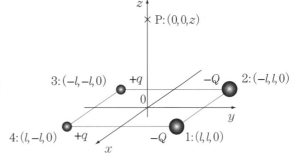

(1) 頂点 1 ～ 4 のそれぞれの電荷が点 P に作る電場を求めよ。

(2) 重ね合わせの原理を用い，点 P にできる合成電場を求めよ。

(3) 合成電場の大きさを求め，z の関数として図示せよ。

解答

(1) 頂点 1, 2, 3, 4 にある電荷をそれぞれ点電荷 1, 2, 3, 4 と呼ぶ。各電荷 1, 2, 3, 4 について，(2.6) 式の $\mathbf{r}_0$ はそれぞれ $\mathbf{r}_1$，$\mathbf{r}_2$，$\mathbf{r}_3$，$\mathbf{r}_4$ に対応し，q はそれぞれ q_1，q_2，q_3，q_4 に対応する。したがって，

点 1 について　$\mathbf{r} - \mathbf{r}_1 = (0,0,z) - (l,l,0) = (-l,-l,z)$，　　$q_1 = -Q$

点 2 について　$\mathbf{r} - \mathbf{r}_2 = (0,0,z) - (-l,l,0) = (l,-l,z)$，　　$q_2 = -Q$

点 3 について　$\mathbf{r} - \mathbf{r}_3 = (0,0,z) - (-l,-l,0) = (l,l,z)$，　　$q_3 = q$

点 4 について　$\mathbf{r} - \mathbf{r}_4 = (0,0,z) - (l,-l,0) = (-l,l,z)$，　　$q_4 = q$

となるので，

点電荷 1 による電場　$\mathbf{E}(\mathbf{r}) = \dfrac{1}{4\pi\varepsilon_0} \dfrac{q_1(\mathbf{r} - \mathbf{r}_1)}{|\mathbf{r} - \mathbf{r}_1|^3} = \dfrac{1}{4\pi\varepsilon_0} \dfrac{-Q(-l,-l,z)}{(l^2 + l^2 + z^2)^{\frac{3}{2}}}$

点電荷 2 による電場　$\mathbf{E}(\mathbf{r}) = \dfrac{1}{4\pi\varepsilon_0} \dfrac{q_2(\mathbf{r} - \mathbf{r}_2)}{|\mathbf{r} - \mathbf{r}_2|^3} = \dfrac{1}{4\pi\varepsilon_0} \dfrac{-Q(l,-l,z)}{(l^2 + l^2 + z^2)^{\frac{3}{2}}}$

点電荷 3 による電場　$\mathbf{E}(\mathbf{r}) = \dfrac{1}{4\pi\varepsilon_0} \dfrac{q_3(\mathbf{r} - \mathbf{r}_3)}{|\mathbf{r} - \mathbf{r}_3|^3} = \dfrac{1}{4\pi\varepsilon_0} \dfrac{q(l,l,z)}{(l^2 + l^2 + z^2)^{\frac{3}{2}}}$

点電荷 4 による電場　$\mathbf{E}(\mathbf{r}) = \dfrac{1}{4\pi\varepsilon_0} \dfrac{q_4(\mathbf{r} - \mathbf{r}_4)}{|\mathbf{r} - \mathbf{r}_4|^3} = \dfrac{1}{4\pi\varepsilon_0} \dfrac{q(-l,l,z)}{(l^2 + l^2 + z^2)^{\frac{3}{2}}}$

(2) 合成電場は，点電荷 1 ～ 4 による電場の和を取って，

$$\mathbf{E}(\mathbf{r}) = \dfrac{1}{4\pi\varepsilon_0} \left\{ \dfrac{q_1(\mathbf{r} - \mathbf{r}_1)}{|\mathbf{r} - \mathbf{r}_1|^3} + \dfrac{q_2(\mathbf{r} - \mathbf{r}_2)}{|\mathbf{r} - \mathbf{r}|^3} + \dfrac{q_3(\mathbf{r} - \mathbf{r}_3)}{|\mathbf{r} - \mathbf{r}_3|^3} + \dfrac{q_4(\mathbf{r} - \mathbf{r}_4)}{|\mathbf{r} - \mathbf{r}_4|^3} \right\}$$

$$= \dfrac{1}{4\pi\varepsilon_0} \left\{ \dfrac{-Q(-l,-l,z)}{(l^2 + l^2 + z^2)^{\frac{3}{2}}} + \dfrac{-Q(l,-l,z)}{(l^2 + l^2 + z^2)^{\frac{3}{2}}} + \dfrac{q(l,l,z)}{(l^2 + l^2 + z^2)^{\frac{3}{2}}} + \dfrac{q(-l,l,z)}{(l^2 + l^2 + z^2)^{\frac{3}{2}}} \right\}$$

$$= \dfrac{1}{2\pi\varepsilon_0(2l^2 + z^2)^{\frac{3}{2}}} (0, l(q+Q), z(q-Q))$$

となる。

(3) 合成電場の大きさは，

$$|\mathbf{E}(\mathbf{r})| = \frac{\sqrt{l^2(q+Q)^2 + z^2(q-Q)^2}}{2\pi\varepsilon_0 (2l^2 + z^2)^{\frac{3}{2}}}$$

変数 z で微分すると，

$$\frac{d}{dz}|\mathbf{E}(\mathbf{r})| = -\frac{z\left[l^2(q^2 + 10qQ + Q^2) + 2z^2(q-Q)^2\right]}{2\pi\varepsilon_0 \sqrt{l^2(q+Q)^2 + z^2(q-Q)^2}\,(2l^2 + z^2)^{\frac{5}{2}}}$$

分子の角括弧内は正の量なので，微係数がゼロとなるのは $z=0$ のみ。符号の変化から $z=0$ で極大（最大）値をとる。その値は，

$$|\mathbf{E}(\mathbf{0})| = \frac{q+Q}{4\sqrt{2}\pi\varepsilon_0 l^2}$$

になる。

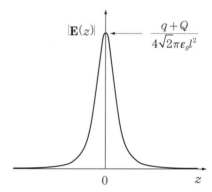

点電荷系の電場のベクトル計算Ⅱ

ドリル No.10	Class		No.		Name	

必修 **問題10** 図のように点電荷 $+q$ が x 軸上の点 $(l,0,0)$ および $(-l,0,0)$ に固定されており，点電荷 $-Q$ が原点に固定されている。z 軸上の任意の点 P の座標を $(0,0,z)$ とする。

(1) $(l,0,0)$ にある点電荷が点 P に作る電場の $x,\ y,\ z$ 成分を答えよ。

(2) $(-l,0,0)$ にある点電荷が点 P に作る電場の $x,\ y,\ z$ 成分を答えよ。

(3) 点 P にできる合成電場 $\mathbf{E}\ (0,0,z)$ の $x,\ y,\ z$ 成分を答えよ。

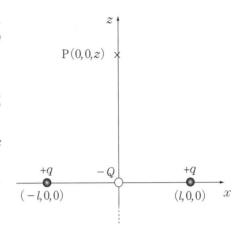

チェック項目	月 日	月 日
ベクトル計算により電場を求めることができる。		

円状電荷の作る電場

円状電荷の作る電場を積分計算によって電場を求めることができる。

例題 2.5 図のように半径 a の円の円周上に正電荷が一様の線密度 λ 〔C·m^{-1}〕で分布している。

必修 (1) 中心軸上の点 P にできる電場の向きと大きさを求めよ。

発展 (2) 電場の大きさを，x の関数として図示せよ。

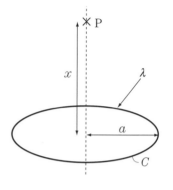

解答 電荷の分布した円周を円周 C と呼ぶことにする。まず，合成電場が，中心軸に平行な成分だけを持ち，円周 C から遠ざかる方向に向くことを示す。図のように円周 C の任意の直径の両端の点 A，B を考える。2点のそれぞれを中心に，中心角 $d\theta$ の弧からなる微小素片をとる。微小素片の長さは $ad\theta$ である。2つの微小素片内にある電荷量は $\lambda ad\theta$ で等しく，点 P までの距離は等しいので，それぞれの素片が点 P に作る電場の大きさは等しい。2つの電荷素片が作る電場を，中心軸に平行な方向と垂直な方向に分解し，それぞれ $d\mathbf{E}_{/\!/}$ と $d\mathbf{E}_\perp$ とすれば，$d\mathbf{E}=d\mathbf{E}_{/\!/}+d\mathbf{E}_\perp$ と表せる。$d\mathbf{E}_\perp$ の寄与は打ち消し合い，$d\mathbf{E}_{/\!/}$ の寄与だけが2倍になって残ることがわかる（断面図参照）。円周 C 上のどの微小素片に対しても，直径の反対側の素片と組み合わせれば $\mathbf{E}_\perp$ は打ち消し合うので，合成電場は中心軸に平行な成分しかない。

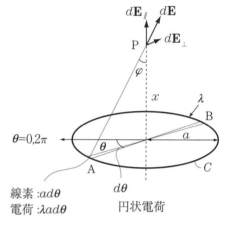

線素 : $ad\theta$
電荷 : $\lambda ad\theta$

円状電荷

したがって，合成電場の計算は，微小電荷が点 P に作る電場 $d\mathbf{E}$ のうち，$d\mathbf{E}_{/\!/}$ の寄与だけを考え，円周全体で加えればよい（0から 2π まで θ について積分）。図より，角度 $\theta \sim \theta+d\theta$ で挟まれる微小素片が作る電場の $d\mathbf{E}_{/\!/}$ 成分は，

$$dE_{/\!/}=dE\cdot\cos\varphi=\frac{\lambda ad\theta}{4\pi\varepsilon_0(a^2+x^2)}\cdot\cos\varphi=\frac{\lambda ad\theta}{4\pi\varepsilon_0(a^2+x^2)}\cdot\frac{x}{\sqrt{a^2+x^2}}=\frac{\lambda ad\theta}{4\pi\varepsilon_0}\cdot\frac{x}{(a^2+x^2)^{\frac{3}{2}}}$$

ただし，図から $\cos\varphi=\dfrac{x}{\sqrt{a^2+x^2}}$ であることを用いた。

したがって，円周全体の寄与は，上式を0から 2π まで θ について積分すれば求まる。

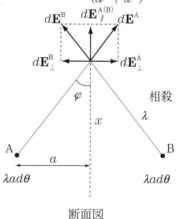

$$E_{/\!/}(x)=\int dE_{/\!/}(x)=\int_0^{2\pi}\frac{\lambda ad\theta}{4\pi\varepsilon_0}\cdot\frac{x}{(a^2+x^2)^{\frac{3}{2}}}$$

$$=\frac{\lambda a}{4\pi\varepsilon_0}\cdot\frac{x}{(a^2+x^2)^{\frac{3}{2}}}\int_0^{2\pi}d\theta=\frac{\lambda a}{2\varepsilon_0}\cdot\frac{x}{(a^2+x^2)^{\frac{3}{2}}}$$

相殺

断面図

となる。したがって，電場の大きさはこの絶対値

$$|E_{/\!/}(x)|=\frac{\lambda a}{2\varepsilon_0}\cdot\frac{|x|}{(a^2+x^2)^{\frac{3}{2}}}$$

である。

(2) グラフを描くために $|\mathbf{E}_{/\!/}(x)|$ の増減を調べる。(1)の解答より，$|\mathbf{E}_{/\!/}(x)|=|\mathbf{E}_{/\!/}(-x)|$ なので，$x\geq 0$ の領域で考えれば十分である。$E_{/\!/}(x)$ を x について微分すると，

$$\frac{dE_{/\!/}(x)}{dx}=\frac{\lambda a}{2\varepsilon_0}\cdot\frac{d}{dx}\left[\frac{x}{(a^2+x^2)^{\frac{3}{2}}}\right]=\frac{\lambda a}{2\varepsilon_0}\cdot\frac{1}{(a^2+x^2)^{\frac{3}{2}}}\cdot\left[1+\frac{-3x^2}{a^2+x^2}\right]$$

となるが，$\dfrac{\lambda a}{2\varepsilon_0}\cdot\dfrac{1}{(a^2+x^2)^{\frac{3}{2}}}>0$ であるから，$1+\dfrac{-3x^2}{a^2+x^2}=0$ を満たす解があれば極値を持つ。

2 次方程式 $3x^2=a^2+x^2$，の解は $x=\pm\dfrac{a}{\sqrt{2}}$ であるが，$x\geqq$

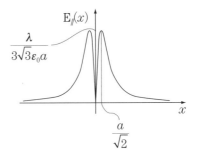

0 を考えているので，

$\quad x<\dfrac{a}{\sqrt{2}}$ において $1+\dfrac{-3x^2}{a^2+x^2}>0$，

$\quad x>\dfrac{a}{\sqrt{2}}$ において $1+\dfrac{-3x^2}{a^2+x^2}<0$

であるから，$x=\dfrac{a}{\sqrt{2}}$ で電場の大きさは極大値 $\dfrac{\lambda}{3\sqrt{3}\varepsilon_0 a}$ を持つ。

したがって，右図の通りになる。

無限に長い直線状電荷の作る電場

ドリル No.11	Class		No.		Name	

必修 **問題11** 一様な線密度 λ〔C·m^{-1}〕の正電荷が無限に長い直線状に分布しているとき，この直線状電荷から距離 r 離れた点 P における電場を求めよ。また，r の関数として図示せよ。

チェック項目	月　日	月　日
適切な座標系を選び，積分計算によって電場を求めることができる。 求めた電場をグラフ化することができる。		

—— 30 ——

円板状電荷の作る電場

面状電荷の作る電場を積分計算によって求めることができる。

発展 例題 2.6 半径 b の円板に電荷が面密度 σ 〔C·m^{-2}〕で一様に分布しているとき，円板の中心軸上，中心より x の距離の点 P での電場を求めよ。ただし，円板の厚みは考えなくてよい。

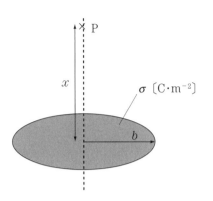

解答 半径 $r \sim r + dr$ の微小な幅を持った円環部分を考える。dr を十分に小さくとれば，円環は幅の無視できる円状電荷とみなせる。これは，例題 2.5 の結果が利用できるということである。例題 2.5 の結果から，この微小円環上にある電荷が中心軸上に作る電場は中心軸に沿った成分だけを持つことと，その大きさもわかっている。円環の面積は $2\pi r dr$ であるから，電荷量は $2\pi \sigma r dr$ である。円環を一周した長さは $2\pi r$ なので，線密度に換算して $\lambda = \sigma dr$ となる。したがって，例題 2.5 の(1)の解答において，λ にこの値と $a = r$ を代入した

$$\frac{(\sigma dr)r}{2\varepsilon_0} \cdot \frac{x}{\left(r^2 + x^2\right)^{\frac{3}{2}}} \quad \text{……………………………………………………} ①$$

がこの微小円環が点 P に作る電場である。全ての電荷が作る電場は，円環の半径 r を $0 < r < b$ の範囲で変化させて全て加えればよい（r について積分）。

$$E_{//} = \int_0^b \frac{\sigma r dr}{2\varepsilon_0} \cdot \frac{x}{\left(r^2 + x^2\right)^{\frac{3}{2}}} = \frac{\sigma}{2\varepsilon_0} \int_0^b \left(1 + \left(\frac{r}{x}\right)^2\right)^{-\frac{3}{2}} \frac{r}{x^2} dr \quad \text{……………} ②$$

ここで，

$$\frac{r}{x} = \tan\varphi \quad \text{………………………………………} ③$$

とおき変数変換を行う。③式の両辺を r について微分すれば，

$$\frac{1}{x} = \frac{1}{\cos^2\varphi} \frac{d\varphi}{dr} \quad \text{……………………………} ④$$

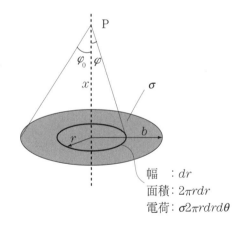

幅：dr
面積：$2\pi r dr$
電荷：$\sigma 2\pi r dr d\theta$

となる。④式の両辺に dr を掛ければ，

$$\frac{1}{x} dr = \frac{1}{\cos^2\varphi} \frac{d\varphi}{dr} dr = \frac{1}{\cos^2\varphi} d\varphi \quad \text{…………} ⑤$$

となる。この変数変換を②式に適用すれば，

$$E_{//} = \frac{\sigma}{2\varepsilon_0} \int_0^{\varphi_0} \frac{1}{\left(1 + \tan^2\varphi\right)^{\frac{3}{2}}} \cdot \tan\varphi \left(\frac{d\varphi}{\cos^2\varphi}\right) = \frac{\sigma}{2\varepsilon_0} \int_0^{\varphi_0} \cos^3\varphi \cdot \tan\varphi \left(\frac{d\varphi}{\cos^2\varphi}\right)$$

$$= \frac{\sigma}{2\varepsilon_0} \int_0^{\varphi_0} \sin\varphi d\varphi = \frac{\sigma}{2\varepsilon_0} (1 - \cos\varphi_0) \quad \text{………………………………} ⑥$$

となる。ただし積分範囲は，$0 \leq \varphi \leq \varphi_0$ である。ここで，$\cos\varphi_0 = \dfrac{x}{\sqrt{x^2 + b^2}}$ であるから，

$$E_{//} = \frac{\sigma}{2\varepsilon_0} \left(1 - \frac{x}{\sqrt{x^2 + b^2}}\right) \quad \text{となる。}$$

無限に広い面状電荷の作る電場

ドリル No.12	Class		No.		Name	

必修 **問題 12**　無限平面に電荷密度 $\sigma(>0)$〔C·m^{-2}〕で一様に分布する面状電荷の作る電場を求めよ。

チェック項目	月　　日	月　　日
例題 2.6 の考えを発展できる。 適切な座標系を選び，積分計算によって電場を求めることができる。		

第 3 章　ガウスの法則と静電ポテンシャル

3.1　ガウスの法則と電場

電荷分布の対称性から電場の概略を把握しよう。ガウスの法則を理解し，これを用いた電場の求め方を学ぼう。

ガウスの法則

図3.1のように任意の閉曲面を S とし，その外向きの単位法線ベクトルを $\mathbf{n}(\mathbf{r})$ とする。静電場 $\mathbf{E}(\mathbf{r})$ を閉曲面 S 上で積分した結果と，閉曲面 S で囲まれた内部にある電荷の総量 Q との間には，次のような関係が成り立つ。

$$\int_S \mathbf{E}(\mathbf{r}) \cdot \mathbf{n}(\mathbf{r}) dS = \frac{Q}{\varepsilon_0} = \frac{1}{\varepsilon_0} \times (S\,内の全電荷)$$
$$\cdots\cdots\cdots\cdots\cdots\cdots\cdots (3.1)$$

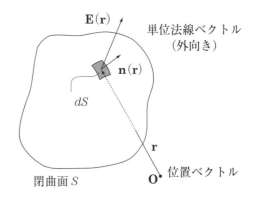

図3.1

すなわち，

任意の閉曲面 S を貫く電場の総量＝ S に囲まれた領域内の電荷の総量÷真空の誘電率 ε_0

である。この法則は静電場の場合にはクーロンの法則の帰結として導かれ，電場の**ガウスの法則**という。電場が時間変化する場合もこれが成り立つ。

面積分 $\int_S \mathbf{E}(\mathbf{r}) \cdot \mathbf{n}(\mathbf{r}) dS$ の意味

ガウスの法則の面積分の項，

$$\int_S \mathbf{E}(\mathbf{r}) \cdot \mathbf{n}(\mathbf{r}) dS \cdots\cdots\cdots\cdots (3.2)$$

は任意の閉曲面 S を貫いて出ていく電場の総量（S からの電場の湧き出し）を計算している。例えば，閉曲面 S を貫いて出ていく電場の総量を計算することを考えたとき，図3.2のように閉曲面 S を幾つもの微小面 dS_1, dS_2, $\cdots dS_i \cdots$, dS_n に分割して考える。これらの微小面は「平らな面」とみなせるくらい，またそこでは電場の大きさと方向は一定とみなせるくらいに小さくとる。その位置ベクトルは微小面の中心にとり，閉曲面 S 上の単位法線ベクトル $\mathbf{n}(\mathbf{r}_i)$ は外向きにとる。

さて，微小面 dS_i を貫く電場成分は図3.3のように dS_i の法線方向成分であるから，$\mathbf{E}(\mathbf{r}_i) \cdot \mathbf{n}(\mathbf{r}_i)$ である。これに微小面の面積 dS_i を掛けた $\mathbf{E}(\mathbf{r}_i) \cdot \mathbf{n}(\mathbf{r}_i)\, dS_i$ を微小面 dS_i を貫く電場の量とする。これをすべての微小面について加え合わせた値，

$$\sum_{i=1}^{n} \mathbf{E}(\mathbf{r}_i) \cdot \mathbf{n}(\mathbf{r}_i) dS_i \cdots\cdots\cdots\cdots\cdots (3.3)$$

が閉曲面 S を貫く電場の近似値になる。それぞれの dS_i の大きさを限りなく小さくしながら，分割数を無限にすれば厳密な値が得られるので，

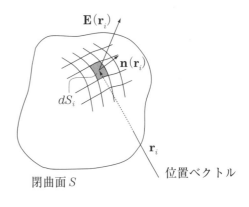

図3.2

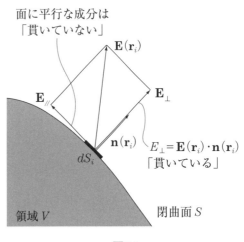

図3.3

$$\lim_{n \to \infty} \sum_{i=1}^{n} \mathbf{E}(\mathbf{r}_i) \cdot \mathbf{n}(\mathbf{r}_i) dS_i \quad \cdots\cdots\cdots\cdots\cdots\cdots\cdots\cdots\cdots\cdots\cdots\cdots\cdots\cdots\cdots \quad (3.4)$$

を計算すればよい。これは積分の定義そのものなので,

$$\lim_{n \to \infty} \sum_{i=1}^{n} \mathbf{E}(\mathbf{r}_i) \cdot \mathbf{n}(\mathbf{r}_i) dS_i \equiv \int_{S} \mathbf{E}(\mathbf{r}) \cdot \mathbf{n}(\mathbf{r}) dS \quad \cdots\cdots\cdots\cdots\cdots\cdots\cdots \quad (3.5)$$

となって,

$$\int_{S} \mathbf{E}(\mathbf{r}) \cdot \mathbf{n}(\mathbf{r}) dS$$

は閉曲面 S からの電場の湧き出しを計算していることになる。

つまり,**図 3.4** に示すように,閉曲面 S から電場の湧き出しがなければ (3.2) 式の結果は 0 となり,湧き出しがある場合は,0 にはならないのである。

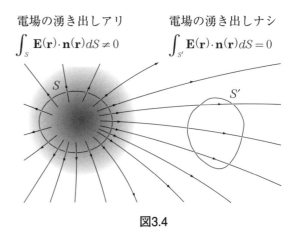

電場の湧き出しアリ $\int_{S} \mathbf{E}(\mathbf{r}) \cdot \mathbf{n}(\mathbf{r}) dS \neq 0$　　電場の湧き出しナシ $\int_{S'} \mathbf{E}(\mathbf{r}) \cdot \mathbf{n}(\mathbf{r}) dS = 0$

図3.4

積分形式のガウスの法則を用いた静電場の求め方の指針

1. 電荷の分布の様子など,系の対称性を見極める(全電荷 Q〔C〕,単位長さあたりの電荷 λ〔C·m^{-1}〕,面電荷密度 ω〔C·m^{-2}〕,体積電荷密度 ρ〔C·m^{-3}〕など)。また,電場の方向や大きさは系の対称性を反映するので,議論しておく。

2. ガウスの法則の左辺の積分で用いる閉曲面として,どんなものが適切か決定する。例えば,円筒面や球面など。

3. ガウスの法則の左辺 $\int_{S} \mathbf{E}(\mathbf{r}) \cdot \mathbf{n}(\mathbf{r}) dS$ の計算を実行する。直方体状または円筒状閉曲面の場合,閉曲面 S を分割すると計算が簡単になることが多い。また,$|\mathbf{E}(\mathbf{r}) \cdot \mathbf{n}(\mathbf{r})| \int_{S} dS$ の形にできれば,$\int_{S} dS = S$ の面積なので,計算がずっと楽になる。

4. 閉曲面 S に囲まれた領域内の電荷を求め,ガウスの法則 (3.1) 式の右辺 $\dfrac{1}{\varepsilon_0} \times (S$ 内の全電荷$)$ を計算する。

5. 3 と 4 の結果を = (等号) で結び,電場の大きさを計算する。

微分形式のガウスの法則を用いた電場の求め方を学ぼう。

微分形式のガウスの法則

電場 $\mathbf{E}(\mathbf{r})$ と電荷密度 $\rho(\mathbf{r})$ の関係は,微分形式のガウスの法則,

$$\mathrm{div}\,\mathbf{E}(\mathbf{r}) = \frac{\rho(\mathbf{r})}{\varepsilon_0} \quad \cdots\cdots\cdots\cdots\cdots\cdots\cdots\cdots\cdots\cdots\cdots\cdots\cdots\cdots\cdots\cdots \quad (3.6)$$

によっても与えられる。左辺の div は,発散またはダイバージェンスなどと呼ばれる偏微分演算子で,例えば,xyz 座標系では

$$\mathrm{div}\,\mathbf{E}(\mathbf{r}) = \frac{\partial E_x}{\partial x} + \frac{\partial E_y}{\partial y} + \frac{\partial E_z}{\partial z}$$

と表される(付録 F 参照)。この式のメリットは,「電荷分布 $\rho(\mathbf{r})$ が与えられれば,偏微分方程式を解いて電場を求められる。」こと,逆に「**電場が与えられれば div をとって電荷分布が計算できる。**」ことである。

以下に，積分形式のガウスの法則 (3.1) 式から (3.5) 式を導きながら，その意味する内容を述べる。

面積分 $\int_S \mathbf{E}(\mathbf{r})\cdot\mathbf{n}(\mathbf{r})dS$ は閉曲面 S からの電場の湧き出しを計算しているのであるが，仮に単位体積あたりの湧き出し量を $f(\mathbf{r})$ と表せば，閉曲面 S からの湧き出し量は，S 内の領域 V で $f(\mathbf{r})$ を体積積分したものであるはずである。すなわち，

$$\int_S \mathbf{E}(\mathbf{r})\cdot\mathbf{n}(\mathbf{r})dS = \int_V f(\mathbf{r})dV \quad\text{(3.7)}$$

である。

ここでベクトル解析の定理であるガウスの定理（付録 L 参照）

$$\int_S \mathbf{E}(\mathbf{r})\cdot\mathbf{n}(\mathbf{r})dS = \int_V \mathrm{div}\,\mathbf{E}(\mathbf{r})dV \quad\text{(3.8)}$$

を用いれば，

$$\int_V \mathrm{div}\,\mathbf{E}(\mathbf{r})dV = \int_V f(\mathbf{r})dV \quad\text{(3.9)}$$

となるので，

$$f(\mathbf{r}) = \mathrm{div}\,\mathbf{E}(\mathbf{r}) \quad\text{(3.10)}$$

であることがわかる。

つまり，$\mathrm{div}\,\mathbf{E}(\mathbf{r})$ は単位体積あたりの電場の湧き出しに相当するのである。

一方，(3.1) 式の真空中のガウスの法則 $\int_S \mathbf{E}(\mathbf{r})\cdot\mathbf{n}(\mathbf{r})dS = \dfrac{1}{\varepsilon_0}\times(S\,$内の全電荷$)$ の右辺は，電荷の密度分布を $\rho(\mathbf{r})$ とすれば，S 内の全電荷 $= \int_V \rho(\mathbf{r})dV$ であるから，

$$\int_S \mathbf{E}(\mathbf{r})\cdot\mathbf{n}(\mathbf{r})dS = \int_V \mathrm{div}\,\mathbf{E}(\mathbf{r})dV = \frac{1}{\varepsilon_0}\int_V \rho(\mathbf{r})dV \quad\text{(3.11)}$$

となり，

$$\mathrm{div}\,\mathbf{E}(\mathbf{r}) = \frac{\rho(\mathbf{r})}{\varepsilon_0} \quad\text{(3.12)}$$

が得られる。これが微分形式のガウスの法則である。

微分形式のガウスの法則を用いた静電場の求め方の指針

(1) 電荷の分布の様子など系の対称性を見極める（全電荷 Q〔C〕，単位長さあたりの電荷 λ〔C·m^{-1}〕，面電荷密度 ω〔C·m^{-2}〕，体積電荷密度 ρ〔C·m^{-3}〕など）。また，電場の方向や大きさは系の対称性を反映するので，最初に考察するとよい。

(2) 系の対称性を反映した座標系を選択（デカルト座標系，円筒座標系，極座標系など）して，その座標での $\mathrm{div}\,\mathbf{E}(\mathbf{r}) = \rho(\mathbf{r})$ を表現する。（付録 E 参照）このとき，電荷密度の分布によっては場合分けなどをしなくてはならない場合もあるので注意する。

(3) (2)で得られた偏微分方程式を解く。

3.2 導体内外の電場

導体内外の静電場について学ぼう。

帯電している導体の電場に関連する性質は以下のように要約される。

⑴ 電荷は導体の表面にのみ分布する。導体表面における面電荷密度を $\omega(\mathbf{r})$〔C·m^{-2}〕とすれば，表面上の電場 $\mathbf{E}(\mathbf{r})$ の大きさは，

$$E(\mathbf{r}) = \frac{|\omega(\mathbf{r})|}{\varepsilon_0} \quad (導体の外が真空である場合) \quad \cdots\cdots\cdots\cdots\cdots\cdots\cdots \quad (3.13)$$

(2) 電場の向きは，導体表面では垂直。

(3) 導体内には静電場は存在しない。（電流を流す電場は静電場ではない。）

(4) 導体内の電位（静電ポテンシャル）は一定。したがって導体表面は等電位面になっている。静電ポテンシャルについては，次の **3.3** を参照すること。

3.3 静電ポテンシャル

静電ポテンシャルと電場の関係を理解しよう。

静電ポテンシャルと電場

電場 $\mathbf{E}(\mathbf{r})$ に逆らって単位電荷 1 C を点 A から B に移動させるとき，外力が行う仕事 W （＝力×距離）は線積分

$$W = -\int_{A,C}^{B} \mathbf{E}(\mathbf{r}) \cdot d\mathbf{r} \quad \cdots\cdots\cdots\cdots\cdots\cdots\cdots\cdots\cdots \quad (3.14)$$

で与えられる。C は積分経路である。この積分量 W は，エネルギーの単位をもつ。またこの積分は経路 C によらず，経路の始点 A の位置 $\mathbf{r}_A$ と終点 B の位置 $\mathbf{r}_B$ のみのスカラー関数 $\phi(\mathbf{r})$ で決まり，

$$\int_{A,C}^{B} \mathbf{E}(\mathbf{r}) \cdot d\mathbf{r} = \phi(\mathbf{r}_A) - \phi(\mathbf{r}_B) \quad \cdots\cdots\cdots\cdots\cdots\cdots \quad (3.15)$$

となる。スカラー関数 $\phi(\mathbf{r})$ は**電位**あるいは**静電ポテンシャル**と呼ばれる。電位（静電ポテンシャル）の差のことを**電位差**と呼ぶ。また，力 $\mathbf{F}(\mathbf{r})$ によってされた仕事が経路によらないような力のことを**保存力**という。したがって，クーロン力は保存力である。

静電ポテンシャルと電場には，

$$\mathbf{E}(\mathbf{r}) = -\nabla\phi(\mathbf{r}) = -\mathrm{grad}\,\phi(\mathbf{r}) \quad \cdots\cdots\cdots\cdots\cdots\cdots \quad (3.16)$$

の関係がある（grad については付録 F 参照）。

以下に，静電場と静電ポテンシャルの関係（3.16）式を導きながら，その意味する内容を述べる。

位置 $\mathbf{r}$ にある 1 C の点電荷を $d\mathbf{s}$ だけ移動させたときの，電気的位置エネルギーの差 $d\phi(\mathbf{r})$ は，**図 3.5** より，

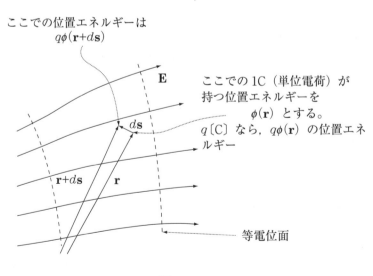

図3.5

$$d\phi(\mathbf{r}) = \phi(\mathbf{r}+d\mathbf{s}) - \phi(\mathbf{r}) \cdots\cdots\cdots\cdots\cdots\cdots\cdots\cdots\cdots\cdots\cdots\cdots\cdots\cdots\cdots\cdots \quad (3.17)$$

である。

一方，１Ｃの電荷を電場に逆らって動かしたときの仕事 $dW(\mathbf{r})$ は，

$$dW(\mathbf{r}) = \mathbf{F}(\mathbf{r}) \cdot d\mathbf{s} = -\mathbf{E}(\mathbf{r}) \cdot d\mathbf{s} = -E_s(\mathbf{r})ds \cdots\cdots\cdots\cdots\cdots\cdots\cdots\cdots \quad (3.18)$$

である。

ここで，電場の s 方向成分を E_s とした。エネルギー保存則より，（3.17）および（3.18）式の値は等しいので，

$$d\phi(\mathbf{r}) = dW(\mathbf{r}) = -E_s(\mathbf{r})ds \cdots\cdots\cdots\cdots\cdots\cdots\cdots\cdots\cdots\cdots\cdots \quad (3.19)$$

$$E_s(\mathbf{r}) = -\frac{d\phi(\mathbf{r})}{ds} \quad \cdots\cdots\cdots\cdots\cdots\cdots\cdots\cdots\cdots\cdots\cdots\cdots\cdots\cdots\cdots \quad (3.20)$$

となる。

この式は $\phi(\mathbf{r})$ を s 方向について微分（正確には偏微分）したものが電場の s 方向成分 E_s であることを示している。

したがって，この「s 方向」を座標軸にあてはめれば，

$\phi(\mathbf{r})$ を x 方向について偏微分してマイナス（-）符号をつければ $E_x(\mathbf{r})$
　〃　　y 方向について　　　　　　〃　　　　　　　〃　　　　$E_y(\mathbf{r})$
　〃　　z 方向について　　　　　　〃　　　　　　　〃　　　　$E_z(\mathbf{r})$

となり，

$$\begin{aligned}
\mathbf{E}(\mathbf{r}) &= \left(E_x(\mathbf{r}), E_y(\mathbf{r}), E_z(\mathbf{r})\right) = -\left(\frac{\partial\phi(\mathbf{r})}{\partial x}, \frac{\partial\phi(\mathbf{r})}{\partial y}, \frac{\partial\phi(\mathbf{r})}{\partial z}\right) \\
&= -\left(\frac{\partial}{\partial x}, \frac{\partial}{\partial y}, \frac{\partial}{\partial z}\right)\phi(\mathbf{r}) \\
&= -\nabla\phi(\mathbf{r}) \\
&= -\mathrm{grad}\,\phi(\mathbf{r}) \cdots\cdots\cdots\cdots\cdots\cdots\cdots\cdots\cdots\cdots\cdots\cdots\cdots \quad (3.21)
\end{aligned}$$

という関係が電場と静電ポテンシャルにある。

各種の座標系での $\mathbf{E}(\mathbf{r}) = -\nabla\phi(\mathbf{r}) = -\mathrm{grad}\,\phi(\mathbf{r})$ は以下の式で与えられる。

デカルト座標系：$\mathbf{E}(\mathbf{r}) = -\left(\dfrac{\partial\phi(\mathbf{r})}{\partial x}\mathbf{e}_x + \dfrac{\partial\phi(\mathbf{r})}{\partial y}\mathbf{e}_y + \dfrac{\partial\phi(\mathbf{r})}{\partial z}\mathbf{e}_z\right)$ $\cdots\cdots\cdots\cdots$ (3.22a)

円筒座標系　　：$\mathbf{E}(\mathbf{r}=R,\theta,z) = -\left(\dfrac{\partial\phi(\mathbf{r})}{\partial R}\mathbf{e}_R + \dfrac{1}{r}\dfrac{\partial\phi(\mathbf{r})}{\partial\theta}\mathbf{e}_\theta + \dfrac{\partial\phi(\mathbf{r})}{\partial z}\mathbf{e}_z\right)$ $\cdots\cdots\cdots$ (3.22b)

極座標系　　　：$\mathbf{E}(\mathbf{r}=r,\theta,\varphi) = -\left(\dfrac{\partial\phi(\mathbf{r})}{\partial r}\mathbf{e}_r + \dfrac{1}{r}\dfrac{\partial\phi(\mathbf{r})}{\partial\theta}\mathbf{e}_\theta + \dfrac{1}{r\sin\theta}\dfrac{\partial\phi(\mathbf{r})}{\partial\varphi}\mathbf{e}_\varphi\right)$ $\cdots\cdots$ (3.22c)

静電ポテンシャルの基準

静電ポテンシャルの基準（例えば $\phi=0$ の場所など）は問題の中で与えられることが多いが，特に断っていない場合では，無限遠方で $\phi=0$ など，問題設定を考えて最も都合がよいように問題を解く当人が決める。

静電ポテンシャルの連続性

静電ポテンシャルは必ず連続である。ある場所で不連続になることはない。これを「静電ポテンシャルの連続性」という。

3.4 静電容量と静電場のエネルギー

コンデンサの静電容量と静電場のエネルギーについて学ぼう。

孤立導体の静電容量

空間に孤立した導体（形状は何でもよい）が電荷 Q に帯電しており，そのときの導体の電位を ϕ_c，無限遠方の電位を ϕ_∞ とする。無限遠方から電荷を運んできて導体に帯電させれば，導体の電位は引き上げられるであろう。導体の電位を 1 V 引き上げるために必要な電荷量は，

$$C = \frac{Q}{\phi_c - \phi_\infty} \quad \dotfill \quad (3.23)$$

で与えられる。この C は導体の形状やサイズ，さらには導体を取り巻く媒質の誘電率などで決定される定数で**孤立導体の静電容量**という。静電容量の単位には F（ファラッド，Farad）がもちいられる。電位を 1 V 引き上げるのに 1 C の電荷量を要するときの静電容量が 1 F である。〔F〕を〔C〕と〔V〕で表せば，

$$\text{〔F〕} = \text{〔C·V}^{-1}\text{〕}$$

となる。

コンデンサ

2つの相対する導体に同じ大きさで符号の異なる $\pm Q$ の電荷を帯電させるデバイスをコンデンサという。コンデンサの正に帯電した導体（**正極**）から出た電場はすべて負に帯電した導体（**負極**）で終わる。正極と負極のことを**電極**と呼ぶ。形状が板状の電極を**極板**という呼び方もする。

コンデンサの静電容量

コンデンサの一方の電極からもう一方の電極へ電荷を運び，電極間の電位差を 1 V 引き上げるのに必要な電荷量は，

$$C = \frac{Q}{V} \quad \dotfill \quad (3.24)$$

で与えられる。この C は電極の形状やサイズ，電極間の媒質の誘電率などで決定される定数で**コンデンサの静電容量**と呼ばれる。

静電場のエネルギーについて

1. 電場が存在するところでは空間には電気的なひずみが発生している。この電気的ひずみの持つエネルギーを**静電場のエネルギー（静電エネルギー）**という。この電気的ひずみは場所 $\mathbf{r} = (x, y, z)$ の関数なので，その場所における静電場のエネルギーも $\mathbf{r}$ の関数である。さらに電場が時間的にも変化する場合は時間 t の関数でもある。これを単位体積あたりのエネルギーに換算したものがエネルギー密度 $u(\mathbf{r}, t)$ であり，真空中では，

$$u(\mathbf{r}, t) = \frac{\varepsilon_0}{2} E^2(\mathbf{r}, t) \quad \dotfill \quad (3.25)$$

で与えられる。エネルギー密度の単位は〔J·m^{-3}〕である。ある領域 V 内に蓄えられている静電場のエネルギーを求めるには，このエネルギー密度を領域 V で体積積分してやればよい。すなわち，

$$U = \int_V u(\mathbf{r}, t) dV = \int_V \frac{\varepsilon_0}{2} E^2(\mathbf{r}, t) dV \quad \dotfill \quad (3.26)$$

である。

2. 電荷 Q に帯電している導体と媒質全体を含めた系の持つ静電場のエネルギーは，導体の電位を引き上げるために無限遠方から電荷を運んできたときにした仕事と同じ大きさである。

孤立導体に蓄えられる静電場のエネルギー：$U = \dfrac{1}{2}C(\phi_c - \phi_\infty)^2 = \dfrac{1}{2}Q(\phi_c - \phi_\infty) = \dfrac{Q^2}{2C}$ … (3.27)

コンデンサに蓄えられる静電場のエネルギー：$U = \dfrac{1}{2}CV^2 = \dfrac{1}{2}QV = \dfrac{Q^2}{2C}$ ……………… (3.28)

　充電されたコンデンサに蓄えられているエネルギーは，「帯電している電極に蓄えられている。」などと誤解する人が多いが，実際は電極間の空間の電気的ひずみとして空間そのものに蓄えられているのである。

3.5　電気双極子

電気双極子の作る電場について学ぼう。

電気双極子
　$+q$，$-q$ の同じ大きさで符号が逆の電荷が距離 s 離れて一対になったものを**電気双極子**または単に双極子という。電気双極子は，$-q$ から $+q$ に向かうベクトル $\mathbf{s}$ に電荷の大きさ q をかけたベクトル $\mathbf{p} = q\mathbf{s}$ で表される（**図3.6**）。このベクトルのことを**電気双極子モーメント**という。電気双極子モーメントの大きさは電気双極子に垂直に $1\,\mathrm{V\cdot m^{-1}}$ の電場を加えたときの力のモーメントに相当する。

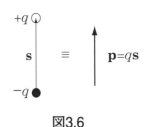

図3.6

　なお，電気双極子の位置ベクトルは双極子の中点の位置ベクトルで定義される。

電気双極子の作る電場
　図3.7 のような電気双極子から十分遠く，ベクトル $\mathbf{r}$ だけ離れた点 P に電気双極子が作る電場は，

$$\mathbf{E}(\mathbf{r}) = \mathbf{E}_r(\mathbf{r}) + \mathbf{E}_\theta(\mathbf{r}) = \frac{1}{4\pi\varepsilon_0}\left[-\frac{\mathbf{p}}{r^3} + \frac{3\mathbf{r}(\mathbf{p}\cdot\mathbf{r})}{r^5}\right]$$
$$\text{……………………} (3.29)$$

$$\mathbf{E}_r(\mathbf{r}) = \frac{1}{4\pi\varepsilon_0}\frac{2\mathbf{r}(\mathbf{p}\cdot\mathbf{r})}{r^5} \text{………………} (3.30a)$$

$$\mathbf{E}_\theta(\mathbf{r}) = \frac{1}{4\pi\varepsilon_0}\left[\frac{\mathbf{r}(\mathbf{p}\cdot\mathbf{r})}{r^5} - \frac{\mathbf{p}}{r^3}\right] \text{…………} (3.30b)$$

で与えられる。$\mathbf{E}_r$ と $\mathbf{E}_\theta$ の関係は図 3.7 を見よ。

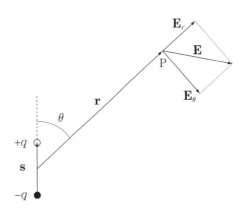

図3.7

電気双極子の位置エネルギー
　図3.8 に示されるような電場中の電気双極子の電気的位置エネルギー $U(\mathbf{r})$ は，それぞれの電荷の位置エネルギーの和であるから，

$$U(\mathbf{r}) = +q \times \phi\left(\mathbf{r} + \frac{\mathbf{s}}{2}\right) - q \times \phi\left(\mathbf{r} - \frac{\mathbf{s}}{2}\right) \text{……} (3.31)$$

で与えられる。ここで，$\mathbf{s}$ が十分小さい場合には，

$$\phi(\mathbf{r} + d\mathbf{r}) = \phi(\mathbf{r}) + d\phi = \phi(\mathbf{r}) + \mathrm{grad}\,\phi(\mathbf{r})\cdot d\mathbf{r}\ \text{であるから，}$$

$$d\mathbf{r} = \frac{\mathbf{s}}{2}$$

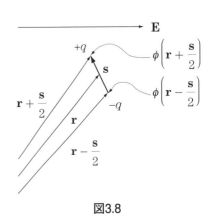

図3.8

として,

$$\phi\left(\mathbf{r}+\frac{\mathbf{s}}{2}\right)=\phi(\mathbf{r})+\operatorname{grad}\phi(\mathbf{r})\cdot\frac{\mathbf{s}}{2}\ ,$$

$$\phi\left(\mathbf{r}-\frac{\mathbf{s}}{2}\right)=\phi(\mathbf{r})-\operatorname{grad}\phi(\mathbf{r})\cdot\frac{\mathbf{s}}{2}$$

$$\begin{aligned}U(\mathbf{r})&=q\times\left[\phi\left(\mathbf{r}+\frac{\mathbf{s}}{2}\right)-\phi\left(\mathbf{r}-\frac{\mathbf{s}}{2}\right)\right]\\&=q\left[\left(\phi(\mathbf{r})+\operatorname{grad}\phi(\mathbf{r})\cdot\frac{\mathbf{s}}{2}\right)-\left(\phi(\mathbf{r})-\operatorname{grad}\phi(\mathbf{r})\cdot\frac{\mathbf{s}}{2}\right)\right]\\&=q\times\operatorname{grad}\phi(\mathbf{r})\cdot\mathbf{s}=q\mathbf{s}\cdot\operatorname{grad}\phi(\mathbf{r})=-\mathbf{p}\cdot\mathbf{E}(\mathbf{r})\end{aligned}$$ ·····(3.32)

となる。

電気双極子 $\mathbf{p}$ および $\mathbf{p}'$ があるときの位置エネルギーは,

$$\mathbf{E}(\mathbf{r})=\frac{1}{4\pi\varepsilon_0}\left[-\frac{\mathbf{p}}{r^3}+\frac{3\mathbf{r}(\mathbf{p}\cdot\mathbf{r})}{r^5}\right]\ \text{より},$$

$$U(\mathbf{r})=-\frac{1}{4\pi\varepsilon_0}\left[-\frac{\mathbf{p}\cdot\mathbf{p}'}{r^3}+\frac{3(\mathbf{p}\cdot\mathbf{r})(\mathbf{p}'\cdot\mathbf{r})}{r^5}\right]$$ ·····(3.33)

また, 作用する力は,

$$\mathbf{F}(\mathbf{r})=-\operatorname{grad}U(\mathbf{r})$$ ·····(3.34)

で与えられる。

ガウスの法則の積分形を使った計算　—球対称な系の電場 I —

> 球対称な系について積分形式のガウスの法則を使って電場を求められる。

基礎 例題 **3.1** 半径 r_B で厚みのない球殻表面に, 合計 $-e$ (<0) の電荷が一様に分布している。中心からの距離を r として以下の問いに答えよ。

(1)　任意の点における電場は, 動径方向成分しか持たないことを, 電荷分布の対称性について考察することによって示せ。ここで, ある点に対する動径方向とは, 中心からその点を結ぶ直線の方向を表す。また, 中心からの距離が等しい点では電場の大きさも等しいことも示せ。

(2)　$r > r_B$ の点にできる電場を, ガウスの法則を用いて求めよ。

(3)　$r < r_B$ の点にできる電場を, ガウスの法則を用いて求めよ。

(4)　さらに球の中心に電気量 $+e$ の点電荷を入れると水素原子のモデルになる (右下図)。このときの合成電場の動径方向成分を, r の関数として図示せよ。

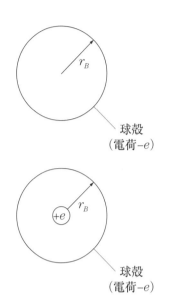

球殻
(電荷 $-e$)

球殻
(電荷 $-e$)

解答

(1)　右図のようにある点 P における電場の向きが, 動径方向からずれていると仮定する。次に点 P と球殻の中心を結ぶ直線を軸とし, この軸の周りに全体を好きな角度だけ回転してみる。回転後の電荷分布の様子も点 P の位置も回転前と変わらないが, 電場の向きは, 点 P を頂点に円錐の母線を描き, その方向は回転角がちょうど 360° の整数倍でない限り, 元の方向には一致しない。電荷分布が変わらないのに, 同じ点にできる電場の向きが回転後に変わるのはお

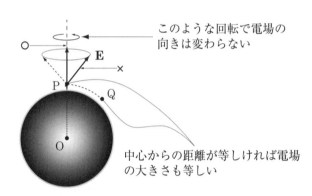

このような回転で電場の向きは変わらない

中心からの距離が等しければ電場の大きさも等しい

球対称な系の電場

かしいから, このことは電場の向きが動径方向からずれてはいけないことを表す。

次に大きさについて考える。例えば, 中心からの距離が点 P の場合と等しい点 Q を考える。点 P から電荷の分布した球殻を見た景色と, 点 Q から電荷の分布した球殻を見た景色は同じなので, 両点にできる電場の大きさは同じでなければならない。

補足 **1**　ここで, 中心を通る任意の直線の周りに任意の角度だけ回転しても電荷の分布状態が変わらないとか, 中心からの距離が一定な点からであれば, どこから見ても同じに見えるというのは, 球のもつ性質と同じであるから, この場合,「電荷の分布は球対称である」という呼び方がなされる。電荷分布によって作られる電場も電荷分布の対称性と同じ球対称性を示すはずである。解答のように, 電場の向きが動径方向であるとか, 強さが $r =$ 一定の場所では大きさが同じになるのは, 電荷分布が球対称であることの反映であることがわかる。

補足 **2**　別解として, クーロンの法則を用いて電場の向きが動径方向であるとか, 強さが $r =$ 一定の場所では大きさが同じになることを示すこともできる。

(2)　電荷分布が球対称なので, ガウスの法則で用いる閉曲面 S としては同じ対称性の球面を考える。すなわち, 電荷が分布している球殻と中心を共有する半径 r の球の表面を閉曲面に選び,

(3.1) 式の真空中のガウスの法則

$$\int_S \mathbf{E}(\mathbf{r})\cdot\mathbf{n}(\mathbf{r})dS = \frac{1}{\varepsilon_0}\times(S \text{内の全電荷}) \quad\cdots\cdots\cdots\cdots\cdots\cdots\cdots\cdots\cdots\cdots\cdots\cdots ①$$

を適用して電場を求める。まず左辺の積分を考える。(1)の解答より，S 上では電場の大きさは一定なので，これを $E(r)$ とする。電場の向きは動径方向で外向きであるから，これは S の各点における法線方向成分に等しい。したがって S 上の任意の点で $\mathbf{E}(\mathbf{r})\cdot\mathbf{n}(\mathbf{r})=E(r)$ となる。この量は S 上では一定なので，積分の外側に取り出すことができ，

$$\int_S \mathbf{E}(\mathbf{r})\cdot\mathbf{n}(\mathbf{r})dS = \int_S E(r)dS = E(r)\int_S dS = 4\pi r^2 E(r) \quad\cdots\cdots\cdots\cdots\cdots\cdots ②$$

となる。一方 $r_B \leqq r$ では S 内の電荷量は $-e$ であるから，①式の右辺は $-\dfrac{e}{\varepsilon_0}$ となる。これを②式と等しいとおけば，

$$4\pi r^2 E(r) = \frac{-e}{\varepsilon_0} \qquad \therefore\ E(r)=\frac{-e}{4\pi\varepsilon_0 r^2}\quad (r>r_B) \quad\cdots\cdots\cdots\cdots\cdots ③$$

を得る。

(3) 考える領域が $0<r<r_B$ になっても，電場は系の対称性を反映して球対称になっている。したがって，閉曲面 S として，問(2)のときと同じ球の表面で，半径だけが $0<r<r_B$ となったものを選ぶ。今度の S 内には電荷がないから，①式の右辺はゼロとなり，

$$\int_S \mathbf{E}(\mathbf{r})\cdot\mathbf{n}(\mathbf{r})dS = \frac{0}{\varepsilon_0} \quad\cdots\cdots\cdots\cdots\cdots\cdots\cdots\cdots\cdots\cdots\cdots\cdots\cdots\cdots ④$$

となる。球対称性のため，この S 上の任意の点で $\mathbf{E}(\mathbf{r})\cdot\mathbf{n}(\mathbf{r})=E(r)$ となり，その値は S 上では一定である。したがって，④式の左辺の計算結果は②式と同じになる。したがって，

$$\int_S \mathbf{E}(\mathbf{r})\cdot\mathbf{n}(\mathbf{r})dS = \int_S E(r)dS = E(r)\int_S dS = 4\pi r^2 E(r) = 0$$

となり，

$$E(r)=0 \quad (0\leqq r<r_B) \quad\cdots\cdots\cdots\cdots\cdots\cdots\cdots\cdots\cdots\cdots\cdots\cdots\cdots ⑤$$

を得る。

(4) この問題もガウスの法則を用いて解く。中心においた点電荷も，球殻も，電荷分布としては球対称であるから，球殻の内部，外部に拘わらず，電場も球対称であることは(1)～(3)と同じ。したがって，ガウスの法則を適用する際に閉曲面 S をこれまでのように半径 r の球に選ぶと，①式の左辺の積分は，r の大きさによらず②式になる。あとは①式右辺を S の半径に応じて，

$$\frac{1}{\varepsilon_0}\times(S \text{内の全電荷}) = \begin{cases} \dfrac{e}{\varepsilon_0} & (0<r<r_B) \\[2mm] 0 & (r>r_B) \end{cases} \quad\cdots\cdots\cdots\cdots\cdots\cdots ⑥$$

と場合分けすればよい。

$0 \leqq r<r_B$ のとき，S 内の電荷は $+e$ であるので，

$$\int_S \mathbf{E}(\mathbf{r})\cdot\mathbf{n}(\mathbf{r})dS = \int_S E(r)dS = E(r)\int_S dS = 4\pi r^2 E(r) = \frac{e}{\varepsilon_0}$$

となり，

$$E(r)=\frac{e}{4\pi\varepsilon_0 r^2} \quad (0\leqq r<r_B) \quad\cdots\cdots\cdots\cdots\cdots\cdots\cdots\cdots\cdots\cdots ⑦$$

を得る。

$r_B<r$ のとき，S 内の電荷は $+e+(-e)=0$ であるので，

$$\int_S \mathbf{E}(\mathbf{r})\cdot\mathbf{n}(\mathbf{r})dS = \int_S E(r)dS = E(r)\int_S dS = 4\pi r^2 E(r) = \frac{0}{\varepsilon_0}$$

となり，

$$E(r) = 0 \qquad (r > r_B) \quad \text{\dotfill} \quad ⑧$$

を得る。

⑦式と⑧式を図示すると以下のようになる。

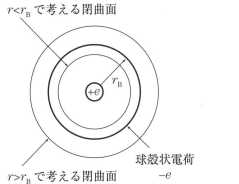

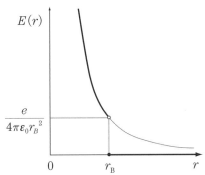

別解 中心に $+e$ の点電荷が追加された場合，全体の電場は，球殻が単独で作った電場（問(2)と(3)の答え）に，点電荷が作る電場を重ね合わせれば求まる。原点にある $+e$ の点電荷が任意の点に作る電場は外向き動径方向を向いており，(2.4) 式より，

$$E(r) = \frac{e}{4\pi\varepsilon_0 r^2} \quad \text{\dotfill} \quad ⑨$$

であることがわかっている。全体の電場は③式と⑤式を重ね合わせれば得られる。その結果，球殻の外部ではゼロ，内部では⑨式となる。

ガウスの法則の積分形を使った計算　―球対称な系の電場Ⅱ―

ドリル No.13	Class		No.		Name	

必修 **問題13**　半径 a の球内に正の電荷が一様な電荷密度 ρ 〔C·m^{-3}〕で分布しているとき，球の内外の電場を積分形式のガウスの法則を用いて求めよ。

チェック項目	月　　日	月　　日
球状の電荷分布に対してガウスの法則を使って電場を求められる。 対称性の議論から電場の概略をイメージできる。		

ガウスの法則の積分形を使った計算 —軸対称な系の電場 I —

軸対称な系について積分形式のガウスの法則を使って電場を求められる。

基礎 例題 **3.2** 無限に長い直線上に，正の電荷が単位長さあたり λ〔$C \cdot m^{-1}$〕の一様な電荷密度で分布しているときの電場を積分形のガウスの法則を用いて求めよ。

解答

最初にこの系の対称性を把握する。電荷分布の様子は，直線の周りに軸対称である。さらに，この直線に沿って任意の距離だけ平行移動しても電荷分布は変わらず，電荷が分布する直線上の任意の点を通る垂線の周りに $180°$ 回転させても電荷分布は回転前と変わらない。また，直線から等距離の任意の点から電荷分布の全体を眺めても違いがない。電場の性質は電荷分布の性質を反映するので，電場は次のような性質を持つ。

まず，軸（直線電荷）からの距離が等しい点では，電場の大きさは同じになる。軸からの距離が等しい点から電荷分布の様子を見るとどこから見ても同じ景色に見えるからである。また電場の方向は電荷の分布する直線に対して垂直で放射状になっていなければならない。なぜなら，ある点における電場の向きを考えたとき，その点から電荷の分布する直線へ降ろした垂線の周りに全体を $180°$ 回転させても電荷分布は元通りであるから，電場の向きも元と同じはずである。これが可能なのは，その点の電場が回転軸の方向，すなわち，その点から直線へ降ろした垂線方向を向いている場合だけだからである。

以上の考察をもとに計算を進める。電荷分布が軸対称なので，ガウスの法則で用いる閉曲面 S としては，同じ対称性を持つ直線状電荷を中心軸とする円筒面を考えればよい。すなわち，半径 r，長さ l の円筒面を S とし，(3.1) 式の真空中のガウスの法則

$$\int_S \mathbf{E}(\mathbf{r}) \cdot \mathbf{n}(\mathbf{r}) dS = \frac{1}{\varepsilon_0} \times (S \text{内の全電荷}) \quad \cdots\cdots\cdots\cdots ①$$

を適用して電場を求めるとよい。この計算は付録 H の「電磁気学で良く使う面積分」の「無限に長い直線に対して軸対称な系」の「(1) ベクトル場が直線から放射状になっている場合」と同じである。まず，考えている円筒面 S の長さは l なので，S 内の全電荷は λl である。したがって，①式の右辺は，

$$\frac{1}{\varepsilon_0} \times (S \text{内の全電荷}) = \frac{\lambda l}{\varepsilon_0}$$

となる。

次に①式の左辺を計算する。円筒面 S を上の面 S_0，側面 S_1，下の面 S_2 に3分割して考える。すなわち，$S = S_0 + S_1 + S_2$ とすれば，

$$\int_S \mathbf{E}(\mathbf{r}) \cdot \mathbf{n}(\mathbf{r}) dS = \int_{S_0 + S_1 + S_2} \mathbf{E}(\mathbf{r}) \cdot \mathbf{n}(\mathbf{r}) dS$$
$$= \int_{S_0} \mathbf{E}(\mathbf{r}) \cdot \mathbf{n}(\mathbf{r}) dS + \int_{S_1} \mathbf{E}(\mathbf{r}) \cdot \mathbf{n}(\mathbf{r}) dS + \int_{S_2} \mathbf{E}(\mathbf{r}) \cdot \mathbf{n}(\mathbf{r}) dS \quad \cdots\cdots\cdots ②$$

と3分割できる。さて，S_0，S_2 上では外向き単位法線ベクトル $\mathbf{n}(\mathbf{r})$ と電場 $\mathbf{E}(\mathbf{r})$ は垂直なので，その内積は $\mathbf{E}(\mathbf{r}) \cdot \mathbf{n}(\mathbf{r}) = 0$ となって積分の中身は 0 になる。一方，S_1 上では外向き単位法線ベクトル $\mathbf{n}(\mathbf{r})$ と電場 $\mathbf{E}(\mathbf{r})$ は平行なので，その内積は $\mathbf{E}(\mathbf{r}) \cdot \mathbf{n}(\mathbf{r}) = E(r)$ となって面積分を実行する上で一定値として扱える。したがって，

この中の全電荷は λl

S_1 上では電場の大きさ $E(r)$ は一定値

$$\int_S \mathbf{E}(\mathbf{r}) \cdot \mathbf{n}(\mathbf{r})\,dS = \int_{S_0} 0 \ dS + \int_{S_1} E(r)\,dS + \int_{S_2} 0 \ dS = \int_{S_1} E(r)\,dS = E(r)\int_{S_1} dS \ \cdots\cdots\cdots ③$$

となる。

ここで，面積分 $\int_{S_1} dS$ は S_1 の面積 $2\pi rl$ であるから，

$$E(\mathbf{r})\int_{S_1} dS = 2\pi rl E(r)$$

となる。

したがって，ガウスの法則は，

$$2\pi rl E(r) = \frac{\lambda l}{\varepsilon_0}$$

となって，

$$E(r) = \frac{\lambda}{2\pi\varepsilon_0 r}$$

が求まる。

補足 ここで，ある直線の周りに任意の角度だけ回転しても電荷の分布状態が変わらないという性質を「電荷の分布は軸対称である」という呼び方がなされる。電荷分布によって作られる電場も電荷分布の対称性と同じ軸対称性を示すはずである。

ガウスの法則の積分形を使った計算　—軸対称な系の電場Ⅱ—

ドリル No.14	Class		No.		Name	

必修 **問題 14**　半径 r_0 の無限に長い円筒の中に，一様な電荷密度 ρ_0〔$C \cdot m^{-3}$〕で正の電荷が分布しているとき，積分形のガウスの法則を用いて電場を求めよ。

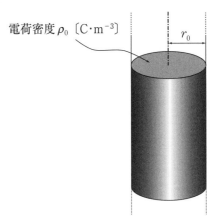

電荷密度 ρ_0〔$C \cdot m^{-3}$〕

r_0

チェック項目	月　日	月　日
円筒状の電荷分布に対してガウスの法則を使って電場を求められる。 対称性による議論ができる。		

ガウスの法則の積分形を使った計算　—軸対称な系の電場Ⅲ—

ドリル No.15	Class		No.		Name	

必修　**問題 15**　無限平面上に面密度 σ 〔C·m^{-2}〕で正の電荷が一様に分布している。ガウスの法則を用いて平面より x の距離の点 P における電場 E の方向および大きさを求めよ。

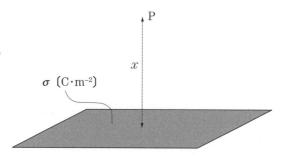

チェック項目	月　日	月　日
無限平面状の電荷分布に対してガウスの法則を使って電場を求められる。		

ガウスの法則の微分形を使った計算 ―球対称な系の電場 I ―

> 微分形式のガウスの法則を用いて静電場を求めることができること。

必修 **例題** **3.3** 例題 3.1 の「中心と同心球殻上に分布する電荷」の(2)および(4)の答えが, $r > r_B$ でガウスの法則の微分形を満足することを確認せよ。

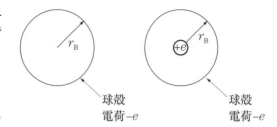

球殻
電荷 $-e$

球殻
電荷 $-e$

解答

球対称な系を扱う場合は極座標を用いると良い。例題 3.1 の結果から電場は球対称なので動径方向成分しか持たない。つまり, 中心からの距離 r の点における電場の大きさを $E(r)$ と書けば, これが動径方向成分 E_r に等しい。他の方向の成分 E_θ, E_ϕ はない。極座標系での $\mathrm{div}\mathbf{E}(\mathbf{r})$ は付録 G の (G-4) 式より,

$$\mathrm{div}\,\mathbf{E}(\mathbf{r}) = \nabla\cdot\mathbf{E}(\mathbf{r}) = \frac{1}{r^2}\frac{\partial}{\partial r}\left(r^2 E_r\right) + \frac{1}{r\sin\theta}\frac{\partial}{\partial\theta}\left(r\sin\theta E_\theta\right) + \frac{1}{r\sin\theta}\frac{\partial}{\partial\phi}E_\phi$$

であるが, $E_r = E(r)$, $E_\theta = 0$, $E_\phi = 0$ であるので,

$$\mathrm{div}\,\mathbf{E}(\mathbf{r}) = \frac{1}{r^2}\frac{\partial}{\partial r}\left(r^2 E(r)\right) \quad\text{①}$$

となる。一方, 電荷密度も球対称であるから動径 r の関数として $\rho(r)$ と書けば, ガウスの法則の微分形は,

$$\frac{1}{r^2}\frac{d}{dr}\left(r^2 E(r)\right) = \frac{\rho(r)}{\varepsilon_0} \quad\text{②}$$

となる。本問題では②式が成り立つことを示せばよい。例題 3.1 の(2)では, $r > r_B$ に対して,

$$E(r) = \frac{-e}{4\pi\varepsilon_0}\frac{1}{r^2} \quad\text{③}$$

であったから, ③式を②式の左辺に代入すると,

$$\frac{1}{r^2}\frac{d}{dr}\left[r^2\frac{-e}{4\pi\varepsilon_0 r^2}\right] = \frac{1}{r^2}\frac{d}{dr}\left[\frac{-e}{4\pi\varepsilon_0}\right] = 0 \quad\text{④}$$

を得る。一方, $r > r_B$ には電荷が存在しないので $\rho(r) = 0$ は自明。よって題意は示せた。

例題 3.1 の(4)でも, この領域には電荷が存在しないので微分形の右辺はやはり $\rho(r) = 0$。さらにこの領域では電場自体がゼロであったから, $\mathrm{div}\mathbf{E} = 0$ も明らか。よって題意は示せた。

別解 例題 3.1 の(2)に対しては, 極座標を用いず, デカルト座標で確認することもできる。この場合, 電荷のない領域であるから, 電荷密度を 0 として,

$$\frac{\partial}{\partial x}E_x(x,y,z) + \frac{\partial}{\partial y}E_y(x,y,z) + \frac{\partial}{\partial z}E_z(x,y,z) = 0 \quad\text{⑤}$$

を示せばよい。ただし, 任意の点の座標を (x,y,z) とし, その点の電場の xyz 成分をそれぞれ $E_x(x,y,z)$, $E_y(x,y,z)$, $E_z(x,y,z)$ で表した。例題 3.1 の結果を用いると電場の各成分は,

$$E_x(x,y,z) = \frac{-e}{4\pi\varepsilon_0}\frac{x}{r^3}, E_y(x,y,z) = \frac{-e}{4\pi\varepsilon_0}\frac{y}{r^3}, E_z(x,y,z) = \frac{-e}{4\pi\varepsilon_0}\frac{z}{r^3}$$

ここで $r = \sqrt{x^2 + y^2 + z^2}$ である。これらの成分を⑤式の左辺に代入すれば 0 になるので題意は示せる。

ガウスの法則の微分形を使った計算　―球対称な系の電場Ⅱ―

ドリル No.16	Class		No.		Name	

発展 **問題 16**　図に示すような半径 r_0 の球内に電荷が電荷密度 ρ_0 〔C・m^{-3}〕で一様に分布しているとき，

(1)　この球内の電荷の総量 Q を電荷密度 ρ_0〔C・m^{-3}〕を用いて表せ。

(2)　微分形のガウスの法則を用いて電場を求めよ。

電荷密度 ρ_0〔C・m^{-3}〕

チェック項目	月　日	月　日
球対称な系の電場を微分形のガウスの法則から求められる。		

ガウスの法則の微分形を使った計算 —軸対称な系の電場—

ドリル No.17	Class		No.		Name	

発展 **問題 17** 半径 r_0 の無限に長い円筒の中に，一様な電荷密度 ρ_0 〔C·m^{-3}〕で電荷が分布しているとき，以下の手順で円筒内外の電場を求めよ。

(1) この円筒の単位長さあたりの電荷 λ 〔C·m^{-1}〕を，ρ_0 〔C·m^{-3}〕を用いて表せ。

(2) 微分形のガウスの法則を用いて電場を求めよ。

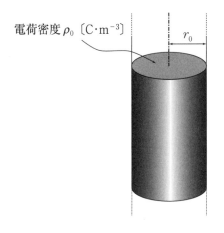

電荷密度 ρ_0 〔C·m^{-3}〕

チェック項目	月　日	月　日
軸対称な系の電場を微分形のガウスの法則から求められる。		

ガウスの法則の微分形を使った計算　—無限平面系の電場—

ドリル No.18	Class		No.		Name	

発展 **問題 18**　無限に広がる厚さ d の板内に電荷が電荷密度 ρ_0 〔C·m^{-3}〕で一様に分布しているとき，

(1)　この板の単位面積あたりの電荷 σ〔C·m^{-2}〕を ρ_0〔C·m^{-3}〕を用いて表せ。

(2)　微分形のガウスの法則を用いて電場を求めよ。

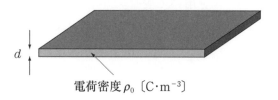

電荷密度 ρ_0〔C·m^{-3}〕

チェック項目	月　　日	月　　日
無限平面系の電場を微分形のガウスの法則から求められる。		

導体内外の静電場 —面対称な系の電場 I—

導体内外の静電場を求めることができること。

必修 **例題** **3.4** 無限に広い導体板に，電荷を与える。十分時間が経過して，平衡状態になると，上下の表面にのみ，面電荷密度 $\frac{\sigma}{2}$ 〔C・m^{-2}〕ずつ分布する。板の内外の電場を求めよ。

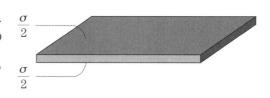

解答

　面電荷密度が $\frac{\sigma}{2}$ で等しい 2 枚の無限平面電荷がそれぞれ作る電場を求め，重ねあわせにより両者を加えればよい。1 枚の無限に広い平面上に分布した電荷が周囲の点に作る電場は，問題 15 ですでに求めてある。大きさは面電荷密度に $\frac{\sigma}{2}$ を代入して $\frac{\sigma}{4\varepsilon_0}$ となり，場所によらず一定である。向きは平面から遠ざかる向きに平面と垂直な方向である。2 枚の表面の間では，それぞれの表面の作る電場の向きが逆向きなので打ち消し合って電場は消える。これに対し，表面より外側では，それぞれ表面が作る電場が同じ向きになっており，重ね合わせにより大きさが 2 倍になる。以上をまとめると，板の内部では電場が 0。外部では，板に垂直な方向で板から出て行く向きの電場ができ，その大きさは場所によらず $\frac{\sigma}{2\varepsilon_0}$ である。

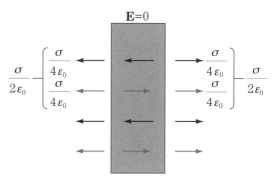

導体内外の静電場　―面対称な系の電場 II―

ドリル No.19	Class		No.		Name	

[発展] **問題 19** 図のように面積 S の 2 枚の金属板がお互いに平行に置かれている。一方の金属板には電荷 Q が，他方には $2Q$ が帯電しているとする。電場の性質が板の面積が無限大の場合と同じとみなせるとして，ガウスの法則を用いてそれぞれの表面における電荷 Q_1, Q_2, Q_3, Q_4 を求めよ。

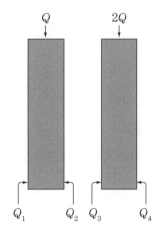

チェック項目	月　日	月　日
導体内の電場を理解している。無限平面状電荷の作る電場を理解している。		

ドリル No.20	Class		No.		Name	

必修 **問題 20**　半径 a の導体球に電荷 Q 〔C〕が帯電しているとき，全空間における電場を求めよ。

電荷 Q 〔C〕

チェック項目	月　日	月　日
導体内の静電場とガウスの法則を理解しているか。		

導体内外の静電場 —軸対称な系の電場—

ドリル No.21	Class		No.		Name	

必修 **問題21** 半径 a の無限に長い導体円筒がある。円筒内部は中空であるとする。この導体円筒に単位長さあたり電荷 λ〔C·m^{-1}〕の電荷が帯電しているとき，導体部分の厚みを無視できるとして，全空間における電場をガウスの法則の積分形式を用いて求めよ。

チェック項目	月	日	月	日
導体内の静電場とガウスの法則を理解しているか。				

静電ポテンシャル —球対称な系 I—

> 電場中を電荷を運ぶときの仕事は経路によらず，電気的な位置エネルギーの差によることを理解する。

必修 **例題 3.5** 原点に置いた点電荷 Q が作る電場と右図のような経路 C, C_1, C_2 を考える。このとき電場は中心力 $\mathbf{E}(\mathbf{r}) = \dfrac{Q}{4\pi\varepsilon_0}\dfrac{\mathbf{r}}{r^3}$ で与えられるが，積分 $\displaystyle\int_{\mathrm{A},C}^{\mathrm{B}}\mathbf{E}(\mathbf{r})\cdot d\mathbf{r}$ は経路によらず，

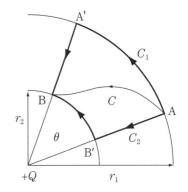

$$\int_{\mathrm{A},C}^{\mathrm{B}}\mathbf{E}(\mathbf{r})\cdot d\mathbf{r} = \phi(\mathbf{r}_A) - \phi(\mathbf{r}_B) \quad\cdots\cdots\cdots\cdots(1)$$

ただし， $\phi(\mathbf{r}) = \dfrac{Q}{4\pi\varepsilon_0}\dfrac{1}{r} \quad\cdots\cdots\cdots\cdots(2)$

となり，A，B それぞれの中心からの距離 r_1, r_2 だけに依存することを示せ。

解答

電荷間のベクトルが $\mathbf{r}$ であるとき，点電荷 Q が作る電場から電荷 e が受ける力は，クーロンの法則より，

$$\mathbf{F}(\mathbf{r}) = e\mathbf{E}(\mathbf{r}),\quad \mathbf{E}(\mathbf{r}) = \frac{Q}{4\pi\varepsilon_0|\mathbf{r}|^3}\mathbf{r} \quad\cdots\cdots\cdots\cdots ①$$

この力に逆らって電荷を微小距離 $d\mathbf{r}$ 移動させるためには，

$$dW(\mathbf{r}) = -\mathbf{F}(\mathbf{r})\cdot d\mathbf{r} = -\frac{eQ}{4\pi\varepsilon_0 r^3}\mathbf{r}\cdot d\mathbf{r} \quad\cdots\cdots\cdots\cdots ②$$

の仕事を外部から与える必要がある。

　例えば，右上の図のように電荷を $r=r_1$ から $r=r_2$ まで移動させるには，

$$W = \int_{r_1}^{r_2}dW(r) = -\int_{r_1}^{r_2}\frac{eQ}{4\pi\varepsilon_0 r^3}\mathbf{r}\cdot d\mathbf{r} = -\int_{r_1}^{r_2}\frac{eQ}{4\pi\varepsilon_0 r^2}dr$$

$$= -\frac{eQ}{4\pi\varepsilon_0}\left[-\frac{1}{r}\right]_{r_1}^{r_2} = \frac{eQ}{4\pi\varepsilon_0}\left[\frac{1}{r_2}-\frac{1}{r_1}\right] \quad\cdots\cdots\cdots\cdots ③$$

の仕事を外部から与える必要がある。　経路 C_1 において，点 A から点 A′ まで円周上を移動させるとき，外力 $-\mathbf{F}(\mathbf{r}_1)$ と微小移動 $d\mathbf{r}$ は常に垂直であるから $-\mathbf{F}(\mathbf{r}_1)\cdot d\mathbf{r} = 0$ となり，ここでは仕事をしない。点 A′ から点 B の区間では外力 $-\mathbf{F}(\mathbf{r})$ と微小移動 $d\mathbf{r}$ は常に平行となり③式で導いた仕事量になる。すなわち，経路 C_1 に沿って行った仕事は，

$$W = \int_{C_1}dW(r) = \int_{\mathrm{A}}^{\mathrm{A'}}dW(r) + \int_{\mathrm{A'}}^{\mathrm{B}}dW(r) = \int_{\mathrm{A}}^{\mathrm{A'}}-\mathbf{F}(\mathbf{r})\cdot d\mathbf{r} + \int_{\mathrm{A'}}^{\mathrm{B}}-\mathbf{F}(\mathbf{r})\cdot d\mathbf{r}$$

$$= \frac{eQ}{4\pi\varepsilon_0}\left[\frac{1}{r_2}-\frac{1}{r_1}\right] \quad\cdots\cdots\cdots\cdots ④$$

となって r_1 と r_2 のみで決定される。

　経路 C_2 において，点 A から点 B′ の区間では外力 $-\mathbf{F}(\mathbf{r})$ と微小移動 $d\mathbf{r}$ は常に平行となり③式で導いた仕事量になる。点 B′ から点 B まで円周上を移動させるとき，外力 $-\mathbf{F}(\mathbf{r}_2)$ と微小移動 $d\mathbf{r}$ は常に垂直であるから $-\mathbf{F}(\mathbf{r}_2)\cdot d\mathbf{r} = 0$ となり，ここでは仕事をしない。

すなわち，経路 C_2 に沿って行った仕事は，

$$W = \int_{C_2} dW(r) = \int_A^{B'} dW(r) + \int_{B'}^B dW(r) = \int_A^{B'} -\mathbf{F}(\mathbf{r}) \cdot d\mathbf{r} + \int_{B'}^B -\mathbf{F}(\mathbf{r}) \cdot d\mathbf{r}$$

$$= \frac{eQ}{4\pi\varepsilon_0}\left[\frac{1}{r_2} - \frac{1}{r_1}\right] \quad \cdots\cdots\cdots\cdots\cdots\cdots\cdots\cdots\cdots\cdots\cdots\cdots\cdots\cdots\cdots\cdots ⑤$$

となって r_1 と r_2 のみで決定される。

任意の経路 C については右下図のように考えればよい。すなわち，微小な経路 C_i の積み重ねで C が構成されていると考えるのである。経路 C_i で行う仕事は④式の結果を利用して，

$$dW_i = \int_{C_i} dW(r) = \frac{eQ}{4\pi\varepsilon_0}\left[\frac{1}{r_{i+1}} - \frac{1}{r_i}\right]$$

となる。

したがって，

$$W = \sum_{i=0}^{N} dW_i = \frac{eQ}{4\pi\varepsilon_0}\left[-\frac{1}{r_1} - \cdots\cdots + \frac{1}{r_{i+1}} - \frac{1}{r_i} + \frac{1}{r_i} - \frac{1}{r_{i-1}} + \cdots\cdots + \frac{1}{r_2}\right]$$

$$= \frac{eQ}{4\pi\varepsilon_0}\left[-\frac{1}{r_1} + \frac{1}{r_2}\right] \quad \cdots\cdots\cdots\cdots\cdots\cdots\cdots\cdots\cdots\cdots\cdots\cdots ⑥$$

となる。

ただし，便益のため上式で，$i=0$ のとき r_1，$i=N$ のとき r_2 とした。これは③式に他ならない。

さて，(2)式より $\phi(\mathbf{r}) = \frac{Q}{4\pi\varepsilon_0} \cdot \frac{1}{r}$ であるので，③式は，$W = e(\phi(r_2) - \phi(r_1))$ になっている。つまり，$\phi(\mathbf{r})$ は $\mathbf{r}$ の絶対値 $|\mathbf{r}| = r$ にのみ依存している。また，$r =$ 一定の面は等ポテンシャル面である。$r = r_1$ の等ポテンシャル面 $\phi(r_1)$ から $r = r_2$ の等ポテンシャル面 $\phi(r_2)$ まで電荷 e を運ぶために必要な外部からの仕事 W は $e(\phi(r_2) - \phi(r_1))$ で，経路によらない。

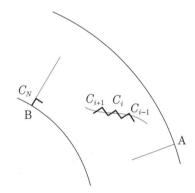

③式で $r_1 = \infty$，$r_2 = r$ と置いた

$$\phi(r) = \frac{W}{e} = \frac{1}{4\pi\varepsilon_0}\frac{Q}{r}$$

は，単位電荷を無限遠方から r の位置まで運ぶのに必要な仕事量である。

静電ポテンシャル —球対称な系 II—

ドリル No.22	Class		No.		Name	

必修 **問題 22** 半径 a の球内に電荷 Q が一様に分布している。このとき，球の中心からの距離 r の位置における静電ポテンシャル $\phi(\mathbf{r})$ を求めよ。ただし，無限遠方の電位 $\phi(\infty)$ を 0 とする。

チェック項目	月　日	月　日
球対称な系での静電ポテンシャルを求められるか。		

静電ポテンシャル ─軸対称な系─

ドリル No.23	Class		No.		Name	

必修 **問題23** 半径 a の無限に長い円筒の中に，一様な電荷密度 ρ_0 で電荷が分布しているとき，この円筒の中心軸からの距離 R の位置における静電ポテンシャル $\phi(R)$ を求めよ。

チェック項目		月　　日	月　　日
軸対称な系での静電ポテンシャルを求められるか。			

ドリル No.24	Class		No.		Name	

発展 **問題24**　無限平面上に面密度 σ〔C·m^{-2}〕で電荷が一様に分布している。この平面から上下の位置 z における静電ポテンシャル $\phi(z)$ を求めよ。

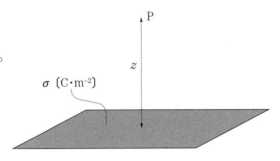

チェック項目	月　　日	月　　日
無限平面系での静電ポテンシャルを求められるか。		

球対称な系での静電容量I　―孤立した導体球の静電容量―

> 孤立した導体球の静電容量を求められること。

必修 例題 **3.6** 半径 a の孤立導体球の真空中における静電容量を求めよ。

解答 孤立導体の静電容量は，$C = \dfrac{Q}{\phi_c - \phi_\infty}$ で定義されるので，導体球に $+Q$ の電荷を帯電させたときの ϕ_c と ϕ_∞ が求められればよい。系は球対称なので，帯電した導体球が作る電場 $\mathbf{E}(\mathbf{r})$ も球対称である。その方向は球の中心から放射状に広がる方向である。このときの導体表面での静電ポテンシャル ϕ_c を求めるため，まず電場を計算しよう。

球の中心からの半径 r の閉曲面 S を考えて，ガウスの法則 $\displaystyle\int_S \mathbf{E}(\mathbf{r}) \cdot \mathbf{n}(\mathbf{r}) dS = \dfrac{1}{\varepsilon_0}$ (S 内の全電荷) を適用する。

$r < a$ の場合は導体球の内部である。導体内部には静電場は存在しないので，球内部では $\mathbf{E}(\mathbf{r}) = \mathbf{0}$。

一方，$r \geq a$ のときは $\mathbf{E}(\mathbf{r}) \neq \mathbf{0}$ であるが，S 上では $\mathbf{E}(\mathbf{r}) \cdot \mathbf{n}(\mathbf{r}) = E(r)$ であり，S 上では $E(r)$ は一定であるので，ガウスの法則の左辺の積分は，$\displaystyle\int_S E(r) dS = 4\pi r^2 E(r)$ となる。

一方ガウスの法則の右辺は S 内の全電荷 Q なので，右辺 $= \dfrac{Q}{\varepsilon_0}$ となり，

$$E(r) = \frac{Q}{4\pi\varepsilon_0 r^2}$$

を得る。

次に静電ポテンシャル $\phi(\mathbf{r})$ を求める。系は球対称なので $\phi(\mathbf{r})$ は r のみの関数 $\phi(r)$ である。この場合，極座標系で求めると簡単である。つまり，極座標系では，

$$\mathbf{E}(\mathbf{r}) = -\operatorname{grad}\phi(\mathbf{r}) = -\left[\mathbf{e}_r \frac{\partial}{\partial r}\phi(\mathbf{r}) + \mathbf{e}_\theta \frac{1}{r}\frac{\partial}{\partial \theta}\phi(\mathbf{r}) + \mathbf{e}_\phi \frac{1}{r\sin\theta}\frac{\partial}{\partial \phi}\phi(\mathbf{r})\right]$$

であるが，球対称な系では，$\phi(\mathbf{r}) = \phi(r)$ であるから，θ および ϕ に関する偏微分は 0 となり，

$$\mathbf{E}(\mathbf{r}) = -\operatorname{grad}\phi(r) = -\left[\mathbf{e}_r \frac{\partial}{\partial r}\phi(r) + \mathbf{e}_\theta \frac{1}{r}\frac{\partial}{\partial \theta}\phi(r) + \mathbf{e}_\phi \frac{1}{r\sin\theta}\frac{\partial}{\partial \phi}\phi(r)\right] = -\mathbf{e}_r \frac{\partial}{\partial r}\phi(r)$$

である。これより，

$$E(r) = -\frac{d\phi(r)}{dr} = \frac{Q}{4\pi\varepsilon_0 r^2}$$

であるので，

$$\phi(r) = -\int \frac{Q}{4\pi\varepsilon_0 r^2} dr = \frac{Q}{4\pi\varepsilon_0 r} + k$$

となる。

ここで k は積分定数であるが，$r = \infty$ を代入すると，

$$\phi(\infty) = \frac{Q}{4\pi\varepsilon_0 \infty} + k = k \text{ となって，} k \text{ は無限遠方での電位 } \phi_\infty \text{ であることがわかる。}$$

孤立導体球の静電容量は，静電容量の定義より，

$$C = \frac{Q}{\phi_c - \phi_\infty} = \frac{Q}{\left(\dfrac{Q}{4\pi\varepsilon_0 a} + k\right) - \left(\dfrac{Q}{4\pi\varepsilon_0 \infty} + k\right)} = 4\pi\varepsilon_0 a$$

を得る。

球対称な系での静電容量Ⅱ　—地球の孤立静電容量—

ドリル No.25	Class		No.		Name	

発展 **問題 25**　地球を孤立導体とみなしたときの孤立静電容量を求めよ。ただし，地球の半径を 6,360 km とする。

チェック項目		月　　日	月　　日
孤立導体球の静電容量の式を用いて MKSA 単位系で計算できる。			

静電場のエネルギーI　—平行平板コンデンサ—

平行平板コンデンサの静電容量，静電場のエネルギー，電極間の力を求められること。

必修 例題 **3.7** 真空中に面積 S の導体板 A，B を距離 d の間隔で平行に並べて電極とし，A と B にそれぞれ電荷 Q および $-Q$ を与えた。真空の誘電率 $\varepsilon_0 = 8.854 \times 10^{-12}$ A$^2 \cdot$s$^2 \cdot$N$^{-1} \cdot$m^{-2} として以下の問いに答えよ。

(1) 電極 AB 間の電場をガウスの法則から求めよ。

(2) AB 間の電位差 V を求めよ。

(3) コンデンサの静電容量 $C = \dfrac{Q}{V}$ を計算せよ。

(4) 電極 AB 間の静電エネルギー密度 u_e および全静電エネルギー U_e を計算せよ。

(5) このコンデンサの極板間に働く力を求めよ。

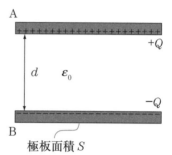

極板面積 S

解答

(1) 電場は極板に対して常に垂直であり，右図のように z 軸を取れば，電場は $-z$ 方向を向いていることになる。また，極板間で電場の大きさは一様である。

右図のように極板の表面を跨ぐ様に筒状の閉曲面 S を考え，真空中の電場に関するガウスの法則，

$$\int_S \mathbf{E}(\mathbf{r}) \cdot \mathbf{n}(\mathbf{r}) dS = \frac{1}{\varepsilon_0} \times (S\,\text{内の全電荷}) \quad\cdots\cdots\cdots\cdots ①$$

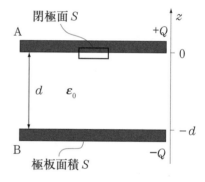

閉曲面 S

極板面積 S

を適用する。ただし，この閉曲面 S の断面積を ΔS とし，側面は電場に平行になるようにとる。また，この円筒状閉曲面の，真空側の面を S_1，側面を S_2，導体側の面を S_3 とすれば，ガウスの法則の左辺の積分は，

$$\int_S \mathbf{E}(\mathbf{r}) \cdot \mathbf{n}(\mathbf{r}) dS = \int_{S_1} \mathbf{E}(\mathbf{r}) \cdot \mathbf{n}(\mathbf{r}) dS + \int_{S_2} \mathbf{E}(\mathbf{r}) \cdot \mathbf{n}(\mathbf{r}) dS + \int_{S_3} \mathbf{E}(\mathbf{r}) \cdot \mathbf{n}(\mathbf{r}) dS \quad\cdots\cdots\cdots\cdots ②$$

と 3 分割できる。ここで S_1 上の単位法線ベクトル $\mathbf{n}(\mathbf{r})$ と電場 $\mathbf{E}(\mathbf{r})$ は平行であること，S_2 における $\mathbf{n}(\mathbf{r})$ は常に電場 $\mathbf{E}(\mathbf{r})$ と垂直であること，S_3 は導体の中なので $\mathbf{E}(\mathbf{r})=0$ であることを考えれば，

$$②\text{式右辺} = \int_{S_1} E dS + \int_{S_2} 0 dS + \int_{S_3} 0 dS = E \int_{S_1} dS = E \Delta S \quad\cdots\cdots\cdots\cdots ③$$

となる。

一方，極板の電荷密度を ω_e とすれば，$\omega_e = \dfrac{Q}{S}$ である。閉曲面 S 内には $+\omega_e \Delta S$ の電荷があるので，

$$①\text{式右辺} = \frac{\omega_e \Delta S}{\varepsilon_0} \quad\cdots\cdots\cdots\cdots ④$$

となる。

したがって，③式および④式より，ガウスの法則は，

$$E \Delta S = \frac{\omega_e \Delta S}{\varepsilon_0} \quad\cdots\cdots\cdots\cdots ⑤$$

となり，

$$E = \frac{\omega_e}{\varepsilon_0} = \frac{Q}{\varepsilon_0 S} \quad\cdots\cdots\cdots\cdots ⑥$$

となる。

(2) 電場は z 方向を向いているので，静電ポテンシャルは z のみの関数 $\phi(z)$ である。

$$\mathbf{E}(\mathbf{r}) = -\mathrm{grad}\,\phi(z) = -\left(\frac{\partial\phi(z)}{\partial x}, \frac{\partial\phi(z)}{\partial y}, \frac{\partial\phi(z)}{\partial z}\right) = -\left(0, 0, \frac{\partial\phi(z)}{\partial z}\right) = (0, 0, -E) \text{ より，}$$

$$\phi(z) = -\int(-E)dz = \int \frac{Q}{\varepsilon_0 S}dz = \frac{Q}{\varepsilon_0 S}z + k，ただし，k は積分定数。$$

積分定数 k は $z=0$ を代入して，$\phi(0) = k$ となるので，$z=0$ での電位に相当する。

したがって，極板間の電位差は，$V = \phi(0) - \phi(-d) = k - \left(-\frac{Q}{\varepsilon_0 S}d + k\right) = \frac{Q}{\varepsilon_0 S}d$

(3) コンデンサの静電容量は $C = \dfrac{Q}{V}$ で定義されるので，(2)の結果をもとに，

$$C = \frac{Q}{V} = \frac{Q}{\left(\dfrac{Q}{\varepsilon_0 S}d\right)} = \varepsilon_0 \frac{S}{d}$$

(4) (3.25) 式より，静電場のエネルギー密度 u_e は，$u_e(\mathbf{r}) = \dfrac{1}{2}\varepsilon_0 \mathbf{E}^2(\mathbf{r})$ で与えられる。

また，(3.26) 式より全静電エネルギーは，$U_e = \displaystyle\int_V u_e(\mathbf{r})dV = \frac{\varepsilon_0}{2}\int_V \mathbf{E}^2(\mathbf{r})dV$ である。

(1)の結果より，極板間の電場の大きさは $E = \dfrac{Q}{\varepsilon_0 S}$ なので，これを代入して

$$u_e = \frac{1}{2}\varepsilon_0\left(\frac{Q}{\varepsilon_0 S}\right)^2 = \frac{Q^2}{2\varepsilon_0 S^2}，\quad U_e = \int_V \frac{Q^2}{2\varepsilon_0 S^2}dV = \frac{Q^2}{2\varepsilon_0 S^2}\int_V dV = \frac{Q^2}{2\varepsilon_0 S^2}\times Sd = \frac{Q^2 d}{2\varepsilon_0 S}$$

を得る。

(5) 極板間の距離が z のときに，極板に働く力の大きさを $F(z)$ とする。この力に逆らって極板間の距離を dz だけ変化させたとき，つまり，$z \to z+dz$ にしたときの微小仕事 dW は，$dW = -F(z)\,dz$ である。（負号 (－) は極板に働く力に逆らって仕事をしたことを意味する）

コンデンサに対して dW の仕事をしたのであるから，このコンデンサに蓄えられている静電エネルギーは，$dW = U_e(z+dz) - U_e(z)$ だけ変化することになる。

極板間の距離が z のときの静電エネルギー $U_e(z)$ は，(4)の結果の d を z に置き換えて，

$$U_e = \frac{Q^2}{2\varepsilon_0 S}z$$

となる。したがって，

$$dW = -F(z)dz = U_e(z+dz) - U_e(z) = \frac{Q^2}{2\varepsilon_0 S}(z+dz) - \frac{Q^2}{2\varepsilon_0 S}z = \frac{Q^2}{2\varepsilon_0 S}dz$$

となり，$Fdz = -\dfrac{Q^2}{2\varepsilon_0 S}dz$ となって，

$$F = -\frac{Q^2}{2\varepsilon_0 S} \quad \text{（負号は極板間に引力が働くことを意味する）}$$

を得る。

注意 力はエネルギーの微分になっていることに注意！

静電場のエネルギー II ―球対称な系（点電荷）―

ドリル No.26	Class		No.		Name	

必修 **問題26** 点電荷 $+Q$ が作る静電場のエネルギーに関連して以下の問いに答えよ。

(1) 別の点電荷 $+q$ を無限遠方から点電荷 $+Q$ との距離 r まで運ぶときの仕事を求めよ。

(2) 点電荷 $+Q$ から距離 r 離れた点における電場のエネルギー密度 $u(r)$ を求めよ。

(3) 全空間における静電場のエネルギーを求めよ。

チェック項目	月 日	月 日
電場中での仕事，静電エネルギーを理解している。		

電荷の保存と静電エネルギー I ―任意の形状の導体対―

二つの導体間の電荷の保存と静電エネルギーを理解する。

必修 例題 **3.8** 静電容量 C_1, C_2 の2つの導体AとBがそれぞれ V_A, V_B の電位に帯電し, 十分に離して置かれている。この2つの導体を接触させ十分時間が経ったあと, 再び十分に引き離した。接触後の電位を V として, 以下の問いに答えよ。

(1) 接触後の電位 V を C_A, C_B, V_A, V_B 使って表せ。

(2) 接触によって移動した電荷量を求めよ。

(3) 接触前と後の静電エネルギーの差を求めよ。

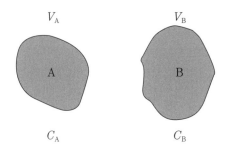

解答

(1) 接触前に導体AおよびBに電荷 Q_A および Q_B が帯電していたとし, 接触後の電荷をそれぞれ $Q_A{}'$ および $Q_B{}'$ とする。接触により両導体の電位は等しくなることに注意する。孤立導体の電位を V とすれば, その孤立静電容量 C と帯電電荷 Q の間には $Q = CV$ の関係がある。したがって, $Q_A = C_A V_A$, $Q_B = C_B V_B$, $Q_A{}' = C_A V$, $Q_B{}' = C_B V$ の関係がある。また, 接触前と接触後で電荷の総量は変化しないのだから,

$Q_A + Q_B = Q_A{}' + Q_B{}'$ が成立する。

したがって, $C_A V_A + C_B V_B = C_A V + C_B V$ となり,

$$V = \frac{C_A V_A + C_B V_B}{C_A + C_B}$$

を得る。

(2) 移動する電荷量 ΔQ は, $\Delta Q = Q_A - Q_A{}'$ を計算すればよい。

したがって,

$$Q = Q_A - Q_A{}' = C_A V_A - C_A V = \frac{C_A C_B (V_A - V_B)}{C_A + C_B}$$

を得る。

(3) 系全体の静電エネルギーは, 導体Aと導体Bの持つ静電エネルギーの和だから,

接触前の静電エネルギー U_1 は $U_1 = \dfrac{1}{2} C_A V_A{}^2 + \dfrac{1}{2} C_B V_B{}^2$ である。

同様に, 接触後では, $U_2 = \dfrac{1}{2} (C_A + C_B) V^2$ である。ただし, (1)より $V = \dfrac{C_A V_A + C_B V_B}{C_A + C_B}$。

接触前と接触後の状態の静電エネルギーの差を計算すると,

$$U_1 - U_2 = \frac{1}{2} C_A V_A{}^2 + \frac{1}{2} C_B V_B{}^2 - \frac{1}{2} (C_A + C_B) \left(\frac{C_A V_A + C_B V_B}{C_A + C_B} \right)^2 = \frac{1}{2} \frac{C_A C_B (V_A - V_B)^2}{C_A + C_B}$$

となる。最右辺は明らかに正なので, 接触前の方が大きな静電エネルギーをもち, 接触後に $\dfrac{1}{2} \dfrac{C_A C_B (V_A - V_B)^2}{C_A + C_B}$ だけ減少することがわかった。これは, 接触によりエネルギーが低い安定な状態になったことを意味している。

電荷の保存と静電エネルギー II　―球状導体と任意形状の導体―

ドリル No.27	Class		No.		Name	

必修 **問題27**　半径 a の球状導体 A と任意の形状の導体 B が十分離して置かれている。それぞれ V_A, V_B の電位に帯電し，離れて置かれている。導体 A および B の静電容量をそれぞれ C_A, C_B とする。2つの導体 A と B を接触させ十分時間が経ったあと，再び十分に引き離した。接触後の電位を V として，以下の問いに答えよ。

(1)　C_B を V, V_A, V_B 使って表せ。

(2)　接触前と後の静電エネルギーの差を求めよ。

チェック項目	月　　日	月　　日
導体の接触で何が起こるか理解している。		

電荷の保存と静電エネルギー Ⅲ ―コンデンサ回路 1―

> コンデンサ回路の静電エネルギーの授受を理解する。

発展 例題 3.9 静電容量 C_A および C_B のコンデンサがある。このコンデンサを図のように直列および並列に接続した後，静電エネルギーが U となるように充電した。このとき C_A および C_B に蓄えられる静電エネルギーを U_A，U_B として，以下の問いに答えよ。
（コンデンサの直列接続と並列接続については第 4 章の解説を見よ）
 (1) 直列接続のときの U_A，U_B を U，C_A，C_B を使って表せ。
 (2) 並列接続のときの U_A，U_B を U，C_A，C_B を使って表せ。

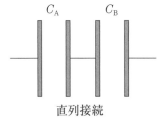
直列接続

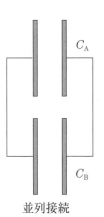
並列接続

解答
 (1) 直列接続の場合は各コンデンサに蓄えられる電気量 Q は等しい。

したがって (3.28) 式より，U_A，U_B は，$U_A = \dfrac{Q^2}{2C_A}$，$U_B = \dfrac{Q^2}{2C_B}$ となる。

一方，第 4 章の解説 (4.33) 式よりコンデンサの直列接続における合成容量 C は，

$$C = \left(\frac{1}{C_A} + \frac{1}{C_B} \right)^{-1} = \frac{C_A C_B}{C_A + C_B}$$

であるから，U は (3.28) 式より，$U = \dfrac{Q^2}{2C} = \dfrac{Q^2}{2} \dfrac{C_A + C_B}{C_A C_B}$ となり，$Q^2 = \dfrac{2C_A C_B}{C_A + C_B} U$ となる。

したがって，$U_A = \dfrac{Q^2}{2C_A} = \dfrac{1}{2C_A} \dfrac{2C_A C_B}{C_A + C_B} U = \dfrac{C_B}{C_A + C_B} U$，$U_B = \dfrac{Q^2}{2C_B} = \dfrac{1}{2C_B} \dfrac{2C_A C_B}{C_A + C_B} U = \dfrac{C_A}{C_A + C_B} U$
となる。

 (2) C_A および C_B に蓄えられる電気量をそれぞれ Q_A，Q_B とする。また，並列接続の場合は各コンデンサの電位差 V が等しい。したがって，(3.28) 式より，U_A，U_B は，$U_A = \dfrac{1}{2} C_A V^2$，
$U_B = \dfrac{1}{2} C_B V^2$ となる。

一方，第 4 章の解説 (4.31) 式よりコンデンサの並列接続における合成容量 C は，$C = C_A + C_B$ であるから，U は (3.28) 式より，$U = \dfrac{1}{2} C V^2 = \dfrac{1}{2} (C_A + C_B) V^2$ となり，$V^2 = \dfrac{2U}{C_A + C_B}$ となる。

したがって，
$$U_A = \frac{1}{2} C_A V^2 = \frac{1}{2} C_A \frac{2U}{C_A + C_B} = \frac{C_A}{C_A + C_B} U, \quad U_B = \frac{1}{2} C_B V^2 = \frac{1}{2} C_B \frac{2U}{C_A + C_B} = \frac{C_B}{C_A + C_B} U$$
となる。

ドリル No.28	Class		No.		Name	

必修　**問題28**　右図のように静電容量 C_A と C_B のコンデンサがあり，それぞれ電荷 $\pm Q_A$，$\pm Q_B$ に帯電している。

　(1)　スイッチ SW1，SW2 共に OFF にしているとき，コンデンサに蓄えられている静電エネルギーを求めよ。

　(2)　SW1 を ON にしたときに移動する電荷の総量と，静電エネルギーの変化を求めよ。

　(3)　(2)に続いて SW2 を ON にしたときに移動する電荷の総量とエネルギーの変化を求めよ。

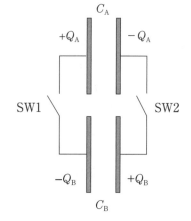

チェック項目	月　日	月　日
電荷の保存を理解している。 SW の ON・OFF によるエネルギーの授受を理解している。		

電気双極子の作る電場 I

> 静電ポテンシャルを使って電気双極子の作る電場を求められること。

必修 例題 3.10 図のように電気量 $+q$ と $-q$ の点電荷が微小な
距離 s 離れて置かれている電気双極子がある。この電気双極子が
中点 O から距離 r $(r \gg s)$ の，角度 θ の点 P に作る電場を以下の
手順で求めよ。但し，点 P と点電荷 $+q$ と $-q$ との距離をそれぞれ
r_1, r_2 とする。

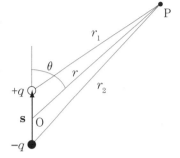

(1) r_1 および r_2 を r, s, θ を用いて表せ。
(2) (1)の答えを $r \gg s$ の条件の下で 2 次の微少量を無視し，マク
ローリン展開を用いて近似せよ。
(3) 点 P における電位 $\phi(r, \theta)$ を r, s, θ を用いて表せ。
(4) 点 P における電場の r 方向成分 E_r，θ 方向成分 E_θ を求めよ。

解答
(1) 余弦定理を用いると r_1 は，

$$r_1 = \sqrt{r^2 + \left(\frac{s}{2}\right)^2 - rs\cos\theta} = r\sqrt{1 + \left(\frac{s}{2r}\right)^2 - \frac{s\cos\theta}{r}}, \quad r_2 = \sqrt{r^2 + \left(\frac{s}{2}\right)^2 + rs\cos\theta} = r\sqrt{1 + \left(\frac{s}{2r}\right)^2 + \frac{s\cos\theta}{r}}$$

となる。

(2) これらは $\left(\frac{s}{2r}\right)^2 \mp \frac{s\cos\theta}{r}$ を x としたときの関数 $\sqrt{1+x}$ として見ることができる。題意より，

$r \gg s$ であるので，$\left(\frac{s}{2r}\right)^2 - \frac{s\cos\theta}{r} \ll 1$ である。関数 $\sqrt{1+x}$ を $x \ll 1$ についてマクローリン展開して，

x について 2 次以上の項を無視（1 次の微小項まで考える）すれば，$\sqrt{1+x} \cong 1 + \frac{1}{2}x$ であるから，

$$r_1 = r\sqrt{1 + \left(\frac{s}{2r}\right)^2 - \frac{s\cos\theta}{r}} = r\left\{1 + \frac{1}{2}\left[\left(\frac{s}{2r}\right)^2 - \frac{s\cos\theta}{r}\right]\right\}$$

さらに，$\left(\frac{s}{r}\right)^2 \ll \frac{s}{r} \ll 1$ なので，$\left(\frac{s}{r}\right)^2$ を無視すると，$r_1 = r\left(1 - \frac{s\cos\theta}{2r}\right)$ となる。

同様にして

$$r_2 = r\left(1 + \frac{s\cos\theta}{2r}\right)$$

を得る。

(3) それぞれの点電荷による電位の和をとれば，

$$\phi = \frac{q}{4\pi\varepsilon_0 r_1} + \frac{-q}{4\pi\varepsilon_0 r_2} = \frac{q}{4\pi\varepsilon_0}\left(\frac{1}{r_1} - \frac{1}{r_2}\right)$$

を得る。

上で求めた ϕ に(2)で求めた r_1, r_2 を代入する。

$$\phi = \frac{q}{4\pi\varepsilon_0}\left(\frac{1}{r_1} - \frac{1}{r_2}\right) = \frac{q}{4\pi\varepsilon_0}\left(\frac{1}{r\left(1 - \frac{s\cos\theta}{2r}\right)} - \frac{1}{r\left(1 + \frac{s\cos\theta}{2r}\right)}\right) = \frac{q}{4\pi\varepsilon_0 r}\left(\frac{\frac{s\cos\theta}{r}}{1 - \left(\frac{s\cos\theta}{2r}\right)^2}\right)$$

ここで$\left(\dfrac{s}{r}\right)^2 \ll 1$ より$\left(\dfrac{s\cos\theta}{2r}\right)^2$ を無視すれば，

$$\phi = \frac{q}{4\pi\varepsilon_0 r}\frac{s\cos\theta}{r} = \frac{p\cos\theta}{4\pi\varepsilon_0 r^2} \quad （ただし，\ p=qs \ とした。）$$

(4) 双極子の中心からの変位はrで表される。

したがって，r方向の電場をE_rとすれば，

$$E_r = -\frac{\partial\phi}{\partial r} = -\frac{\partial}{\partial r}\left(\frac{p\cos\theta}{4\pi\varepsilon_0 r^2}\right) = -\frac{p\cos\theta}{4\pi\varepsilon_0}(-2)\frac{1}{r^3} = +\frac{2p\cos\theta}{4\pi\varepsilon_0 r^3}。$$

また，rと直交する方向の変位は$r\theta$で表されるから，θ方向（r方向と直交）の電場をE_θとすると，

$$E_\theta = -\frac{\partial\phi}{r\partial\theta} = -\frac{\partial}{r\partial\theta}\left(\frac{p\cos\left(\dfrac{r\theta}{r}\right)}{4\pi\varepsilon_0 r^2}\right) = -\frac{p}{4\pi\varepsilon_0 r^2}\frac{1}{r}(-\sin(\theta)) = \frac{+p\sin\theta}{4\pi\varepsilon_0 r^3}$$

を得る。

電気双極子の作る電場 II ─電気双極子と荷電粒子の相互作用─

ドリル No.29	Class		No.		Name	

必修 **問題 29** 例題 3.10 において，点 P に電荷 $+Q$ を持つ粒子を置いたとき，この粒子に働く力の大きさを求めよ。

チェック項目		月　日	月　日
電気双極子の作る電場を理解しているか？			

電気双極子に働く力Ⅰ　—静電場中の電気双極子—

静電場中の電気双極子の静電エネルギーおよび電気双極子に働く力を求められること。

発展 **例題3.11**　図の様に，電荷 $+q$ および $-q$ のイオン A および B が結合した2原子分子が一様な電場 $\mathbf{E}$ の中に置かれている。2原子分子の中心は固定されているが，回転の自由はあるものとし，以下の問いに答えよ。

ただし，BからAへのベクトルを $\mathbf{a}$，双極子モーメントを $\mathbf{p}=q\mathbf{a}$ とする。また，2原子分子の中心を原点にとり，分子の中心での静電ポテンシャルを ϕ_0 とせよ。

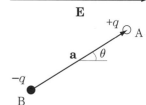

(1)　この分子に働く力のモーメントの大きさを求めよ。

　　（力のモーメントについては6章の解説を見よ。）

(2)　この分子の持つ静電エネルギー（力学的エネルギー）U を求めよ。

(3)　U を θ に対してプロットせよ。この分子が最も安定になる角度 θ を求めよ。

解答

(1)　各原子に働く力は図の様に $\mathbf{F}_A(=\mathbf{F})$ および $\mathbf{F}_B(=-\mathbf{F})$ である。$\mathbf{F}=q\mathbf{E}$ であるから，力のモーメントの大きさ $|\mathbf{M}|$ は，

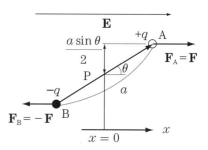

$$|\mathbf{M}| = |\mathbf{F}| \times \frac{a\sin\theta}{2} \times 2 = (qE)a\sin\theta = qEa\sin\theta$$

(2)　原子 A と原子 B の静電エネルギー（力学的エネルギー）の和 $q\phi(A)-q\phi(B)$ がこの分子の力学的エネルギー U である。静電ポテンシャルは，$\phi(A)=-Ex+\phi_0$ であり，

$$U = q\phi\left(\frac{a\cos\theta}{2}\right) + (-q)\phi\left(-\frac{a\cos\theta}{2}\right) = q\left(-E\frac{a\cos\theta}{2}+\phi_0\right) - q\left(E\frac{a\cos\theta}{2}+\phi_0\right) = -Eqa\cos\theta$$

$$= -\mathbf{E}\cdot\mathbf{P}$$

(3)　力学的エネルギーが最小のときが最も安定である。(2)の結果によれば，力学的エネルギー U は $\theta=0$ のとき $-Eqa$ と最小になる。これは分子の双極子モーメントが電場に対して平行になることを意味しており，誘電分極に相当する。結果は右図のようになる。

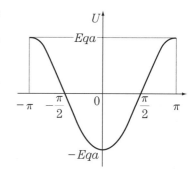

電気双極子に働く力 II　—電気双極子間の相互作用—

ドリル No.30	Class		No.		Name	

[発展] **問題 30**　大きさが等しい2つの双極子が図のような関係にあるとき，以下の問いに答えよ。

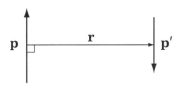

ただし，$|\mathbf{p}| = |\mathbf{p}'| = p$ とし，2つの双極子は十分に離れているとする。

(1)　$\mathbf{p}'$ の電気的位置エネルギー $U(\mathbf{r})$ を求めよ。

(2)　$\mathbf{p}'$ に働く力を求めよ。

チェック項目	月 日	月 日
電気的位置エネルギーから双極子間に働く力を求めることができる。		

第4章 誘 電 体

4.1 誘電体中の静電場

> 誘電体中の分極や静電場の基本的な法則を理解しよう。

誘 電 体

金属や半導体などの**導体**に電場を加えると電流が流れるが，これは導体内の自由電子によるもので**電子伝導**と呼ばれている。一方，自由電子を持たない物質は電場を加えても電子伝導を示さない。このような電子伝導性を示さない物質を**誘電体**または**絶縁体**と呼ぶ。

誘電体の分極

図4.1（a）に示すように誘電体は正と負の電荷を持つ原子やイオンや分子が集まり，全体として電気的に中性になっている。これを**電気的中性の原理**という。ここで図4.1（b）のように誘電体を一様な電場 $\mathbf{E}_0$ の中に置いたときを考える。

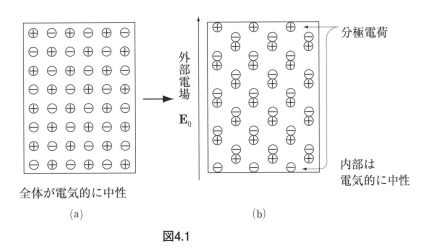

全体が電気的に中性

(a)   (b)

図4.1

このとき，正電荷を持ったイオンなどは電場の方向に，負電荷は電場とは逆方向にわずかに移動し，誘電体の両端には正負の電荷（**分極電荷**）が現れる。この正電荷の移動方向に対して垂直な面を通過する正電荷の大きさを単位面積あたりに換算した大きさと，移動方向をベクトル $\mathbf{P}$ で表し，**分極ベクトル**と呼ぶ。図4.2のように誘電体表面に垂直に電場が印加された場合，現れる分極電荷密度 ω_e は，$\omega_e=|\mathbf{P}|=P$ である。

図4.3のように誘電体を構成している分子が距離 a で隔てられた $\pm q$ の電荷で構成されているとすれば，分子1個の双極子モーメントは $\mathbf{p}=q\mathbf{a}$ である。ここで $\mathbf{a}$ は $-q$ から $+q$ に引いたベクトルを表す。単位体積の誘電体内に N 個の分子（双極子モーメント）があるとき，単位体積あたりの分極ベクトル $\mathbf{P}$ はこの総和，

$$\mathbf{P}=\sum_{i=1}^{N}q\mathbf{a}=Nq\mathbf{a}=N\mathbf{p} \quad\cdots\cdots\cdots\cdots\cdots\cdots\cdots (4.1)$$

で与えられる。

さて，誘電体内では，任意の閉曲面 S に対して，

$$\int_S \mathbf{P}(\mathbf{r})\cdot\mathbf{n}(\mathbf{r})dS=0 \quad\cdots\cdots\cdots\cdots\cdots\cdots\cdots (4.2)$$

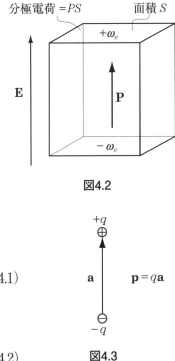

図4.2

図4.3

が成立する。ただし，$\mathbf{n}(\mathbf{r})$ は閉曲面 S 上の外向きの単位法線ベクトルである。

これは次のように証明できる。**図4.4** のように，誘電体内に任意の閉曲面 S を考える。次に S を，外部電場が印加されたとき正電荷が S から出て行く部分 S_1 と，S に入ってくる部分 S_2 に2分割して考える。S_1 を通過する全正電荷の量は，

$$\int_{S_1} \mathbf{P}(\mathbf{r}) \cdot \mathbf{n}_1(\mathbf{r}) dS \quad \cdots\cdots\cdots\cdots \quad (4.3)$$

で与えられる。ただし，$\mathbf{n}_1(\mathbf{r})$ は面 S_1 上の外向きの単位法線ベクトルである。

同様に面 S_2 を通過する全正電荷の量は，

$$\int_{S_2} \mathbf{P}(\mathbf{r}) \cdot \mathbf{n}_2(\mathbf{r}) dS \quad \cdots\cdots\cdots\cdots\cdots\cdots\cdots\cdots\cdots\cdots\cdots\cdots\cdots \quad (4.4)$$

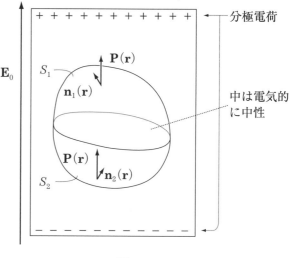

図4.4

で与えられる。ただし，$\mathbf{n}_2(\mathbf{r})$ は面 S_2 上の内向きの単位法線ベクトルである。電気中性の原理より，S 内の正電荷と負電荷の総量は等しく保たれるので，S_1 と S_2 に囲まれた領域の正電荷の出入りの総量は等しくなければならない。つまり，

出ていく正電荷の総量＝入ってくる正電荷の総量

でなければならないので，（4.3）式と（4.4）式の結果は等しい。すなわち，

$$\int_{S_1} \mathbf{P}(\mathbf{r}) \cdot \mathbf{n}_1(\mathbf{r}) dS = \int_{S_2} \mathbf{P}(\mathbf{r}) \cdot \mathbf{n}_2(\mathbf{r}) dS \quad \cdots\cdots\cdots\cdots\cdots\cdots\cdots\cdots \quad (4.5)$$

となる。（4.5）式の積分を左辺にまとめれば，

$$\int_{S_1} \mathbf{P}(\mathbf{r}) \cdot \mathbf{n}_1(\mathbf{r}) dS - \int_{S_2} \mathbf{P}(\mathbf{r}) \cdot \mathbf{n}_2(\mathbf{r}) dS = 0 \quad \cdots\cdots\cdots\cdots\cdots\cdots \quad (4.6)$$

が得られる。$\mathbf{n}_1(\mathbf{r})$ と $\mathbf{n}_2(\mathbf{r})$ を面 S の外向き単位法線ベクトル $\mathbf{n}(\mathbf{r})$ で表せば，$\mathbf{n}_1(\mathbf{r}) = \mathbf{n}(\mathbf{r})$，$\mathbf{n}_2(\mathbf{r}) = -\mathbf{n}(\mathbf{r})$ であるから，（4.6）式は，

$$\int_{S_1} \mathbf{P}(\mathbf{r}) \cdot \mathbf{n}_1(\mathbf{r}) dS - \int_{S_2} \mathbf{P}(\mathbf{r}) \cdot \mathbf{n}_2(\mathbf{r}) dS = \int_{S_1} \mathbf{P}(\mathbf{r}) \cdot \mathbf{n}(\mathbf{r}) dS + \int_{S_2} \mathbf{P}(\mathbf{r}) \cdot \mathbf{n}(\mathbf{r}) dS$$

$$= \int_{S_1 + S_2} \mathbf{P}(\mathbf{r}) \cdot \mathbf{n}(\mathbf{r}) dS = \int_S \mathbf{P}(\mathbf{r}) \cdot \mathbf{n}(\mathbf{r}) dS = 0$$

となり，任意の閉曲面 S に対して，

$$\int_S \mathbf{P}(\mathbf{r}) \cdot \mathbf{n}(\mathbf{r}) dS = 0 \quad \cdots\cdots \quad (4.7)$$

が成立する。

誘電体中のガウスの法則

さて，**図4.5** に示すように正電荷 Q_e で帯電している物体があり，そのまわりに誘電体が無限遠方まで分布しているときを考える。帯電体に与えた電荷を**真電荷**という。この帯電体の接触面 S_0 に現れる負の分極電荷の総量は，

$$-\int_{S_0} \mathbf{P}(\mathbf{r}') \cdot \mathbf{n}(\mathbf{r}') dS \quad \cdots\cdots \quad (4.8)$$

で与えられる。

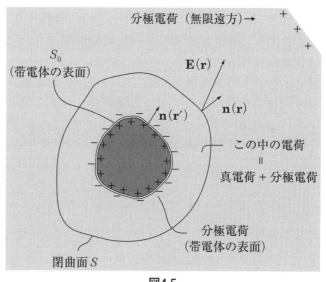

図4.5

つまり，帯電体を囲む任意の閉曲面 S 内には，

$$真電荷 + 分極電荷 = Q_e - \int_{S_0} \mathbf{P}(\mathbf{r'}) \cdot \mathbf{n}(\mathbf{r'}) dS$$

の電荷があることになる。なお，真電荷 Q_e は電荷密度 $\rho_e(\mathbf{r})$ を使って，$Q_e = \int_V \rho_e(\mathbf{r}) dV$ と表される。

したがって，閉曲面 S についてガウスの法則を適用すると，

$$\int_S \mathbf{E}(\mathbf{r}) \cdot \mathbf{n}(\mathbf{r}) dS = \frac{1}{\varepsilon_0} \left[Q_e - \int_{S_0} \mathbf{P}(\mathbf{r'}) \cdot \mathbf{n}(\mathbf{r'}) dS \right] \quad \cdots\cdots\cdots (4.9)$$

となる。ここで，$\mathbf{E}(\mathbf{r})$ は真電荷と分極電荷が作る電場であることに注意する。

一方，(4.9) 式の右辺第2項の分極ベクトルの積分は (4.7) 式から，帯電体を取り囲む限りどんな曲面をとってもよいから，S_0 を S に変えても結果は変わらないはずである。つまり，

$$\int_{S_0} \mathbf{P}(\mathbf{r'}) \cdot \mathbf{n}(\mathbf{r'}) dS = \int_S \mathbf{P}(\mathbf{r}) \cdot \mathbf{n}(\mathbf{r}) dS \quad \cdots\cdots\cdots\cdots\cdots (4.10)$$

となる。こうすれば (4.9) 式はもっとすっきりした形

$$\int_S \varepsilon_0 \mathbf{E}(\mathbf{r}) \cdot \mathbf{n}(\mathbf{r}) dS + \int_S \mathbf{P}(\mathbf{r}) \cdot \mathbf{n}(\mathbf{r}) dS = \int_S \{\varepsilon_0 \mathbf{E}(\mathbf{r}) + \mathbf{P}(\mathbf{r})\} \cdot \mathbf{n}(\mathbf{r}) dS = Q_e \quad \cdots\cdots (4.11)$$

に変形できる。(4.11) 式の左辺の積分は，真空中にある真電荷 Q_e が作る電場 $\mathbf{E}_0(\mathbf{r})$ を閉曲面 S ついて積分した

$$\int_S \varepsilon_0 \mathbf{E}_0(\mathbf{r}) \cdot \mathbf{n}(\mathbf{r}) dS = Q_e \quad \cdots\cdots\cdots\cdots\cdots\cdots\cdots (4.12)$$

と等しい。これは (4.11) 式と (4.12) 式の右辺が同じ Q_e であることより明らかである。すなわち，

$$\int_S \{\varepsilon_0 \mathbf{E}(\mathbf{r}) + \mathbf{P}(\mathbf{r})\} \cdot \mathbf{n}(\mathbf{r}) dS = \int_S \varepsilon_0 \mathbf{E}_0(\mathbf{r}) \cdot \mathbf{n}(\mathbf{r}) dS = Q_e \quad \cdots\cdots\cdots (4.13)$$

である。(4.13) 式は $\varepsilon_0 \mathbf{E}(\mathbf{r}) + \mathbf{P}(\mathbf{r}) = \varepsilon_0 \mathbf{E}_0(\mathbf{r})$ であることを示しており，$\varepsilon_0 \mathbf{E}(\mathbf{r}) + \mathbf{P}(\mathbf{r})$ は真空中の $\varepsilon_0 \mathbf{E}_0(\mathbf{r})$ と同じ物理的意味を持つ。そこで，

$$\mathbf{D}(\mathbf{r}) = \varepsilon_0 \mathbf{E}(\mathbf{r}) + \mathbf{P}(\mathbf{r}) \quad \cdots\cdots\cdots\cdots\cdots\cdots\cdots\cdots\cdots\cdots (4.14)$$

と書き，これを**電束密度**と呼ぶ。同じ真電荷によって作られる電場の大きさは誘電体中では小さくなる。

厳密には $\mathbf{P}(\mathbf{r})$ と電場 $\mathbf{E}(\mathbf{r})$ は比例関係にないが，実験によると，多くの誘電体において，

$$\mathbf{P}(\mathbf{r}) = \chi_e \mathbf{E}(\mathbf{r}) \quad \cdots\cdots\cdots\cdots\cdots\cdots\cdots\cdots\cdots\cdots\cdots (4.15)$$

の近似的な比例関係が成立している。この比例定数 χ_e を**電気感受率**という。

(4.15) 式を (4.14) 式に代入すると，

$$\mathbf{D}(\mathbf{r}) = (\varepsilon_0 + \chi_e) \mathbf{E}(\mathbf{r}) \quad \cdots\cdots\cdots\cdots\cdots\cdots\cdots\cdots\cdots (4.16)$$

となる。ここで $\varepsilon = \varepsilon_0 + \chi_e$ と書き，ε を**誘電率**という。これを用いれば，

$$\mathbf{D}(\mathbf{r}) = \varepsilon \mathbf{E}(\mathbf{r}) = \varepsilon_0 \varepsilon_r \mathbf{E}(\mathbf{r}) \quad \cdots\cdots\cdots\cdots\cdots\cdots\cdots\cdots (4.17)$$

と書くことができる。ここで ε_r は**比誘電率**といい，$\varepsilon_r = \dfrac{\varepsilon}{\varepsilon_0}$ で定義される。材料の誘電率はこの比誘電率で表示されることが多い。

一方，真空を扱う場合，分極がないので，$\chi_e = 0$ となり，

$$\mathbf{D}(\mathbf{r}) = \varepsilon_0 \mathbf{E}(\mathbf{r}) \quad \cdots\cdots\cdots\cdots\cdots\cdots\cdots\cdots\cdots\cdots\cdots\cdots (4.18)$$

となって，真空においても電束密度 $\mathbf{D}(\mathbf{r})$ を定義できる。

すなわち，電束密度を用いれば媒質の種類に関係なくガウスの法則は，

$$\int_S \mathbf{D}(\mathbf{r}) \cdot \mathbf{n}(\mathbf{r}) dS = Q_e = \int_V \rho_e(\mathbf{r}) dV \quad (= S 内の全真電荷) \quad \cdots\cdots\cdots\cdots (4.19)$$

で表される。とにかく，積分形式のガウスの法則は，

$$\int_S \mathbf{D}(\mathbf{r}) \cdot \mathbf{n}(\mathbf{r}) dS = (S 内の全真電荷)。ただし，\mathbf{D}(\mathbf{r}) = \varepsilon \mathbf{E}(\mathbf{r}) \quad \cdots\cdots\cdots\cdots (4.20)$$

で覚えておけば十分である。さらに，(4.19) 式にガウスの定理を用いれば，

$$\int_S \mathbf{D}(\mathbf{r}) \cdot \mathbf{n}(\mathbf{r}) dS = \int_V \mathrm{div}\,\mathbf{D}(\mathbf{r}) dV = \int_V \rho_e(\mathbf{r}) dV$$

となって，**微分形のガウスの法則**は，

$$\mathrm{div}\,\mathbf{D}(\mathbf{r}) = \rho_e(\mathbf{r}) \quad \cdots\cdots\cdots\cdots\cdots\cdots\cdots\cdots\cdots\cdots\cdots \text{(4.21)}$$

で与えられる。

4.2　誘電体中のクーロンの法則

誘電率 ε の一様な誘電体中に距離 r だけ離れて置かれた 2 個の点電荷 q と Q の間に働く力の大きさ F は，

$$F = \frac{1}{4\pi\varepsilon}\frac{|qQ|}{r^2} \quad \cdots\cdots\cdots\cdots\cdots\cdots\cdots\cdots\cdots\cdots\cdots \text{(4.22)}$$

で与えられる。ベクトルで表せば，それぞれの位置ベクトルを $\mathbf{r}_q, \mathbf{r}_Q$ として，Q が q に及ぼす力は，

$$\mathbf{F} = \frac{qQ}{4\pi\varepsilon}\frac{(\mathbf{r}_q - \mathbf{r}_Q)}{|\mathbf{r}_q - \mathbf{r}_Q|^3} \quad \cdots\cdots\cdots\cdots\cdots\cdots\cdots\cdots\cdots\cdots\cdots \text{(4.23)}$$

となる。

4.3　2つの誘電体の境界面における静電場の境界条件

誘電体の接合部分の境界条件と電場の屈折について理解する。

誘電率が異なる 2 種類の誘電体を接触したとき，電場の屈折が起きる。この接触面（境界面）では電場 $\mathbf{E}$ と電束密度 $\mathbf{D}$ が以下の境界条件を満たす。

境界面に真電荷が無い場合（図 4.6 参照）
電場の接線方向成分は連続

$$E_1\sin\theta_1 = E_2\sin\theta_2 \quad \cdots\cdots\cdots\cdots\cdots\cdots \text{(4.24)}$$

電束密度の法線方向成分は連続

$$D_1\cos\theta_1 = D_2\cos\theta_2 \quad \cdots\cdots\cdots\cdots\cdots \text{(4.25(a))}$$

または，

$$\varepsilon_1 E_1\cos\theta_1 = \varepsilon_2 E_2\cos\theta_2 \quad \cdots\cdots\cdots\cdots \text{(4.25(b))}$$

屈折の条件

$$\frac{\tan\theta_2}{\tan\theta_1} = \frac{\varepsilon_2}{\varepsilon_1},\ \ \theta_2 = \tan^{-1}\left(\frac{\varepsilon_2}{\varepsilon_1}\tan\theta_1\right) \quad \cdots\cdots\cdots\cdots \text{(4.26)}$$

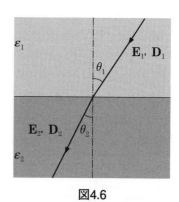

図4.6

境界面に面密度 σ の真電荷が存在する場合（図 4.7 参照）
電場の接線方向成分は連続

$$E_1\sin\theta_1 = E_2\sin\theta_2 \quad \cdots\cdots\cdots\cdots\cdots\cdots \text{(4.27)}$$

電束密度の法線方向成分の差は境界面の真電荷密度に等しい。

$$\varepsilon_2 E_2\cos\theta_2 - \varepsilon_1 E_1\cos\theta_1 = \sigma \quad \cdots\cdots\cdots\cdots\cdots \text{(4.28)}$$

屈折の条件

$$\tan\theta_2 = \frac{\varepsilon_2 E_1\sin\theta_1}{\varepsilon_1 E_1\cos\theta_1 + \sigma},\ \ \theta_2 = \tan^{-1}\left(\frac{\varepsilon_2 E_1\sin\theta_1}{\varepsilon_1 E_1\cos\theta_1 + \sigma}\right) \cdots \text{(4.29)}$$

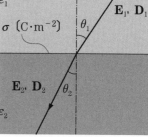

図4.7

4.4 誘電体中の静電場 —コンデンサ—

誘電体が入ったコンデンサの電気容量の求め方を学ぼう。

コンデンサの並列接続と合成容量

コンデンサ C_1, C_2, $\cdots$, C_n を並列接続したときの合成容量を C_p とすると,

$$C_p = C_1 + C_2 + \cdots + C_n \quad \cdots\cdots (4.31)$$

が成立する。

コンデンサの直列接続と合成容量

コンデンサ C_1, C_2, $\cdots$, C_n を直列接続したときの合成容量を C_t とすると,

$$\frac{1}{C_t} = \frac{1}{C_1} + \frac{1}{C_2} + \cdots + \frac{1}{C_n} \quad \cdots\cdots (4.32)$$

あるいは,

$$C_t = \left(\frac{1}{C_1} + \frac{1}{C_2} + \cdots + \frac{1}{C_n} \right)^{-1} \quad \cdots\cdots (4.33)$$

が成立する。

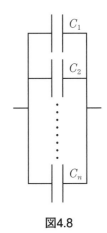

図4.8

平行平板コンデンサの静電容量

面積 S, 電極間距離 d のコンデンサ内に誘電率 ε の誘電体で満たされているときの静電容量 C は,

$$C = \varepsilon \frac{S}{d} \quad \cdots\cdots (4.34)$$

であたえられる。

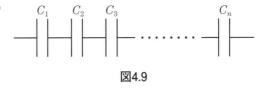

図4.9

コンデンサの静電容量の求め方の指針

(1) 系の対称性などを考えて電極に帯電している電荷を仮定する。

　(全電荷 Q 〔C〕, 電荷密度 ω 〔C·m^{-2}〕, 単位長さあたりの電荷 λ 〔C·m^{-1}〕 など)

(2) 系の対称性を反映した座標系を選択して, ガウスの法則をもちいて電極間の電場を求める。
　もし, 複数の誘電体がある場合は「接続の条件」に留意して計算する。

(3) $\mathbf{E}(\mathbf{r}) = -\mathrm{grad}\,\phi(\mathbf{r})$ の関係から電極間の静電ポテンシャル $\phi(\mathbf{r})$ を求める。コンデンサが複数の誘電体で構成されている場合は静電ポテンシャルの連続性も考慮に入れる。

(4) 電極の電位（静電ポテンシャル）を求め, 電極間の電位差 V を求める。

(5) $C = \dfrac{Q}{V}$ の関係から C を求める。（このとき(1)で仮定した電荷は消える）

誘電体中の静電場　―分極ベクトル―

> 誘電体中の静電場について求めることができる。

必修 例題 **4.1**　解説中で述べているように，図のように誘電体を構成している分子が距離 a で隔てられた $\pm q$ の電荷で構成されているとする。このとき分子の双極子モーメントは $\mathbf{p}=q\mathbf{a}$ である。単位体積の誘電体内に N 個の双極子モーメントがあるとき，単位体積あたりの分極ベクトル $\mathbf{P}$ はこの総和，

$$\mathbf{P}=\sum_{i=1}^{N}q\mathbf{a}=Nq\mathbf{a}=N\mathbf{p}$$

で与えられる。

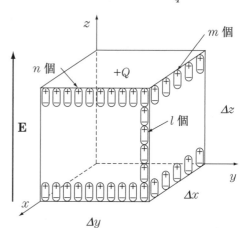

　右下の図に示すように単位体積（各辺の長さはすべて 1）の誘電体の各辺に沿ってこの分子が $l,\ m,\ n$ 個あるとする。この誘電体に $+z$ 方向の一様な電場 $\mathbf{E}$ を印加し，双極子モーメントがそろったときを考える。以下の問いに答えよ。

(1)　分極ベクトル $\mathbf{P}$ を a,q,l,m,n などを用いて表せ。

(2)　誘電体表面（z 軸に垂直な面）に現れる分極電荷 Q を $a,\ q,\ l,\ m,\ n$ などをもちいて表せ。

(3)　誘電体表面（z 軸に垂直な面）に現れる分極電荷密度 ω_e が，$\omega_e=|\mathbf{P}|=P$ であることを示せ。

(4)　この誘電体全体を 1 つの電気双極子と見なしたときの双極子モーメントが $\mathbf{P}$ になることを説明せよ。

解答

(1)　分極ベクトルは（4.1）式より，$\mathbf{P}=Nq\mathbf{a}=N\mathbf{p}$ で与えられる。一方，双極子モーメントの定義より，$\mathbf{p}=q\mathbf{a}=qa\mathbf{e}_z$。

　　　ただし，$\mathbf{e}_z$ は z 方向の単位ベクトル。すなわち $\mathbf{P}=N\times qa\mathbf{e}_z$ と書けるが，N は単位体積中の双極子モーメントの個数だから $N=l\times m\times n$ と表される。

　　　したがって，$\mathbf{P}=lmn\times\mathbf{p}=lmnqa\mathbf{e}_z$。

(2)　電場が印加されたときに誘電体の z 軸に垂直な面には $m\times n$ 個の正電荷 $+q$ が現れるのだから，分極電荷は $Q=mn\times q$。

(3)　(2)より，誘電体表面に現れる電荷は $Q=mn\times q$ である。これを分極電荷が現れる面の面積で割れば電荷密度が求まる。しかし本問では面積は 1 だから $\omega_e=mn\times q$ となる。一方，(1)の結果 $\mathbf{P}=lmn\times\mathbf{p}=lmnqa\mathbf{e}_z$ から a を消去すると，$a=\dfrac{1}{l}$ より，$\mathbf{P}=mnq\mathbf{e}_z$，$|\mathbf{P}|=mnq$ となって，$\omega_e=|\mathbf{P}|=P$ であることが示される。

(4)　誘電体内部では隣接する電荷が打ち消しあうため，見かけ上は表面にのみ電荷が存在する。つまり，$\pm Q$ の電荷が距離「1」隔てて存在する電気双極子とみなせる。この「巨大」な電気双極子の双極子モーメントは定義から $Q\times 1\times\mathbf{e}_z=\mathbf{P}$ となる。

誘電体の分極

発展 **問題31** 比誘電率 $\varepsilon_r \left(= \dfrac{\varepsilon}{\varepsilon_0} \right)$ の誘電体でできた一様な厚さの無限に広い板がある。この板を真空中で一様な電場 $\mathbf{E}_0$ に対して垂直に置くとき，以下の問いに答えよ。

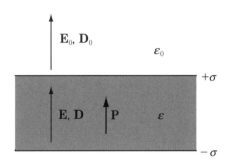

(1) 誘電体板の表面に現れる分極電荷密度 σ 〔C·m^{-2}〕と誘電分極 $\mathbf{P}$（分極ベクトル）の関係を示せ。

(2) 誘電体内の電場 $\mathbf{E}$ を比誘電率 ε_r，電場 $\mathbf{E}_0$ をもちいて表せ。

(3) 誘電分極 $\mathbf{P}$ を比誘電率 ε_r，電束密度 $\mathbf{D}$ をもちいて表せ。

チェック項目	月　日	月　日
分極ベクトルを理解している。		

誘電体中の静電場 —電場の屈折 I—

> 誘電体の境界面における静電場の屈折を理解する。

必修 **例題** **4.2** 右図のように誘電率が異なる誘電体が接触している境界面について，以下の境界条件を証明せよ。なお，境界面に真電荷はないものとする。
(1) 境界面の法線方向の境界条件 (4.25) 式
(2) 境界面の接線方向の境界条件 (4.24) 式
(3) 屈折の条件 (4.26) 式

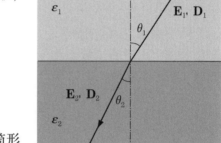

解答

(1) 右下図のような境界面を跨ぎ，断面積 ΔS の微小な筒形閉曲面 S についてガウスの法則を適用する。境界面に真電荷がないので，S 内にも電荷はない。したがって，ガウスの法則をこの閉曲面 S について適用すると，

$$\int_S \mathbf{D}(\mathbf{r}) \cdot \mathbf{n}(\mathbf{r}) dS = 0 \quad \text{\dotfill ①}$$

となる。次に①式の左辺の積分について S を $S = S_1$（ε_1 側）$+ S_2$（ε_2 側）$+ S_3$（側面）と3分割して考えれば，

$$\int_S \mathbf{D}(\mathbf{r}) \cdot \mathbf{n}(\mathbf{r}) dS = \int_{S_1} \mathbf{D}_1(\mathbf{r}) \cdot \mathbf{n}_1(\mathbf{r}) dS + \int_{S_2} \mathbf{D}_2(\mathbf{r}) \cdot \mathbf{n}_2(\mathbf{r}) dS + \int_{S_3} \mathbf{D}_3(\mathbf{r}) \cdot \mathbf{n}_3(\mathbf{r}) dS \quad \text{\dotfill ②}$$

と分けられる。

ここで，境界面の条件を求めているので S_1 と S_2 は境界面に限りなく近く，互いに接近していなければならない。そのため，S_3 の面積 $\ll \Delta S$ を満たすように S_3 の面積は無視できる程度に小さくとる。これは第3項の S_3 に関する面積分は無視できるということである。

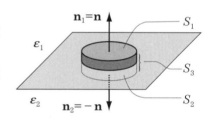

境界面を跨ぐように
筒状の閉曲面を考える

さらに，S_1，S_2 は電束密度 $\mathbf{D}(\mathbf{r})$ が一様とみなせる程度に微小にとるので，$\mathbf{D}(\mathbf{r}) \cdot \mathbf{n}(\mathbf{r})$ はそれぞれの積分では一定値とみなせ，積分の外に出せる。すなわち，

$$②式 = (\mathbf{D}_1 \cdot \mathbf{n}_1) \int_{S_1} dS + (\mathbf{D}_2 \cdot \mathbf{n}_2) \int_{S_2} dS \quad \text{\dotfill ③}$$

となる。

ここで，積分 $\int_{S_1} dS$，$\int_{S_2} dS$ は S_1，S_2 の面積 ΔS であるから，

$$③式 = (\mathbf{D}_1 \cdot \mathbf{n}_1)\Delta S + (\mathbf{D}_2 \cdot \mathbf{n}_2)\Delta S$$

となる。

また，$\mathbf{n}(\mathbf{r}) = \mathbf{n}_1(\mathbf{r}) = -\mathbf{n}_2(\mathbf{r})$ であるから，$(\mathbf{D}_1 - \mathbf{D}_2) \cdot \mathbf{n}\Delta S = 0$ となる。これより条件は $(\mathbf{D}_1 - \mathbf{D}_2) \cdot \mathbf{n} = 0$ となる。

$\mathbf{D}_1 \cdot \mathbf{n} = D_1 \cos\theta_1$，$\mathbf{D}_2 \cdot \mathbf{n} = D_2 \cos\theta_2$ であるから，法線方向の境界条件は，

$$D_1 \cos\theta_1 - D_2 \cos\theta_2 = 0 \quad \text{\dotfill ④}$$

または，$\mathbf{D}_1 = \varepsilon_1 E_1$，$\mathbf{D}_2 = \varepsilon_2 E_2$ より，

$$\varepsilon_1 E_1 \cos\theta_1 - \varepsilon_2 E_2 \cos\theta_2 = 0 \quad \text{\dotfill ⑤}$$

である。

(2) クーロン力は保存力であるから電場の一周積分 $\int_C \mathbf{E}(\mathbf{r}) \cdot d\mathbf{s}(\mathbf{r}) = 0$ が成立する。

そこで，右下図のような境界面を挟んだ微小な矩形経路（閉曲線 C）について電場の一周積分を行う。

$$\int_C \mathbf{E}(\mathbf{r}) \cdot d\mathbf{s}(\mathbf{r}) = \int_{AB} \mathbf{E}(\mathbf{r}) \cdot d\mathbf{s}(\mathbf{r}) + \int_{BC} \mathbf{E}(\mathbf{r}) \cdot d\mathbf{s}(\mathbf{r}) + \int_{CD} \mathbf{E}(\mathbf{r}) \cdot d\mathbf{s}(\mathbf{r}) + \int_{DA} \mathbf{E}(\mathbf{r}) \cdot d\mathbf{s}(\mathbf{r}) \quad ⑥$$

ここで，$d\mathbf{s}(\mathbf{r})$ は閉曲線 C 上の線素ベクトルであり，その大きさは $|d\mathbf{s}(\mathbf{r})| = ds$ である。

閉曲線 C は電場が一定とみなせるくらい微小にとる。また境界面の条件を求めているので経路 AB と CD は境界面に限りなく近くなくてはいけない。さて，$\mathbf{t}_1$, $\mathbf{t}_2$, $\mathbf{t}_3$, $\mathbf{t}_4$ を各経路における単位接線ベクトルとすれば，

経路 AB で $d\mathbf{s}(\mathbf{r}) = ds\mathbf{t}_1$，経路 BC で $d\mathbf{s}(\mathbf{r}) = ds\mathbf{t}_4$，経路 CD で $d\mathbf{s}(\mathbf{r}) = ds\mathbf{t}_2$，経路 DA で $d\mathbf{s}(\mathbf{r}) = ds\mathbf{t}_3$ と書けるので，

$$⑥式 = \int_{AB} \mathbf{E}_1 \cdot \mathbf{t}_1 ds + \int_{BC} \mathbf{E}_4 \cdot \mathbf{t}_4 ds + \int_{CD} \mathbf{E}_2 \cdot \mathbf{t}_2 ds + \int_{DA} \mathbf{E}_3 \cdot \mathbf{t}_3 ds \quad\cdots\cdots\cdots\cdots\cdots⑦$$

となる。ここで，$\mathbf{E}_3$，$\mathbf{E}_4$ は経路 DA および BC における電場を指す。

各経路は電場が一定とみなせるくらい微小なので，積分の中の内積は一定値とみなせ，積分の外に出せる。

$$⑦式 = (\mathbf{E}_1 \cdot \mathbf{t}_1) \int_{AB} ds + (\mathbf{E}_4 \cdot \mathbf{t}_4) \int_{BC} ds + (\mathbf{E}_2 \cdot \mathbf{t}_2) \int_{CD} ds + (\mathbf{E}_3 \cdot \mathbf{t}_3) \int_{DA} ds$$

$$= (\mathbf{E}_1 \cdot \mathbf{t}_1)\Delta r + (\mathbf{E}_4 \cdot \mathbf{t}_4)\Delta t + (\mathbf{E}_2 \cdot \mathbf{t}_2)\Delta r + (\mathbf{E}_3 \cdot \mathbf{t}_3)\Delta t = 0 \quad\cdots\cdots\cdots\cdots⑧$$

経路 AB と経路 CD は境界面に限りなく近いので，経路 BC と経路 DA の長さ Δt は無限に短くなければならないので第 2 項と第 4 項は無視できるので，

$$⑧式 = (\mathbf{E}_1 \cdot \mathbf{t}_1)\Delta r + (\mathbf{E}_2 \cdot \mathbf{t}_2)\Delta r = 0 \quad\cdots\cdots\cdots\cdots⑨$$

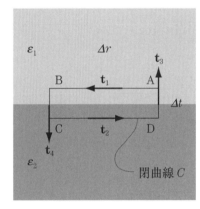

となる。ここで，$\mathbf{t} = \mathbf{t}_1 = -\mathbf{t}_2$ とおけば，

$$(\mathbf{E}_1 \cdot \mathbf{t}_1)\Delta r + (\mathbf{E}_2 \cdot \mathbf{t}_2)\Delta r = (\mathbf{E}_1 \cdot \mathbf{t} - \mathbf{E}_2 \cdot \mathbf{t})\Delta r = 0$$

$$\therefore \ \mathbf{E}_1 \cdot \mathbf{t} - \mathbf{E}_2 \cdot \mathbf{t} = 0 \quad\cdots\cdots\cdots\cdots⑩$$

題意より，$\mathbf{E}_1 \cdot \mathbf{t} = E_1 \sin\theta_1$，$\mathbf{E}_2 \cdot \mathbf{t} = E_2 \sin\theta_2$ であるから，接線方向の境界条件は，

$$E_1 \sin\theta_1 - E_2 \sin\theta_2 = 0 \quad\cdots\cdots\cdots\cdots⑪$$

となる。

(3) 法線方向の境界条件（⑤式）$\varepsilon_1 E_1 \cos\theta_1 - \varepsilon_2 E_2 \cos\theta_2 = 0$ より，

$$\varepsilon_1 E_1 \cos\theta_1 = \varepsilon_2 E_2 \cos\theta_2 \quad\cdots\cdots\cdots\cdots\cdots\cdots\cdots\cdots⑫$$

である。

一方，接線方向の境界条件（⑧式）$E_1 \sin\theta_1 - E_2 \sin\theta_2 = 0$ より，

$$E_1 \sin\theta_1 = E_2 \sin\theta_2 \quad\cdots\cdots\cdots\cdots\cdots\cdots\cdots\cdots\cdots⑬$$

を得る。⑫式と⑬式の両辺同士を割り算して，

$$\frac{E_1 \sin\theta_1}{\varepsilon_1 E_1 \cos\theta_1} = \frac{E_2 \sin\theta_2}{\varepsilon_2 E_2 \cos\theta_2}, \quad \frac{1}{\varepsilon_1}\tan\theta_1 = \frac{1}{\varepsilon_2}\tan\theta_2$$

となって，屈折の条件，

$$\frac{\tan\theta_2}{\tan\theta_1} = \frac{\varepsilon_2}{\varepsilon_1}, \quad \theta_2 = \tan^{-1}\left(\frac{\varepsilon_2}{\varepsilon_1}\tan\theta_1\right) \quad\cdots\cdots\cdots\cdots⑭$$

が得られる。

誘電体中の静電場 ―電場の屈折 II―

ドリル No.32	Class		No.		Name	

発展 **問題32** 前問において境界面に電荷面密度 $+\sigma$〔C·m^{-2}〕の真電荷が帯電しているとき以下の境界条件を求めよ。

(1) 境界面の法線方向の境界条件

(2) 境界面の接線方向の境界条件

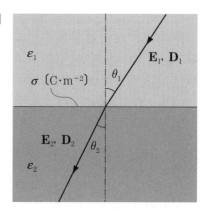

チェック項目	月 日	月 日
2つの誘電体の境界面における静電場の境界条件の導き方を理解している。		

誘電体中の静電場　—電場の屈折Ⅲ—

ドリル No.33	Class		No.		Name	

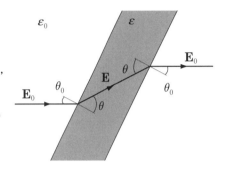

発展 **問題33**　一様な電場 $\mathbf{E}_0$ 中に誘電体板を図のように置いたとき以下の問いに答えよ。

(1)　誘電体中の電場 $\mathbf{E}$ の大きさ E および角度 θ を E_0, ε, ε_0, θ_0 をもちいて求めよ。

(2)　誘電体中の分極ベクトル $\mathbf{P}$ の大きさ P を E_0, ε, ε_0, θ_0 をもちいて求めよ。

チェック項目	月　日	月　日
真空中と誘電体の接触面における静電場の境界条件を理解している。		

平行平板コンデンサの静電容量

平行平板コンデンサの静電容量を基本原理から求めることができる。

必修 例題 **4.3** 電極面積 S, 電極間距離 d で, 誘電率 ε の誘電体が詰まった平行平板コンデンサの静電容量をガウスの法則をもちいて求めよ。ただし, $S \gg d^2$ とし, コンデンサの端の電場の不均一は無視してよい。

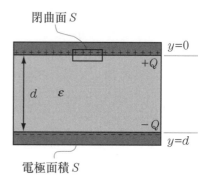

電極面積 S

解答

この問題を解説4.4の「コンデンサの静電容量の求め方の指針」に沿って解いてみる。まず,「(1) 系の対称性などを考えて電極に帯電している電荷を仮定する。」であるが, 図のように電極には全電荷 Q〔C〕帯電しているとする。この場合の電荷密度 ω は, $\omega = \dfrac{Q}{S}$〔C·m^{-2}〕である。

次に「(2) 系の対称性を反映した座標系を選択して, ガウスの法則をもちいて電極間の電場を求める。」である。問題文にある $S \gg d^2$ は, 電極が十分に広いということを意味している。これは無限に広がる平面状の電荷が作る電場と同じで, 第3章の問題15のように,「電場の方向は電極に垂直で, その大きさは場所によらず一定である。」[注] ということである。そこで, 右図のように導体表面を跨ぐように筒状の閉曲面 S を考えて, ガウスの法則

$$\int_S \mathbf{D}(\mathbf{r}) \cdot \mathbf{n}(\mathbf{r}) dS = S \text{ 内の全真電荷} \quad \cdots\cdots\cdots ①$$

を適用しよう。ただし, $\mathbf{D}(\mathbf{r}) = \varepsilon \mathbf{E}(\mathbf{r})$ である。

右辺の「S 内の全真電荷」は $\omega \Delta S$ である。左辺の積分は「電磁気学でよく使う面積分」の「(3) ベクトル場が中心軸に沿っている場合」と同様の計算である。すなわち, 筒状閉曲面 S を誘電体側の面 S_1, 側面 S_2, 導体側の面 S_3 の3つに分けて,

$$\int_S \mathbf{D}(\mathbf{r}) \cdot \mathbf{n}(\mathbf{r}) dS = \int_{S_1 (誘電体側)} \mathbf{D}(\mathbf{r}) \cdot \mathbf{n}(\mathbf{r}) dS + \int_{S_2 (側面)} \mathbf{D}(\mathbf{r}) \cdot \mathbf{n}(\mathbf{r}) dS + \int_{S_3 (導体側)} \mathbf{D}(\mathbf{r}) \cdot \mathbf{n}(\mathbf{r}) dS \quad \cdots\cdots\cdots ②$$

である。

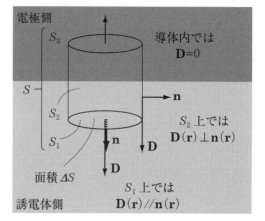

誘電体側の S_1 では電束密度 $\mathbf{D}(\mathbf{r})$ と外向き単位法線ベクトル $\mathbf{n}(\mathbf{r})$ は平行なので, $\mathbf{D}(\mathbf{r}) \cdot \mathbf{n}(\mathbf{r}) = D$ となる。一方, S の側面 S_2 では $\mathbf{D}(\mathbf{r}) \perp \mathbf{n}(\mathbf{r})$ であるから, $\mathbf{D}(\mathbf{r}) \cdot \mathbf{n}(\mathbf{r}) = 0$ となり, 側面 S_2 に関する積分は0になる。また, 導体内部 (S_3) では, 第3章「導体内外の電場」で述べているように「導体内には静電場は存在しない。」ので $\mathbf{D}(\mathbf{r}) = 0$ であるから, 第3項の S_3 に関する積分も0になる。したがって積分は第1項のみ残り,

$$\int_S \mathbf{D}(\mathbf{r}) \cdot \mathbf{n}(\mathbf{r}) dS = \int_{S_1 (誘電体側)} \mathbf{D}(\mathbf{r}) \cdot \mathbf{n}(\mathbf{r}) dS = \int_{S_1 (誘電体側)} |\mathbf{D}| dS = D \int_{S_1 (誘電体側)} dS = D\Delta S \quad \cdots\cdots\cdots ③$$

となる。

これが S 内の全電荷に等しいのだから, $D\Delta S = \omega \Delta S$ となって, $D = \omega$ を得る。

$\mathbf{D}(\mathbf{r})=\varepsilon\mathbf{E}(\mathbf{r})$ より，$E=\dfrac{\omega}{\varepsilon}$ であり，これで電極間の電場が求められた。

次に，「(3)　$\mathbf{E}(\mathbf{r})=-\mathrm{grad}\,\phi(\mathbf{r})$ の関係から電極間の静電ポテンシャル $\phi(\mathbf{r})$ を求める。」である。

デカルト座標系を用いれば，$\mathbf{E}(\mathbf{r})=-\mathrm{grad}\,\phi(\mathbf{r})$ の関係は，

$$\mathbf{E}(\mathbf{r})=-\left(\frac{\partial\phi(\mathbf{r})}{\partial x},\frac{\partial\phi(\mathbf{r})}{\partial y},\frac{\partial\phi(\mathbf{r})}{\partial z}\right) \quad\cdots\cdots\cdots\cdots\cdots\cdots④$$

である。本問題の電場はベクトルの成分表記で $(0,E,0)$ ととれば，④式の関係は，

$$-\mathrm{grad}\,\phi(\mathbf{r})=-\left(\frac{\partial\phi(\mathbf{r})}{\partial x},\frac{\partial\phi(\mathbf{r})}{\partial y},\frac{\partial\phi(\mathbf{r})}{\partial z}\right)=(0,E,0) \quad\cdots\cdots\cdots⑤$$

となり，

$$\frac{\partial\phi(\mathbf{r})}{\partial y}=-E \quad\cdots\cdots\cdots\cdots\cdots\cdots\cdots\cdots\cdots⑥$$

である。

これは電極間の静電ポテンシャルは y のみの関数であることを示している。両辺を y について不定積分して，

$$\phi(x)=-\int E\,dy=-\int\frac{\omega}{\varepsilon}dy=-\frac{\omega}{\varepsilon}y+k \quad\cdots\cdots\cdots\cdots⑦$$

を得る。ただし，k は積分定数で $y=0$ における電位である。

次に「(4)　電極の電位（静電ポテンシャル）を求め，電極間の電位差 V を求める。」である。

電極間の電位差 V は，それぞれの電極における静電ポテンシャルの差であるから，

$$V=|\phi(0)-\phi(d)|=\frac{\omega}{\varepsilon}d \quad\cdots\cdots\cdots\cdots\cdots\cdots\cdots⑧$$

である。

最後に「(5)　$C=\dfrac{Q}{V}$ の関係から C を求める。」である。

Q は一方の電極に蓄えられている電荷であるから，$Q=\omega S$ である。

したがって，

$$C=\frac{Q}{V}=\frac{\omega S}{\dfrac{\omega}{\varepsilon}d}=\varepsilon\frac{S}{d} \quad\cdots\cdots\cdots\cdots\cdots\cdots\cdots\cdots⑨$$

となって，よく知られた平行平板コンデンサの電気容量の公式(4.34)が導かれる。

注意　詳しくみると，コンデンサの端では電場の不均一が発生するが，実際のコンデンサでは容量への影響は無視できる程度しかない。

コンデンサの接続と合成容量

ドリル No.34	Class		No.		Name	

基礎 **問題 34.1** コンデンサ C_1, C_2, ……, C_n を直列接続したときの合成容量を C_t として $\dfrac{1}{C_t} = \dfrac{1}{C_1} + \dfrac{1}{C_2} + \cdots + \dfrac{1}{C_n}$ であることを示せ。

また, i 番目のコンデンサに加わる電圧を求めよ。

基礎 **問題 34.2** コンデンサ C_1, C_2, …, C_n を並列接続したときの合成容量を C_p として, $C_t = C_1 + C_2 + \cdots + C_n$ であることを示せ。

また, i 番目のコンデンサに加わる電圧を求めよ。

チェック項目	月　　日	月　　日
コンデンサの接続の基本を理解しているか。		

球形コンデンサの静電容量 I

球形コンデンサの静電容量を基本原理から求めることができる。

必修 例題 **4.4** 半径 a の導体球と同心に内半径 b の導体球を組み合わせた球形コンデンサの内部に誘電率が ε の誘電体を同心状につめた球形コンデンサの静電容量を求めよ。

解答

内側の球に $+Q$〔C〕，外側の球に $-Q$〔C〕の電荷が蓄えられていると仮定する。

この系は球対称な系であるので，付録 I の「電磁気学でよく使う面積分」の「ある一点に対して球対称な系」に相当する。そこで球の中心から半径 r の球面 S についてガウスの法則を適用する。

ここで，電極間の電場を求めるのだから $a \leqq r \leqq b$ である。(4.19) 式より，

$$\int_S \mathbf{D}(\mathbf{r}) \cdot \mathbf{n}(\mathbf{r}) dS = (S \text{ 内の全真電荷})$$

であるが，右辺の S 内の全真電荷は $+Q$ である。

さて，球面 S 上では球面の外向き単位法線ベクトル $\mathbf{n}(\mathbf{r})$ と電束密度 $\mathbf{D}(\mathbf{r})$ が同方向であり，$\mathbf{D}(\mathbf{r})$ の大きさ $|\mathbf{D}(\mathbf{r})|$ が一定である。すなわち，左辺の積分の中の内積は $\mathbf{D}(\mathbf{r}) \cdot \mathbf{n}(\mathbf{r}) = D(r)$ となる。$D(r)$ は S 上では一定値なので積分の外に出せて，

$$\int_S \mathbf{D}(\mathbf{r}) \cdot \mathbf{n}(\mathbf{r}) dS = \int_S D(r) dS = D(r) \int_S dS = 4\pi r^2 D(r)$$

となる。したがって，$4\pi r^2 D(r) = Q$ となり，$D(r) = \dfrac{Q}{4\pi r^2}$ となる。

$\mathbf{D}(\mathbf{r}) = \varepsilon \mathbf{E}(\mathbf{r})$ であるから，電場の大きさは $E(r) = \dfrac{Q}{4\pi \varepsilon r^2}$ となる。

次に電極間の静電ポテンシャル $\phi(\mathbf{r})$ を求める。電場の大きさが r のみの関数であるから，静電ポテンシャルも r のみの関数である。本問の場合，極座標系で計算するのがよい。極座標系で $\mathbf{E}(\mathbf{r}) = -\mathrm{grad}\phi(r)$ の関係は，

$$\mathbf{E}(\mathbf{r}) = -\mathrm{grad}\phi(\mathbf{r}) = -\left[\mathbf{e}_r \frac{\partial}{\partial r}\phi(\mathbf{r}) + \mathbf{e}_\theta \frac{1}{r}\frac{\partial}{\partial \theta}\phi(\mathbf{r}) + \mathbf{e}_\phi \frac{1}{r\sin\theta}\frac{\partial}{\partial \phi}\phi(\mathbf{r}) \right] = -\mathbf{e}_r \frac{\partial}{\partial r}\phi(r)$$

であるので，$E(r) = \dfrac{Q}{4\pi \varepsilon r^2}$ を r について不定積分すれば $\phi(r)$ が求まる。

$$\phi(r) = -\int E(r) dr = -\int \frac{Q}{4\pi \varepsilon r^2} dr = \frac{Q}{4\pi \varepsilon r} + k$$

ただし，k は積分定数。

電極間の電位差 V は，

$$V = \phi(a) - \phi(b) = \left(\frac{Q}{4\pi \varepsilon a} + k \right) - \left(\frac{Q}{4\pi \varepsilon b} + k \right) = \frac{Q}{4\pi \varepsilon}\left(\frac{1}{a} - \frac{1}{b} \right)$$

となる。

$C = \dfrac{Q}{V}$ の関係から，$C = \dfrac{Q}{V} = 4\pi \varepsilon \left(\dfrac{1}{a} - \dfrac{1}{b} \right)^{-1}$

を得る。

球形コンデンサの静電容量Ⅱ

必修 **問題 35** 図のように，半径 a の導体球と同心に内半径 c の導体球を組み合わせた球形コンデンサがある。内部には異なる誘電率 ε_1，ε_2 の誘電体が同心状につまっている。この球形コンデンサの静電容量を次の手順で求めよ。

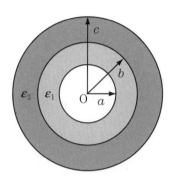

(1) 原点 O から r 離れた場所での電場の大きさ $E(r)$ を求めよ。

(2) 原点 O から r 離れた場所での静電ポテンシャル $\phi(r)$ を求めよ。
   ただし，内側の導体球の電位を ϕ_0 とする。

(3) 電極間の電位差 V を求めよ。

(4) このコンデンサの静電容量 C を求めよ。

チェック項目	月 日	月 日
球形コンデンサの静電容量を求めることができる。静電ポテンシャルの連続性を理解している。誘電体の接続の条件を理解している。		

球形コンデンサの静電容量Ⅲ

ドリル No.36	Class		No.		Name	

発展 **問題36** 図のように半球状に異なる誘電率 ε_1, ε_2 の誘電体をつめた球形コンデンサの静電容量を次の手順で求めよ。

(1) 原点Oから r 離れた場所での電場の大きさ $E(r)$ を求めよ。

(2) 原点Oから r 離れた場所での静電ポテンシャル $\phi(r)$ を求めよ。ただし，内側の導体球の電位を ϕ_0 とする。

(3) 電極間の電位差 V を求めよ。

(4) このコンデンサの静電容量 C を求めよ。

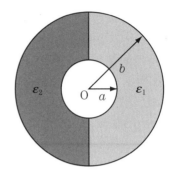

チェック項目	月 日	月 日
球形コンデンサの静電容量を求めることができる。誘電体の接続の条件を理解している。		

円筒形コンデンサの静電容量（同軸ケーブルⅠ）

> 円筒形コンデンサの静電容量を基本原理から求めることができる。

必修 **例題** **4.5** 図は同軸ケーブルの断面図である。中心に半径 a の導体（芯線）[注1] があり，これを誘電率 ε の誘電体で覆い，さらにその外側を導体（被覆導体）でつつんである。芯線の半径を a，被覆導体を内半径 b，外半径 c を持つ円筒と考える。以下の手順に従ってこの同軸ケーブルの静電容量を求めよ。ただし，被覆導体は接地され[注2]，同軸ケーブルの長さは十分に長いとする。

(1) 芯線の中心からの距離を R とする。芯線に単位長さあたり $+\lambda$ の電荷を与えたとき，芯線と被覆導体の間 $(a \leqq R \leqq b)$ にできる静電場を R の関数 $E(R)$ として求めよ。

(2) このときに被覆導体の内側および外側は単位長さあたり λ'，λ'' で帯電する。λ をもちいて λ'，λ'' を表せ。また，$R > b$ における電場を求めよ。

(3) 静電ポテンシャルを芯線の中心からの距離 R の関数 $\phi(R)$ として求めよ。

(4) 芯線の電位差 V を求めよ。

(5) この同軸ケーブルの単位長さあたりの静電容量 C を求めよ。

注意 1 芯線は心線とも書かれる。

注意 2 接地された被覆導体のことを「アース線」と呼び，通常電位は 0 とする。

解答

(1) 系は軸対称であるから，電場 $\mathbf{E}(\mathbf{r})$，電束密度 $\mathbf{D}(\mathbf{r})$，静電ポテンシャル $\phi(\mathbf{r})$ は軸対称な関数となり，その方向は中心軸に対して垂直であり，大きさは R のみの関数である。例えば，円筒座標系で電場を記述すれば，

$$\mathbf{E}(\mathbf{r}) = E(R)\mathbf{e}_R + 0 \times \mathbf{e}_\theta + 0 \times \mathbf{e}_z$$

である。

このような場合，中心から半径 R $(a \leqq R \leqq b)$，長さ l の芯線を囲むような円筒 S についてガウスの法則を適用し，円筒座標系で計算するとよい。次に，ガウスの法則

$$\int_S \mathbf{D}(\mathbf{r}) \cdot \mathbf{n}(\mathbf{r}) dS = S\,内の全真電荷$$

を円筒 S について適用する。

題意より，芯線に単位長さあたり $+\lambda$ の電荷が帯電しているので，円筒 S 内には $+\lambda l$ の電荷があり，右辺の S 内の全電荷は $+\lambda l$ であることは明らかであろう。左辺の積分は，「電磁気学でよく使う面積分」の「(1) ベクトル場が直線から放射状になっている場合」と同様の考え方と計算でよい。円筒状閉曲面 S は上面 S_0，側面 S_1，底面 S_2 の3つに分けられるので，S に関する面積分も3つに分けて計算すれば簡単になる。すなわち，

$$\int_S \mathbf{D}(\mathbf{r}) \cdot \mathbf{n}(\mathbf{r}) dS = \int_{S_0(=上面)} \mathbf{D}(\mathbf{r}) \cdot \mathbf{n}(\mathbf{r}) dS + \int_{S_1(=側面)} \mathbf{D}(\mathbf{r}) \cdot \mathbf{n}(\mathbf{r}) dS + \int_{S_2(=下面)} \mathbf{D}(\mathbf{r}) \cdot \mathbf{n}(\mathbf{r}) dS$$

と3分割する。電場が中心軸から放射状になっている場合，S の上面 S_0 および底面 S_2 では電束密度 $\mathbf{D}(\mathbf{r})$ と外向き単位法線ベクトル $\mathbf{n}(\mathbf{r})$ は垂直なので，$\mathbf{D}(\mathbf{r}) \cdot \mathbf{n}(\mathbf{r}) = 0$ となり，面積分は 0 となる。一方，S の側面 S_1 では $\mathbf{D}(\mathbf{r}) // \mathbf{n}(\mathbf{r})$ であるから，$\mathbf{D}(\mathbf{r}) \cdot \mathbf{n}(\mathbf{r}) = D(R)$ となり，側面 S_1 の積分計算上では定数として扱える。

$$\int_S \mathbf{D}(\mathbf{r}) \cdot \mathbf{n}(\mathbf{r}) dS = \int_{S_0(=上面)} 0 dS + \int_{S_1(=側面)} D(R) dS + \int_{S_2(=下面)} 0 dS = \int_{S_1(=側面)} D(R) dS$$

$$= D(R) \int_{S_1} dS = 2\pi R l D(R) \quad \left[\int_{S_1} dS \text{ は } S_1 \text{ の面積 } 2\pi R l \text{ である。} \right]$$

となる。

したがって，ガウスの法則は，

$$\int_S \mathbf{D}(\mathbf{r}) \cdot \mathbf{n}(\mathbf{r}) dS = 2\pi R l D(R) = \lambda l$$

となって，$D(R) = \dfrac{\lambda}{2\pi R}$ を得る。ここで，$\mathbf{D}(\mathbf{r}) = \varepsilon \mathbf{E}(\mathbf{r})$ であるので，$E(R) = \dfrac{\lambda}{2\pi \varepsilon R}$ となる。

電場は芯線から被覆導体（アース線）に向かっている。

(2) (1)よりアース線の内側表面（$R = b$）で電場は，$E(b) = \dfrac{\lambda}{2\pi \varepsilon b}$ である。

アース線の内側の電荷密度を ω とすれば，$E(b) = -\dfrac{\omega}{\varepsilon}$ であるから，$\omega = -\dfrac{\lambda}{2\pi b}$ である。

したがって，アース線の内側に帯電している単位長さあたりの電荷 λ' は，

$$\lambda' = \int_{S(R=b)} \omega dS = 2\pi b \omega = 2\pi b \left(-\frac{\lambda}{2\pi b} \right) = -\lambda$$

この電荷は接地した地面から流れ込む。アース線の内側に帯電した電荷で芯線の電荷が打ち消されるので，アース線の外側は帯電しない。したがって，$\lambda'' = 0$。また，$R > b$ で正味の電荷が存在しないから $E = 0$。

アース線が接地されていない状態を「アースが浮いている」と呼ばれる。アースが浮いた状態ではこの関係が成り立たないことに注意。

(3) 円筒座標系で $\mathbf{E}(\mathbf{r}) = -\mathrm{grad}\,\phi(\mathbf{r})$ の関係を記述すれば，

$$\mathbf{E}(\mathbf{r}) = -\mathrm{grad}\,\phi(\mathbf{r}) = -\left\{ \mathbf{e}_R \frac{\partial}{\partial R}\phi(\mathbf{r}) + \mathbf{e}_\theta \frac{1}{R}\frac{\partial}{\partial \theta}\phi(\mathbf{r}) + \mathbf{e}_z \frac{\partial}{\partial z}\phi(\mathbf{r}) \right\}$$

であるが，$\mathbf{E}(\mathbf{r}) = E(R)\mathbf{e}_R + 0 \times \mathbf{e}_\theta + 0 \times \mathbf{e}_z = E(R)\mathbf{e}_R$ であるから，

$$\mathbf{E}(\mathbf{r}) = E(R)\mathbf{e}_R = -\mathbf{e}_R \frac{\partial}{\partial R}\phi(R)$$

となって，$E(R)$ を R について積分すれば静電ポテンシャルが得られる。

$$\phi(R) = -\int E(R)dR = -\int \frac{\lambda}{2\pi \varepsilon R}dR = -\frac{\lambda}{2\pi \varepsilon}\ln R + k, \text{ ただし } k \text{ は積分定数。}$$

アース線は接地されているので，$\phi(b) = -\dfrac{\lambda}{2\pi \varepsilon}\ln b + k = 0$ である。

この条件より，$k = \dfrac{\lambda}{2\pi \varepsilon}\ln b$ となって，$\phi(R) = \dfrac{\lambda}{2\pi \varepsilon}\ln\left(\dfrac{b}{R} \right)$

(4) 芯線 – 被覆線間の電位差は，$V = \phi(a) - \phi(b)$ を計算すればよいから，

$$V = \phi(a) - \phi(b) = \frac{\lambda}{2\pi \varepsilon}\ln\left(\frac{b}{a} \right)$$

(5) 長さ l あたりの静電容量は $C = \dfrac{Q}{V}$ の関係から，

$$C = \frac{Q}{V} = \frac{Q}{\phi(a) - \phi(b)} = \frac{\lambda l}{\dfrac{\lambda}{2\pi \varepsilon}\ln\left(\dfrac{b}{a} \right)} = 2\pi \varepsilon l \frac{1}{\ln\left(\dfrac{b}{a} \right)}$$

単位長さあたりでは，$l = 1$ を代入して，

$$C = 2\pi \varepsilon \frac{1}{\ln\left(\dfrac{b}{a} \right)}$$

円筒形コンデンサの静電容量（同軸ケーブルⅡ）

ドリル No.37	Class		No.		Name	

必修 **問題37** 図のように同心状に異なる誘電体を詰めた同軸ケーブルの単位長さあたりの静電容量を以下の手順により求めよ。

(1) 芯線の中心からの距離を R とする。芯線に単位長さあたり $+\lambda$ の電荷，被覆導体に単位長さあたり $-\lambda$ の電荷を与えたとき，芯線と被覆導体の間（$a \leqq R \leqq b$）にできる静電場を R の関数 $E(R)$ として求めよ。

(2) 静電ポテンシャルを芯線の中心からの距離 R の関数 $\phi(R)$ として求めよ。

(3) 芯線の電位差 V を求めよ。

(4) この同軸ケーブルの単位長さあたりの静電容量 C を求めよ。

チェック項目	月 日	月 日
円筒形コンデンサの静電容量を基本原理から求めることができる。静電ポテンシャルの連続性を理解している。誘電体の接続の条件を理解している。		

円筒形コンデンサの静電容量（同軸ケーブルⅢ）

ドリル No.38	Class		No.		Name	

発展 **問題38** 図のように半円筒状に異なる誘電体をつめた同軸ケーブルの単位長さあたりの静電容量を以下の手順により求めよ。

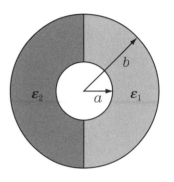

(1) 芯線の中心からの距離を R とする。芯線に単位長さあたり $+\lambda$ の電荷，被覆導体に単位長さあたり $-\lambda$ の電荷を与えたとき，芯線と被覆導体の間 $(a \leqq R \leqq b)$ にできる静電場を R の関数 $E(R)$ として求めよ。

(2) 静電ポテンシャルを芯線の中心からの距離 R の関数 $\phi(R)$ として求めよ。

(3) 芯線の電位差 V を求めよ。

(4) この同軸ケーブルの単位長さあたりの静電容量 C を求めよ。

チェック項目	月　日	月　日
円筒形コンデンサの静電容量を基本原理から求めることができる。 誘電体の接続の条件を理解している。		

コンデンサに働く力 I

> コンデンサの電極間に働く力, 誘電体に働く力について求めることができる。

発展 例題 **4.6** 面積 S (一辺の長さ a), 電極間距離 d の平行板コンデンサに一定電圧 V が与えられている。極板と同じ面積の厚さ t, 誘電率 ε の誘電体板を図のように極板間に平行に入れておく。ただし, 誘電体の質量を m とし, 図のように座標軸をとる。

(1) このコンデンサの静電容量 C はいくらか。

(2) 極板間の電場の大きさ $E(y)$ を求めよ。

(3) 誘電体表面に生じる分極電荷密度を求めよ。

(4) このコンデンサに蓄えられている静電エネルギーを求めよ。

(5) コンデンサに充電した後で電池をとりはずした誘電体を x 方向に動かすときに誘電体板に働く力を求めよ。

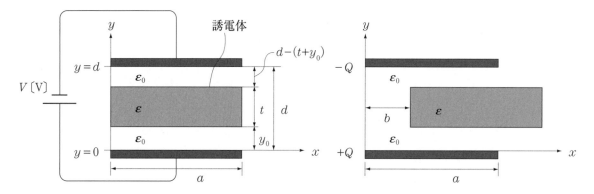

解答

(1) このコンデンサは, 図のように3つのコンデンサが直列に接続されていると考えることができる。それぞれのコンデンサの電極の面積は S であり, 電極間距離がそれぞれ左上図のようになっているので, 静電容量は, (4.34) 式よりそれぞれ,

$$C_1 = \varepsilon_0 \frac{S}{d-(t+y_0)}, \quad C_2 = \varepsilon \frac{S}{t}, \quad C_3 = \varepsilon_0 \frac{S}{y_0}$$

である。

「コンデンサの直列接続と合成容量」の式 (4.33) にあるように, コンデンサ C_1, C_2, $\cdots$, C_n を直列接続したときの合成容量を C_t とすると,

$$C_t = \left(\frac{1}{C_1} + \frac{1}{C_2} + \cdots + \frac{1}{C_n} \right)^{-1}$$

が成立するので,

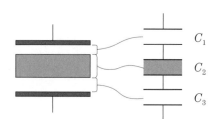

$$C = \left(\frac{1}{C_1} + \frac{1}{C_2} + \frac{1}{C_3} \right)^{-1} = \left[\left(\varepsilon_0 \frac{S}{d-(t+y_0)} \right)^{-1} + \left(\varepsilon \frac{S}{t} \right)^{-1} + \left(\varepsilon_0 \frac{S}{y_0} \right)^{-1} \right]^{-1} = \frac{\varepsilon_0 \varepsilon S}{\varepsilon(d-t)+\varepsilon_0 t}$$

となる。

(2) まず誘電体のない場所 ($0 < y < y_0$, $y_0 + t < y < d$) での電場を求める。

電極上に一様に電荷が分布している場合, 電場は (誘電率が変わらない限り) 電極からの距離によらず一定だから, 電極表面での電場が求まればよい。

電極表面での電場の大きさ E_0 と電極の電荷密度 ω は,

$E_0 = \dfrac{\omega}{\varepsilon_0}$ の関係があるので, ω が求まればよい。電極に蓄えられる電荷は,

$Q = CV = \dfrac{\varepsilon_0 \varepsilon S}{\varepsilon(d-t)+\varepsilon_0 t} V$ であるから，電極の電荷密度 ω は，

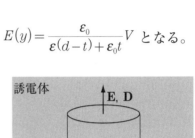

$\omega = \dfrac{Q}{S} = \dfrac{\varepsilon_0 \varepsilon}{\varepsilon(d-t)+\varepsilon_0 t} V$

となる。

したがって，$E_0 = \dfrac{\omega}{\varepsilon_0} = \dfrac{1}{\varepsilon_0} \dfrac{\varepsilon_0 \varepsilon}{\varepsilon(d-t)+\varepsilon_0 t} V = \dfrac{\varepsilon}{\varepsilon(d-t)+\varepsilon_0 t} V$ である。

次に誘電体内部 $(y_0 < y < y_0+t)$ の電場を求める。

誘電体内部の電場の大きさを E として電束密度 D の法線成分の連続性の法則を使って求める。本問題では誘電体表面には真電荷は存在しないこと，電束密度と誘電体表面は垂直であることを考えると，

$D_0 = D$，または，$\varepsilon_0 E = \varepsilon E$ が成立するから，

$E = \dfrac{\varepsilon_0}{\varepsilon} E_0 = \dfrac{\varepsilon_0}{\varepsilon} \dfrac{\varepsilon}{\varepsilon(d-t)+\varepsilon_0 t} V = \dfrac{\varepsilon_0}{\varepsilon(d-t)+\varepsilon_0 t} V$，よって，$E(y) = \dfrac{\varepsilon_0}{\varepsilon(d-t)+\varepsilon_0 t} V$ となる。

(3) 誘電体表面の分極電荷密度を $-\sigma'$ として，誘電体表面を跨る筒状閉曲面 S についてガウスの法則を適用する。

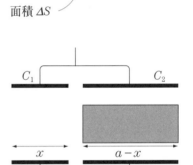

真電荷は存在しないから $\Delta SD - \Delta SD_0 = 0$。ただし，$D_0 = \varepsilon_0 E_0$，$D = \varepsilon_0 E + P$

$P = \sigma'$ であるから，$\sigma' = \varepsilon_0(E_0 - E) = \varepsilon_0(\varepsilon - \varepsilon_0) \dfrac{V}{\varepsilon(d-t)+\varepsilon_0 t}$

(4) 静電エネルギー $U = \dfrac{CV^2}{2} = \dfrac{1}{2} \dfrac{\varepsilon_0 \varepsilon S}{\varepsilon(d-t)+\varepsilon_0 t} V^2$

(5) 誘電体を x だけ引き出した場合を考える。これは図のように静電容量 C_1 と C_2 のコンデンサを並列に接続していると考えることができる。

C_1 の部分の電極面積は，$\dfrac{S}{a} x$

C_2 の部分の電極面積は $\dfrac{S}{a}(a-x)$ であるから，

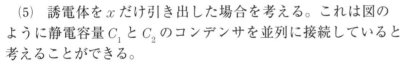

$C_1 = \varepsilon_0 \dfrac{1}{d} \dfrac{S}{a} x$，$C_2 = \dfrac{\varepsilon\varepsilon_0}{\varepsilon(d-t)+\varepsilon_0 t} \dfrac{S}{a}(a+x)$

となり，全静電容量は，

$C = C_1 + C_2 = \varepsilon_0 \dfrac{1}{d} \dfrac{S}{a} x + \dfrac{\varepsilon\varepsilon_0}{\varepsilon(d-t)+\varepsilon_0 t} \dfrac{S}{a}(a-x) = \varepsilon_0 \dfrac{S}{a} \dfrac{(\varepsilon_0-\varepsilon)tx+\varepsilon da}{d(\varepsilon(d-t)+\varepsilon_0 t)}$

となる。このコンデンサに電荷 Q が蓄えられているので，静電エネルギー U は，

$U = \dfrac{Q^2}{2C} = \dfrac{Q^2}{2} \dfrac{a}{\varepsilon_0 S} \dfrac{d(\varepsilon(d-t)+\varepsilon_0 t)}{(\varepsilon_0-\varepsilon)tx+\varepsilon da} = \dfrac{\gamma}{\alpha x + \beta}$

となる。ただし，$\alpha = 2\varepsilon_0 S(\varepsilon_0-\varepsilon)t < 0$，$\beta = 2\varepsilon_0 S\varepsilon da > 0$，$\gamma = Q^2 ad(\varepsilon(d-t)+\varepsilon_0 t) > 0$，$Q$ は(2)で与えられる一定値である。

さて，誘電体に加わる力 F に逆らって外力 $-F$ を加え，さらに Δx だけ引き出したときの仕事は $-F(x)\Delta x$ で与えられる。エネルギー保存則より，この仕事は静電エネルギー変化 $\Delta U(x)$ に等しいので，$-F(x)\Delta x = \Delta U(x)$ である。したがって，$F(x) = -\dfrac{\Delta U(x)}{\Delta x} = -\dfrac{\partial U(x)}{\partial x}$ となる。よって，

$F = -\dfrac{\partial U}{\partial x} = -\dfrac{\partial}{\partial x}\left(\dfrac{\gamma}{\alpha x+\beta}\right) = \dfrac{\alpha\gamma}{(\alpha x+\beta)^2} < 0$。

したがって，誘電体を引き戻そうとする力が働く。

コンデンサに働く力II

発展 **問題 39** 図のように導体板の上に質量 m，厚さ x，面積 S，誘電率 ε の誘電体板が置かれている。誘電体板の上の面には質量の無視できる電極が接着されている。また，電極には電荷 Q が蓄えられている。いま，誘電体を図の矢印の方向に滑らせているときに働く摩擦力を求めよ。なお，誘電体と導体の接触面の動摩擦係数を μ とする。

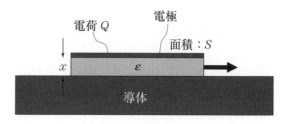

チェック項目	月	日	月	日
コンデンサ内の誘電体に働く力を理解している。				

コンデンサに関する数値計算

ドリル No.40	Class		No.		Name	

発展 **問題 40** 電極面積 $0.2\ \mathrm{m}^2$，電極間距離 $10^{-2}\ \mathrm{m}$ の平行平板コンデンサがある。最初，電極間の電位差 V_0 が 3000 V であったが，図のように誘電体の板を隙間無く挿入したところ，1000V に減少した。

(1) 誘電体を詰める前の静電容量 C_0 を計算せよ。

(2) 電極に蓄えられる電荷 Q を計算せよ。

(3) 誘電体挿入後の静電容量 C を計算せよ。

(4) 誘電体の誘電率 ε を計算せよ。

(5) 誘電体の挿入前の電極間の電場の大きさ E_0 を求めよ。

(6) 誘電体の挿入後の電極間の電場の大きさ E を求めよ。

(7) 誘電体の表面に現れる分極電荷 Q' を計算せよ。

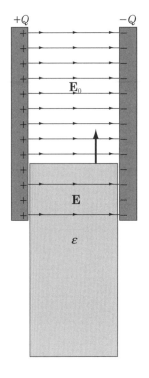

チェック項目	月 日	月 日
コンデンサ内の誘電体に関する電場と分極を計算できる。		

第 **5** 定 常 電 流

5.1 定 常 電 流

> 定常電流の基本を学ぼう。

電流：電流は電荷の流れであり，方向と大きさを持ったベクトル量である。

電流の方向：正の電荷が移動する方向で定義される（高い電位から低い電位へと向かう）。

電流の大きさ：導線の断面を単位時間あたりに通過する電荷量で定義される。ある断面を1秒間あたりに1Cの電荷が通過するとき，この電流の大きさを1Aと定義する。

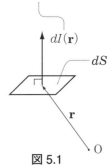

場所 $\mathbf{r}$ の微小面積 dS を通過する電流量

図 5.1

電流密度：色々な原因で，電流の大きさや向きが場所によって異なる場合がある。そのため，位置ベクトル $\mathbf{r}$ で指定される，ある場所での電流の大きさと方向を表すベクトル関数 $\mathbf{i}(\mathbf{r})$（**電流密度**）を定義しておくと便利である[注]。電流密度の方向は，その場所での電流の流れる方向とし，大きさは $i(\mathbf{r}) = \lim_{dS \to 0} \dfrac{dI(\mathbf{r})}{dS}$ で定義される（**図5.1**参照）。単位は〔$\mathrm{A \cdot m^{-2}}$〕。

電流密度は，ある場所での電流を単位面積あたりに流れる電流の強さと方向で表したものととらえてもよい。

注意 電流密度の表記として，本書では $\mathbf{i}(\mathbf{r})$ を用いているが，$\mathbf{j}(\mathbf{r})$ で表記している場合もあるので注意されたい。

定常電流
電流密度の空間分布 $\mathbf{i}(\mathbf{r})$ が時間的に変化しない電流のこと。つまり，電流の流れる様子が時間とともに変化しない場合を**定常電流**という。

定常電流保存則
定常電流保存則とは，「任意の閉曲面 S に流入する電流と S から流出する電流の総和は0である。」という法則であり，積分形式で，

$$\int_S \mathbf{i}(\mathbf{r}) \cdot \mathbf{n}(\mathbf{r}) dS = 0 \quad \text{(積分形式)} \cdots\cdots\cdots\cdots \quad (5.1)$$

と表される。(5.1) 式の意味を考えてみよう。**図5.2** のように，閉曲面 S を電流が流出する部分を S_1，流入する部分を S_2 と2分割すれば，

$$\int_S \mathbf{i}(\mathbf{r}) \cdot \mathbf{n}(\mathbf{r}) dS = \int_{S_1 + S_2} \mathbf{i}(\mathbf{r}) \cdot \mathbf{n}(\mathbf{r}) dS$$
$$= \int_{S_1} \mathbf{i}(\mathbf{r}) \cdot \mathbf{n}(\mathbf{r}) dS + \int_{S_2} \mathbf{i}(\mathbf{r}) \cdot \mathbf{n}(\mathbf{r}) dS = 0 \quad \cdots \quad (5.2)$$

となり，

$$\int_{S_1} \mathbf{i}(\mathbf{r}) \cdot \mathbf{n}(\mathbf{r}) dS = -\int_{S_2} \mathbf{i}(\mathbf{r}) \cdot \mathbf{n}(\mathbf{r}) dS \cdots\cdots\cdots\cdots \quad (5.3)$$

となる。ただし，両辺の積分結果の正・負は，流出・流入に対

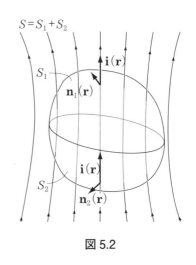

図 5.2

応する。つまり，

　　　　単位時間に流入する電荷量＝単位時間に流出する電荷量

である。

　さらに，（5.1）式にガウスの定理を適用すれば，

$$\int_S \mathbf{i}(\mathbf{r})\cdot\mathbf{n}(\mathbf{r})dS = \int_V \mathrm{div}\mathbf{i}(\mathbf{r})dV = 0 \quad\cdots\cdots\cdots\cdots\cdots\cdots\cdots\cdots\cdots\cdots\cdots\cdots\cdots\cdots\cdots \text{(5.4)}$$

となって，微分形式の定常電流保存則

$$\mathrm{div}\mathbf{i}(\mathbf{r}) = 0 \quad \text{（微分形式）} \cdots\cdots\cdots\cdots\cdots\cdots\cdots\cdots\cdots\cdots\cdots\cdots\cdots \text{(5.5)}$$

を得る

5.2　オームの法則と抵抗の定義

　導線を流れる電流の強さIは，導線の2点間の電圧降下Vに比例することが多い。この経験則をオームの法則という。抵抗Rは，

$$R = \frac{V}{I} \quad\cdots\cdots\cdots\cdots\cdots\cdots\cdots\cdots\cdots\cdots\cdots\cdots\cdots\cdots\cdots\cdots\cdots\cdots\cdots\cdots \text{(5.6)}$$

と定義される。オームの法則は「多くの場合，導線の抵抗は電流の大小によらない」と言い換えられる。

　オームの法則に従わない場合にも，抵抗は$R = \dfrac{V}{I}$で定義できるが，応用上は$R' = \dfrac{dV}{dI}$を使うことも多い。

電気抵抗

　電気抵抗とは，導体を電流が流れるときの「流れにくさ」を表す量である。Rまたはrで表記することが多い。電気抵抗の単位は，〔Ω〕（オーム，ohm）で表す。導線の2点間に1Vの電位差を与えたとき，流れる電流量が1Aであるならば，2点間の電気抵抗は1Ωであるという。単位の関係は，$\left[\Omega\right] = \left[\dfrac{\mathrm{V}}{\mathrm{A}}\right]$となる。電気抵抗の逆数はコンダクタンスと呼ばれ，電流の「流れ易さ」を表す。コンダクタンスの単位は　$\left[\Omega^{-1}\right] = \left[\dfrac{\mathrm{A}}{\mathrm{V}}\right]$である。なお，〔$\Omega^{-1}$〕＝〔S〕（ジーメンス，Siemens）と書くこともある。

抵抗率と電気伝導率

　一定の断面積Sをもつ均一な導体の電気抵抗Rは，導体の長さlに比例し断面積Sに反比例する。すなわち，

$$R = \rho \times \frac{l}{S} = \frac{1}{\sigma}\times\frac{l}{S}, \quad \rho = \frac{1}{\sigma} \cdots\cdots\cdots\cdots\cdots\cdots\cdots\cdots\cdots\cdots\cdots\cdots \text{(5.7)}$$

である。ここで比例定数ρは抵抗率，σは電気伝導率[注]と呼ばれる。抵抗Rは物体の形状に依存するが，抵抗率ρや電気伝導率σは物体の形によらない，物質固有の定数である。MKSA単位系では，Rの単位は〔Ω〕＝〔V·A^{-2}〕＝〔N·m·A^{-2}〕，ρの単位は〔Ω·m〕，σの単位は〔Ω^{-1}·m^{-1}〕であるが，分野によっては〔Ω·cm〕，〔Ω^{-1}·cm^{-1}〕で表すことも多い。

　注意　電気伝導率は，電気伝導度，電導度，導電率ともいう。

局所的なオームの法則

　導体内の電場を$\mathbf{E}(\mathbf{r})$，電流密度を$\mathbf{i}(\mathbf{r})$とするとき，

$$\mathbf{i}(\mathbf{r}) = \sigma\mathbf{E}(\mathbf{r}) \cdots\cdots\cdots\cdots\cdots\cdots\cdots\cdots\cdots\cdots\cdots\cdots\cdots\cdots\cdots\cdots\cdots\cdots\cdots \text{(5.8)}$$

の関係がある。これを局所的なオームの法則という。

5.3 オームの法則の電子論的説明

　個々の電子は電場に沿って素直に移動しているのではない。金属内の不純物や結晶格子の乱れによって乱雑に速度が変化する。外部電場が存在しないときでも，個々の電子は静止することなく複雑に動きまわっているが，全体としての電子の移動はない。このとき，電子全体の平均速度はゼロである。そこに外部電場が印加すると，個々の電子の動きは相変わらず乱雑ではあるが，全体として電場とは反対方向に加速される。しかし，いつまでも加速されるわけではなく，平均の速度はある一定値（終端速度）に落ち着く。

　そこで，電子には平均として，平均の速度に比例する抵抗力 $F = -\dfrac{m}{\tau}v$ が働くと仮定してみよう。定数 τ は時間の次元をもった定数である。電場が印加されると，電子には，平均として $F = eE - \dfrac{m}{\tau}v$ という力が作用していることになる。したがって，電子の平均速度が $v = \dfrac{eE\tau}{m}$ のとき，電子が受ける力は平均としてゼロになるので，定常状態になる。電子の数密度を n とすると，このときの電流密度は $i = \dfrac{ne^2E\tau}{m}$ となる。これらのことから，$\sigma = \dfrac{ne^2\tau}{m}$ と置くと，局所的なオームの法則 $\mathbf{i}(\mathbf{r}) = \sigma\mathbf{E}(\mathbf{r})$ が得られる。このことは，最初の仮定がもっともらしいことを示している。

　これを一般化してまとめると，電子の質量を m〔kg〕，数密度を n〔個・m^{-3}〕，平均速度を $\mathbf{v}$〔m・s^{-1}〕として，

$$\mathbf{i}(\mathbf{r}) = ne\mathbf{v}(\mathbf{r}) = \frac{ne^2\tau}{m}\mathbf{E}(\mathbf{r}), \quad \rho = \frac{m}{ne^2\tau}, \quad \sigma = \frac{ne^2\tau}{m} \quad\cdots\cdots (5.9)$$

の関係がある。τ は電子が不純物に散乱されずに運動している平均時間と解釈することもできるので，**平均自由時間**（または**緩和時間**）と呼ばれる。

ジュール熱

　q〔C〕の電荷が V〔V〕の電位差を移動するとき，$W = qV$〔C・V＝J〕の仕事をする。

　I〔A〕の電流が V〔V〕の電位差を流れるとき，単位時間あたりにする仕事（仕事率）は，

$$P = IV = \frac{V^2}{R} = RI^2 \quad\cdots\cdots\cdots\cdots\cdots\cdots\cdots\cdots\cdots\cdots\cdots\cdots\cdots\cdots\cdots (5.10)$$

で与えられる。単位は〔A・V＝J・s^{-1}＝W〕である。電流が流れるときの仕事による発熱を**ジュール熱**という。1 cal＝4.19 J であるから，導線の2点間の抵抗 R，電圧降下 V，電流 I のときの1秒間あたりの発熱量 H は，

$$H = \frac{1}{4.19}IV = \frac{1}{4.19}RI^2 = \frac{1}{4.19}\frac{V^2}{R} \quad\cdots\cdots\cdots\cdots\cdots\cdots\cdots\cdots (5.11)$$

で与えられる。したがって，t 秒間の発熱量 Q は，

$$Q = \frac{1}{4.19}RI^2t = 0.24RI^2t \quad\cdots\cdots\cdots\cdots\cdots\cdots\cdots\cdots\cdots\cdots\cdots (5.12)$$

となる。これを**ジュールの法則**という。

5.4 回　路　網

> キルヒホッフの法則と回路網の合成抵抗の求め方を学ぼう。

キルヒホッフの法則
第1法則
回路内の任意の点に流入する電流と流出する電流の総和は0である。すなわち，その点への流

入を正（＋），流出を負（－）で表すと，

$$\sum_{i=1}^{n} I_i = 0 \quad \text{……………………………………} (5.13)$$

つまり，

　　　流出する電流量＝流入する電流量

である。

　図5.3の例では，流出に対して－符号を付けて，

$$I_1 - I_2 + I_3 \cdots - I_{i-1} + I_i + I_{i+1} \cdots - I_{n-1} - I_n = 0$$

となる。

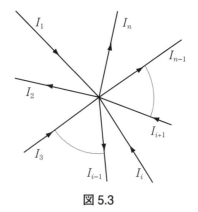

図5.3

第2法則

　回路網内の任意の閉回路について，任意の回る向きを指定したとき，その向きに流れる電流と起電力を正（＋），逆の向きの電流と起電力を負（－）とする。その閉回路内の電圧降下の総和と起電力の総和は等しい。

$$\sum_{i=1}^{n} R_i I_i = \sum_{j=1}^{k} E_j, \quad \text{あるいは，} \quad \sum_{i=1}^{n} R_i I_i - \sum_{j=1}^{k} E_j = 0$$

$$\text{……………………………………} (5.14)$$

つまり，

　　　閉回路を一周したときの電位の変化 ＝0

である。

　図5.4の例では，逆向きの電流と起電力に対して－符号を付けて，

$$R_1 I_1 + R_2 I_2 \cdots + R_n I_n + E_1 - E_2 \cdots + E_k = 0$$

となる。

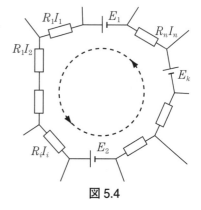

図5.4

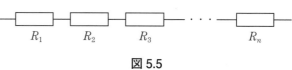

図5.5

抵抗の接続と合成抵抗

　図5.5のように抵抗$R_1, R_2, \cdots\cdots, R_n$を直列接続したときの合成抵抗を$R_t$とすると，

$$R_t = R_1 + R_2 + \dots + R_n \quad \text{……………………………………} (5.15)$$

が成立する。

　図5.6のように抵抗$R_1, R_2, \cdots\cdots, R_n$を並列接続したときの合成抵抗を$R_p$とすると，

$$\frac{1}{R_p} = \frac{1}{R_1} + \frac{1}{R_2} + \dots + \frac{1}{R_n} \quad \text{……………………………………} (5.16)$$

が成立する。

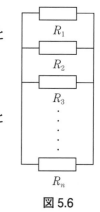

図5.6

対称性のよい回路の合成抵抗の求め方の指針

⑴　抵抗の配置を見て，回路の対称性を見極める。等電位点間であれば，それらの間を短絡しても開放しても電流の流れ方に変化は起きないので，合成抵抗も変化しないことを利用して回路を簡略化する。

⑵　流れる電流の大きさは回路の対称性を反映しているので，各抵抗を流れる電流をできるだけ少なく表す。

⑶　全電流をIとしてキルヒホッフの第1法則，第2法則を用いる。

オームの法則の電子論

オームの法則，電流密度について理解している。
電子論的立場からオームの法則，電気伝導率，抵抗率を導出できる。

必修 例題 5.1　導体内の電流は電子の流れである。導体内の電子は導体内の電場 **E** によって加速されるが導体を構成している原子などとの衝突によって抵抗を受ける。この抵抗の大きさは単位時間あたりの衝突回数に比例する。単位時間あたりの衝突回数は，単位時間あたりの移動距離すなわち電子の速度 **v** に比例する。したがって，電子が受ける抵抗力は電子の速度に比例し，$-\dfrac{m}{\tau}$**v** で与えられる。ここで，m は電子の質量であり τ は平均自由時間である。以下の問いに答えよ。

(1)　電子の運動方程式を書け。
(2)　(1)の結果を用いて，定常状態における電場と電子の平均速度の関係を求めよ。
(3)　導体内の電流密度 **i** を電子の数密度（単位体積あたりの個数）n〔個・m^{-3}〕，電子の電荷 e，導体内の電場 **E** を用いて表せ。
(4)　導体の電気伝導率および抵抗率を m，n，e，τ を用いて表せ。

解答
(1)　電子に加わる力は電場による加速力 e**E** と衝突による抵抗力 $-\dfrac{m}{\tau}$**v** であるから，運動方程式は，

$$\mathbf{F} = m\mathbf{a} = m\frac{d\mathbf{v}}{dt} = e\mathbf{E} - \frac{m}{\tau}\mathbf{v} \quad\cdots\cdots\cdots\cdots\cdots\cdots\cdots ①$$

(2)　定常状態では加速力と抵抗力が釣り合っており，電子は等速度運動しているとみなせる。したがって **F**＝**0** が定常状態の条件である。電流の流れる様子が時間変化しない，すなわち，電子が等速度運動している状態が定常状態であるから，加速度ゼロが求める条件となる。電子に作用する合力が **0** とも表せる。(1)の運動方程式（①式）より，

$$m\frac{d\mathbf{v}}{dt} = e\mathbf{E} - \frac{m}{\tau}\mathbf{v} = \mathbf{0} \text{ となり，}$$

$$\mathbf{v} = \frac{e\tau}{m}\mathbf{E} \quad\cdots\cdots\cdots\cdots\cdots\cdots\cdots\cdots\cdots\cdots\cdots\cdots ②$$

が得られる。

(3)　下の図のように断面積 $1\,m^2$ の導線を考えたとき，ある断面を1秒間に通過する電子の平均の個数は nv 個である。したがって，この断面を1秒間に通過する正味の電荷は電子の電

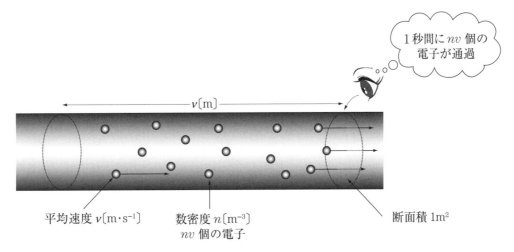

1秒間に nv 個の電子が通過

v〔m〕

平均速度 v〔$m\cdot s^{-1}$〕　　数密度 n〔m^{-3}〕　　　　　断面積 $1m^2$
　　　　　　　　　　　　nv 個の電子

荷 e を掛けて，$|ne\mathbf{v}|$ である。これが求める電流密度 $\mathbf{i}$ の大きさに対応する。一方，(2)の結果（②式）より，$\mathbf{v} = \dfrac{e\tau}{m}\mathbf{E}$ であるから，

$$\mathbf{i} = ne \times \mathbf{v} = ne \times \frac{e\tau}{m}\mathbf{E} = \frac{ne^2\tau}{m}\mathbf{E} \quad\cdots\cdots\cdots\cdots\cdots\cdots\cdots\cdots\cdots\cdots ③$$

(4) 導体内の電場を $\mathbf{E}$，電流密度を $\mathbf{i}$ とするとき，(5.8) 式より，$\mathbf{i} = \sigma\mathbf{E}$ であるから，(3)の結果（③式）と比較すれば，

$$\sigma = \frac{ne^2\tau}{m}, \quad \rho = \frac{m}{ne^2\tau} \quad\cdots\cdots\cdots\cdots\cdots\cdots\cdots\cdots\cdots\cdots ④$$

電 子 論 I

発展 **問題41**　銅に関する以下の数値をもちいて次の問いに答えよ。

　平均自由時間（緩和時間）：2.4×10^{-14} s

　原子量：63.5 g·mol^{-1}

　密度：8.93 g·cm^{-3}

【参考】：電子の質量：9.1×10^{-31} kg，電子の電荷：-1.6×10^{-19} C，アヴォガドロ定数：6.02×10^{23} mol^{-1}

銅は1原子あたり1個の伝導電子を出すと考えよ。

(1)　1m^3 の銅に含まれる伝導電子数を計算せよ。さらに，平均自由時間（緩和時間）τ を用いて電気伝導度 σ〔Ω^{-1}·m^{-1}〕を計算せよ。

(2)　銅の中で伝導電子が動き回る速度（フェルミ速度）v_F が 1.0×10^6 m·s^{-1} 程度であるとして，電子が1つの原子に衝突してから次の原子に衝突するまでに進む距離（平均自由行程）l の値を計算せよ。

(3)　長さ 1m，断面積 1mm^2 の銅線に 1A の定常電流が流れているとき，銅線の両端間の電位差と銅線内に生じる電場を計算せよ。また，この銅線1秒間あたりに発生するジュール熱を求めよ。

(4)　(3)の銅線において，電子の流れの平均速度 v（ドリフト速度）を計算せよ。

チェック項目		月　日	月　日
MKSA 単位系に留意した電気伝導度などの数値計算ができる。			

電　子　論　Ⅱ

ドリル No.42	Class		No.		Name	

発展 **問題 42**　断面積 $1\mathrm{mm}^2$ の銅線に $1\mathrm{mA}$ の定常電流が流れている。銅の原子量を 63.5，密度を $8.93\mathrm{g\cdot cm}^{-3}$，1 個の銅原子は 1 個の自由電子を放出するとして以下の問いに答えよ。

(1)　任意の断面を通過する電子の数は 1 秒間あたりいくつか。

(2)　自由電子の平均速度を求めよ。

(3)　銅線に沿って 1 cm 移動するのに要する時間を求めよ。

チェック項目	月　日	月　日
MKSA 単位系に留意した電気伝導度などの数値計算ができる。		

合成抵抗の基本式 I

> 直列接続および並列接続の合成抵抗について理解している。

必修 **例題** **5.2** 抵抗 $R_1, R_2, \ldots\ldots, \quad R_n$ を直列接続したときの合成抵抗を R_t とすると，$R_t = R_1 + R_2 + \cdots + R_n$ が成り立つことを示せ。

解答

抵抗1，抵抗2 …… 抵抗 n を通過する電流は等しいのでそれを i とおくと，抵抗1による電圧降下は iR_1，抵抗2による電圧降下は iR_2，…，抵抗 n による電圧降下は iR_n なので，両端の電位差は $V = i(R_1 + R_2 + \cdots + R_n)$ となる。全抵抗を R_t とすると，両端の電位差は $V = iR$ と表されるのであるから，$R_t = R_1 + R_2 + \cdots + R_n$。

必修 **例題** **5.3** 抵抗 $R_1, R_2, \ldots\ldots, \quad R_n$ を並列接続したときの合成抵抗を R_p とすると，$\dfrac{1}{R_p} = \dfrac{1}{R_1} + \dfrac{1}{R_2} + \cdots + \dfrac{1}{R_n}$ が成り立つことを示せ。

解答

抵抗1，抵抗2 …… 抵抗 n の両端の電位差は等しいので，それを V とおくと，抵抗1に流れる電流は $\dfrac{V}{R_1}$，抵抗2に流れる電流は $\dfrac{V}{R_2}$，…… 抵抗 n に流れる電流は $\dfrac{V}{R_n}$ なので全電流は，$I = V\left(\dfrac{1}{R_1} + \dfrac{1}{R_2} + \cdots \dfrac{1}{R_n}\right)$ となる。合成抵抗を R_p とすると，全電流は $I = \dfrac{V}{R_p}$ と表されるのであるから，$\dfrac{1}{R_p} = \dfrac{1}{R_1} + \dfrac{1}{R_2} + \cdots + \dfrac{1}{R_n}$。

合成抵抗の基本式 II

ドリル No.43	Class		No.		Name	

必修 **問題 43.1**　右図の回路の両端 A および B に電圧 V を加えたとき，以下の問いに答えよ。

(1)　CD 間の合成抵抗 R_{CD} を求めよ。

(2)　AB 間の合成抵抗 R_{AB} を求めよ。

(3)　AB 間に流れる電流の強さ I_{AB} を求めよ。

(4)　CD 間の電位差 V_{CD} を求めよ。

(5)　CED に流れる電流 I_{CED} を求めよ。

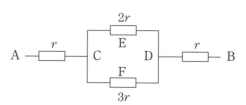

必修 **問題 43.2**　右図の回路の AB 間の合成抵抗 R を求めよ。ただし，抵抗値はすべて等しく r とする。

チェック項目	月　　日	月　　日
オームの法則と合成抵抗の基本式を理解している。		

回路網の合成抵抗 I （ホイートストンブリッジ）

> キルヒホッフの法則を用いて回路網の抵抗を求めることができる。

必修 **例題** **5.4** 図のような回路をホイートストンブリッジ型回路と呼ぶ。AB 間の合成抵抗を求めよ。

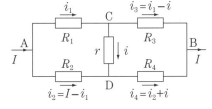

解答

AB 間に電流 I を流したとき，各抵抗に流れる電流を i_1, i_2, i_3, i_4, i とすれば，キルヒホッフの第 1 法則を回路の点 C，D，A に当てはめると，それぞれ

$$i_3 = i_1 - i \cdots\cdots ①, \quad i_4 = i_2 - i \cdots\cdots ②, \quad i_2 = i - i_1 \cdots\cdots ③$$

が成立する。キルヒホッフの第 2 法則より，左右の閉回路 ACD と CBD を一周したときの電圧降下は 0 であるから，

$$i_1 R_1 - (I - i_1)R_2 + ir = 0 \cdots\cdots\cdots\cdots ④$$
$$(i_1 - i)R_3 - (I - i_1 + i)R_4 - ir = 0 \cdots\cdots\cdots ⑤$$

を得る。

④と⑤を i_1, i について解くために整理すると，

$$i_1(R_1 + R_2) + ir = IR_2 \cdots\cdots\cdots\cdots\cdots\cdots\cdots\cdots\cdots ⑥$$
$$i_1(R_3 + R_4) - i(r + R_3 + R_4) = IR_4 \cdots\cdots\cdots\cdots\cdots\cdots ⑦$$

⑥と⑦を i_1, i について解くと，

$$i_1 = \frac{IR_2(r + R_3 + R_4) + IR_4 r}{(R_1 + R_2)(r + R_3 + R_4) + (R_3 + R_4)r} = \frac{r(R_2 + R_4) + R_2(R_3 + R_4)}{r(R_1 + R_2 + R_3 + R_4) + (R_1 + R_2)(R_3 + R_4)}I \cdots ⑧$$

$$i = \frac{IR_2(R_3 + R_4) - IR_4(R_1 + R_2)}{r(R_3 + R_4) + (r + R_3 + R_4)(R_1 + R_2)} = \frac{R_2 R_3 - R_1 R_4}{r(R_1 + R_2 + R_3 + R_4) + (R_1 + R_2)(R_3 + R_4)}I \cdots ⑨$$

となる。一方，AB 間の電位差は，

$$V = R_1 i_1 + R_3 i_3 = R_1 i_1 + R_3(i_1 - i) = (R_1 + R_3)i_1 - R_3 i \cdots\cdots\cdots\cdots\cdots\cdots ⑩$$

である。⑩式に⑧式と⑨式を代入して，

$$V = \frac{r(R_2 + R_4)(R_1 + R_3) + R_2(R_1 + R_3)(R_3 + R_4) - R_3(R_2 R_3 - R_1 R_4)}{r(R_1 + R_2 + R_3 + R_4) + (R_1 + R_2)(R_3 + R_4)}I$$

$$= \frac{r(R_2 + R_4)(R_1 + R_3) + R_2 R_3 R_4 + R_1 R_3 R_4 + R_1 R_2 R_4 + R_1 R_2 R_3}{r(R_1 + R_2 + R_3 + R_4) + (R_1 + R_2)(R_3 + R_4)}I$$

合成抵抗を R とすれば，$V = RI$ なので，

$$R = \frac{r(R_2 + R_4)(R_1 + R_3) + R_2 R_3 R_4 + R_1 R_3 R_4 + R_1 R_2 R_4 + R_1 R_2 R_3}{r(R_1 + R_2 + R_3 + R_4) + (R_1 + R_2)(R_3 + R_4)}$$

補足 電流 i に関する式。

⑨式の左辺の分子をみると，

$$R_2 R_3 - R_1 R_4 = 0 \cdots\cdots\cdots\cdots\cdots\cdots\cdots\cdots\cdots\cdots\cdots\cdots\cdots ⑪$$

のとき，中央の抵抗 r には電流が流れない。これを**ホイートストンブリッジの平衡条件**という。R_4 が未知の抵抗値であるとき，精度よく分かっている抵抗を R_1，R_2，R_3 にもちいて中央の抵抗 r に電流が流れないように調整すれば，平衡条件の式⑪から R_4 を精度よく測定することができる。

回路網の合成抵抗 II

発展 **問題44** 抵抗値 r の抵抗でできた 1 次元無限梯子型回路網の AB 間の合成抵抗を求めよ。

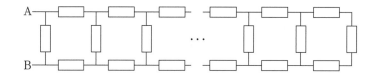

回路網の合成抵抗 Ⅲ （対称性の良い回路網）

ドリル No.45	Class		No.		Name	

発展 **問題 45**　図のような抵抗値 r の抵抗でできた 2 次元正方格子無限回路網の AB 間の合成抵抗を求めよ。

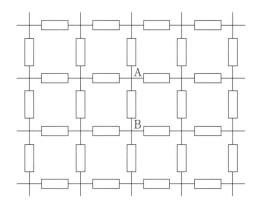

チェック項目	月　日	月　日
回路の対称性の考察から抵抗を求められる。		

回路網の合成抵抗 IV （対称性の良い回路網）

ドリル No.46	Class		No.		Name	

発展 **問題46** 抵抗 r の導線12本で図のような立方体形回路を作る（すなわち，立方体の1辺，例えば AB の部分の抵抗が r ということである）。AC間の合成抵抗を求めよ。

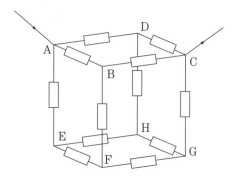

チェック項目	月　日	月　日
キルヒホッフの法則を理解している。回路の対称性の考察ができる。		

第 6 章　定常電流と静磁場

6.1　磁場と磁束密度（この章では定常電流が作る磁場を扱う。）

> 磁束密度と磁場の強さを理解しよう。

　電流または磁石は，他の電流または磁石に力をおよぼす。電場を考えたのと同様に，電流や磁石のまわりに場が作られ，その場の中に置かれた別の電流や磁石は，その場から力を受ける。このような作用を起こす場のことを**磁場**という。磁場はベクトル場であり，それを表すものとして**磁束密度**というベクトル量 **B** が定義される。ベクトル量であるので大きさと方向がある。

　B の大きさ：単位は T（テスラ）。1 A の電流が流れている導線 1 m あたりに 1 N の力が作用したときの磁束密度の大きさを 1 T と定義される。$1\,\mathrm{T}=1\,\mathrm{N\cdot A^{-1}\cdot m^{-1}}$ である。また，Wb（ウェーバー）$=\mathrm{N\cdot m\cdot A^{-1}}$ という単位をもちいて，$1\,\mathrm{T}=1\,\mathrm{Wb\cdot m^{-2}}$ と表すこともある。強磁場は T で表すのが便利であるが，弱い磁場では Gauss（ガウス）をもちいることが多い。$1\,\mathrm{Gauss}=10^{-4}\,\mathrm{T}$ である。

　B の向き：磁場中に小磁石を置いたときの N 極の示す向きを磁場の向きとして定義される。

　磁場の強さ H：磁場を表すもう 1 つのベクトル量として磁場の強さ **H** がある。真空中では，磁場の強さ **H** と磁束密度 **B** には，

$$\mathbf{B}=\mu_0\mathbf{H} \qquad\qquad\qquad\qquad\qquad\qquad\qquad\qquad\qquad (6.1)$$

の関係がある。μ_0 は**真空の透磁率**と呼ばれる量であり，$\mu_0=4\pi\times10^{-7}\,\mathrm{N\cdot A^{-2}}$ である。

　透磁率 μ：真空以外の物質中でも磁束密度と磁場の強さは多くの場合，次の比例関係

$$\mathbf{B}=\mu\mathbf{H} \qquad\qquad\qquad\qquad\qquad\qquad\qquad\qquad\qquad\quad (6.2)$$

にある。この比例定数を**透磁率**という。また，μ_0 と μ の比 $\mu_r=\dfrac{\mu}{\mu_0}$ を**比透磁率**という。なお，空気の比透磁率は，1 に大変近いので，空気中で磁気現象を考える場合，通常は真空の透磁率で代用するのが普通である。一方，比透磁率が十分に高く，$\mu_r\gg1$ であるような物質で磁場の「回路」を作ると内部の磁場はほとんど外に漏れない。

6.2　静磁場に関する基本法則

> 静磁場の基本法則について学び，アンペールの法則を用いた磁場の求め方を学ぶ。

右ねじの法則

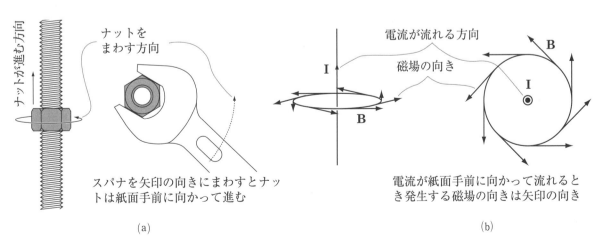

(a)　　　　　　　　　　　　　　　　　　　(b)

図 6.1

電流の流れる向きを右ねじ（ナット）の進行方向に一致させたとき，電流が作る磁束密度 **B** の方向は右ねじ（ナット）の回転する方向と一致する。これを**右ねじの法則**という。図 6.1 にその概略を示す。図 6.1(b)の円周上の各点における **B** の向きは，円周の接線方向で，向きが右ねじの法則で決まる方向である。

アンペールの法則

位置 **r** における磁束密度を **B**(**r**) としたとき，任意の閉曲線 C に対して，

$$\int_C \mathbf{B}(\mathbf{r}) \cdot d\mathbf{s}(\mathbf{r}) = \mu_0 I = \mu_0 \times (C \text{ を端にもつ曲面 } S \text{ を貫く全電流}) \quad \cdots\cdots\cdots\cdots\cdots (6.3)$$

が成立する。この関係を**アンペールの法則**と呼ぶ。左辺は閉曲線 C を経路とする線積分を表す。詳細な説明は，付録 H の線積分に任せる。

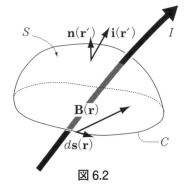

図 6.2

曲線 C と曲面 S には向きが右ねじの規則に従って定義されている。(6.3) 式の右辺の I は，経路 C で囲まれたループを境界とする曲面 S を正の方向に貫く電流の量を表す。逆向きに電流が流れている場合は，負の電流が正の方向に流れているとする。複数の電流が貫く場合は，それらの合計になる。

アンペールの法則の微分形

(6.3) 式の右辺に現れる I を，位置ベクトル **r** の点における電流密度ベクトル **i**(**r**′) の面積分を用いて，

$$I = \int_S \mathbf{i}(\mathbf{r}') \cdot \mathbf{n}(\mathbf{r}') dS(\mathbf{r}') \quad \cdots\cdots\cdots\cdots\cdots\cdots\cdots\cdots\cdots\cdots\cdots\cdots (6.4)$$

と表すこともできる。ここで，S は経路 C を縁に持つ任意の曲面であり，$dS(\mathbf{r}')$ は，S 上の位置ベクトル **r**′ の点の周囲に選んだ微小領域の面積，**n**(**r**′) はこの微小部分における法線方向の単位ベクトルを表す。向きは経路 C を積分する向きに右ねじを回したとき，右ねじの進む方向と約束する。よって，**図 6.2** で経路 C を積分する向きを逆向きに選ぶと，**n**(**r**′) の向きも逆向きになる。(6.3) 式と (6.4) 式よりアンペールの法則は，

$$\int_C \mathbf{B}(\mathbf{r}) \cdot d\mathbf{s}(\mathbf{r}) = \mu_0 \int_S \mathbf{i}(\mathbf{r}') \cdot \mathbf{n}(\mathbf{r}') dS(\mathbf{r}') \quad \cdots\cdots\cdots\cdots\cdots\cdots\cdots\cdots (6.5)$$

と表すこともできる。また，ストークスの定理をもちいると，(6.3) または (6.5) 式を以下の微分形で表すこともできる。

$$\mathrm{rot}\,\mathbf{B}(\mathbf{r}) = \mu_0 \mathbf{i}(\mathbf{r}), \quad \text{または} \quad \mathrm{rot}\,\mathbf{H}(\mathbf{r}) = \mathbf{i}(\mathbf{r}) \quad \cdots\cdots\cdots\cdots\cdots\cdots\cdots\cdots (6.6a)$$

これを**アンペールの法則の微分形**と呼ぶ。これに対し，(6.3) 式は**積分形**と呼ぶ。

磁場や電流が時間的に変化するとき，(6.6a) 式は，

$$\mathrm{rot}\,\mathbf{H}(\mathbf{r},t) = \mathbf{i}(\mathbf{r},t) + \frac{\partial \mathbf{D}(\mathbf{r},t)}{\partial t} \quad \cdots\cdots\cdots (6.6b)$$

となる。ただし，**D**(**r**,*t*) は電束密度ベクトルを表す。これを**アンペール−マクスウェルの法則**という。アンペール−マクスウェルの法則は第 8 章で用いる。

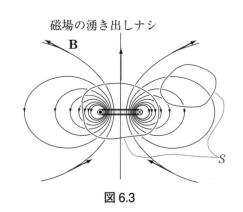

図 6.3

磁場に関するガウスの法則

図 **6.3** は円形電流の作る磁場の概略を示したものである。曲線上の各点における磁場の方向は，その点における曲線の接線方向になっている。空間内の任意の閉曲面 S において，磁束密度を面積分した値は 0 になる。

$$\int_S \mathbf{B}(\mathbf{r}) \cdot \mathbf{n}(\mathbf{r}) dS(\mathbf{r}) = 0 \quad \cdots\cdots\cdots\cdots\cdots\cdots\cdots\cdots\cdots\cdots\cdots\cdots\cdots\cdots\cdots \quad (6.7)$$

　これを**磁場に関するガウスの法則**という。$dS(\mathbf{r})$ は，S 上の位置ベクトル $\mathbf{r}$ の点の周囲に選んだ微小領域の面積，$\mathbf{n}(\mathbf{r})$ はこの微小部分における外向きの法線方向の単位ベクトルを表す。(6.7)式の左辺が常に 0 に等しいということは，電荷に相当する**単独の磁荷（磁気単極子，モノポール）**がないことを意味している。

　これも微分形で書くと以下のようになる。

$$\operatorname{div} \mathbf{B}(\mathbf{r}) = 0 \quad \cdots\cdots\cdots\cdots\cdots\cdots\cdots\cdots\cdots\cdots\cdots\cdots\cdots\cdots\cdots\cdots\cdots \quad (6.8)$$

　補足 単極磁荷の存在は 1931 年物理学者 P.A.M.Dirac により理論的に示唆された。それによれば単極磁荷間の力はクーロン力に比べ 5000 倍も強いので超強力な磁石が期待できる。これを実際に捜し出そうとする努力がいろいろなされた。海底，月の石の中，いん石の中など捜したが見つからない。高エネルギー研究所やスプリング 8 など巨大な加速器を利用して人工的に作り出そうとする試みもあるが見つかっていない。

　もし，単極磁荷の存在が確認されたら電磁気学の基礎の 1 つである (6.8) 式の右辺が 0 でなくなるので，電磁気学の理論体系は根本から見直さなければならない。

簡単な定常電流の作る磁場の例

(1) 無限直線電流による磁束密度

　無限に長い直線電流 I が直線電流から距離 r の場所につくる磁束密度の大きさは，

$$B(r) = \frac{\mu_0 I}{2\pi r} \quad \cdots\cdots\cdots\cdots\cdots\cdots\cdots\cdots\cdots\cdots\cdots\cdots\cdots\cdots\cdots\cdots \quad (6.9a)$$

である。

(2) 円電流による磁束密度

　半径 a の円形電流 I がその中心に作る磁束密度の大きさは，

$$B = \frac{\mu_0 I}{2a} \quad \cdots\cdots\cdots\cdots\cdots\cdots\cdots\cdots\cdots\cdots\cdots\cdots\cdots\cdots\cdots\cdots\cdots \quad (6.9b)$$

であり，中心軸上で中心から h 離れた場所での磁束密度の大きさは，

$$B(h) = \frac{\mu_0 a^2 I}{2(a^2 + h^2)^{\frac{3}{2}}} \quad \cdots\cdots\cdots\cdots\cdots\cdots\cdots\cdots\cdots\cdots\cdots\cdots \quad (6.9c)$$

である。また，その向きは中心軸に沿った向きである。

(3) ソレノイド内の磁束密度

　図 6.4 のように，らせん状に一様にかつ密に巻いた長いコイルのことを**ソレノイド**（Solenoid）という。単位長さあたりの巻数が n のソレノイドに電流 I を流したときのソレノイド内の磁束密度は，

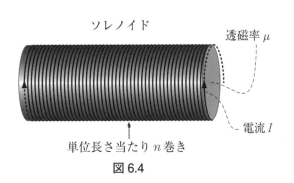

ソレノイド

透磁率 μ

電流 I

単位長さ当たり n 巻き

図 6.4

透磁率×単位長さ当たりの巻数×電流 $= \mu n I$ .... (6.9d)

である。ただし，μはコイル内の物質の透磁率である。

6.3 ビオ－サバールの法則

ビオ－サバールの法則を用いた磁場の求め方を学ぶ。

ビオ－サバールの法則

図6.5のような任意の形状の導線を流れる定常電流の位置$\mathbf{r}'$での微小部分$Id\mathbf{s}(\mathbf{r}')$（電流素片）が，その周りの位置$\mathbf{x}$にある点Pに作る磁束密度$d\mathbf{B}(\mathbf{x})$は，

$$d\mathbf{B}(\mathbf{x}) = \frac{\mu_0}{4\pi}\frac{Id\mathbf{s}(\mathbf{r}')\times(\mathbf{x}-\mathbf{r}')}{|\mathbf{x}-\mathbf{r}'|^3} = \frac{\mu_0}{4\pi}\frac{Id\mathbf{s}(\mathbf{r}')\times\mathbf{r}}{r^3} \quad \cdots (6.10)$$

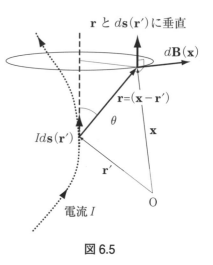

図6.5

で与えられる。ここで$\mathbf{r}$は，電流素片$Id\mathbf{s}(\mathbf{r}')$から位置$\mathbf{x}$の点Pまで引いたベクトル$\mathbf{r}=\mathbf{x}-\mathbf{r}'$である。$Id\mathbf{s}(\mathbf{r}')$ベクトルは導線上の$\mathbf{r}'$の位置において，導線の微小部分の長さに電流$I$をかけたものを大きさとし，電流の流れる向きをもつベクトルである。(6.10) 式は**ビオ－サバール**（Biot－Savart）**の法則**と呼ばれ，電場を与えるクーロンの法則に対応する。ビオ－サバールの法則の分子に，外積$Id\mathbf{s}(\mathbf{r}')\times\mathbf{r}$があることから明らかなように，電流素片が作る磁束密度はベクトル$\mathbf{r}$とベクトル$Id\mathbf{s}(\mathbf{r}')$に垂直であることに注意する。

ビオ－サバールの法則をもちいると，任意の形状の曲線（導線）C上を流れる電流Iによって，位置$\mathbf{x}$に作られる磁束密度を，

$$\mathbf{B}(\mathbf{x}) = \frac{\mu_0 I}{4\pi}\int_C \frac{d\mathbf{s}(\mathbf{r}')\times(\mathbf{x}-\mathbf{r}')}{|\mathbf{x}-\mathbf{r}'|^3} = \frac{\mu_0 I}{4\pi}\int_C \frac{d\mathbf{s}(\mathbf{r}')\times\mathbf{r}}{r^3} \quad .... (6.11)$$

によって計算することができる。

任意の経路Cに沿ってA点からB点まで流れる電流が作る磁束密度を考える。図6.6のように経路Cを流れる電流をn個の電流素片$Id\mathbf{s}(\mathbf{r}_1)$, $Id\mathbf{s}(\mathbf{r}_2)$, $\cdots Id\mathbf{s}(\mathbf{r}_i)\cdots$, $Id\mathbf{s}(\mathbf{r}_n)$に分けて考える。場所$\mathbf{x}$における磁束密度$\mathbf{B}(\mathbf{x})$は，これら1つ1つの電流素片$Id\mathbf{s}(\mathbf{r}_i)$がつくる磁束密度$d\mathbf{B}_i(\mathbf{x})$の重ね合わせであるから，

$$\mathbf{B}(\mathbf{x}) = \sum_{i=1}^{n} d\mathbf{B}_i(\mathbf{x}) = \frac{\mu_0 I}{4\pi}\sum_{i=1}^{n}\frac{d\mathbf{s}(\mathbf{r}_i)\times(\mathbf{x}-\mathbf{r}_i)}{|\mathbf{x}-\mathbf{r}_i|^3} \quad \cdots (6.12)$$

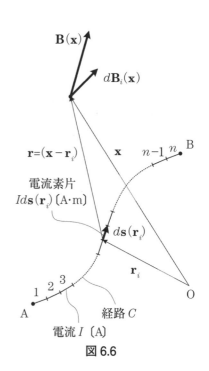

図6.6

である。これが磁束密度$\mathbf{B}(\mathbf{x})$の近似値になる。各電流素片の長さを限りなく短くしながら分割数nを無限にすれば厳密な値が得られるので，

$$\frac{\mu_0 I}{4\pi}\lim_{n\to\infty}\sum_{i=1}^{n}\frac{d\mathbf{s}(\mathbf{r}_i)\times(\mathbf{x}-\mathbf{r}_i)}{|\mathbf{x}-\mathbf{r}_i|^3}$$

を計算すればよいが，これは積分の定義そのものなので，

$$\frac{\mu_0 I}{4\pi}\lim_{n\to\infty}\sum_{i=1}^{n}\frac{d\mathbf{s}(\mathbf{r}_i)\times(\mathbf{x}-\mathbf{r}_i)}{|\mathbf{x}-\mathbf{r}_i|^3}\equiv\frac{\mu_0 I}{4\pi}\int_{C}\frac{d\mathbf{s}(\mathbf{r}')\times(\mathbf{x}-\mathbf{r}')}{|\mathbf{x}-\mathbf{r}'|^3}$$

となって，(6.11) 式

$$\mathbf{B}(\mathbf{x})=\frac{\mu_0 I}{4\pi}\int_{C}\frac{d\mathbf{s}(\mathbf{r}')\times(\mathbf{x}-\mathbf{r}')}{|\mathbf{x}-\mathbf{r}'|^3}$$

が得られる。

6.4 磁場内の電流に作用する力

静磁場内の電流に作用する力について学ぶ。

力のモーメント

力のモーメント (moment) とは，ある点または軸のまわりで運動を起こさせる傾向・能率のことである。

図6.7 のようにある点を軸に A と B の 2 通りの力の加え方で物体を角度 θ 回転させるときの仕事 $W_A(\theta)$, $W_B(\theta)$ を考える。

A の場合では，$W_A(\theta)=r_A\theta\times F_A=r_A F_A\times\theta$ であり，

B の場合では，$W_B(\theta)=r_B\theta\times F_B=r_B F_B\times\theta$ である。

もし，$r_A F_A=r_B F_B$ なら $W_A(\theta)=W_B(\theta)$ となり，回転にともなって加えた力がする仕事は等しくなる。すなわち，物体が回転する場合，力がする仕事は「力の大きさ」だけでなく「力を加える位置」（作用点）も重要なのである。そこで，物体を「回転させる能力」として**力のモーメント**を，

（回転の中心から作用点までの距離）×（回転方向の力の大きさ）

と定義する。正確には，力のモーメントは $\mathbf{N}=\mathbf{r}\times\mathbf{F}$ と定義されるベクトル量である。ここで，ベクトル $\mathbf{r}$ は支点から作用点まで引いたベクトルである。

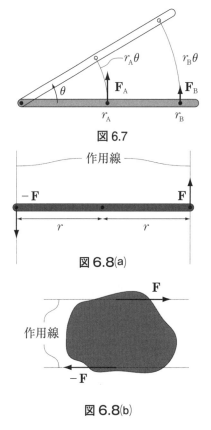

図 6.7

図 6.8(a)

図 6.8(b)

トルク (torque)

固定された軸の周りの力のモーメントのことで主に機械工学の分野で使われる。

偶　力 (couple of forces)

図6.8(a), (b)のように，互いに平行で異なる 2 本の作用線上で働き，大きさが等しく，方向が逆の 1 対の力のこと。偶力はモーメントを発生させる。

アンペールの力

磁束密度 $\mathbf{B}$ の中に，定常電流 I が流れている導線をおいたとき，導線の微小部分に作用する力の大きさ $d\mathbf{F}$ は，

$$d\mathbf{F}(\mathbf{r})=Id\mathbf{s}\times\mathbf{B}(\mathbf{r}) \quad\cdots\cdots\cdots (6.13)$$

で表される。$\mathbf{r}$ は導線上の点の位置を示し，$d\mathbf{s}$ は位置 $\mathbf{r}$ における導線の微小部分を表し，その方向は電流の流れる方向にとる。(6.13) 式は，「磁場中の電流には電流と磁場の向き垂直な方向に力が働く」ことを示している。また，電流と磁場の向きが平行または反平行であるときは力は作用しない。

電流 I が流れる回路 C 全体に働く力は,

$$\mathbf{F} = \int_C I d\mathbf{s}(\mathbf{r}) \times \mathbf{B}(\mathbf{r}) \quad \cdots\cdots\cdots\cdots\cdots\cdots\cdots\cdots\cdots\cdots\cdots\cdots \quad (6.14)$$

で与えられる。

(6.13) 式の内容を次のように覚えておくとよい。

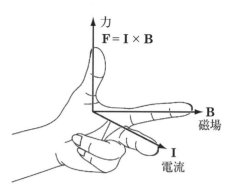

図 6.9

フレミングの左手の法則

図 6.9 のように左手の親指，人差し指，中指を開き，中指を電流の流れる方向，人差し指を磁場の方向に向けると，親指の指す方向が力の方向を示す。

直線電流に作用する力

図 6.10 のような一様な磁場中の直線電流に作用する力は，(6.14) 式をもちいて，

$$|\mathbf{F}| = \int_C |d\mathbf{F}| = \int_C |I d\mathbf{s} \times \mathbf{B}|$$
$$= \int_C IB\sin\theta ds = IB\sin\theta \int_C ds = IBl\sin\theta \quad \cdots\cdots \quad (6.15)$$

ただし，θ は磁場と電流の成す角である。

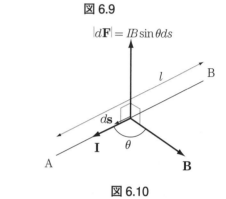

図 6.10

運動する荷電粒子に働く力 —ローレンツ力—

電流は磁場から力を受けるが，電流とは電子やホール，イオンなどの電荷を持った粒子の流れである。すなわち，電子などの運動する荷電粒子が磁場から力を受けているのである。(6.13) 式の $I d\mathbf{s}$ は電流の大きさ I に線素ベクトル $d\mathbf{s}$ を掛けたものであるが，これは線素 $d\mathbf{s}$ の長さに電流ベクトル $\mathbf{I}$ を掛けたものに等しい（図 6.11 参照）。すなわち，(6.13) 式は，

$$d\mathbf{F}(\mathbf{r}) = ds\mathbf{I} \times \mathbf{B}(\mathbf{r}) \quad \cdots\cdots\cdots\cdots\cdots\cdots \quad (6.16)$$

と書ける。

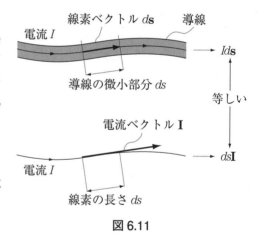

図 6.11

ここで，5 章 (5.9) 式にあるように，電流密度は $\mathbf{i}(\mathbf{r}) = nq\mathbf{v}(\mathbf{r})$ であるから，導線の断面積を S として，

$$\mathbf{I}(\mathbf{r}) = S\mathbf{i}(\mathbf{r}) = nSq\mathbf{v}(\mathbf{r})$$

である。

これを (6.16) 式に代入すれば，

$$d\mathbf{F}(\mathbf{r}) = nSdsq\mathbf{v}(\mathbf{r}) \times \mathbf{B}(\mathbf{r}) \quad \cdots\cdots\cdots\cdots\cdots \quad (6.17)$$

となるが，Sds は導線の微小部分の体積，n は荷電粒子の数密度であることを考えると，$nSds$ は導線の微小部分 ds に含まれる荷電粒子の数 dN である。

したがって，(6.17) 式は，

$$d\mathbf{F}(\mathbf{r}) = dNq\mathbf{v}(\mathbf{r}) \times \mathbf{B}(\mathbf{r}) \quad \cdots\cdots\cdots\cdots\cdots\cdots\cdots\cdots\cdots\cdots\cdots\cdots \quad (6.18)$$

となり，さらに，

$$\frac{d\mathbf{F}}{dN} = q\mathbf{v}(\mathbf{r}) \times \mathbf{B}(\mathbf{r}) \quad \cdots\cdots\cdots\cdots\cdots\cdots\cdots\cdots\cdots\cdots\cdots\cdots\cdots\cdots \quad (6.19)$$

を得る。(6.19) 式は速度 $\mathbf{v}(\mathbf{r})$ で運動する荷電粒子 1 個あたりに働く力を表している。(6.18) 式に示されているように，「運動する電荷は，その運動方向と磁場の方向にともに垂直な方向に力を受ける」のである。

さらに，磁場以外にも電場 $\mathbf{E}(\mathbf{r})$ が同時に存在するときには，荷電粒子は電場からも力 $q\mathbf{E}(\mathbf{r})$

を受けるので，

　荷電粒子が受ける力 $\mathbf{F}(\mathbf{r})$ は，

$$\mathbf{F}(\mathbf{r}) = q\mathbf{v}(\mathbf{r}) \times \mathbf{B}(\mathbf{r}) + q\mathbf{E}(\mathbf{r}) \quad\cdots\cdots\cdots\cdots\cdots\cdots\cdots\cdots\cdots\cdots\cdots\cdots\cdots\cdots (6.20)$$

となる。これを**ローレンツ力**（Lorentz force）という。

　荷電粒子が電子の場合は，磁場や電場中を速度 $\mathbf{v}(\mathbf{r})$ で運動するときに働く力は，

$$\mathbf{F}(\mathbf{r}) = -e\mathbf{v}(\mathbf{r}) \times \mathbf{B}(\mathbf{r}) - e\mathbf{E}(\mathbf{r}) \quad\cdots\cdots\cdots\cdots\cdots\cdots\cdots\cdots\cdots\cdots\cdots (6.21)$$

となる。

磁場と電場中の荷電粒子の運動方程式

　電荷 q，質量 m の荷電粒子が電場と磁場中を運動するときの，運動方程式は，

$$\mathbf{v}(t) = \frac{d\mathbf{r}(t)}{dt}, \quad \mathbf{a}(\mathbf{r},t) = \frac{d^2\mathbf{r}(t)}{dt^2} \text{ であるから，} \quad \mathbf{F}(t) = m\mathbf{a}(t) = m\frac{\partial\mathbf{v}(t)}{\partial t} = m\frac{d^2\mathbf{r}(t)}{dt^2}$$

となって，

$$m\frac{d^2\mathbf{r}(t)}{dt^2} = q\mathbf{E}(\mathbf{r},t) + q\frac{d\mathbf{r}(t)}{dt} \times \mathbf{B}(\mathbf{r},t) \quad\cdots\cdots\cdots\cdots\cdots\cdots\cdots\cdots (6.22)$$

を得る。

直線電流の作る磁場Ⅰ ―アンペールの法則をもちいた解法―

アンペールの法則の使い方を理解する。簡単な系の磁場を求めることができる。

必修 例題 **6.1** 1本の無限に長い直線状の導線があり電流Iが流れているとき，中心からの距離がrの場所における磁束密度$\mathbf{B}(\mathbf{r})$を求めよ。ただし導線の太さは無視できるとする。

解答

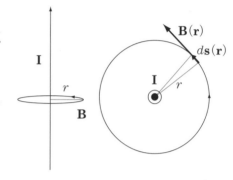

最初に磁場の様子を考える。系は軸対称なので，磁場も系の対称性を反映する。つまり，導線から距離r離れた点における磁束密度の大きさは等しいはずである。さらに，右ねじの法則から，電流が真下から向かってくる向きから見下ろすと，各点にできる磁束密度の向きは反時計周りになる。

次に磁束密度の大きさを（6.3）式のアンペールの法則

$$\int_C \mathbf{B}(\mathbf{r}) \cdot d\mathbf{s}(\mathbf{r}) = \mu_0 I = \mu_0 \times \ （Cを貫く全電流）$$

を使って求めよう。

まず左辺の積分を計算する。同じ軸対称の経路Cとして，導線に直交する平面上に中心が導線と一致する半径rの円周を選ぶと良い。最初に述べたように，この経路上の任意の点では磁束密度の大きさは等しい。線積分の向きを，電流の進行方向との関係が右ねじの法則を満たすように選べば，経路の微小線素片ベクトル$d\mathbf{s}$と，磁束密度の方向は常に平行になる。すなわち$\mathbf{B}(\mathbf{r}) \cdot d\mathbf{s} = |\mathbf{B}(\mathbf{r})||d\mathbf{s}|$となる。 積分経路$C$上では，$|\mathbf{B}(\mathbf{r})| = B(r)$は一定なので積分の外に取り出せる。

したがって，（6.3）式の左辺は，

$$\int_C \mathbf{B}(\mathbf{r}) \cdot d\mathbf{s}(\mathbf{r}) = |\mathbf{B}(\mathbf{r})| \int_C |d\mathbf{s}(\mathbf{r})| = B(r) \int_C ds = 2\pi r B(r) \cdots\cdots\cdots\cdots\cdots ①$$

となる。最後の変形は，$\int_C ds$が経路Cの円周$2\pi r$を意味することから自明である。次に経路Cを貫く全電流はIであるから，（6.3）式の右辺は$\mu_0 I$となる。

したがって，この場合のアンペールの法則は，

$$\int_C \mathbf{B}(\mathbf{r}) \cdot d\mathbf{s}(\mathbf{r}) = 2\pi r B(r) = \mu_0 I \cdots\cdots\cdots\cdots\cdots\cdots\cdots\cdots\cdots\cdots ②$$

となり，

$$B(r) = \frac{\mu_0 I}{2\pi r} \cdots\cdots\cdots\cdots\cdots\cdots\cdots\cdots\cdots\cdots\cdots\cdots\cdots\cdots\cdots\cdots ③$$

が求まる。

直線電流の作る磁場Ⅱ―アンペールの法則をもちいた解法―

> アンペールの法則の使い方を理解する。簡単な系の磁場を求めることができる。

発展 **例題** **6.2** 無限に長い2本の平行導線が xy 平面上にある。導線は y 軸に平行であり，$x=a$, $x=-a$ を通っている。下の図のように電流 I が流れているとき，xy 面上の磁束密度 $\mathbf{B}(x)$ をそれぞれの場合について求めよ。

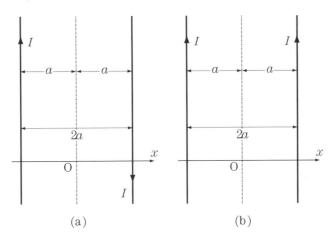

(a)　　　　　　　(b)

解答

電流の流れる導線が複数本ある場合には，それぞれの電流が作る磁束密度をベクトル的に足し合わせればよい。それぞれの電流が，距離 r 離れた点に作る磁束密度の大きさは例題 6.1 の解答③式より，$B(r)=\dfrac{\mu_0 I}{2\pi r}$ となることがわかっている。また，それぞれの電流が作る磁束密度の向きは xy 平面に垂直である。すなわち，図の状況では紙面に垂直に入るか出るかの方向である。紙面の裏から表の方向を正の方向とする。

(a)の場合，$x<-a$ では左の電流が作る磁場は正の方向，右の電流が作る磁場は負の方向，$-a<x<a$ では，それぞれ負と負の方向，$a<x$ では，それぞれ負と正の方向になっている。

したがって，

$$x<-a \text{ のとき } \quad B(x)=\frac{\mu_0 I}{2\pi}\left(\frac{1}{|-a-x|}-\frac{1}{|a-x|}\right)$$

$$-a<x<a \text{ のとき } \quad B(x)=\frac{\mu_0 I}{2\pi}\left(-\frac{1}{|-a-x|}-\frac{1}{|a-x|}\right)$$

$$a<x \text{ のとき } \quad B(x)=\frac{\mu_0 I}{2\pi}\left(-\frac{1}{|-a-x|}+\frac{1}{|a-x|}\right)$$

である。

それぞれの領域で $-a-x$, $a-x$ の符号に注意すると，$x<-a$, $-a<x<a$, $a<x$ のどの場合についても

$$B(x)=\frac{\mu_0 I}{2\pi}\left(\frac{1}{-a-x}-\frac{1}{a-x}\right)=\frac{\mu_0 I}{\pi}\frac{a}{a^2-x^2}$$

となる。

(b)の場合は，$x<-a$ では左の電流が作る磁場は正の方向，右の電流が作る磁場は正の方向，$-a<x<a$ では，それぞれ負と正の方向，$a<x$ では，それぞれ負と負の方向になっている。

したがって，

$x < -a$ のとき $\quad B(x) = \dfrac{\mu_0 I}{2\pi}\left(\dfrac{1}{|-a-x|} + \dfrac{1}{|a-x|}\right)$

$-a < x < a$ のとき $\quad B(x) = \dfrac{\mu_0 I}{2\pi}\left(-\dfrac{1}{|-a-x|} + \dfrac{1}{|a-x|}\right)$

$a < x$ のとき $\quad B(x) = \dfrac{\mu_0 I}{2\pi}\left(-\dfrac{1}{|-a-x|} - \dfrac{1}{|a-x|}\right)$

である。

それぞれの領域で $-a-x$, $a-x$ の符号に注意すると，$x<-a$, $-a<x<a$, $a<x$ のどの場合についても，

$$B(x) = \dfrac{\mu_0 I}{2\pi}\left(\dfrac{1}{-a-x} + \dfrac{1}{a-x}\right) = \dfrac{\mu_0 I}{\pi}\dfrac{x}{a^2 - x^2}$$

となる。

有限な太さの直線電流の作る磁場　―アンペールの法則をもちいた解法―

アンペールの法則の使い方を理解する。簡単な系の磁場を求めることができる。

必修 **例題** **6.3**　図のように，半径 a の無限に長い導線があり，その中を全電流 I が一様に流れているとき，導線の内外の磁束密度の大きさと方向を求めよ。

解答

　電流の分布が軸対称なので，発生する磁場も軸対称になる。位置ベクトルが $\mathbf{r}$ で，円柱の中心軸からの距離が R である点における磁束密度 $\mathbf{B}(\mathbf{r})$ の大きさ $|\mathbf{B}(\mathbf{r})|$ は，R のみの関数になるはずであるから，$|\mathbf{B}(\mathbf{r})| = B(R)$ と書ける。また，磁束密度の方向は右ねじの法則より，下図のようになっている。

　この磁束密度の大きさをアンペールの法則（6.3）式

$$\int_C \mathbf{B}(\mathbf{r}) \cdot d\mathbf{s}(\mathbf{r}) = \mu_0 I = \mu_0 \times (C \text{ を貫く全電流})$$

を用いて求める。$B(R)$ を $R \geqq 0$ の領域で求めればよい。系は軸対称なので，半径 R の円周 C を積分の経路に選ぶと，（6.3）式の左辺の $d\mathbf{s}$ ベクトルは円周に沿ったベクトルになる。$\mathbf{B}(\mathbf{r})$ と $d\mathbf{s}$ は平行となり，$\mathbf{B}(\mathbf{r}) \cdot d\mathbf{s} = B(R)|d\mathbf{s}|$ となる。経路 C 上では $B(R)$ は一定値だから，この積分にとって $B(R)$ は定数として扱え，積分の外に出せる。

　つまり $\displaystyle\int_C \mathbf{B}(\mathbf{r}) \cdot d\mathbf{s} = B(R) \int_C |d\mathbf{s}|$ となる。

　ここで，$\displaystyle\int_C |d\mathbf{s}|$ は経路 C の長さであるから，円周 $2\pi R$ に等しい。

　したがって，$\displaystyle\int_C \mathbf{B}(\mathbf{r}) \cdot d\mathbf{s} = B(R) \int_C |d\mathbf{s}| = 2\pi R B(R)$ となる。

　一方，（6.3）式の右辺は C を貫く全電流を計算すればよい。経路の半径 R が導線の半径 a より大きいときは，全電流 I であり，a より小さい場合は半径 r の円の面積と導線の面積の比から $I\dfrac{R^2}{a^2}$ である。したがって，

$$2\pi R B(R) = \begin{cases} \mu_0 I \dfrac{R^2}{a^2} & (0 \leq R \leq a) \\ \mu_0 I & (R \geq a) \end{cases}$$

となり，

$$B(R) = \begin{cases} \dfrac{\mu_0 R I}{2\pi a^2} & (0 \leq R \leq a) \\ \dfrac{\mu_0 I}{2\pi R} & (R \geq a) \end{cases}$$

となる。

電流分布が変化する直線電流の作る磁場 —アンペールの法則をもちいた解法—

ドリル No.47	Class		No.		Name	

発展 **問題 47** 半径 a の無限に長い円柱状導体があり，その中を電流密度 $i(r)=i_0 r^{-1}$ で電流が流れている。アンペールの法則をもちいて，導体の内外の磁束密度の方向と大きさを求めよ。ただし，r は円柱の中心からの距離であり，また，全空間で真空の透磁率 μ_0 が使えるとする。

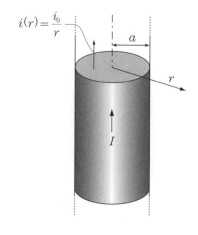

チェック項目	月 日	月 日
電流分布の対称性の議論ができる。アンペールの法則を理解している。		

無限平面状電流の作る磁場　―アンペールの法則をもちいた解法―

ドリル No.48	Class		No.		Name	

発展 **問題 48**　図のように xy 平面内に無限に広い金属板が置かれ，一様な平面電流が $+y$ 方向に流れている。金属板の z 座標は $z=0$ とする。図のように x 方向の単位長さ（1 m）あたりを通過する電流を測定したところ，I 〔A·m^{-1}〕であった。アンペールの法則を使って周囲の磁束密度を求めよ。なお，金属板の厚みは無視してよい。

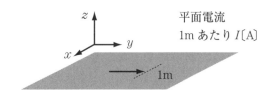

平面電流
1m あたり I〔A〕

チェック項目	月　　日		月　　日	
電流分布の議論から磁場の概略を考察できる。アンペールの法則を利用して磁束密度を求めることができる。				

直線電流の作る磁場I ―ビオ‐サバールの法則をもちいた解法―

ビオ‐サバールの法則を使って，より複雑な系の磁場を求めることができる。

必修 例題 **6.4** 無限に長い直線電流 I があるとき，電流から垂直

距離 R の点Pにおける磁束密度をビオ‐サバールの法則を使って求め，
$B(R) = \dfrac{\mu_0 I}{2\pi R}$ であることを示せ。

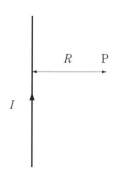

解答

　この問題の解法は幾つかあるが，ここではベクトル計算によって解く。右下図のように直線電流を z 軸，点Pから z 軸に下ろした垂線を y 軸，紙面手前方向を x 軸にとり，
　ビオ‐サバールの法則（(6.10) 式を参照）

$$d\mathbf{B}(\mathbf{x}) = \frac{\mu_0}{4\pi}\frac{Id\mathbf{s}(\mathbf{r}')\times(\mathbf{x}-\mathbf{r}')}{|\mathbf{x}-\mathbf{r}'|^3} = \frac{\mu_0}{4\pi}\frac{Id\mathbf{s}(\mathbf{r}')\times\mathbf{r}}{r^3}$$

を適用する。ここで，点Pの座標は $\mathbf{x}=(0,R,0)$，電流素片 $Id\mathbf{s}(\mathbf{r}')$ の座標は $\mathbf{r}'=(0,0,z)$，電流素片は $Id\mathbf{s}(\mathbf{r}')=(0,0,Idz)$ である。これをビオ‐サバールの法則に代入すると，

$$d\mathbf{B}(\mathbf{x}) = \big(dB_x(\mathbf{x}),dB_y(\mathbf{x}),dB_z(\mathbf{x})\big) = \frac{\mu_0}{4\pi}\frac{(0,0,Idz)\times\big((0,R,0)-(0,0,z)\big)}{\big|(0,R,0)-(0,0,z)\big|^3}$$

$$= \frac{\mu_0}{4\pi}\frac{(0,0,Idz)\times(0,R,-z)}{\big|(0,R,-z)\big|^3} = \frac{\mu_0}{4\pi}\frac{\big(0\cdot(-z)-Idz\cdot R, Idz\cdot0-0\cdot(-z), 0\cdot R-0\cdot0\big)}{\big|\sqrt{R^2+z^2}\big|^3}$$

$$= \frac{\mu_0}{4\pi}\frac{(-IRdz,0,0)}{\big|\sqrt{R^2+z^2}\big|^3}$$

となり，電流によって作られる磁束密度は，x 方向成分（紙面垂直）のみ持つことがわかる。

　次に磁束密度の大きさを求める。

$$dB_x(\mathbf{x}) = -\frac{\mu_0}{4\pi}\frac{IRdz}{\sqrt{R^2+z^2}^{\,3}}$$ であるから，これを $-\infty \leqq z \leqq$

$+\infty$ の範囲で積分すればよい。すなわち，

$$B(\mathbf{x}) = \int_{-\infty}^{\infty} -\frac{\mu_0}{4\pi}\frac{IRdz}{\sqrt{R^2+z^2}^{\,3}}$$ を計算すればよい。ここから

は数学的なテクニックである。

$$B(\mathbf{x}) = \int_{-\infty}^{\infty} -\frac{\mu_0}{4\pi}\frac{IRdz}{\sqrt{R^2+z^2}^{\,3}} = \int_{-\infty}^{\infty} -\frac{\mu_0}{4\pi}\frac{IRdz}{R^3\sqrt{1+\left(\dfrac{z}{R}\right)^2}^{\,3}}$$

ここで，$\dfrac{z}{R} = \tan\theta$ とおき，変数変換する。

　両辺の z 微分，$\dfrac{d}{dz}\left(\dfrac{z}{R}\right) = \dfrac{d}{dz}\tan\theta$ より，$\dfrac{1}{R} = \dfrac{d\tan\theta}{d\theta}\dfrac{d\theta}{dz} = +\dfrac{1}{\cos^2\theta}\dfrac{d\theta}{dz}$ となり，$dz = +\dfrac{R}{\cos^2\theta}d\theta$

を得るので積分は，

$$B(\mathbf{x}) = -\int_{-\frac{\pi}{2}}^{\frac{\pi}{2}} \frac{\mu_0 I}{4\pi R^2} \frac{1}{\sqrt{1+\left(\tan\theta\right)^2}^{\,3}} \frac{R}{\cos^2\theta} d\theta = -\frac{\mu_0 I}{4\pi R} \int_{-\frac{\pi}{2}}^{\frac{\pi}{2}} \frac{1}{\sqrt{\dfrac{1}{\cos^2\theta}}^{\,3}} \frac{1}{\cos^2\theta} d\theta$$

$$= -\frac{\mu_0 I}{4\pi R} \int_{-\frac{\pi}{2}}^{\frac{\pi}{2}} \cos^3\theta \frac{1}{\cos^2\theta} d\theta = -\frac{\mu_0 I}{4\pi R} \int_{-\frac{\pi}{2}}^{\frac{\pi}{2}} \cos\theta d\theta = \frac{\mu_0 I}{4\pi R} [+\sin\theta]_{-\frac{\pi}{2}}^{\frac{\pi}{2}} = -\frac{\mu_0 I}{2\pi R}$$

となって，アンペールの法則から導いた結果と一致する。

直流電流の作る磁場 II ―ビオ－サバールの法則をもちいた解法―

ドリル No.49	Class		No.		Name	

発展 **問題49** 右図のように直角に曲がった導線に電流 I が流れているとき，ビオ－サバールの法則を使って y 軸上の点 P における磁束密度 $\mathbf{B}(0, y_0, 0)$ を求めよ。

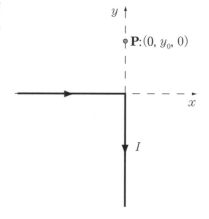

チェック項目	月 日	月 日
ビオ－サバールの法則を理解している。ベクトル計算ができる。		

円形電流の作る磁場 I ―ビオ－サバールの法則をもちいた解法―

ビオ－サバールの法則を使って，円形電流の磁場を求めることができる。

必修 例題 6.5 半径 a の円形電流 I があるとき，その中心に作る磁束密度は $B = \dfrac{\mu_0 I}{2a}$ であることをビオ－サバールの法則をもちいた計算により示せ。

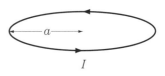

解答

この系は軸対称であるから，磁場も軸対称になる。この問題は円形電流の中心の磁束密度を求めるのだから，ビオ－サバールの法則（(6.10) 式参照）

$$dB(x) = \frac{\mu_0}{4\pi} \frac{Id s(r') \times r}{r^3}$$

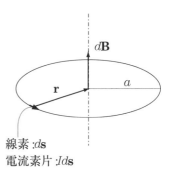

線素 : ds
電流素片 : Ids

より，$dB(x)$ 円形電流上の電流素片 $Id s(r')$ と（r' は電流素片の位置ベクトル），$Id s(r')$ から円形電流の中心まで引いたベクトル $r(|r|=a)$ の幾何学的関係は右図のようになっている。つまり，ベクトル $Id s(r')$ とベクトル r は円形電流と同じ平面内にあり，互いに常に垂直になっている。中心軸を z 軸にとれば，分子の外積は，

$$Id s(r') \times r = \left(0, 0, Ia|d s(r')|\sin\frac{\pi}{2}\right) = (0, 0, Iads)$$

で与えられる。
これを踏まえて，(6.11) 式

$$B(x) = \frac{\mu_0 I}{4\pi} \int_C \frac{d s(r') \times (x-r')}{|x-r'|^3}$$

の積分を円形電流全体の経路 C について行う。ここで x は円形電流の中心の位置ベクトルであり，$x - r' = r$ であることに注意する。

$$B(x) = \frac{\mu_0 I}{4\pi} \int_C \frac{d s(r') \times r}{|r|^3} = \frac{\mu_0 I}{4\pi} \int_C \frac{(0, 0, Ia)}{a^3} ds = \frac{\mu_0 I}{4\pi}(0, 0, 1) \int_C \frac{1}{a^2} ds = \frac{\mu_0 I}{4\pi a^2}(0, 0, 1) \int_C ds$$

$$= \frac{\mu_0 I}{4\pi a^2}(0, 0, 1) \times 2\pi a = \left(0, 0, \frac{\mu_0 I}{2a}\right)$$

となって設問にあるように半径 a，電流値 I の円形電流の中心の磁束密度は $B = \dfrac{\mu_0 I}{2a}$ で与えられる。

円形電流の作る磁場Ⅱ　―ビオ−サバールの法則をもちいた解法―

ドリル No.50	Class		No.		Name	

必修 問題50　図のように円形電流の中心軸上で中心から z 離れた場所での磁束密度を求めよ。

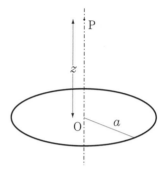

チェック項目	月　日	月　日
ビオ−サバールの法則を理解している。円形電流の磁場を求めることができる。		

円形電流の作る磁場Ⅲ　—ヘルムホルツコイル—

発展　**問題51**　図のように，半径 a の円形コイルを間隔 $2d$ で平行に配置し，同じ向きに電流 I を流す。

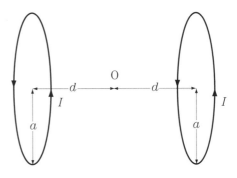

両コイルの中心を結ぶ線上の中心 O の回りの磁束密度は $a = 2d$ の場合は場所に寄らずほぼ一定になることを示せ。

この問題のように，同じ中心軸と半径を持つ二つの円形コイルを，半径と同じ間隔で置き，同一方向に電流を流したものをヘルムホルツコイル(Helmholtz coil)という。

チェック項目	月　日	月　日
円形電流の中心軸上の静磁場の問題を応用できるか？ 適切な近似計算ができるか？		

円形電流の作る磁場Ⅳ ―無限の長さのソレノイドを流れる電流が作る磁場―

対称性の考察とアンペールの法則からソレノイド内外の磁場を求めることができる。

必修 例題 **6.6** 半径 R の無限に長いソレノイドに電流 I が流れている。ソレノイドの単位長さあたりの巻き数を n とする。アンペールの法則をもちいて，ソレノイドが作る内外の磁束密度を求めよ。

解答

本問の系は中心軸に対して対称（軸対称）であるので，作られる磁場も軸対称である。中心軸を z 軸にとって磁場の方向について考える。

(1) 中心軸から等距離の場所では磁場の大きさは等しく，向きは中心軸に対して対称。

(2) 無限に長い系なので z 方向にどれだけ平行移動しても磁場の大きさと方向は変化しない。

(3) 中心軸上の磁場は円形電流のときと同じ考え方で，z 方向成分しか持たない。

(4) 中心軸から外れた場所では，右下の図のように z 方向成分以外は相殺するので，やはり z 方向成分のみである。

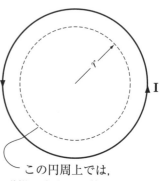

この円周上では，磁場の大きさは等しく，向きは中心軸に対して対称

以上の条件から，ソレノイドの作る磁場は「中心軸から等距離の場所では磁場の大きさは等しく，向きは中心軸に平行」であることがわかる。

次にソレノイド内部の磁束密度の大きさを求めてみよう。ソレノイドに流れる電流は円形電流の集合と考えることができる。例えば，座標 z における微小な幅 dz の部分を1つの円形電流として考える。幅 dz の部分は ndz 巻きのコイルになっているから，電流値 $nIdz$ の円形電流と見なせる。この円形電流が中心軸上 $z=0$ の場所に作る磁束密度は，円形電流の結果

$$B(z) = \frac{\mu_0 a^2}{2(z^2 + a^2)^{\frac{3}{2}}} \times I$$

の I に $nIdz$ を代入して，

$$dB(z) = \frac{\mu_0 a^2}{2(z^2 + a^2)^{\frac{3}{2}}} \times nIdz$$

である。ソレノイドの中心軸上の磁束密度は，$dB(z)$ を $-\infty \leq z \leq +\infty$ で積分すれば求められる。

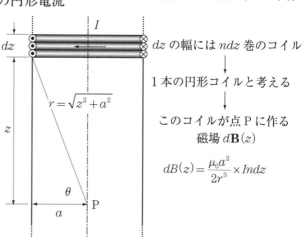

i_{j+k} が作る磁場

i_{j-k} が作る磁場

無限に長いソレノイドが作る磁場は中心軸に対して平行

dz の幅には ndz 巻のコイル

↓

1本の円形コイルと考える

↓

このコイルが点Pに作る磁場 $d\mathbf{B}(z)$

$$dB(z) = \frac{\mu_0 a^2}{2r^3} \times Indz$$

$r = \sqrt{z^2 + a^2}$

$$B = \int_{-\infty}^{+\infty} \frac{\mu_0 a^2}{2(z^2 + a^2)^{\frac{3}{2}}} \times nIdz = \frac{\mu_0 a^2}{2} nI \int_{-\infty}^{+\infty} \frac{1}{(z^2 + a^2)^{\frac{3}{2}}} dz = \frac{\mu_0 a^2}{2} nI \int_{-\infty}^{+\infty} \frac{1}{a^3 \left[\left(\frac{z}{a} \right)^2 + 1 \right]^{\frac{3}{2}}} dz$$

ここで，$\frac{z}{a} = \tan\theta$ と変数変換すると，$dz = \frac{a}{\cos^2\theta} d\theta$ となる。また，積分範囲は $-\frac{\pi}{2} \leq \theta \leq +\frac{\pi}{2}$

である。

すなわち,

$$与式 = \frac{\mu_0}{2} nI \int_{-\frac{\pi}{2}}^{+\frac{\pi}{2}} \cos\theta d\theta = \frac{\mu_0}{2} nI \left[\sin\theta \right]_{-\frac{\pi}{2}}^{\frac{\pi}{2}} = \mu_0 nI \quad となり,$$

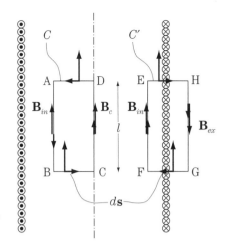

ソレノイドの中心軸上の磁束密度は $B = \mu_0 nI$ となる。

次に中心軸から外れた場所での磁束密度を求める。

右図のようにソレノイド内部に長方形 ABCD を経路 C としてアンペールの法則

$$\int_C \mathbf{B}(\mathbf{r}) \cdot d\mathbf{s}(\mathbf{r}) = \mu_0 \times (C を貫く全電流)$$

を適用する。ただし,経路 CD は中心軸上にとる。右辺の C 内の電流は 0 であることは明白であろう。左辺は経路を AB,BC,CD,DA と4分割して考えれば,

$$\int_C \mathbf{B}(\mathbf{r}) \cdot d\mathbf{s}(\mathbf{r}) = \int_{AB} \mathbf{B}(\mathbf{r}) \cdot d\mathbf{s}(\mathbf{r}) + \int_{BC} \mathbf{B}(\mathbf{r}) \cdot d\mathbf{s}(\mathbf{r}) + \int_{CD} \mathbf{B}(\mathbf{r}) \cdot d\mathbf{s}(\mathbf{r}) + \int_{DA} \mathbf{B}(\mathbf{r}) \cdot d\mathbf{s}(\mathbf{r})$$

と積分は4分割できる。ここで AB 上で $\mathbf{B} /\!/ d\mathbf{s}$,BC 上で $\mathbf{B} \perp d\mathbf{s}$,CD 上で $\mathbf{B} /\!/ - d\mathbf{s}$,DA 上で $\mathbf{B} \perp d\mathbf{s}$,であるから,

$$\int_{AB} \mathbf{B}(\mathbf{r}) \cdot d\mathbf{s}(\mathbf{r}) + \int_{BC} \mathbf{B}(\mathbf{r}) \cdot d\mathbf{s}(\mathbf{r}) + \int_{CD} \mathbf{B}(\mathbf{r}) \cdot d\mathbf{s}(\mathbf{r}) + \int_{DA} \mathbf{B}(\mathbf{r}) \cdot d\mathbf{s}(\mathbf{r})$$
$$= -\int_{AB} |\mathbf{B}_{in}| ds + \int_{BC} 0 \cdot ds + \int_{CD} |\mathbf{B}_c| ds + \int_{DA} 0 \cdot ds = -\int_{AB} |\mathbf{B}_{in}| ds + \int_{CD} |\mathbf{B}_c| ds$$
$$= -B_{in} \int_{AB} ds + B_c \int_{CD} ds = -B_{in} \times l + B_c \times l = 0$$

となり,$B_c = B_{in}$ となって中心軸から外れた磁束密度の大きさも中心軸の磁束密度と同じになる。

つまり,ソレノイド内部では磁束密度はどこでも一様で,その大きさは $B = \mu_0 nI$ で与えられる。

最後にソレノイド外部の磁束密度を求める。右上の図のようにソレノイドのコイルを跨ぐように長方形 EFGH を経路 C' としてアンペールの法則

$$\int_C \mathbf{B}(\mathbf{r}) \cdot d\mathbf{s}(\mathbf{r}) = \mu_0 \times (C' を貫く全電流)$$

を適用する。右辺の C' 内の電流は $I \times nl$ であることは明白であろう。左辺は経路を EF,FG,GH,HE と4分割して考えれば,

$$\int_C \mathbf{B}(\mathbf{r}) \cdot d\mathbf{s}(\mathbf{r}) = \int_{EF} \mathbf{B}(\mathbf{r}) \cdot d\mathbf{s}(\mathbf{r}) + \int_{FG} \mathbf{B}(\mathbf{r}) \cdot d\mathbf{s}(\mathbf{r}) + \int_{GH} \mathbf{B}(\mathbf{r}) \cdot d\mathbf{s}(\mathbf{r}) + \int_{HE} \mathbf{B}(\mathbf{r}) \cdot d\mathbf{s}(\mathbf{r})$$

と積分は4分割できる。ここで EF 上で $\mathbf{B} /\!/ d\mathbf{s}$,FG 上で $\mathbf{B} \perp d\mathbf{s}$,GH 上で $\mathbf{B} /\!/ - d\mathbf{s}$,HE 上で $\mathbf{B} \perp d\mathbf{s}$,であるから,

$$\int_{EF} \mathbf{B}(\mathbf{r}) \cdot d\mathbf{s}(\mathbf{r}) + \int_{FG} \mathbf{B}(\mathbf{r}) \cdot d\mathbf{s}(\mathbf{r}) + \int_{GH} \mathbf{B}(\mathbf{r}) \cdot d\mathbf{s}(\mathbf{r}) + \int_{HE} \mathbf{B}(\mathbf{r}) \cdot d\mathbf{s}(\mathbf{r})$$
$$= \int_{EF} |\mathbf{B}_{in}| ds + \int_{FG} 0 \cdot ds + \int_{GH} |\mathbf{B}_{ex}| ds + \int_{HE} 0 \cdot ds = \int_{EF} |\mathbf{B}_{in}| ds + \int_{GH} |\mathbf{B}_{ex}| ds$$
$$= B_{in} \int_{EF} ds + B_{ex} \int_{GH} ds = B_{in} \times l + B_{ex} \times l = \mu_0 nI \times l + B_{ex} \times l = \mu_0 nlI$$

となり,
したがって,アンペールの法則は,

$$\mu_0 nI \times l + B_{ex} \times l = \mu_0 nlI$$

となる。

これより $B_{ex} = 0$ という結果が得られる。つまり,無限に長い理想的なソレノイドの外部には磁場は漏れないのである。

ドリル No.52	Class		No.		Name	

発展 **問題52**　半径 a，長さ l，単位長さあたりの巻数 n のソレノイドに電流 I を流すとき，中心軸上の点Pに生ずる磁束密度 **B** を求めよ。ただし，ソレノイドの中心を原点Oとし，OP 間の距離は z とする。

電流：I〔A〕，巻数：n 巻・m^{-1}

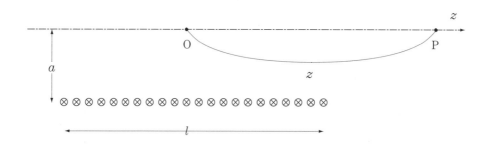

チェック項目	月　　日	月　　日
円形電流の作る磁場を発展させて考えられる。積分計算ができる。		

環状ソレノイドの磁場 I

ドリル No.53	Class		No.		Name	

発展 **問題 53** 環状ソレノイドに電流 I を流したときのソレノイド内部の磁場の向きは，ソレノイドの中心軸 O と同心の円に沿った向きであり，その大きさは同じ円周上では等しいことを説明せよ。

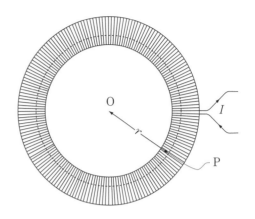

チェック項目	月 日	月 日
対称性から環状ソレノイド内の磁場の向きと大きさについて考察できる。		

環状ソレノイドの磁場 Ⅱ

ドリル No.54	Class		No.		Name	

発展 **問題54** 中心半径 R, 巻数 N の環状ソレノイドに電流 I を流したときのソレノイド内部の磁束密度を求めよ。ただし, ソレノイドの半径を a とし, $a \ll R$ とする。

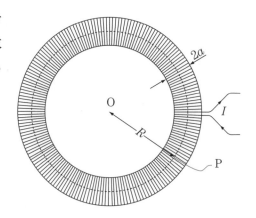

チェック項目	月 日	月 日
アンペールの法則と対称性の議論から環状ソレノイド内の磁場を求められる。		

磁場内の電流に作用する力

磁場内の電流に作用する力を求めることができる。

必修 例題 **6.7** 図のような一様な磁束密度中（1500 T）に置かれた枠型コイルに5Aの電流を流したとき，コイルに生ずる力のモーメントを求めよ。ただし，コイルの寸法は a=30 mm， b=15 mm である。

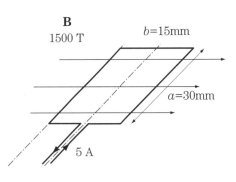

解答

この問題は「直線電流に作用する力」の結果がそのまま使える。(6.15) 式によれば， $|\mathbf{F}| = IBl\sin\theta$ であるが，辺 a においては $\theta = \dfrac{\pi}{2}$ であるから， $F = IBl\sin\dfrac{\pi}{2}$ を計算すればよい。左側の辺では上向きに，右側の辺では下向きに力が作用する。これは偶力である。すなわち，

$$F_a = 5 \times 1500 \times 30 \times 10^{-3} \times \sin\frac{\pi}{2} = 225 \ \text{N}$$

である。

力のモーメントは， $N_a = F_a \times \dfrac{15}{2} \times 2 = 3375 \ \text{N·m}$ 。

一方，辺 b においては $\theta=0$ であるから力は働かない。[注]

したがって，モーメントも発生しない。

注意 あくまで図の状態での話である。少しでもコイルが傾けば辺 b には力が作用する。しかし対向する辺に働く力の向きは反対であり，また作用線が同じなので結局，力は相殺してしまう。

磁場内の電荷に作用する力

磁場内の電流に作用する力を求めることができる。

発展 例題 **6.8** 図のように，速度 v の電子（電荷 $-e$）が電磁石の作る一様な磁束密度 **B** に対して垂直に入射する。電子が磁場を通過するとき電子はどのような軌道上を運動するか。ただし，電子の質量を m，磁場が発生している距離を l とする。

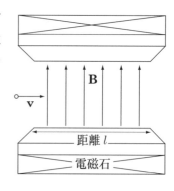

解答

荷電粒子の運動方程式は，(6.21) 式より，

$$m\frac{d^2\mathbf{r}(t)}{dt^2} = q\mathbf{E}(\mathbf{r},t) + q\frac{d\mathbf{r}(t)}{dt}\times\mathbf{B}(\mathbf{r},t)$$

である。

この問題では荷電粒子は電子であり，また電場はないので，運動方程式

$$m\frac{d^2\mathbf{r}(t)}{dt^2} = -e\frac{d\mathbf{r}(t)}{dt}\times\mathbf{B}(\mathbf{r},t)$$

を解けばよい。

さて，入射方向を x 軸，磁束密度の方向を z 軸として計算する。y 軸は紙面の反対側に垂直に向かう向きである。このように座標軸を決めると，磁束密度 $\mathbf{B}=(0,0,B)$ のある空間に突入する前の初速度は $\mathbf{v}_0=(v,0,0)$ である。$\mathbf{r}(t)=(x(t),y(t),z(t))$ であるから，運動方程式は，

$$m\frac{d^2(x(t),y(t),z(t))}{dt^2} = -e\frac{d(x(t),y(t),z(t))}{dt}\times(0,0,B)$$

$$= -e\left(\frac{dy(t)}{dt}B - \frac{dz(t)}{dt}0, \frac{dz(t)}{dt}0 - \frac{dx(t)}{dt}B, \frac{dx(t)}{dt}0 - \frac{dy(t)}{dt}0\right)$$

$$m\left(\frac{d^2x(t)}{dt^2}, \frac{d^2y(t)}{dt^2}, \frac{d^2z(t)}{dt^2}\right) = -e\left(\frac{dy(t)}{dt}B, -\frac{dx(t)}{dt}B, 0\right)$$

となる。成分ごとに列記すると，

$$m\frac{d^2x(t)}{dt^2} = -eB\frac{dy(t)}{dt} \quad\cdots\cdots\cdots ①$$

$$m\frac{d^2y(t)}{dt^2} = eB\frac{dx(t)}{dt} \quad\cdots\cdots\cdots ②$$

$$m\frac{d^2z(t)}{dt^2} = 0 \quad\cdots\cdots\cdots ③$$

である。ここで，時刻 t における速度を $v(t)=(v_x(t), v_y(t), v_z(t))$ と書けば，

$$v_x(t) = \frac{dx(t)}{dt} \quad\cdots\cdots\cdots ④$$

$$v_y(t) = \frac{dy(t)}{dt} \quad\cdots\cdots\cdots ⑤$$

$$v_z(t) = \frac{dz(t)}{dt} \quad\cdots\cdots\cdots ⑥$$

であることに注意しよう。さて，④〜⑥式を①〜③式に代入すれば，

$$\frac{dv_x(t)}{dt} = -\frac{eB}{m}v_y(t) = -\omega v_y(t) \quad\cdots\cdots\cdots ⑦$$

$$\frac{dv_y(t)}{dt} = \frac{eB}{m} v_y(t) = \omega v_x(t) \quad \cdots\cdots\cdots\cdots\cdots\cdots\cdots\cdots\cdots\cdots\cdots\cdots\cdots\cdots\cdots ⑧$$

$$\frac{dv_z(t)}{dt} = 0 \quad \cdots\cdots\cdots\cdots\cdots\cdots\cdots\cdots\cdots\cdots\cdots\cdots\cdots\cdots\cdots\cdots\cdots\cdots\cdots\cdots\cdots ⑨$$

を得る。ここで，$\omega = \frac{eB}{m}$ とした。⑦式を⑧式に代入すれば，$\frac{d}{dt}\left(-\frac{1}{\omega}\frac{dv_x(t)}{dt}\right) = \omega v_x(t)$ であるから，

$$\frac{d^2 v_x(t)}{dt^2} = -\omega^2 v_x(t) \quad \cdots\cdots\cdots\cdots\cdots\cdots\cdots\cdots\cdots\cdots\cdots\cdots\cdots\cdots ⑩$$

となって $v_x(t)$ のみの微分方程式を得る。この一般解は，

$$v_x(t) = A\sin\omega t + B\cos\omega t \quad \cdots\cdots\cdots\cdots\cdots\cdots\cdots\cdots\cdots\cdots\cdots\cdots ⑪$$

である。⑪式を⑦式に代入すれば，

$$v_y(t) = -\frac{1}{\omega}\frac{dv_x(t)}{dt} = -\frac{1}{\omega}\frac{d}{dt}(A\sin\omega t + B\cos\omega t) = -A\cos\omega t + B\sin\omega t \quad \cdots\cdots\cdots\cdots\cdots ⑫$$

を得る。一方，⑨式より，

$$v_z(t) = v_z(0) = \text{一定値} \quad \cdots\cdots\cdots\cdots\cdots\cdots\cdots\cdots\cdots\cdots\cdots\cdots\cdots\cdots ⑬$$

となり，z 方向には等速度運動することがわかる。初期条件から，$v_z(t) = v_z(0) = 0$ は明らかであろう。つまり，この問題設定では電子は xy 平面内を運動するのである。さて，⑪，⑫で $v_x(t)$，$v_y(t)$ の関数形がわかったので，ここで粒子の速さ $v(t)$（$= |\mathbf{v}(t)|$）について考える。三平方の定理より，

$$v^2(t) = v_x^2(t) + v_y^2(t) + v_z^2(t) = (A\sin\omega t + B\cos\omega t)^2 + (-A\cos\omega t + B\sin\omega t)^2 + 0 = A^2 + B^2 = \text{一定}$$
$$\cdots\cdots\cdots\cdots\cdots\cdots\cdots\cdots\cdots\cdots\cdots ⑭$$

となり，$v(t)$ は時間に依存しない。つまり，電子は初速 $v(0) = A^2 + B^2$ を保ったまま運動することがわかる。

　次に粒子の軌道について考える。⑪から⑬式を時間で積分すれば，位置座標が求まるので，

$$x(t) = \int v_x(t)dt = \int (A\sin\omega t + B\cos\omega t)dt = -\frac{A}{\omega}\cos\omega t + \frac{B}{\omega}\sin\omega t + x_0 \quad \cdots\cdots\cdots ⑮$$

$$y(t) = \int v_y(t)dt = \int (-A\cos\omega t + B\sin\omega t)dt = -\frac{A}{\omega}\sin\omega t - \frac{B}{\omega}\cos\omega t + y_0 \quad \cdots\cdots\cdots ⑯$$

$$z(t) = \int v_z(t)dt = \int 0\, dt = 0 \quad \cdots\cdots\cdots\cdots\cdots\cdots\cdots\cdots\cdots\cdots\cdots\cdots ⑰$$

⑮，⑯式より，

$$(x(t)-x_0)^2 + (y(t)-y_0)^2 = \left(-\frac{A}{\omega}\cos\omega t + \frac{B}{\omega}\sin\omega t\right)^2 + \left(-\frac{A}{\omega}\sin\omega t - \frac{B}{\omega}\cos\omega t\right)^2 = \frac{A^2+B^2}{\omega^2} = \frac{v(0)^2}{\omega^2}$$
$$\cdots\cdots\cdots\cdots\cdots\cdots\cdots\cdots\cdots\cdots\cdots ⑱$$

が得られるが，これは (x_0, y_0) に中心を持つ半径 $\frac{v(0)}{\omega} = \frac{v}{\omega} = \frac{mv}{eB}$ の円の方程式である。

　補足 初期条件から，x_0，y_0，A，B を求める。

時刻 $t = 0$ での位置を $\mathbf{r}(0) = (0,0,0)$ とすれば，⑮，⑯，⑰式より，

$$x(0) = -\frac{A}{\omega}\cos\omega 0 + \frac{B}{\omega}\sin\omega 0 + x_0 = -\frac{A}{\omega} + x_0 = 0 \quad \cdots\cdots\cdots\cdots\cdots\cdots ⑲$$

$$y(0) = -\frac{A}{\omega}\sin\omega 0 - \frac{B}{\omega}\cos\omega 0 + y_0 = -\frac{B}{\omega}\cos\omega 0 + y_0 = 0 \quad \cdots\cdots\cdots\cdots\cdots\cdots ⑳$$

$$z(0) = z_0 = 0 \quad \cdots\cdots\cdots\cdots\cdots\cdots\cdots\cdots\cdots\cdots\cdots\cdots\cdots\cdots\cdots\cdots\cdots ㉑$$

また，時刻 $t = 0$ での速度は，$\mathbf{v}(0) = (v,0,0)$ であるから，⑪，⑫式より，

$$v_x(0) = A\sin\omega 0 + B\cos\omega 0 = B = v \quad \cdots\cdots\cdots\cdots\cdots\cdots\cdots\cdots\cdots\cdots\cdots ㉒$$

$$v_y(0) = -A\cos\omega 0 - B\sin\omega 0 = A = 0 \quad \cdots\cdots\cdots\cdots \text{㉓}$$

となる。㉒，㉓式を⑲，⑳式に代入して，

$$x_0 = 0 \quad \cdots\cdots\cdots\cdots\cdots\cdots\cdots\cdots\cdots\cdots\cdots\cdots\cdots\cdots \text{㉔}$$

$$y_0 = \frac{v}{\omega} \quad \cdots\cdots\cdots\cdots\cdots\cdots\cdots\cdots\cdots\cdots\cdots\cdots\cdots \text{㉕}$$

を得る。以上をまとめると，

$$v_x(t) = v\cos\omega t, \quad v_y(t) = v\sin\omega t, \quad v_z(t) = 0$$

$$x(t) = \frac{v}{\omega}\sin\omega t, \quad y(t) = \frac{v}{\omega}(1-\cos\omega t), \quad z(t) = 0$$

となる。

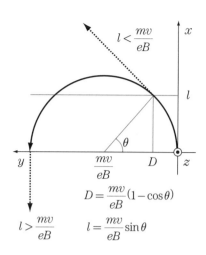

ここで，$\omega = \dfrac{eB}{m}$ を**サイクロトロン周波数**という。電子が磁

場を通過したときの変位 D を求めてみる。磁場中の電子の軌道は図のように半径 $\dfrac{mv}{eB}$ の円弧で

あるので，磁場の発生領域の厚さ l が $\dfrac{mv}{eB}$ より大きい場合，電子は「通過」せずに「半円を描い

て入射方向とは逆の向きに飛び去る。」のである。l が $\dfrac{mv}{eB}$ より小さい場合のみ「通過」できるの

である。磁場を抜けるときの変位 D は図の関係より，$D = \dfrac{mv}{eB}\left(1 - \sqrt{1 - \left(\dfrac{eB}{mv}\right)^2 l^2}\right)$ となる。

無限に長い直線電流と同じ平面内にある長方形回路に働く力

ドリル No.55	Class		No.		Name	

必修 **問題 55**　右図のように無限に長い直線電流 I_1 と同じ平面内に長方形の回路があり，そこに強さ I_2 の電流を流した。この長方形回路に作用する力を図のような xyz 座標系でベクトルをもちいて求めよ。

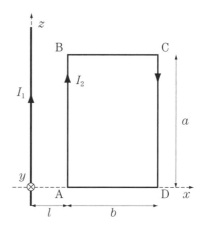

チェック項目	月　日	月　日
電流間の相互作用を考えられる。適切な積分計算ができる。		

円板に電流が流れるときの力のモーメント

ドリル No.56	Class		No.		Name	

発展 **問題56** 図のように半径aの導体円板があり，この円板の中心軸と平行な方向に一様な磁束密度 **B** を印加する。導体円板の中心から外側に向かって定常電流Iが流れているとき，円板全体が磁場から受ける力のモーメント **N** を求めよ。

ただし，電流が中心から外側に向かって放射状にかつ直線的に流れているとして考えよ。

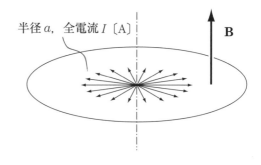

半径a，全電流I〔A〕

チェック項目	月 日	月 日
系の対称性を考えて適当な座標系を選択できる。ベクトルや積分をもちいた計算を省くことなく解答できる。力のモーメントが場所に依存する問題が解ける。		

第 **7** 章　電磁誘導と準定常電流

7.1　電 磁 誘 導

電磁誘導について学ぶ。

磁束：磁束密度の面積分

$$\Phi = \int_S \mathbf{B}(\mathbf{r}) \cdot \mathbf{n}(\mathbf{r}) dS \quad \text{………………………………………} \quad (7.1)$$

で定義される量を**磁束**（magnetic flux）という。

電磁誘導：閉じた回路を貫く磁束 Φ が時間的に変動するときや導体が磁束を横切って運動するとき，回路や導体に起電力が誘導される。この現象を**電磁誘導**という。電磁誘導によって誘導される起電力を**誘導起電力**といい，誘導される電場を**誘導電場**という。誘導起電力の大きさは誘導電場を導線や回路などの経路に沿って積分することで計算できる。電磁誘導は磁場が時間変化するとき，回路に流れる電流が時間変化するとき，回路そのものが磁場中で運動するときにも起こる。

準定常電流：磁場や電流が時間変化するとき，(6.6b) 式のアンペール－マクスウェルの法則 $\mathrm{rot}\,\mathbf{H}(\mathbf{r},t) = \mathbf{i}(\mathbf{r},t) + \dfrac{\partial \mathbf{D}(\mathbf{r},t)}{\partial t}$ が成立するが，右辺第 2 項の $\dfrac{\partial \mathbf{D}(\mathbf{r},t)}{\partial t}$ が無視できるような周波数領域の電流を**準定常電流**という。本章では準定常電流の場合だけを扱う。

レンツの法則：電磁誘導による誘導起電力および誘導電流は回路を貫く磁束の変化を妨げる向きに発生する。この法則は 1833 年に Heinrich Friedrich Emil Lenz によって発見された。

ノイマンによるレンツの法則の定式化

レンツの法則は Franz Ernst Neumann によって次のように定式化された。

コイル（または閉回路）に発生する誘導起電力 $\phi_{e.m.}$ はコイル（閉回路）を貫く磁束 Φ の時間変化の割合（時間微分）に比例し，MKSA 有理単位系では，

$$\phi_{e.m.} = -\frac{d\Phi}{dt} \quad \text{………………………………………} \quad (7.2)$$

という式で表される。

ファラデーの誘導法則

回路に発生する誘導起電力は，導線内の電場を回路に沿った経路 C 線積分

$$\phi_{e.m.} = \int_C \mathbf{E}(\mathbf{r},t) \cdot d\mathbf{s}(\mathbf{r}) \quad \text{………………………………………} \quad (7.3)$$

で与えられるので，(7.1)，(7.2) および (7.3) 式より，

$$\int_C \mathbf{E}(\mathbf{r},t) \cdot d\mathbf{s}(\mathbf{r}) = -\frac{d}{dt}\int_S \mathbf{B}(\mathbf{r},t) \cdot \mathbf{n}(\mathbf{r}) dS = -\int_S \frac{\partial \mathbf{B}(\mathbf{r},t)}{\partial t} \cdot \mathbf{n}(\mathbf{r}) dS \quad \text{………………} \quad (7.4)$$

を得る。一方，電場の考え方によると，電場は回路の存在と関係なしに発生し，たまたま，そこに回路があると電流が流れると考えられる。つまり，(7.4) 式は回路の存在と関係なく任意の曲面 S とその縁を経路とする積分経路 C について成立する。これを**積分形のファラデーの誘導法則**という。

ストークスの定理から，(7.3) 式の右辺は，

$$\int_C \mathbf{E}(\mathbf{r},t) \cdot d\mathbf{s}(\mathbf{r}) = \int_S \mathrm{rot}\mathbf{E}(\mathbf{r},t) \cdot \mathbf{n}(\mathbf{r}) dS$$

となり，(7.4) 式より，

$$\int_S \mathrm{rot}\mathbf{E}(\mathbf{r},t) \cdot \mathbf{n}(\mathbf{r}) dS = -\int_S \frac{\partial \mathbf{B}(\mathbf{r},t)}{\partial t} \cdot \mathbf{n}(\mathbf{r}) dS$$

となって，

$$\int_S \left[\mathrm{rot}\mathbf{E}(\mathbf{r},t) + \frac{\partial \mathbf{B}(\mathbf{r},t)}{\partial t} \right] \cdot \mathbf{n}(\mathbf{r}) dS = 0$$

を得る。これが任意の閉曲面 S について成立するためには，

$$\mathrm{rot}\mathbf{E}(\mathbf{r},t) + \frac{\partial \mathbf{B}(\mathbf{r},t)}{\partial t} = \mathbf{0} \quad \dotfill \quad (7.5)$$

が成立しなければならない。これを**微分形のファラデーの誘導法則**という。

７．２　インダクタンス

インダクタンスの求め方を学ぶ。

自己インダクタンス

電磁誘導の法則 (7.2) によれば，回路（ループ）を貫く磁束 $\mathbf{\Phi}$ が変化すると，誘導起電力 $\phi_{e.m.}$ が生じる。この関係は，

$$\phi_{e.m.} = -\frac{d\mathbf{\Phi}}{dt}$$

と表せた。一方ビオ－サバールの法則によれば，電流 I によって生じる磁束密度の大きさは，流れる電流に比例するので，適当な比例定数 L を導入して，

$$\phi_{e.m.} = -\frac{d\mathbf{\Phi}}{dt} = -L\frac{dI}{dt} \quad \dotfill \quad (7.6)$$

と書き表せる。この比例定数 L を，**インダクタンス（誘導係数）**と呼ぶ。自身に流れる電流による起電力と関連していることと，以下で説明する相互インダクタンスとの区別の必要から，**自己インダクタンス**とも呼ばれる。1秒あたり1Aの割合で電流が変化するときに1Vの起電力が発生する場合の自己インダクタンスの大きさを 1〔H〕（ヘンリー）と定義する。V, s, A で表すと $\left[\mathrm{H} = \dfrac{\mathrm{V \cdot s}}{\mathrm{A}} \right]$ である。

相互インダクタンス

2つの回路1，2を考え，それぞれに電流 I_1, I_2 が流れているとする。また，回路1，2の自己インダクタンスをそれぞれ L_1, L_2 とする。それぞれの回路は，自身に流れる電流の変化に伴う磁束の変化の他に，相手の回路内の電流変化に伴った磁束の変化の影響も受ける。例えば，回路2に流れる電流の変化に伴う，回路1における磁束の変化は，

$$-\frac{d\Phi_1}{dt} = -M_{12}\frac{dI_2}{dt} \quad \dotfill \quad (7.7)$$

のように表せ，この比例定数 M_{12} を**相互インダクタンス**と呼ぶ。逆に回路1に流れる電流の変化に伴う，回路2における磁束の変化から相互インダクタンス M_{21} が定義でき，結局2つの回路それぞれに生じる誘導起電力 $\phi^1_{e.m.}$, $\phi^2_{e.m.}$ は，以下のように表される。

$$\left.\begin{array}{l} \phi_{e.m.}^{1} = -L_1 \dfrac{dI_1}{dt} - M_{12} \dfrac{dI_2}{dt} \\[2ex] \phi_{e.m.}^{2} = -L_2 \dfrac{dI_2}{dt} - M_{21} \dfrac{dI_1}{dt} \end{array}\right\} \quad \cdots\cdots\cdots\cdots\cdots\cdots\cdots\cdots\cdots\cdots\cdots\cdots\cdots\cdots \quad (7.8)$$

相互インダクタンスについては，

$$M_{12} = M_{21} \quad \cdots\cdots\cdots\cdots\cdots\cdots\cdots\cdots\cdots\cdots\cdots\cdots\cdots\cdots\cdots\cdots\cdots\cdots\cdots\cdots \quad (7.9)$$

が成立することが知られている。

インダクタンスを直接計算する公式（ノイマンの公式）は知られているが，一般に計算が込み入ったものになる。回路の形状が単純な場合には，電流を与えて回路を貫く磁束を計算し，それを微分して（7.6），（7.7）の定義式と比較してインダクタンスを求める，という方法が簡便でよく用いられる。

発電機とモーター

磁場の中でコイルを回転させると，コイルを貫く磁束が変化するため，誘導起電力が生じる。このような原理の装置を**発電機**という。力学的なエネルギーを電気的なエネルギーに変換する仕組みである。外部電源を用いてコイルに電流を流し，これによりコイルに生じるトルクでコイルを回転させることもできる。これは電気的なエネルギーを力学的なエネルギーに変換する仕組みで，この原理の装置を**モーター**という。

ローレンツ力と起電力

電磁誘導を理解する。棒状系での誘導起電力を求めることができる。

基礎 例題 **7.1** 紙面の表から裏へ向う一様な磁束密度 $\mathbf{B}$ の磁場中で，長さ l の金属棒を図のように一定の速度 $\mathbf{v}$ で動かすとき，金属棒の両端に発生する電位差を求めよ。

解答

金属棒の中には自由電子が多数ある。金属棒を速度 $\mathbf{v}$ で動かすと自由電子も平均速度 $\mathbf{v}$ で動くことになる。一様な磁場中を一定の速度 $\mathbf{v}$ で運動する自由電子に働くローレンツ力は (6.19) 式より，

$$\mathbf{F} = -e\mathbf{v} \times \mathbf{B} \quad\quad\quad\quad\quad ①$$

である。[注]

力 $\mathbf{F}$ の向きは下図のように金属棒に沿っている。このように自由電子はローレンツ力 $\mathbf{F}$ を受けて金属棒内を移動し，金属棒の端に集まる。自由電子が集まった所は負に帯電することになる。一方，反対側の端では電子が不足するので正に帯電する。この結果として金属棒の両端に電位差が発生する。電子の移動により金属棒内に生じた電場から受ける力と，磁場から受ける力が釣り合うと電子はそれ以上移動しなくなる。このとき，棒の両端に生じる電位差を**誘導起電力**という。電子の移動によって金属棒内に生じる電場を $\mathbf{E}$ とすると，電子が電場から受ける力は $-e\mathbf{E}$ であるから，釣り合いの条件より，

$$(-e\mathbf{E}) + (-e\mathbf{v} \times \mathbf{B}) = 0 \quad\quad\quad\quad\quad ②$$

の関係がある。したがって，

$$\mathbf{E} + \mathbf{v} \times \mathbf{B} = 0 \quad\quad\quad\quad\quad ③$$

となり，電場の大きさは外積の定義から，

$$E = |\mathbf{E}| = |-\mathbf{v} \times \mathbf{B}| = vB \quad\quad\quad\quad\quad ④$$

である。これに金属棒の長さ l を掛けてやれば金属棒の両端に発生する電位差(電圧) V が求まる。すなわち，

$$V = El = vBl \quad\quad\quad\quad\quad ⑤$$

を得る。

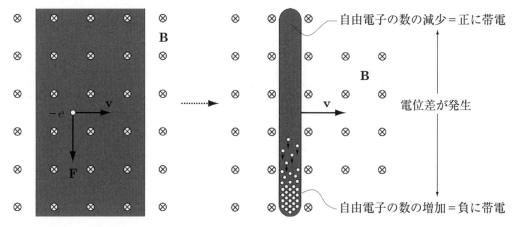

注意 金属内の自由電子は気体と同じように金属内を飛び回っている。これら一個一個の自由電子は磁場から力を受けるが，自由電子の運動方向や速さはランダムであるため速度の平均はゼロとなり，自由電子が受ける力の総和はゼロになる。しかし，金属を速度 $\mathbf{v}$ で動かすと自由電子の速度の平均も $\mathbf{v}$ になり，自由電子が受ける力の総和は有限になる。

棒状系での誘導起電力 I

ドリル No.57	Class		No.		Name	

基礎 **問題57** 一様な磁束密度 **B** の磁場中で，長さ l の金属棒を図のように一定の速度 **v** で2本の金属レールの上を動かす。金属レールは抵抗値 r の抵抗でつながれている。抵抗に流れる電流 I を求めよ。なお，金属棒と金属レールの抵抗は無視できるとする。

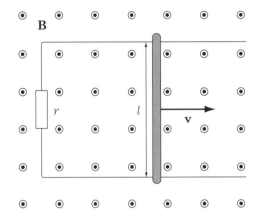

チェック項目	月 日	月 日
棒状系での誘導起電力，誘導電流を求めることができる。		

棒状系での誘導起電力 II

ドリル No.58	Class		No.		Name	

必修 **問題 58** 磁束密度 $\mathbf{B} = (0,0,B)$ 〔Wb·m^{-2}〕の一様な静磁場中に，xy 面内に置かれた長さ l 〔m〕の金属棒 OA がある。いま，この棒の一端 O を軸として xy 面内において角速度 ω 〔rad·s^{-1}〕で図の向きに回転させた。

(1) O から距離 r の点 P にある電子が受ける力の大きさと向きを答えよ。

(2) その場所に発生する電場 $\mathbf{E}(r)$ の大きさと向きを答えよ。

(3) OA 間に発生する誘導起電力を答えよ。

(4) 次に，金属棒の回転を止め，O → A の向きに電流 I を流した。このとき金属棒に働く力の O のまわりのモーメント N の大きさと向きを答えよ。

チェック項目	月 日	月 日
棒状系での誘導起電力，導体に働く力を求めることができる。		

円板系での誘導起電力 I （単極誘導）

電磁誘導を理解する。円板系での誘導起電力を求めることができる。

必修 例題 **7.2** 半径 a の薄い導体円板を一様な磁界（磁束密度 **B**）の中に垂直におく。これを角速度 ω で回転させるとき，円板の中心 O と縁の点 P の間に発生する誘導起電力を求めよ。

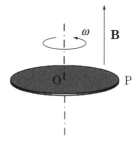

解答

中心から距離 r にある電子は，外側→中心の向きに，大きさ $f=evB=eB\omega r$ のローレンツ力を受ける。電子が発生する電場から受ける力と磁場から受ける力は釣り合うので，大きさは，$f=eB\omega r=eE(r)$ を満たす。

したがって，

$$E(r)=B\omega r$$

を得る。方向は外側→中心の向きである。誘導起電力を求めるには，$E(r)$ を r について積分すればよい。

$$V=\int_0^a E(r)dr=\int_0^a B\omega r dr=\left[\frac{1}{2}B\omega r^2\right]_0^a=\frac{1}{2}B\omega a^2$$

円板系での誘導起電力 II

ドリル No.59	Class		No.		Name	

必修 **問題59** 図のような半径 a の金属円板を磁石の N 極の上に置いた。磁石が作る磁束密度の大きさは B で一様とするとき，以下の問いに答えよ。ただし，円板は磁石とは独立に回転できるとする。

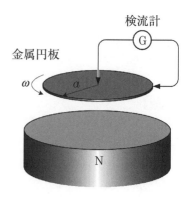

(1) 円板を角速度 ω で回転させるとき，検流計の両端に発生する起電力 V を求めよ。

(2) 円板が静止して，磁石を回転させたとき，検流計の針は振れるか。理由もつけよ。

(3) 円板と磁石を同じ角速度で同じ方向に回転させるとき，検流計の針は振れるか。理由もつけよ。

チェック項目	月 日	月 日
円板系での誘導起電力，誘導電流を求めることができる。		

無限に長い直線電流と距離 l 離れた長方形 1 巻きコイル

電磁誘導を理解する。簡単な矩形コイル系での誘導起電力を求めることができる。

基礎 **例題** **7.3** z 軸に沿った十分に長い導線に，$I(t) = I_0 \cos \omega t$ で時間的に変化する電流 I を流す。右図のように xz 平面上に置かれた辺の長さがそれぞれ a，b の長方形の回路 ABCD（辺 AB と辺 CD は z 軸に平行）が置いてある。このとき回路に生じる誘導起電力を求めよ。

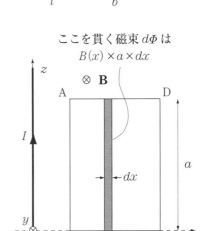

ここを貫く磁束 $d\Phi$ は
$B(x) \times a \times dx$

解答

「ノイマンによるレンツの法則の定式化」で述べたように，「回路に発生する誘導起電力 $\phi_{e.m.}$ は回路を貫く磁束 Φ の時間変化の割合（時間微分）に比例」し，$\phi_{e.m.} = -\dfrac{d\Phi}{dt}$ で与えられるので（(7.2) 式），回路 ABCD を貫く磁束を計算し，その時間微分をとれば誘導起電力が求まる。

(6.9a) 式より，無限に長い直線状導線を流れる電流が x 離れた場所に作る磁束密度の大きさは，$B(x) = \dfrac{\mu_0 I}{2\pi x}$ である。

なお，磁束密度の向きは，右ねじの法則より，紙面の表から裏に垂直に入る向きである。

したがって，ABCD を貫く全磁束 Φ は，右図の様に面素片 $dS = a\,dx$ に磁束密度 $B(x, t)$ をかけて積分すればよい。すなわち，

$$\Phi(t) = \int B(x,t)\,dS = \int_l^{l+b} B(x,t)\,a\,dx = \int_l^{l+b} \frac{\mu_0 I(t)}{2\pi x}\,a\,dx$$
$$= \frac{\mu_0 a I(t)}{2\pi} \int_l^{l+b} \frac{1}{x}\,dx = \frac{\mu_0 a I(t)}{2\pi}\bigl[\log x\bigr]_l^{l+b} = \frac{\mu_0 a}{2\pi}\log\!\left(\frac{l+b}{l}\right) I(t)$$

となる。

この問題では，$I(t) = I_0 \cos \omega t$ であるので，

$$\Phi(t) = \frac{\mu_0 a}{2\pi}\log\!\left(\frac{l+b}{l}\right) I_0 \cos \omega t$$

である。

したがって，誘導起電力は，

$$\phi_{e.m.} = -\frac{d\Phi}{dt} = -\frac{d}{dt}\left(\frac{\mu_0 a}{2\pi}\log\!\left(\frac{l+b}{l}\right) I_0 \cos \omega t\right) = \omega \frac{\mu_0 a}{2\pi}\log\!\left(\frac{l+b}{l}\right) I_0 \sin \omega t$$

となる。

静磁場の中の正方形1巻きコイル

ドリル No.60	Class		No.		Name	

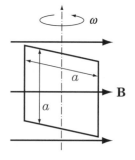

基礎 **問題60**　図のように，1辺の長さが a の正方形の1回巻きのコイルが，一様な磁束密度 **B** の磁場中を角速度 ω で回転しているときの誘導起電力を求めよ。

無限に長い直線電流と運動する長方形1巻きコイル

ドリル No.61	Class		No.		Name	

発展 **問題61** z 軸上に一定の電流 I を流す。xz 平面上に置かれた辺の長さがそれぞれ a, b の長方形の回路 ABCD（辺 AB と辺 CD は z 軸に平行）を x 軸の正方向に一定の速さ v で動かす。時刻 t に，辺 AB が $x_1 = x_0 + vt$ によって与えられる位置に達するとき，回路に生ずる起電力 V を以下の方法で求めよ。

(1) ローレンツ力に基づいた方法
(2) レンツの法則に基づいた方法

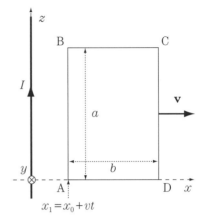

ソレノイド系での誘導起電力

電磁誘導を理解する。ソレノイド系での誘導起電力を求めることができる。

発展 例題 **7.4** 半径 a の単位長さあたり n 巻きの無限に長いソレノイドと1巻きコイルAおよびBがある。時間変化する電流 $I(t)$ がソレノイドに流れるとき，コイルAおよびBに誘起される誘導起電力 V_A および V_B を求めよ。

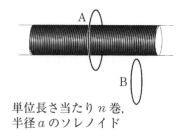

単位長さ当たり n 巻,
半径 a のソレノイド

解答

コイルBについては，第6章の例題6.6にあるように，無限に長いソレノイドの外部に磁場は無いので，コイルBを貫く磁束は時間に関わらず0である。

したがって，
$$V_B = 0$$
となる。

さらに，コイルAを貫く磁束はソレノイド内部の全磁束 $\Phi(t)$ である。ソレノイド内部の磁束密度は $B(t) = n\mu_0 I(t)$ で与えられるので，$B(t)$ にソレノイドの断面積 πa^2 を掛けて，$\Phi(t) = n\mu_0 \pi a^2 I(t)$ となる。

したがって，コイルAに誘起される誘導起電力 V_A は（7.2）式より，

$$V_A = -\frac{d\Phi}{dt} = -\frac{d}{dt}\left(n\mu_0 \pi a^2 I(t)\right) = -n\mu_0 \pi a^2 \frac{dI(t)}{dt}$$

となる。

補足

この問題の答えは「意外」に感じられるかもしれない。ソレノイドの外部には，ソレノイドの作る磁場は存在しないので，一見，コイルAに何も影響が出ないと思うかもしれない。また，ソレノイドの外部にあるコイルAには起電力が生じるのに，やはりソレノイドの外部にあるコイルBには起電力が生じない。ここでは，「コイルに生じる起電力はコイルを貫く磁束の時間変化で決まる」ことに留意しなければならない。ソレノイドに大電流を流すような実験を行う場合，ソレノイドをとり囲むようなループ回路が意図せずにできてしまわないよう細心の注意を払わないといけない。ループ回路上の磁場がほとんどゼロでも，ソレノイドに流す電流をオン・オフする際に，非常に大きな起電力がループ回路に生じるので要注意である。

変 圧 器

発展 **問題62** 図のような透磁率 $\mu \gg \mu_0$ のリング状の磁性体心（磁心）の一方に N_1 巻のコイル（1次コイル），もう一方に N_2 巻のコイル（2次コイル）を巻いた変圧器を作った。1次コイルに電流 $I_1(t) = I_0 \sin\omega t$ が流れるとき，2次コイルの両端に出力される電圧 $V_2(t)$ を求めよ。

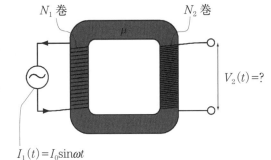

ただし，1次コイル，2次コイルの長さは L で等しく，ともに密に巻かれて $N_1 \gg 1$，$N_2 \gg 1$ でありソレノイドとしてみなしてよい。また，磁心の断面積はどこでも一定で S とし，一方のコイルを通過する磁束は，漏れることなく磁心を通過し，全て他方のコイルを通過するとして考えてよい。

チェック項目	月 日	月 日
二次コイルを貫く磁束と発生する誘導起電力を求められる。		

トロイダルコイル（環状ソレノイド）

ドリル No.63	Class		No.		Name	

発展 **問題63** ソレノイドの両端をつなげた円環状のものを
トロイダルコイルと呼ぶ。半径 a の単位長さあたり n 回巻きの
ソレノイドを円環状にしたトロイダルコイルを考える。トロイダ
ルコイルの半径はソレノイドの半径より十分大きい。図のように
コイルを囲むような回路を考える。コイルに流す電流を変化させ
るとき回路に生じる誘導起電力を求めよ。

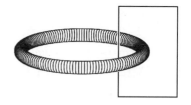

チェック項目	月　　日	月　　日
環状ソレノイドの内外の磁場について理解している。		

ソレノイドの自己インダクタンス

> 自己インダクタンスの計算ができる。

[必修] [例題] **7.5** 長さ l，断面積 A の十分に長いソレノイドに電流 I が流れているとする。ソレノイドの単位長さ当たりの巻き数を n 巻とする。ソレノイド内部にできる磁束密度の大きさが，無限に長いソレノイドの内部の磁束密度の大きさに等しいとみなして，ソレノイドの自己インダクタンスの式を求めよ。

[解答]

無限に長いソレノイドに流れる大きさ I の電流が作る磁束密度は，ソレノイドの外部でゼロ，内部では一定で大きさが $B = \mu_0 nI$ であった（(6.9c) 式）。向きはソレノイドの中心軸に平行である。これはちょうどソレノイドの断面に垂直なので，コイル1巻き分を貫く磁束 Φ_m は，磁束に断面積をかけて，

$$\Phi_m = BA = \mu_0 nIA$$

となる。したがって，全 N 巻きを貫く磁束 Φ は，

$$\Phi = N\Phi_m = \mu_0 nNIA = \mu_0 \frac{N}{l} NAI = \mu_0 \frac{N^2 A}{l} I$$

となる。ただし，$N = nl$ を用いた。両辺を時間で微分すると，

$$\frac{d\Phi}{dt} = \mu_0 \frac{N^2 A}{l} \frac{dI}{dt}$$

となる。自己インダクタンスの定義式 (7.6) 式と比較すると，右辺の係数部分全体が自己インダクタンスを表すので，

$$L = \mu_0 \frac{N^2 A}{l} = \mu_0 n^2 Al$$

が得られる。

[補足]　上の計算では無限に長いソレノイド内の磁場を仮定して全 N 巻きを貫く磁束を求めているので，上で得たインダクタンスの式は正確ではない。実際には，ソレノイドの端に近づくにつれて導線を横切ってソレノイドの内部から外部へ磁束がはみ出す。したがって，全 N 巻きを貫く正確な磁束は，上で求めた磁束より少ない。このため，正しいインダクタンスの値 $L_{正しい}$ は上で得た式から求まる値 $L_{近似}$ より小さい。両者の比 $K = L_{正しい}/L_{近似}$ は，ソレノイドが無限に長いとした近似計算の結果が正しい結果にどの程度近いかの目安となる。比 K は，長岡半太郎により円筒ソレノイドについて求められており，**長岡係数**と呼ばれる。K は 0 から 1 の値をとり，K が 1 に近いほど近似値 $L_{近似}$ が正しい値 $L_{正しい}$ に近い。長岡係数

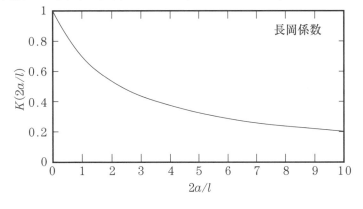

K を $\dfrac{直径}{長さ} = \dfrac{2a}{l}$ の関数として $K\left(\dfrac{2a}{l}\right)$ として表すと $K(0.1) = 0.959$ となって，ソレノイドの長さが直径の 10 倍以上（$\dfrac{2a}{l} < 0.1$）になると近似値 $L_{近似}$ は正しい値 $L_{正しい}$ にかなり近くなる（上図参照）。

K 値が 1 に近いかどうかは，単にソレノイドの長さの値の大小ではなく，直径との比の大小で決まることに注意。無限に長いソレノイド内の磁場を仮定して得たインダクタンスに長岡係数を掛ければ有限長さのソレノイドの正しいインダクタンスが求まる（$L_{正しい} = K \times L_{近似}$）。

無限に長い直線状導線と距離 l 離れた長方形1巻きコイルの相互インダクタンス

ドリル No.64	Class		No.		Name	

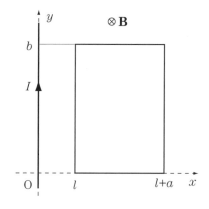

必修 **問題64** 無限に長い直線導線と，辺の長さが a, b の長方形導線がある。図のように長さ b の辺が直線導線と平行になるようにおき，近い方の縦の辺と直線の距離は l とする。この系の相互インダクタンスを求めよ。

チェック項目		月　日	月　日
簡単な系での相互インダクタンスを求められる。			

有限の太さの2本の無限直線導線の自己インダクタンス

ドリル No.65	Class		No.		Name	

発展 **問題65** 図のように半径 a の円形断面を持つ無限に長い導線が，中心間距離 d で平行に置かれている。この平行導線に図のように逆方向の電流 I を流すときの単位長さあたりの自己インダクタンスを求めよ。ただし，図の上下の無限に遠いところで2本の導線をつなげ，全体は1巻きコイルとみなせるとし，つないだ部分の電流の影響は無視すること。また，導線を貫く磁束は考慮せずに計算せよ。

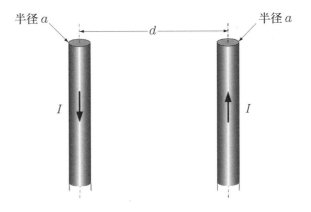

チェック項目	月 日		月 日	
簡単な系での自己インダクタンスを求められる。				

発　電　機　Ⅰ

> モーターや発電機の原理を理解する。インダクタンスの計算が出来る。

必修　例題　**7.6**　一様で時間変化もしない磁束密度 B がある空間で，断面積 S の N 回巻きコイルを回転させる。回転速度は一定で，角速度 ω とする。任意の時刻 t にこのコイルに誘起される起電力を求めよ。また，起電力の大きさが最大や最小となる角度（図の θ）を求めよ。

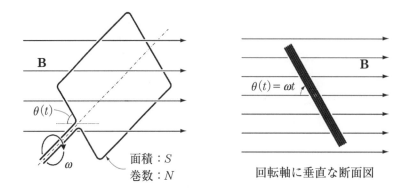

面積：S
巻数：N

回転軸に垂直な断面図

解答

　コイルの面がちょうど磁束密度と水平になった時刻を $t=0$ とすると，時刻 t においてコイルの断面と B のなす角度 $\theta(t)$ は，$\theta(t)=\omega t$ である。この時刻にコイルの断面を貫く磁束は，$\Phi(t)=BS\sin(\omega t)$ である。

　したがって，N 回巻きコイル全体を貫く磁束は $\Phi_{\text{total}}(t)=N\Phi(t)=NBS\sin(\omega t)$ である。誘導起電力 $E(t)$ は，

$$E(t)=-\frac{d\Phi_{\text{total}}(t)}{dt}=-NBS\frac{d(\sin(\omega t))}{dt}=-NBS\omega\cos(\omega t)$$

と求まる。この最大・最小は $|\cos(\omega t)|$ の最大・最小で決まる。大きさが最大になる角度は $\theta(t)=\omega t=n\pi$ のとき。つまりコイルの断面が磁束密度の方向と水平となる配置のとき。同様に最小値ゼロとなるのは $\theta(t)=\omega t=\left(\frac{1}{2}+n\right)\pi$ のとき。すなわち，コイル断面が磁束密度と垂直になる配置のとき。

発 電 機 II

問題 66 例題 7.6 において，コイルの自己誘導の影響も考慮に入れる。以下の手順でコイルに流れる電流 $I(t)$ を求めよ。ただし，コイルの自己インダクタンスを L，電気抵抗を R とする。

基礎 (1) コイルに電流 $I(t)$ が流れているとき，自己インダクタンスによる自己誘導起電力を求めよ。

必修 (2) (1)で求めた起電力に，コイルを貫く外部磁場による磁束の変化に起因する起電力（例題 7.6 の解）を加えたものが全体の起電力である。抵抗による電圧降下も加え，回路全体に対するキルヒホッフの第 2 法則の式を書き下せ。

発展 (3) (2)で得た方程式を解き $I(t)$ を求めよ。

チェック項目	月 日	月 日
コイルの誘導起電力，自己誘導起電力，抵抗による電圧降下に留意して，微分方程式を立て，解くことができる。		

第8章 電磁波

8.1 マクスウェルの方程式と電磁波

> マクスウェルの方程式と電磁波について学ぼう。

電場磁場の振る舞いは次の4個の**マクスウェルの方程式**で規定される。

$$\mathrm{rot}\,\mathbf{E}(\mathbf{r},t) = -\frac{\partial \mathbf{B}(\mathbf{r},t)}{\partial t} \qquad \text{ファラデーの誘導法則} \quad \cdots\cdots\cdots\cdots\cdots\cdots\cdots \quad (8.1)$$

$$\mathrm{rot}\,\mathbf{H}(\mathbf{r},t) = \mathbf{i}(\mathbf{r},t) + \frac{\partial \mathbf{D}(\mathbf{r},t)}{\partial t} \qquad \text{アンペール－マクスウェルの法則} \cdots\cdots\cdots\cdots \quad (8.2)$$

$$\mathrm{div}\,\mathbf{D}(\mathbf{r},t) = \rho(\mathbf{r},t) \qquad \text{電場に関するガウスの法則} \quad \cdots\cdots\cdots\cdots\cdots \quad (8.3)$$

$$\mathrm{div}\,\mathbf{B}(\mathbf{r},t) = 0 \qquad \text{磁場に関するガウスの法則} \quad \cdots\cdots\cdots\cdots\cdots \quad (8.4)$$

ただし,

$$\mathbf{D}(\mathbf{r},t) = \varepsilon \mathbf{E}(\mathbf{r},t) \quad \cdots\cdots\cdots\cdots\cdots\cdots\cdots\cdots\cdots\cdots\cdots\cdots\cdots\cdots\cdots \quad (8.5)$$

$$\mathbf{B}(\mathbf{r},t) = \mu \mathbf{H}(\mathbf{r},t) \quad \cdots\cdots\cdots\cdots\cdots\cdots\cdots\cdots\cdots\cdots\cdots\cdots\cdots\cdots\cdots \quad (8.6)$$

である。

特に,真空中では,電荷密度 $\rho(\mathbf{r},t) = 0$,電流密度 $\mathbf{i}(\mathbf{r},t) = \mathbf{0}$ なので,

$$\mathrm{rot}\,\mathbf{E}(\mathbf{r},t) = -\frac{\partial \mathbf{B}(\mathbf{r},t)}{\partial t} \qquad \text{ファラデーの誘導法則} \quad \cdots\cdots\cdots\cdots\cdots\cdots\cdots \quad (8.1')$$

$$\mathrm{rot}\,\mathbf{H}(\mathbf{r},t) = \frac{\partial \mathbf{D}(\mathbf{r},t)}{\partial t} \qquad \text{アンペール－マクスウェルの法則} \quad \cdots\cdots\cdots\cdots \quad (8.2')$$

$$\mathrm{div}\,\mathbf{D}(\mathbf{r},t) = 0 \qquad \text{電場に関するガウスの法則} \quad \cdots\cdots\cdots\cdots\cdots \quad (8.3')$$

$$\mathrm{div}\,\mathbf{B}(\mathbf{r},t) = 0 \qquad \text{磁場に関するガウスの法則} \quad \cdots\cdots\cdots\cdots\cdots \quad (8.4')$$

ただし,

$$\mathbf{D}(\mathbf{r},t) = \varepsilon_0 \mathbf{E}(\mathbf{r},t) \quad \cdots\cdots\cdots\cdots\cdots\cdots\cdots\cdots\cdots\cdots\cdots\cdots\cdots\cdots\cdots \quad (8.5')$$

$$\mathbf{B}(\mathbf{r},t) = \mu_0 \mathbf{H}(\mathbf{r},t) \quad \cdots\cdots\cdots\cdots\cdots\cdots\cdots\cdots\cdots\cdots\cdots\cdots\cdots\cdots\cdots \quad (8.6')$$

である。

ファラデーの誘導法則(式(8.1),(8.1′))と,アンペール－マクスウェルの法則(式(8.2),(8.2′))からわかるように,電場と磁場は互いに依存し合っているので,電場と磁場が互いに誘起し合いながら,それらの時間変動が空間を伝わる現象(電磁波)の存在が示唆される(例題8.4)。特に(8.1′),(8.2′)から 物質が存在しない真空中であっても,電磁波が伝わることがわかる。式(8.3)と(8.3′)は電場に関するガウスの法則の微分形,式(8.4)と(8.4′)は磁場に関するガウスの法則の微分形である。いずれも時間変化があっても成り立つ。式(8.3′)と(8.4′)は,真空中の電磁波が横波であることを示している(例題8.6)。

8.2 波動の式と波動方程式

> 波動の式と波動方程式の基本を理解しよう。

本章では電磁波を対象にしているので，波を表す式とそれが従う方程式について簡単に説明しておく。

真空中や空気中を伝わる電磁波は，**非分散性**と**線形性**という性質を持っている。非分散性とは，「波動が伝わる速さが振動数に依らず，伝わっていく間に波形が変わらない」という性質のことである。時刻 $t=0$ で $y=g(x)$ で表される波形をした波動が速さ v で x 正方向に進んでいる場合，任意の時刻 t での波形は，

$$y=\phi(x,t)=g(x-vt) \cdots\cdots\cdots\cdots\cdots\cdots\cdots\cdots\cdots\cdots\cdots\cdots\cdots\cdots (8.7)$$

と表される。

$y=g(x)$ のグラフを x 正方向に v だけずらすと $y=g(x-v)$ のグラフになるから，$y=g(x-vt)$ が1秒ごとに波形が v ずつ x の正方向へ移動する波動の，時刻 t における波形を表すことがわかる。波形が伝わる速度は**位相速度**と呼ばれている。線形性とは，「$y=\phi(x,t)$ で表される波動と $y=\psi(x,t)$ で表される波動が同時に存在するとき，全波動がそれぞれの波動の重ね合わせ $y=\phi(x,t)+\psi(x,t)$ で表される」という性質である。非分散性と線形性の両方の性質を持つ波動には，真空中や空気中を伝わる電磁波の他に空気中や水中を伝わる音波，弦を伝わる振動などがある。ガラスなどの密度の高い物質中を電磁波が伝わる速さは振動数に依存することが多い。つまり，ガラスなどの密度の高い物質中を伝わる電磁波は分散性を示す。一方，非常に強い光でなければ物質中を伝わる電磁波の線形性は保たれる。

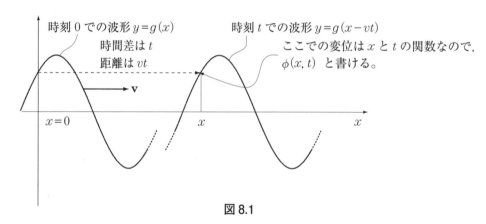

図8.1

正 弦 波

$g(x)=\phi_0 \sin(kx+\delta)$ の場合の波動を**正弦波**という。このとき，

$$\phi(x,t)=g(x-vt)=\phi_0 \sin(k(x-vt)+\delta)=\phi_0 \sin(kx-kvt+\delta)=\phi_0 \sin(kx-\omega t+\delta) \quad \cdots(8.8)$$

となる。

最後の項で kv を ω とおいた。k を**波数**，$\omega(=kv)$ を**角振動数**，ϕ_0 を**振幅**，δ を**初期位相**といい，$kx-\omega t+\delta$ 全体を**位相**という。**波長** λ，**周期** T，**振動数** f は，

$$\lambda=\frac{2\pi}{k}, \ T=\frac{2\pi}{\omega}, \ f=\frac{1}{T}=\frac{\omega}{2\pi}$$

と表される。

また，$\omega=kv$ なので，位相速度は $v=\dfrac{\omega}{k}$ と表される。$\phi(x,t)=\phi_0 \cos(kx-\omega t+\delta)$ のように余弦関数で表しても，$\delta=\delta'-\dfrac{\pi}{2}$ とおけば，$\phi(x,t)=\phi_0 \sin(kx-\omega t+\delta')$ と書きかえられるので，やはり正弦波である。

3次元空間を伝わる正弦波は,
$$\phi(\mathbf{r},t)=\phi_0 \sin(\mathbf{k}\cdot\mathbf{r}-\omega t+\delta) \quad\cdots\cdots\cdots\cdots\cdots\cdots\cdots\cdots\cdots\cdots\cdots\cdots\cdots\cdots (8.9)$$
と表される。

ベクトル $\mathbf{k}$ は波数ベクトルと呼ばれ,波の進行方向を向いており,その大きさ k と波長 λ の間には $k\lambda=2\pi$ という関係がある。位相速度は $\mathbf{v}=\dfrac{\omega}{k}\dfrac{\mathbf{k}}{k}$ となる。

正弦波動 $\phi(\mathbf{r},t)=\phi_0 \sin(\mathbf{k}\cdot\mathbf{r}-\omega t+\delta)$ を特徴づける定数をまとめると,次のようになる。

振　幅 ϕ_0：変動の幅の半分が $|\phi_0|$ になる。ϕ_0 は正でも負でもかまわないが,初期位相 δ を π だけずらして,正になるようにすることが多い。

波　長 λ：波の山から山,または谷から谷までの長さ。1周期 T の間に波が移動する距離と等しい。

周　期 T：波が一回振動するのに要する時間。振動数 f とは $Tf=1$ という関係がある。

振動数 f：単位時間に何回振動するかを表している。角振動数 ω とは $f=\dfrac{\omega}{2\pi}$ という関係がある。

角振動数 ω：周期 T とは $\omega T=2\pi$ という関係がある。

波数ベクトル $\mathbf{k}$：波の進行方向を向いている。このベクトルの大きさ k を波数という。

波　数 k：長さ 2π が何波長分になるかを表している。波長 λ とは $k\lambda=2\pi$ という関係がある。

初期位相 δ：時刻ゼロと原点の取り方に依存する。また,振幅 ϕ_0 が正になるように選ぶことが多い。

位相速度 $\mathbf{v}=\dfrac{\omega}{k}\dfrac{\mathbf{k}}{k}$：波の波形が伝わる速度。その大きさ v は角振動数 ω,波数 k と $\omega=kv$ という関係がある。この関係と,ω と T の関係,λ と k の関係から,$\lambda=vT$ という関係も成立する。

波動方程式

上で述べた波動が満たす方程式を求めてみよう。(8.7) 式より時刻 t での波形を,
$$\phi(x,t)=g(x-vt) \quad\cdots\cdots\cdots\cdots\cdots\cdots\cdots\cdots\cdots\cdots\cdots\cdots\cdots\cdots\cdots\cdots\cdots\cdots (8.10)$$
とする。ここで,$g'(x-vt)=\left(\dfrac{d}{dz}g(z)\right)_{z=x-vt}$,$g''(x-vt)=\left(\dfrac{d^2}{dz^2}g(z)\right)_{z=x-vt}$ と表すと,
$$\frac{\partial^2 \phi(x,t)}{\partial x^2}=\frac{\partial}{\partial x}\left(\frac{\partial \phi(x,t)}{\partial x}\right)=\frac{\partial}{\partial x}\left(\frac{\partial g(x-vt)}{\partial x}\right)=\frac{\partial}{\partial x}(g'(x-vt))=g''(x-vt)$$
$$\frac{\partial^2 \phi(x,t)}{\partial t^2}=\frac{\partial}{\partial t}\left(\frac{\partial \phi(x,t)}{\partial t}\right)=\frac{\partial}{\partial t}\left(\frac{\partial g(x-vt)}{\partial t}\right)=\frac{\partial}{\partial t}(-vg'(x-vt))=v^2 g''(x-vt)$$
となる。これらから,
$$\frac{\partial^2 \phi(x,t)}{\partial x^2}-\frac{1}{v^2}\frac{\partial^2 \phi(x,t)}{\partial t^2}=0 \quad\cdots\cdots\cdots\cdots\cdots\cdots\cdots\cdots\cdots\cdots\cdots\cdots\cdots (8.11)$$
が成立することがわかる。

3次元の波の場合は,
$$\Delta\phi(\mathbf{r},t)-\frac{1}{v^2}\frac{\partial^2 \phi(\mathbf{r},t)}{\partial t^2}=\frac{\partial^2 \phi(\mathbf{r},t)}{\partial x^2}+\frac{\partial^2 \phi(\mathbf{r},t)}{\partial y^2}+\frac{\partial^2 \phi(\mathbf{r},t)}{\partial z^2}-\frac{1}{v^2}\frac{\partial^2 \phi(\mathbf{r},t)}{\partial t^2}=0 \quad\cdots\cdots\cdots\cdots (8.12)$$
となる。

このような形の方程式を**波動方程式**（wave equation）という。$\phi(\mathbf{r},t)$ は電磁波や音波などの波を表す関数で,**波動関数**という。位相速度の大きさ v が方程式の中に表れていることに注意しよう。

8.3 電 磁 波

電磁波の基本を理解しよう。

電 磁 波
　マクスウェルの方程式から次の結果が導かれる。電場が時間的に変動すると，電場と直角に磁場の時間変動が発生する。逆に磁場が時間的に変動しても磁場と直角に電場の時間変動が発生する。このように時間的に変動する電磁場は空間を伝わり遠方まで届く。このような電磁場の波動を**電磁波**という。光も電磁波の一種である。

電磁波の波動方程式
　電磁波では，$\phi(\mathbf{r}, t)$ に電場や磁場ベクトルの成分が対応し，波動方程式は，

$$\Delta E_x(\mathbf{r},t) - \frac{1}{v^2}\frac{\partial^2 E_x(\mathbf{r},t)}{\partial t^2} = 0 \quad \cdots\cdots\cdots\cdots\cdots\cdots\cdots\cdots\cdots\cdots\cdots (8.13a)$$

$$\Delta E_y(\mathbf{r},t) - \frac{1}{v^2}\frac{\partial^2 E_y(\mathbf{r},t)}{\partial t^2} = 0 \quad \cdots\cdots\cdots\cdots\cdots\cdots\cdots\cdots\cdots\cdots\cdots (8.13b)$$

$$\Delta E_z(\mathbf{r},t) - \frac{1}{v^2}\frac{\partial^2 E_z(\mathbf{r},t)}{\partial t^2} = 0 \quad \cdots\cdots\cdots\cdots\cdots\cdots\cdots\cdots\cdots\cdots\cdots (8.13c)$$

のような形になる。これをベクトルの式としてまとめて書くと，

$$\Delta \mathbf{E}(\mathbf{r},t) - \frac{1}{v^2}\frac{\partial^2 \mathbf{E}(\mathbf{r},t)}{\partial t^2} = \mathbf{0} \quad \cdots\cdots\cdots\cdots\cdots\cdots\cdots\cdots\cdots\cdots\cdots (8.14a)$$

となる。磁場についても，

$$\Delta \mathbf{B}(\mathbf{r},t) - \frac{1}{v^2}\frac{\partial^2 \mathbf{B}(\mathbf{r},t)}{\partial t^2} = \mathbf{0} \quad \cdots\cdots\cdots\cdots\cdots\cdots\cdots\cdots\cdots\cdots\cdots (8.14b)$$

となる。
　正弦波の電磁波の場合には，$\mathbf{E}(\mathbf{r},t) = \mathbf{E}_0 \sin(\mathbf{k}\cdot\mathbf{r} - \omega t + \delta)$，$\mathbf{B}(\mathbf{r},t) = \mathbf{B}_0 \sin(\mathbf{k}\cdot\mathbf{r} - \omega t + \delta)$ なので，式 (8.14a) と (8.14b) はどちらも，

$$k^2 - \frac{\omega^2}{v^2} = 0 \quad \cdots\cdots\cdots\cdots\cdots\cdots\cdots\cdots\cdots\cdots\cdots\cdots\cdots\cdots\cdots (8.15)$$

となる。これは**分散関係の式**と呼ばれる。

電磁波の伝わる速さ
　電磁波が誘電率 ε，透磁率 μ の媒質中を伝わる速さ（伝搬速度）v は，

$$v = \frac{1}{\sqrt{\varepsilon\mu}} \quad \cdots\cdots\cdots\cdots\cdots\cdots\cdots\cdots\cdots\cdots\cdots\cdots\cdots\cdots\cdots (8.16)$$

で与えられる。真空中では，

$$\frac{1}{\sqrt{\varepsilon_0\mu_0}} = \frac{1}{\sqrt{8.854\times10^{-12}\times4\pi\times10^{-7}}}\left[\frac{1}{\sqrt{(\mathrm{A}^2\cdot\mathrm{s}^2\cdot\mathrm{N}^{-1}\cdot\mathrm{m}^{-2})(\mathrm{N}\cdot\mathrm{A}^{-2})}}\right] = 2.998\times10^8\,\mathrm{m\cdot s}^{-1}$$

$$\cdots\cdots\cdots\cdots\cdots\cdots\cdots\cdots\cdots\cdots\cdots (8.17)$$

となって真空中の光速度 $c = 2.998\times10^8\,\mathrm{m\cdot s}^{-1}$ に一致する。このことは光も電磁波の一種であることを示している。

電磁波の振幅
　誘電率 ε，透磁率 μ の媒質中を伝わる電磁波の電場と磁場の強さの振幅をそれぞれ E，H とすると，

$$Z = \frac{E}{H} = \sqrt{\frac{\mu}{\varepsilon}} \quad \cdots\cdots\cdots\cdots\cdots\cdots\cdots\cdots\cdots\cdots\cdots\cdots\cdots\cdots\cdots\cdots\cdots\cdots \quad (8.18)$$

の関係がある。Z は抵抗の次元を持ち，**波動インピーダンス**と呼ばれている。真空中の電磁波の場合，

$$Z_0 = \frac{E}{H} = \sqrt{\frac{\mu_0}{\varepsilon_0}} = \sqrt{\frac{4\pi \times 10^{-7}\,\text{N}\cdot\text{A}^{-2}}{8.854 \times 10^{-12}\,\text{A}^2\cdot\text{s}^2\cdot\text{N}^{-1}\cdot\text{m}^{-2}}} = \sqrt{1.419 \times 10^5 \frac{(\text{N}\cdot\text{m})^2}{\text{A}^4\cdot\text{s}^2}}$$

$$= 376.7 \frac{\text{J}}{\text{A}^2\cdot\text{s}} = 376.7 \frac{\text{J}}{\text{A}\cdot\text{C}} = 376.7 \frac{\text{V}}{\text{A}} = 376.7\,\Omega$$

である。

偏　　光
電磁波の電場（磁場）ベクトルの振動面の分布に偏りがあることを**偏光**という。電場（磁場）ベクトルの振動面が一つの平面内に限られている場合を**直線偏光**という。

電場ベクトル，磁場ベクトル，波数ベクトルの関係
電磁波の電場ベクトル $\mathbf{E}(\mathbf{r},t)$ と磁場ベクトル $\mathbf{H}(\mathbf{r},t)$ および波数ベクトル $\mathbf{k}$ は互いに直交関係にある。すなわち，$\mathbf{E}(\mathbf{r},t) \perp \mathbf{H}(\mathbf{r},t)$，$\mathbf{k} \perp \mathbf{E}(\mathbf{r},t)$，$\mathbf{k} \perp \mathbf{H}(\mathbf{r},t)$ である。また，$\mathbf{E}(\mathbf{r},t)$，$\mathbf{H}(\mathbf{r},t)$，$\mathbf{k}$ の順で右手系になっている（例題8.6）。

電磁波の境界面での条件
静電場や静磁場と同様に電磁波においても以下の境界条件が成り立つ。

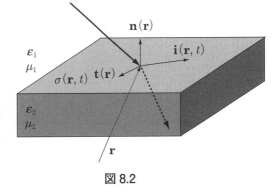

図8.2

(1)　境界面の媒質1側の電場の接線成分と媒質2側の電場の接線成分は等しい。

$$(\mathbf{E}_1(\mathbf{r},t) - \mathbf{E}_2(\mathbf{r},t)) \cdot \mathbf{t}(\mathbf{r}) = 0 \quad \cdots\cdots\cdots\cdots \quad (8.19)$$

(2)　境界面の媒質1側の電束密度の法線成分と媒質2側の電束密度の法線成分の差は境界面上の真電荷密度 σ に等しい。境界面の媒質2から1へ向かう単位法線ベクトルを $\mathbf{n}(\mathbf{r})$ とすると，

$$(\mathbf{D}_1(\mathbf{r},t) - \mathbf{D}_2(\mathbf{r},t)) \cdot \mathbf{n}(\mathbf{r}) = \sigma(\mathbf{r},t) \quad \cdots \quad (8.20\text{a})$$

と表される。境界面に真電荷が無い場合は，境界面の媒質1側の電束密度の法線成分と媒質2側の電束密度の法線成分は等しい。

$$(\mathbf{D}_1(\mathbf{r},t) - \mathbf{D}_2(\mathbf{r},t)) \cdot \mathbf{n}(\mathbf{r}) = 0 \quad \cdots\cdots\cdots\cdots\cdots\cdots\cdots\cdots\cdots\cdots\cdots\cdots \quad (8.20\text{b})$$

(3)　境界面の媒質1側の磁場ベクトル $\mathbf{H}_1(\mathbf{r},t)$ と媒質2側の磁場ベクトル $\mathbf{H}_2(\mathbf{r},t)$ の差 $\mathbf{H}_1(\mathbf{r},t) - \mathbf{H}_2(\mathbf{r},t)$ と，媒質2から媒質1へ引いた単位法線ベクトル $\mathbf{n}(\mathbf{r})$ の外積 $(\mathbf{H}_1(\mathbf{r},t) - \mathbf{H}_2(\mathbf{r},t)) \times \mathbf{n}(\mathbf{r})$ は境界面上の面電流密度 $\mathbf{i}(\mathbf{r},t)$ に等しい。

$$(\mathbf{H}_1(\mathbf{r},t) - \mathbf{H}_2(\mathbf{r},t)) \times \mathbf{n}(\mathbf{r}) = \mathbf{i}(\mathbf{r},t) \quad \cdots\cdots\cdots\cdots\cdots\cdots\cdots\cdots\cdots \quad (8.21\text{a})$$

境界面に電流が流れていない場合は，境界面の媒質1側の磁場ベクトルの接線方向成分と媒質2側の磁場ベクトルの接線方向成分は等しい。

$$(\mathbf{H}_1(\mathbf{r},t) - \mathbf{H}_2(\mathbf{r},t)) \cdot \mathbf{t}(\mathbf{r}) = 0 \quad \cdots\cdots\cdots\cdots\cdots\cdots\cdots\cdots\cdots\cdots\cdots \quad (8.21\text{b})$$

(4)　境界面の媒質1側の磁束密度の法線成分と媒質2側の磁束密度の法線成分は等しい。

$$(\mathbf{B}_1(\mathbf{r},t) - \mathbf{B}_2(\mathbf{r},t)) \cdot \mathbf{n}(\mathbf{r}) = 0 \quad \cdots\cdots\cdots\cdots\cdots\cdots\cdots\cdots\cdots\cdots\cdots\cdots \quad (8.22)$$

式（8.19）から式（8.20）において $\mathbf{r}$ は境界面上の位置ベクトル，$\mathbf{t}(\mathbf{r})$ は $\mathbf{r}$ における境界面の単位接ベクトルである。$\mathbf{t}(\mathbf{r})$ の境界面に垂直方向の成分はゼロで，境界面に平行な成分は任意である。式（8.19）と式（8.21b）は境界面に平行なあらゆる方向の接ベクトルに対して成り立つことに注意しよう。

反射と屈折の法則

電磁波の反射と屈折の法則は以下のとおりにまとめられる。

(1)　入射角と反射角は等しい。（図8.3）

(2)　入射角 θ_1 と屈折角 θ_2 の関係はスネルの法則

$$\frac{n_2}{n_1} = n_{12} = \frac{v_1}{v_2} = \frac{\lambda_1}{\lambda_2} = \frac{\sin\theta_1}{\sin\theta_2} \quad \cdots\cdots\cdots\cdots (8.23)$$

を満たす。ただし，n_1，n_2 は媒質1および媒質2の真空に対する屈折率で，n_{12} は**相対屈折率**と呼ばれる。v_1，v_2 は媒質1および媒質2中の伝搬速度であり，λ_1，λ_2 は媒質1および媒質2中の電磁波の波長である。

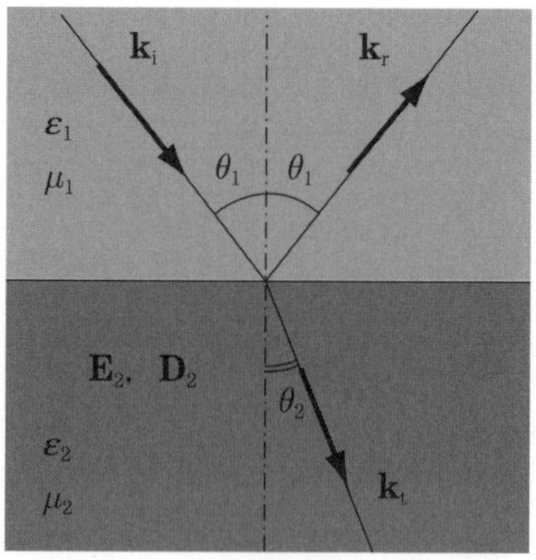

誘電率 ε，透磁率 μ の媒質の真空に対する屈折率 n は，

$$n = \frac{c}{v} = \sqrt{\frac{\varepsilon\mu}{\varepsilon_0\mu_0}} = \sqrt{\varepsilon_r\mu_r} \quad \cdots\cdots\cdots\cdots\cdots\cdots (8.24)$$

で与えられる。ここで，ε_r，μ_r はそれぞれ比誘電率，比透磁率である。

図8.3

注意　本書では誘電率や透磁率の周波数依存性には触れないが，実際は電磁波の振動数によって誘電率や透磁率の値は変化する。これを**分散**という。したがって，屈折率も電磁波の振動数に依存して変化する。分散がある場合（非分散ではない場合），波動方程式は式 (8.14) のようには書けないが，位相速度を定数ではなく振動数の関数とすれば，式 (8.15) は成り立つ。

電磁波のエネルギー

電磁場のエネルギー密度は，

$$u = \frac{1}{2}\varepsilon E^2 + \frac{1}{2}\mu H^2 \quad \cdots\cdots\cdots\cdots\cdots\cdots\cdots\cdots\cdots\cdots\cdots\cdots\cdots\cdots\cdots\cdots\cdots (8.25)$$

で与えられる。電磁波の場合は，

$$\frac{1}{2}\mu H^2 = \frac{1}{2}\varepsilon E^2 \quad \cdots\cdots\cdots\cdots\cdots\cdots\cdots\cdots\cdots\cdots\cdots\cdots\cdots\cdots\cdots\cdots\cdots\cdots (8.26)$$

が成立する（例題8.2）。

電磁波のエネルギーの流れ

単位面積当たりを単位時間に通過する電磁波のエネルギーの流れは，

$$S = \left(\frac{1}{2}\varepsilon E^2 + \frac{1}{2}\mu H^2\right)v = \varepsilon E^2 v = \sqrt{\frac{\varepsilon}{\mu}}E^2 \quad \cdots\cdots\cdots\cdots\cdots\cdots (8.27a)$$

で与えられる。正弦波 $\mathbf{E}(\mathbf{r}, t) = \mathbf{E}_0\sin(\mathbf{k}\cdot\mathbf{r} - \omega t + \delta)$ の場合，単位面積，単位時間当たりの電磁波のエネルギーの流れの平均 $\langle S\rangle$ は，

$$\langle S\rangle = \frac{1}{2}\sqrt{\frac{\varepsilon}{\mu}}E_0^2 \quad \cdots\cdots\cdots\cdots\cdots\cdots\cdots\cdots\cdots\cdots\cdots\cdots\cdots\cdots\cdots (8.27b)$$

で与えられる。

反射率と透過率

電磁波が媒質1から媒質2へ入射するとき，反射と透過が起こる。入射波，反射波，透過波の単位時間・単位面積当たりのエネルギーの流れを，それぞれ I_0，I_R，I_T とすると，透過率，反射率は以下のように定義される。

$$透過率 \equiv \frac{透過波のエネルギー}{入射波のエネルギー} = \frac{I_T}{I_0} \quad\cdots\cdots\cdots\cdots\cdots\cdots\cdots\cdots\cdots\cdots\cdots \text{(8.28a)}$$

$$反射率 \equiv \frac{反射波のエネルギー}{入射波のエネルギー} = \frac{I_R}{I_0} \quad\cdots\cdots\cdots\cdots\cdots\cdots\cdots\cdots\cdots\cdots \text{(8.28b)}$$

　境界面での反射と透過に関しては，多くの場合，電磁波のエネルギーは保存され，反射される電磁波のエネルギー I_R と，透過する電磁波のエネルギー I_T の和は入射電磁波のエネルギー I_0 に等しいので $I_0 = I_R + I_T$ となる。したがって，「透過率 + 反射率 = 1」となる。

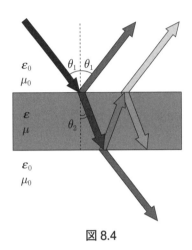

図8.4

[注意] 媒質中を伝わる電磁波は，大抵の場合減衰する。真空中から有限の厚さの媒質に電磁波が入射すると，電磁波のエネルギーの一部が媒質に吸収されるために，反射波のエネルギー I_R と，透過波のエネルギー I_T の和は入射波のエネルギー I_0 より小さくなる。このとき，吸収率が，

$$吸収率 \equiv \frac{I_0 - I_T - I_R}{I_0} \quad\cdots\cdots\cdots\cdots\cdots\cdots\cdots\cdots\cdots \text{(8.29)}$$

と定義される。この場合も，反射率と透過率は(8.28a)式と(8.28b)式で定義される。したがって，「透過率 + 反射率 + 吸収率 = 1」が成立する。電磁波の吸収の電磁気学的な取扱いは本書の範囲を超えるので，ここでは触れない。

電磁波の透過と反射

電磁波の透過と反射の基本を理解する。

発展 例題 **8.1** 図のように，電磁波が媒質1（誘電率 ε_1，透磁率 μ_1）から媒質2（誘電率 ε_2，透磁率 μ_2）に垂直に入射するとき，電磁波の反射率および透過率を求めよ。

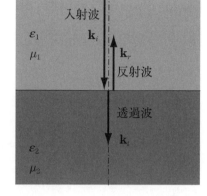

解答

右図のように，境界面上での入射波の電場ベクトルおよび磁場ベクトルを $\mathbf{E}_i$，$\mathbf{H}_i$，反射波の電場ベクトルおよび磁場ベクトルを $\mathbf{E}_r$，$\mathbf{H}_r$，透過波の電場ベクトルおよび磁場ベクトルを $\mathbf{E}_t$，$\mathbf{H}_t$ とする。

入射波，反射波，透過波の電場ベクトルを同じ方向にとり，電場ベクトルの正の方向，磁場ベクトルの正の方向，電磁波の進行方向が，この順で右手系になるようにして考える。すると図のように反射波の磁場ベクトルの正の向きと，入射波，透過波の磁場ベクトルの正の向きが互いに反対になってしまうことに注意する。境界面における条件を適用する。本問題の場合法線方向成分を考える必要はないので，接線方向成分のみを考える。

まず，「(1) 電場の接線成分は等しい。」を考える。媒質1側の電場の接線成分は $\mathbf{E}_i$ と $\mathbf{E}_r$ の合成であるから，

$\mathbf{E}_i + \mathbf{E}_r$ であることに注意すれば，

$$|\mathbf{E}_i| + |\mathbf{E}_r| = |\mathbf{E}_t| \quad (E_i + E_r = E_t) \quad \text{………………………………………} ①$$

である。

次に，境界面に電流が流れていないので「(3) 磁場の接線方向成分は等しい。」である。磁場の方向に注意して，

$$|\mathbf{H}_i| - |\mathbf{H}_r| = |\mathbf{H}_t| \quad (H_i - H_r = H_t) \quad \text{………………………………} ②$$

である。さて，(8.18)式 $\dfrac{E}{H} = \sqrt{\dfrac{\mu}{\varepsilon}}$

の関係を使ってそれぞれの磁場を電場で表すと，

$$H_i = \sqrt{\frac{\varepsilon_1}{\mu_1}}E_i, \; H_r = \sqrt{\frac{\varepsilon_1}{\mu_1}}E_r, \; H_t = \sqrt{\frac{\varepsilon_2}{\mu_2}}E_t \quad \text{…………………} ③$$

となる。

③式を②式に代入して，

$$\sqrt{\frac{\varepsilon_1}{\mu_1}}(E_i - E_r) = \sqrt{\frac{\varepsilon_2}{\mu_2}}E_t \quad \text{……………………} ④$$

を得る。①式を④式に代入して，

$$\sqrt{\frac{\varepsilon_1}{\mu_1}}(E_i - E_r) = \sqrt{\frac{\varepsilon_2}{\mu_2}}(E_i + E_r) \text{ となり，これを整理すれば，}$$

$$E_r = \frac{\sqrt{\dfrac{\varepsilon_1}{\mu_1}} - \sqrt{\dfrac{\varepsilon_2}{\mu_2}}}{\sqrt{\dfrac{\varepsilon_2}{\mu_2}} + \sqrt{\dfrac{\varepsilon_1}{\mu_1}}}E_i \quad \text{………………………………} ⑤$$

を得る。⑤式を①式に代入して，

$$E_t = E_i + E_r = E_i + \frac{\sqrt{\dfrac{\varepsilon_1}{\mu_1}} - \sqrt{\dfrac{\varepsilon_2}{\mu_2}}}{\sqrt{\dfrac{\varepsilon_2}{\mu_2}} + \sqrt{\dfrac{\varepsilon_1}{\mu_1}}} E_i = \left(1 + \frac{\sqrt{\dfrac{\varepsilon_1}{\mu_1}} - \sqrt{\dfrac{\varepsilon_2}{\mu_2}}}{\sqrt{\dfrac{\varepsilon_2}{\mu_2}} + \sqrt{\dfrac{\varepsilon_1}{\mu_1}}}\right) E_i = \frac{2\sqrt{\dfrac{\varepsilon_1}{\mu_1}}}{\sqrt{\dfrac{\varepsilon_2}{\mu_2}} + \sqrt{\dfrac{\varepsilon_1}{\mu_1}}} E_i \quad \cdots\cdots\cdots\cdots ⑥$$

を得る。（8.28）式より，

$$透過率 \equiv \frac{透過波のエネルギー}{入射波のエネルギー}, \quad 反射率 \equiv \frac{反射波のエネルギー}{入射波のエネルギー}$$

である。

また，エネルギーの流れは（8.27a）式より，$S = \sqrt{\dfrac{\varepsilon}{\mu}} E^2$ である。したがって，

$$反射率 = \frac{\sqrt{\dfrac{\varepsilon_1}{\mu_1}} E_r^2}{\sqrt{\dfrac{\varepsilon_1}{\mu_1}} E_i^2} = \left(\frac{\sqrt{\dfrac{\varepsilon_1}{\mu_1}} - \sqrt{\dfrac{\varepsilon_2}{\mu_2}}}{\sqrt{\dfrac{\varepsilon_2}{\mu_2}} + \sqrt{\dfrac{\varepsilon_1}{\mu_1}}} E_i\right)^2 \div E_i^2 = \left(\frac{\sqrt{\dfrac{\varepsilon_1}{\mu_1}} - \sqrt{\dfrac{\varepsilon_2}{\mu_2}}}{\sqrt{\dfrac{\varepsilon_2}{\mu_2}} + \sqrt{\dfrac{\varepsilon_1}{\mu_1}}}\right)^2 \quad \cdots\cdots\cdots\cdots ⑦$$

$$透過率 = \frac{\sqrt{\dfrac{\varepsilon_2}{\mu_2}} E_t^2}{\sqrt{\dfrac{\varepsilon_1}{\mu_1}} E_i^2} = \sqrt{\dfrac{\varepsilon_2}{\mu_2}} \left(\frac{2\sqrt{\dfrac{\varepsilon_1}{\mu_1}}}{\sqrt{\dfrac{\varepsilon_2}{\mu_2}} + \sqrt{\dfrac{\varepsilon_1}{\mu_1}}} E_i\right)^2 \div \sqrt{\dfrac{\varepsilon_1}{\mu_1}} E_i^2 = \frac{4\sqrt{\dfrac{\varepsilon_1 \varepsilon_2}{\mu_1 \mu_2}}}{\left(\sqrt{\dfrac{\varepsilon_2}{\mu_2}} + \sqrt{\dfrac{\varepsilon_1}{\mu_1}}\right)^2} \quad \cdots\cdots\cdots ⑧$$

となる。

[補足] 反射率 ＋ 透過率

$$= \left(\frac{\sqrt{\dfrac{\varepsilon_1}{\mu_1}} - \sqrt{\dfrac{\varepsilon_2}{\mu_2}}}{\sqrt{\dfrac{\varepsilon_2}{\mu_2}} + \sqrt{\dfrac{\varepsilon_1}{\mu_1}}}\right)^2 + \frac{4\sqrt{\dfrac{\varepsilon_1 \varepsilon_2}{\mu_1 \mu_2}}}{\left(\sqrt{\dfrac{\varepsilon_2}{\mu_2}} + \sqrt{\dfrac{\varepsilon_1}{\mu_1}}\right)^2} = \frac{\left(\sqrt{\dfrac{\varepsilon_1}{\mu_1}} - \sqrt{\dfrac{\varepsilon_2}{\mu_2}}\right)^2 + 4\sqrt{\dfrac{\varepsilon_1 \varepsilon_2}{\mu_1 \mu_2}}}{\left(\sqrt{\dfrac{\varepsilon_2}{\mu_2}} + \sqrt{\dfrac{\varepsilon_1}{\mu_1}}\right)^2} = \frac{\left(\sqrt{\dfrac{\varepsilon_2}{\mu_2}} + \sqrt{\dfrac{\varepsilon_1}{\mu_1}}\right)^2}{\left(\sqrt{\dfrac{\varepsilon_2}{\mu_2}} + \sqrt{\dfrac{\varepsilon_1}{\mu_1}}\right)^2} = 1$$

なので，境界での反射と透過について，確かに，「透過率 ＋ 反射率 ＝ 1」が成立している。

さて，媒質1，媒質2の比透磁率が1に極めて近い場合が多いので，透磁率を真空透磁率に置き換えると，（8.24）式より $n_1 = \sqrt{\varepsilon_1}$，$n_2 = \sqrt{\varepsilon_2}$ となるので，

$$E_r = \frac{\sqrt{\varepsilon_1} - \sqrt{\varepsilon_2}}{\sqrt{\varepsilon_1} + \sqrt{\varepsilon_2}} E_i = \frac{n_1 - n_2}{n_1 + n_2} E_i \quad \cdots\cdots\cdots\cdots\cdots\cdots\cdots\cdots\cdots\cdots\cdots ⑨$$

$$E_t = \frac{2\sqrt{\varepsilon_1}}{\sqrt{\varepsilon_1} + \sqrt{\varepsilon_2}} E_i = \frac{2n_1}{n_1 + n_2} E_i \quad \cdots\cdots\cdots\cdots\cdots\cdots\cdots\cdots\cdots\cdots ⑩$$

$$反射率 = \left(\frac{\sqrt{\varepsilon_1} - \sqrt{\varepsilon_2}}{\sqrt{\varepsilon_1} + \sqrt{\varepsilon_2}}\right)^2 = \left(\frac{n_1 - n_2}{n_1 + n_2}\right)^2 \quad \cdots\cdots\cdots\cdots\cdots\cdots\cdots\cdots ⑪$$

$$透過率 = \frac{4\sqrt{\varepsilon_1 \varepsilon_2}}{\left(\sqrt{\varepsilon_1} + \sqrt{\varepsilon_2}\right)^2} = \frac{4n_1 n_2}{\left(n_1 + n_2\right)^2} \quad \cdots\cdots\cdots\cdots\cdots\cdots\cdots\cdots ⑫$$

となる。これらの式を使って，電磁波（光）の反射率または透過率の測定値から誘電率や屈折率を求めることができる。また⑨式から，$n_1 > n_2$ の場合，境界面上で反射波の電場 $\mathbf{E}_r$ の向きと入射波の電場 $\mathbf{E}_i$ の向きは同じだが，$n_1 < n_2$ の場合には，境界面上で反射波の電場 $\mathbf{E}_r$ の向きが入射波の電場 $\mathbf{E}_i$ の向きと反対になることが分かる。

電磁波の波長と屈折率

ドリル No.67	Class		No.		Name	

基礎 **問題 67.1** 衛星放送（BS 放送）には約 12 GHz 付近の電磁波が使われている。周波数が 12 GHz の電磁波の真空中における波長 λ を求めよ。

基礎 **問題 67.2** 以下にいくつかの物質の比誘電率が示してある。それぞれの真空に対する屈折率を求めよ。ただし，比透磁率はすべて 1 として計算してよい。

(1) 水：80.4　　　　(2) ダイヤモンド：5.7

(3) 石英：3.8　　　　(4) アルミナ：8.5

(5) チタン酸バリウム：約 5000

チェック項目		月 日	月 日
電磁波の波長を求められる。比誘電率から屈折率を求められる。			

電磁波のエネルギー I

電磁波のエネルギーの基本を理解する。

発展 例題 8.2 誘電率 ε, 透磁率 μ の一様な媒質中を伝搬する電磁波の電場のエネルギー密度 $\frac{1}{2}\varepsilon E^2$ と磁場のエネルギー密度 $\frac{1}{2}\mu H^2$ が等しいことを示せ。

解答

問題にあるように電場のエネルギー密度は $\frac{1}{2}\varepsilon E^2$, 磁場のエネルギー密度は $\frac{1}{2}\mu H^2$ で与えられる。

一方, (8.18) 式の波動インピーダンスの関係 $Z = \dfrac{E}{H} = \sqrt{\dfrac{\mu}{\varepsilon}}$ より, $H = \sqrt{\dfrac{\varepsilon}{\mu}}E$ が成り立つ。この関係より,

$$\frac{1}{2}\mu H^2 = \frac{1}{2}\mu\left(\sqrt{\frac{\varepsilon}{\mu}}E\right)^2 = \frac{1}{2}\mu\frac{\varepsilon}{\mu}E^2 = \frac{1}{2}\varepsilon E^2$$

を得る。

つまり, 電場と磁場のエネルギー密度は等しい。

電磁波のエネルギー II

電磁波のエネルギーの基本を理解する。

発展　例題 **8.3**　真空中を伝わる電磁波の電場成分が $\mathbf{E}(\mathbf{r},t)=\left(0,0,E_0\cos(kx-\omega t)\right)$ で与えられるとき，電磁波が運ぶ平均エネルギー $\langle S\rangle$ は単位面積，単位時間当たり $\langle S\rangle=\dfrac{1}{2}\sqrt{\dfrac{\varepsilon_0}{\mu_0}}E_0^2$ で与えられることを示せ。

解答

電磁波の波長1つ分が単位面積を通過する時のエネルギーを計算してみよう。

空間の体積領域 V 内の電場のエネルギーは $\int_V \dfrac{1}{2}\varepsilon_0\left|E(\mathbf{r},t)\right|^2 dV$ で与えられる。

電磁波は x 方向に進むとしているので，体積領域 V として，yz 面に平行な面積 1 の底面 S をもち，x 方向に λ の高さを持つ柱状の領域をとる。この体積領域 V 内の電場のエネルギーに波の振動数 $f=\dfrac{\omega}{2\pi}$ を掛けてやれば，単位時間当たりに単位面積を通過する電場のエネルギー U_E になる。電磁波の場合，磁場のエネルギー U_B は電場のエネルギー U_E に等しいので，U_E を 2 倍すればよい。最初に体積領域 V 内の電場のエネルギーを計算する。

$$\left|\mathbf{E}(\mathbf{r},t)\right|=\left|E_0\cos(kx-\omega t)\right|$$

であるから，

$$\int_V \frac{1}{2}\varepsilon_0\left|E(\mathbf{r},t)\right|^2 dV=\int_V \frac{1}{2}\varepsilon_0\left|E_0\cos(kx-\omega t)\right|^2 dxdydz=\int_0^\lambda \frac{1}{2}\varepsilon_0\left|E_0\cos(kx-\omega t)\right|^2 dx\int_S dydz$$

$$=\frac{1}{2}\varepsilon_0 E_0^2\int_0^\lambda \cos^2(kx-\omega t)dx$$

となる。最後の変形では，$\int_S dydz=1$ を使っている。

加法定理より，$\cos^2(kx-\omega t)=\dfrac{1+\cos 2(kx-\omega t)}{2}$ であるから，

$$\frac{1}{2}\varepsilon_0 E_0^2\int_0^\lambda \cos^2(kx-\omega t)dx=\frac{1}{2}\varepsilon_0 E_0^2\int_0^\lambda \frac{1+\cos 2(kx-\omega t)}{2}dx=\frac{1}{4}\varepsilon_0 E_0^2\int_0^\lambda 1+\cos 2(kx-\omega t)dx$$

$$=\frac{1}{4}\varepsilon_0 E_0^2\left[x+\frac{1}{2k}\sin 2(kx-\omega t)\right]_0^\lambda=\frac{\varepsilon_0 E_0^2}{4}\left[\lambda+\frac{1}{2k}\sin 2(k\lambda-\omega t)-0-\frac{1}{2k}\sin 2(-\omega t)\right]$$

ここで，加法定理より，$\sin 2(k\lambda-\omega t)=\sin 2k\lambda\cos 2\omega t-\cos 2k\lambda\sin 2\omega t$ である。

さらに $k=\dfrac{2\pi}{\lambda}$ であるから，

$$与式=\frac{\varepsilon_0 E_0^2}{4}\left[\lambda+\frac{1}{2k}\left(\sin 2k\lambda\cos 2\omega t-\cos 2k\lambda\sin 2\omega t\right)+\frac{1}{2k}\sin 2\omega t\right]$$

$$=\frac{\varepsilon_0 E_0^2}{4}\left[\lambda+\frac{1}{2k}\left(\sin(4\pi)\cos(2\omega t)-\cos(4\pi)\sin(2\omega t)\right)+\frac{1}{2k}\sin(2\omega t)\right]=\frac{\varepsilon_0 E_0^2}{4}\lambda$$

となる。磁場のエネルギーは電場のエネルギーと等しいので，1 波長分の電磁場のエネルギーは，これを 2 倍して $\dfrac{\varepsilon_0 E_0^2}{2}\lambda$ である。これに振動数 $f=\dfrac{c}{\lambda}$ を掛けて，$\langle S\rangle=\dfrac{\varepsilon_0 E_0^2}{2}\lambda\dfrac{c}{\lambda}=\dfrac{\varepsilon_0 E_0^2}{2}c$ を得る。

(8.17) 式より，$c=\dfrac{1}{\sqrt{\varepsilon_0\mu_0}}$ であるから，$\langle S\rangle=\dfrac{\varepsilon_0 E_0^2}{2}\dfrac{1}{\sqrt{\varepsilon_0\mu_0}}=\dfrac{1}{2}\sqrt{\dfrac{\varepsilon_0}{\mu_0}}E_0^2$ を得る。

電磁波のエネルギー Ⅲ

ドリル No.68	Class		No.		Name	

発展 **問題 68** 放送衛星（Broadcasting Satellite）の送信出力を 200 W として，地上で 40 万 km² の領域を覆うようになっているとする。このとき，地上で受信する電場の振幅を求めよ。

チェック項目	月 日	月 日
電磁波のエネルギーから電場の振幅を求められる。		

電磁波のエネルギー IV

ドリル No.69	Class		No.		Name	

発展 **問題 69** 地球の大気圏外での太陽光のエネルギーの流れの平均密度は $\langle S \rangle = 1.37 \times 10^3 \, \text{W} \cdot \text{m}^{-2}$ である（太陽定数）。太陽光が単一波長の光であり正弦波であると簡略化して考えたときの太陽光の電場の振幅 E_0，磁束密度の振幅 B_0 を求めよ。

チェック項目	月　日	月　日
電磁波のエネルギーから電場の振幅を求められる。		

マクスウェルの方程式と波動方程式 I

マクスウェルの方程式から波動方程式を導ける。

発展 例題 **8.4** マクスウェルの方程式を出発点として真空中を伝播する電場 **E** ならびに磁束密度 **B** は，以下の波動方程式で表されることを示せ。

$$\nabla^2 \mathbf{E}(\mathbf{r},t) = \varepsilon_0 \mu_0 \frac{\partial^2 \mathbf{E}(\mathbf{r},t)}{\partial t^2} \quad \cdots\cdots\cdots\cdots\cdots (1)$$

$$\nabla^2 \mathbf{B}(\mathbf{r},t) = \varepsilon_0 \mu_0 \frac{\partial^2 \mathbf{B}(\mathbf{r},t)}{\partial t^2} \quad \cdots\cdots\cdots\cdots\cdots (2)$$

また，その伝播する速さは $\dfrac{1}{\sqrt{\varepsilon_0 \mu_0}} = 2.998 \times 10^8 \, \mathrm{m \cdot s^{-1}} = c$ であり，光速 c で伝播することを示せ。

ベクトル演算の公式 $\mathrm{rot\,rot} = \mathrm{grad\,div} - \nabla^2$ を用いるとよい。

解答

真空中のマクスウェルの方程式は (8.1′)～(8.6′) 式より，

$$\mathrm{rot}\,\mathbf{E}(\mathbf{r},t) = -\frac{\partial \mathbf{B}(\mathbf{r},t)}{\partial t} \quad \cdots\cdots\cdots (8.1') \qquad \mathrm{rot}\,\mathbf{H}(\mathbf{r},t) = \frac{\partial \mathbf{D}(\mathbf{r},t)}{\partial t} \quad \cdots\cdots\cdots\cdots (8.2')$$

$$\mathrm{div}\,\mathbf{D}(\mathbf{r},t) = 0 \quad \cdots\cdots\cdots\cdots (8.3') \qquad \mathrm{div}\,\mathbf{B}(\mathbf{r},t) = 0 \quad \cdots\cdots\cdots\cdots (8.4')$$

$$\mathbf{D}(\mathbf{r},t) = \varepsilon_0 \mathbf{E}(\mathbf{r},t) \quad \cdots\cdots\cdots (8.5') \qquad \mathbf{B}(\mathbf{r},t) = \varepsilon_0 \mathbf{H}(\mathbf{r},t) \quad \cdots\cdots\cdots (8.6')$$

であった。

まず，(1)式の $\nabla^2 \mathbf{E}(\mathbf{r},t) = \varepsilon_0 \mu_0 \dfrac{\partial^2 \mathbf{E}(\mathbf{r},t)}{\partial t^2}$ を導く。

(8.1′) 式の右辺を左辺に移項し，両辺の rot をとると，

$$\mathrm{rot}[\mathrm{rot}\,\mathbf{E}(\mathbf{r},t)] + \mathrm{rot}\frac{\partial \mathbf{B}(\mathbf{r},t)}{\partial t} = \mathrm{rot}[\mathrm{rot}\,\mathbf{E}(\mathbf{r},t)] + \frac{\partial \mathrm{rot}\mathbf{B}(\mathbf{r},t)}{\partial t} = 0 \quad \cdots\cdots\cdots\cdots ①$$

を得る。

ベクトル演算の公式 $\mathrm{rot\,rot} = \mathrm{grad\,div} - \nabla^2$ より①式は，

$$\mathrm{rot}[\mathrm{rot}\,\mathbf{E}(\mathbf{r},t)] + \frac{\partial \mathrm{rot}\mathbf{B}(\mathbf{r},t)}{\partial t} = \mathrm{grad} \cdot \mathrm{div}\,\mathbf{E}(\mathbf{r},t) - \nabla^2 \mathbf{E}(\mathbf{r},t) + \frac{\partial \mathrm{rot}\mathbf{B}(\mathbf{r},t)}{\partial t} = 0 \quad \cdots\cdots\cdots ②$$

となる。

一方，(8.2′) 式の両辺に μ_0 を掛けて，右辺を左辺に移項すると，

$$\mathrm{rot}\,\mu_0 \mathbf{H}(\mathbf{r},t) - \mu_0 \frac{\partial \mathbf{D}(\mathbf{r},t)}{\partial t} = \mathrm{rot}\,\mathbf{B}(\mathbf{r},t) - \mu_0 \frac{\partial \mathbf{D}(\mathbf{r},t)}{\partial t} = 0$$

となり，

$$\mathrm{rot}\,\mathbf{B}(\mathbf{r},t) = \mu_0 \frac{\partial \mathbf{D}(\mathbf{r},t)}{\partial t} \quad \cdots\cdots\cdots\cdots\cdots ③$$

を得る。

②式に③式と (8.3′) 式からわかる関係，$\mathrm{div}\,\mathbf{D}(\mathbf{r},t) = \varepsilon_0 \,\mathrm{div}\,\mathbf{E}(\mathbf{r},t) = 0$ を代入して，

$$\mathrm{grad} \cdot \mathrm{div}\,\mathbf{E}(\mathbf{r},t) - \nabla^2 \mathbf{E}(\mathbf{r},t) + \frac{\partial \mathrm{rot}\mathbf{B}(\mathbf{r},t)}{\partial t} = -\nabla^2 \mathbf{E}(\mathbf{r},t) + \frac{\partial}{\partial t}\left(\mu_0 \frac{\partial \mathbf{D}(\mathbf{r},t)}{\partial t}\right)$$

$$= -\nabla^2 \mathbf{E}(\mathbf{r},t) + \varepsilon_0 \mu_0 \frac{\partial^2 \mathbf{E}(\mathbf{r},t)}{\partial t^2} = 0$$

となって，

$$\nabla^2 \mathbf{E}(\mathbf{r},t) = \varepsilon_0 \mu_0 \frac{\partial^2 \mathbf{E}(\mathbf{r},t)}{\partial t^2} \quad \cdots\cdots\cdots\cdots\cdots\cdots\cdots\cdots\cdots\cdots\cdots\cdots\cdots\cdots\cdots\cdots\cdots ④$$

を得る。

次に $\nabla^2 \mathbf{B}(\mathbf{r},t) = \varepsilon_0 \mu_0 \dfrac{\partial^2 \mathbf{B}(\mathbf{r},t)}{\partial t^2}$ を導く。(8.2′) 式の両辺の rot をとると，

$$\mathrm{rot}[\mathrm{rot}\,\mathbf{H}(\mathbf{r},t)] - \mathrm{rot}\frac{\partial \mathbf{D}(\mathbf{r},t)}{\partial t} = \mathrm{rot}[\mathrm{rot}\,\mathbf{H}(\mathbf{r},t)] - \frac{\partial \mathrm{rot}\mathbf{D}(\mathbf{r},t)}{\partial t} = 0 \quad \cdots\cdots\cdots\cdots\cdots\cdots ⑤$$

を得る。

ベクトル演算の公式 $\mathrm{rot}\,\mathrm{rot} = \mathrm{grad}\,\mathrm{div} - \nabla^2$ より⑤式は，

$$\mathrm{rot}[\mathrm{rot}\,\mathbf{H}(\mathbf{r},t)] - \frac{\partial \mathrm{rot}\mathbf{D}(\mathbf{r},t)}{\partial t} = \mathrm{grad}\cdot\mathrm{div}\,\mathbf{H}(\mathbf{r},t) - \nabla^2\mathbf{H}(\mathbf{r},t) - \frac{\partial \mathrm{rot}\mathbf{D}(\mathbf{r},t)}{\partial t} = 0 \quad \cdots\cdots\cdots ⑥$$

となる。

一方，(8.1′) 式の両辺に ε_0 を掛けて，

$$\mathrm{rot}\,\varepsilon_0\mathbf{E}(\mathbf{r},t) + \varepsilon_0 \frac{\partial \mathbf{B}(\mathbf{r},t)}{\partial t} = \mathrm{rot}\,\mathbf{D}(\mathbf{r},t) + \varepsilon_0 \frac{\partial \mathbf{B}(\mathbf{r},t)}{\partial t} = 0$$

となり，

$$\mathrm{rot}\,\mathbf{D}(\mathbf{r},t) = -\varepsilon_0 \frac{\partial \mathbf{B}(\mathbf{r},t)}{\partial t} \quad \cdots\cdots\cdots\cdots\cdots\cdots\cdots\cdots\cdots\cdots\cdots\cdots\cdots\cdots\cdots ⑦$$

を得る。

⑥式に⑦式と (8.4′) 式より得られる関係，$\mathrm{div}\,\mathbf{B}(\mathbf{r},t) = \mu_0\,\mathrm{div}\,\mathbf{H}(\mathbf{r},t) = 0$ を代入して，

$$\mathrm{grad}\cdot\mathrm{div}\,\mathbf{H}(\mathbf{r},t) - \nabla^2\mathbf{H}(\mathbf{r},t) - \frac{\partial \mathrm{rot}\mathbf{D}(\mathbf{r},t)}{\partial t} = -\nabla^2\mathbf{H}(\mathbf{r},t) - \frac{\partial}{\partial t}\left(-\varepsilon_0\frac{\partial \mathbf{B}(\mathbf{r},t)}{\partial t}\right)$$

$$= -\nabla^2\mathbf{H}(\mathbf{r},t) + \varepsilon_0\mu_0 \frac{\partial^2 \mathbf{H}(\mathbf{r},t)}{\partial t^2} = 0 \quad \cdots\cdots\cdots\cdots\cdots\cdots\cdots\cdots\cdots ⑧$$

となる。両辺に μ_0 を掛ければ，

$$\nabla^2 \mathbf{B}(\mathbf{r},t) = \varepsilon_0 \mu_0 \frac{\partial^2 \mathbf{B}(\mathbf{r},t)}{\partial t^2} \quad \cdots\cdots\cdots\cdots\cdots\cdots\cdots\cdots\cdots\cdots\cdots\cdots\cdots\cdots ⑨$$

を得る。

これらを (8.12) 式の波動方程式 $\Delta\phi(\mathbf{r},t) - \dfrac{1}{v^2}\dfrac{\partial^2\phi(\mathbf{r},t)}{\partial t^2} = 0$ と比較するとまったく同じである。つまり時間的に変動する電磁場は"波"として伝わるのである。また，その伝搬速度は $\dfrac{1}{v^2} = \varepsilon_0\mu_0$ より，

$$v = \frac{1}{\sqrt{\varepsilon_0\mu_0}} = \frac{1}{\sqrt{8.854\times10^{-12}\times4\pi\times10^{-7}}}\left[\frac{1}{\sqrt{\left(A^2\cdot s^2\cdot N^{-1}\cdot m^{-2}\right)\left(N\cdot A^{-2}\right)}}\right] = 2.998\times10^8\,\mathrm{m}\cdot\mathrm{s}^{-1}$$

であり，これは真空中の光速度 c に等しい。

歴史的には，このことから，光も電磁波の仲間と考えられるようになり，その後，光も電磁波の一種であることが確かめられた。

マクスウェルの方程式と波動方程式 II

> 余弦波が波動方程式の解であることを確認する。

[発展] [例題] **8.5** $\omega = vk$ のとき,

$$\mathbf{E}(\mathbf{r},t) = \mathbf{E}_0 \cos(\mathbf{k} \cdot \mathbf{r} - \omega t + \delta) \cdots\cdots\cdots\cdots\cdots\cdots\cdots\cdots\cdots\cdots\cdots\cdots (1)$$

$$\mathbf{B}(\mathbf{r},t) = \mathbf{B}_0 \cos(\mathbf{k} \cdot \mathbf{r} - \omega t + \delta) \cdots\cdots\cdots\cdots\cdots\cdots\cdots\cdots\cdots\cdots\cdots\cdots (2)$$

が（8.14a）式，（8.14b）式の電場と磁束密度の波動方程式を満たすことを確かめよ。

[解答]

電磁波の進む方向は任意（適当に決めてよい）であるから，$\mathbf{k} = (0,0,k)$ として z 方向に進む波とする。

すると，$\mathbf{k} \cdot \mathbf{r} = (0,0,k) \cdot (x,y,z) = kz$ なので，式(1)と(2)は，

$$\mathbf{E}(\mathbf{r},t) = \mathbf{E}_0 \cos(kz - \omega t + \delta) = (E_{0x}, E_{0y}, E_{0z})\cos(kz - \omega t + \delta) \cdots\cdots\cdots\cdots\cdots ①$$

$$\mathbf{B}(\mathbf{r},t) = \mathbf{B}_0 \cos(kz - \omega t + \delta) = (B_{0x}, B_{0y}, B_{0z})\cos(kz - \omega t + \delta) \cdots\cdots\cdots\cdots\cdots ②$$

となる。

①式と②式のそれぞれの成分を波動方程式 (8.12) 式

$$\Delta \phi(\mathbf{r},t) - \frac{1}{v^2}\frac{\partial^2 \phi(\mathbf{r},t)}{\partial t^2} = \frac{\partial^2 \phi(\mathbf{r},t)}{\partial x^2} + \frac{\partial^2 \phi(\mathbf{r},t)}{\partial y^2} + \frac{\partial^2 \phi(\mathbf{r},t)}{\partial z^2} - \frac{1}{v^2}\frac{\partial^2 \phi(\mathbf{r},t)}{\partial t^2} = 0$$

に代入して解であるか確かめればよい。つまり $\phi(\mathbf{r},t) = E_{0x}\cos(kz - \omega t + \delta)$ として計算すればよい。電場か磁束密度の1成分だけ確認すれば十分である。$\phi(\mathbf{r},t) = E_{0x}\cos(kz - \omega t + \delta)$ として波動方程式の左辺に代入すると，

$$\Delta E_{0x}\cos(kz - \omega t + \delta) - \frac{1}{v^2}\frac{\partial^2}{\partial t^2}[E_{0x}\cos(kz - \omega t + \delta)]$$

$$= \frac{\partial^2 E_{0x}\cos(kz - \omega t + \delta)}{\partial x^2} + \frac{\partial^2 E_{0x}\cos(kz - \omega t + \delta)}{\partial y^2}$$

$$+ \frac{\partial^2 E_{0x}\cos(kz - \omega t + \delta)}{\partial z^2} - \frac{1}{v^2}\frac{\partial^2 E_{0x}\cos(kz - \omega t + \delta)}{\partial t^2}$$

$$= 0 + 0 + (-k^2)E_{0x}\cos(kz - \omega t + \delta) - \frac{1}{v^2}(-\omega^2)E_{0x}\cos(kz - \omega t + \delta)$$

$$= \left(-k^2 + \frac{\omega^2}{v^2}\right)E_{0x}\cos(kz - \omega t + \delta) \cdots\cdots\cdots\cdots\cdots\cdots\cdots\cdots\cdots\cdots ③$$

となる。

したがって，$\omega = vk$ であれば，$\phi(\mathbf{r},t) = E_{0x}\cos(kz - \omega t + \delta)$ が波動方程式を満たす。他の成分についても同様である。

マクスウェルの方程式と波動方程式 Ⅲ

> マクスウェルの方程式から電波と磁波の関係を導ける。

発展 **例題** **8.6** 電磁波の電場と磁束密度が,

$$\mathbf{E}(\mathbf{r},t) = \mathbf{E}_0 \sin(\mathbf{k}\cdot\mathbf{r}-\omega t) \cdots\cdots\cdots\cdots\cdots\cdots\cdots\cdots\cdots\cdots\cdots\cdots\cdots (1)$$

$$\mathbf{B}(\mathbf{r},t) = \mathbf{B}_0 \sin(\mathbf{k}\cdot\mathbf{r}-\omega t) \cdots\cdots\cdots\cdots\cdots\cdots\cdots\cdots\cdots\cdots\cdots\cdots\cdots (2)$$

で与えられるとき, $\mathbf{B}_0 = \dfrac{1}{\omega}\mathbf{k}\times\mathbf{E}_0$, $\mathbf{E}_0\cdot\mathbf{k}=0$, $\mathbf{B}_0\cdot\mathbf{k}=0$ であることをマクスウェル方程式から示せ。つまり, ベクトル $\mathbf{E}_0$, $\mathbf{B}_0$, $\mathbf{k}$ は, この順序で直交右手系になっており, $B_0 = \dfrac{k}{\omega}E_0 = \dfrac{1}{c}E_0$ である。

解答

真空中のマクスウェルの方程式 (8.1') 式～(8.6') 式,

$$\mathrm{rot}\,\mathbf{E}(\mathbf{r},t) + \frac{\partial \mathbf{B}(\mathbf{r},t)}{\partial t} = \mathbf{0} \cdots\cdots (8.1') \qquad \mathrm{rot}\,\mathbf{H}(\mathbf{r},t) - \frac{\partial \mathbf{D}(\mathbf{r},t)}{\partial t} = \mathbf{0} \cdots\cdots\cdots (8.2')$$

$$\mathrm{div}\,\mathbf{D}(\mathbf{r},t) = 0 \cdots\cdots\cdots (8.3') \qquad \mathrm{div}\,\mathbf{B}(\mathbf{r},t) = 0 \cdots\cdots\cdots (8.4')$$

$$\mathbf{D}(\mathbf{r},t) = \varepsilon_0 \mathbf{E}(\mathbf{r},t) \cdots\cdots\cdots (8.5') \qquad \mathbf{B}(\mathbf{r},t) = \mu_0 \mathbf{H}(\mathbf{r},t) \cdots\cdots\cdots\cdots\cdots (8.6')$$

に(1), (2)を代入する。まず,

$$\mathrm{rot}\,\mathbf{E}_0 \sin(\mathbf{k}\cdot\mathbf{r}-\omega t) = \mathbf{k}\times\mathbf{E}_0 \cos(\mathbf{k}\cdot\mathbf{r}-\omega t) \cdots\cdots\cdots\cdots\cdots\cdots\cdots\cdots (3)$$

$$\mathrm{div}\,\mathbf{E}_0 \sin(\mathbf{k}\cdot\mathbf{r}-\omega t) = \mathbf{k}\cdot\mathbf{E}_0 \cos(\mathbf{k}\cdot\mathbf{r}-\omega t) \cdots\cdots\cdots\cdots\cdots\cdots\cdots\cdots (4)$$

となることを示しておこう。

$$\left[\mathrm{rot}\,\mathbf{E}_0 \sin(\mathbf{k}\cdot\mathbf{r}-\omega t)\right]_x = \frac{\partial}{\partial y}E_{0z}\sin(k_x x + k_y y + k_z z - \omega t) - \frac{\partial}{\partial z}E_{0y}\sin(k_x x + k_y y + k_z z - \omega t)$$

$$= k_y E_{0z}\cos(k_x x + k_y y + k_z z - \omega t) - k_z E_{0y}\cos(k_x x + k_y y + k_z z - \omega t)$$

$$= \left[\mathbf{k}\times\mathbf{E}_0\right]_x \cos(\mathbf{k}\cdot\mathbf{r}-\omega t)$$

y, z 成分も同様なので(3)が成り立つ。また,

$$\mathrm{div}\,\mathbf{E}_0 \sin(\mathbf{k}\cdot\mathbf{r}-\omega t)$$

$$= \frac{\partial}{\partial x}E_{0x}\sin(k_x x + k_y y + k_z z - \omega t) + \frac{\partial}{\partial y}E_{0y}\sin(k_x x + k_y y + k_z z - \omega t)$$

$$+ \frac{\partial}{\partial z}E_{0z}\sin(k_x x + k_y y + k_z z - \omega t)$$

$$= k_x E_{0x}\cos(k_x x + k_y y + k_z z - \omega t) + k_y E_{0y}\cos(k_x x + k_y y + k_z z - \omega t)$$

$$+ k_z E_{0z}\cos(k_x x + k_y y + k_z z - \omega t)$$

$$= \mathbf{k}\cdot\mathbf{E}_0 \cos(\mathbf{k}\cdot\mathbf{r}-\omega t)$$

なので(4)も成り立つ。磁束密度についても同様の式が成り立つ。(8.1')から(8.6')式と(3), (4)から,

$$\mathbf{k}\times\mathbf{E}_0 \cos(\mathbf{k}\cdot\mathbf{r}-\omega t) - \omega\mathbf{B}_0 \cos(\mathbf{k}\cdot\mathbf{r}-\omega t) = 0 \cdots\cdots\cdots\cdots\cdots\cdots (8.1'')$$

$$\mathbf{k}\times\mathbf{B}_0 \cos(\mathbf{k}\cdot\mathbf{r}-\omega t) + \varepsilon_0\mu_0\omega\mathbf{E}_0 \cos(\mathbf{k}\cdot\mathbf{r}-\omega t) = \mathbf{0} \cdots\cdots\cdots\cdots (8.2'')$$

$$\mathbf{k}\cdot\mathbf{E}_0 \cos(\mathbf{k}\cdot\mathbf{r}-\omega t) = 0 \cdots\cdots\cdots\cdots\cdots\cdots\cdots\cdots\cdots\cdots (8.3'')$$

$$\mathbf{k}\cdot\mathbf{B}_0 \cos(\mathbf{k}\cdot\mathbf{r}-\omega t) = 0 \cdots\cdots\cdots\cdots\cdots\cdots\cdots\cdots\cdots\cdots (8.4'')$$

が得られる。(8.1''), (8.3'') から $\mathbf{B}_0 = \dfrac{1}{\omega}\mathbf{k}\times\mathbf{E}_0$, $\mathbf{E}_0\cdot\mathbf{k}=0$, $\mathbf{B}_0\cdot\mathbf{k}=0$ であることがわかる。

したがって, $\mathbf{E}_0$, $\mathbf{B}_0$, $\mathbf{k}$ は, この順序で直交右手系になっており, $B_0 = \dfrac{k}{\omega}E_0 = \dfrac{1}{c}E_0$ である。

補足 (8.2''), (8.4'') からは, $\mathbf{E}_0 = -\dfrac{1}{\varepsilon_0\mu_0\omega}\mathbf{k}\times\mathbf{B}_0 = -\dfrac{c^2}{\omega}\mathbf{k}\times\mathbf{B}_0$, $\mathbf{E}_0\cdot\mathbf{k}=0$, $\mathbf{B}_0\cdot\mathbf{k}=0$ であ

ることがわかる。これらの関係からも，$\mathbf{E}_0$，$\mathbf{B}_0$，$\mathbf{k}$ がこの順序で直交右手系になっており，$E_0 = \dfrac{c^2}{\omega} k B_0 = c B_0$ であることがいえる。

また，電場の振幅と磁束密度の振幅の関係，より，の波動インピーダンスが導かれる。

　また，電場の振幅と磁束密度の振幅の関係，$B_0 = \dfrac{1}{c} E_0 = \sqrt{\varepsilon_0 \mu_0} E_0$ より，$\dfrac{E_0}{H_0} = \sqrt{\dfrac{\mu_0}{\varepsilon_0}}$ の波動インピーダンスが導かれる。

電波と磁波

基礎 **問題 70**　電場が x 方向，磁束密度が y 方向を持ち，z 方向に進行する電磁波が，

$$\mathbf{E} = \left(E_x(z,t), E_y(z,t), E_z(z,t)\right) = \left(E_0 \sin(kz - \omega t), 0, 0\right)$$
$$\mathbf{B} = \left(B_x(z,t), B_y(z,t), B_z(z,t)\right) = \left(0, B_0 \sin(kz - \omega t), 0\right)$$

で与えられるとき，これを図示せよ。

チェック項目		月　　日	月　　日
電磁波の進行方向と電場と磁場の関係をイメージできる。			

付　　　録

付録A　右手系と左手系

右手系と左手系を理解しよう。

　直交座標系は右手系と左手系に分類することができる。**図A-1**のように，親指，人差し指，中指を互いに直角に広げ，親指，人差し指，中指が指している方向をそれぞれx正方向，y正方向，z正方向とする。左手を広げた場合にできる座標系を**左手座標系**（**図A-1左**），右手を広げた場合にできる座標系を**右手座標系**（**図A-1右**）という。

　多くの場合，右手座標系が用いられ，本書でも右手座標系を用いている。右（左）手座標系の基底ベクトルの組$\{e_x,\ e_y,\ e_z\}$はこの順序で**右（左）手系**になっているという。同一平面内にない3つのベクトル$\mathbf{a}$，$\mathbf{b}$，$\mathbf{c}$についても右手系，左手系を区別することがある。図A-1のx，y，z軸の間の角を変えたり，軸を回転させたりすることで，ベクトル$\mathbf{a}$，$\mathbf{b}$，$\mathbf{c}$の方向と右手系のx，y，z軸の方向を合わせることができるとき，ベクトルの組$\{\mathbf{a}$，$\mathbf{b}$，$\mathbf{c}\}$はこの順序で**右手系**であるという。同じことが**左手系**のx，y，z軸に対してできる場合は，ベクトルの組$\{\mathbf{a}$，$\mathbf{b}$，$\mathbf{c}\}$はこの順序で左手系であるという。ただし，x，y，z軸の間の角の変えかたには制約があり，y軸とz軸が張る平面をx軸が横切るように変えてはいけない。

　同様に，z軸とx軸が張る平面をy軸が横切るように変えてもいけないし，x軸とy軸が張る平面をz軸が横切るように変えてもいけない。3つのベクトル$\mathbf{a}$，$\mathbf{b}$，$\mathbf{c}$が右手系か左手系かを区別するときは，ベクトル$\mathbf{a}$，$\mathbf{b}$，$\mathbf{c}$の並びの順序が大切である。同じ3つのベクトルであっても，ベクトルの組$\{\mathbf{a}$，$\mathbf{b}$，$\mathbf{c}\}$がこの順序で右手系なら，ベクトルの組$\{\mathbf{b}$，$\mathbf{a}$，$\mathbf{c}\}$はこの順序では左手系になる。

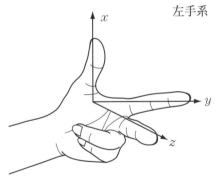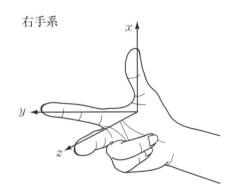

図 A-1

付録B　スカラー3重積

3つのベクトル $\mathbf{a}$, $\mathbf{b}$, $\mathbf{c}$ からなる式 $\mathbf{a}\cdot(\mathbf{b}\times\mathbf{c})$ をベクトルのスカラー3重積という。

$|\mathbf{a}, \mathbf{b}, \mathbf{c}|$ と表記することもある。ベクトル $\mathbf{a}$ とベクトル $(\mathbf{b}\times\mathbf{c})$ のスカラー積（内積）なので，スカラー3重積の結果はスカラーである。ベクトル $\mathbf{a}, \mathbf{b}, \mathbf{c}$ の（右手系）直交座標成分を使って，ベクトル積と内積の計算をすると，

$$\mathbf{a}\cdot(\mathbf{b}\times\mathbf{c})=a_x b_y c_z + a_y b_z c_x + a_z b_x c_y - a_x c_y b_z - a_y c_z b_x - a_z c_x b_y \quad \cdots\cdots\cdots\cdots\cdots\cdots (B-1)$$

となる。

この式は，3行3列の行列の行列式を使って，

$$\mathbf{a}\cdot(\mathbf{b}\times\mathbf{c})=\begin{vmatrix} a_x & a_y & a_z \\ b_x & b_y & b_z \\ c_x & c_y & c_z \end{vmatrix} \quad \cdots\cdots\cdots\cdots\cdots\cdots\cdots\cdots (B-2)$$

と表すこともできる。また，

$$\mathbf{a}\cdot(\mathbf{b}\times\mathbf{c})=\mathbf{b}\cdot(\mathbf{c}\times\mathbf{a})=\mathbf{c}\cdot(\mathbf{a}\times\mathbf{b}) \quad \cdots\cdots\cdots\cdots\cdots\cdots\cdots (B-3)$$

が成り立つ。

$\mathbf{a}$, $\mathbf{b}$, $\mathbf{c}$ の順で右手系になっているとき，$\mathbf{a}\cdot(\mathbf{b}\times\mathbf{c})$ は正になり，その値はベクトル $\mathbf{a}$, $\mathbf{b}$, $\mathbf{c}$ の張る平行六面体の体積に等しい。$\mathbf{a}$, $\mathbf{b}$, $\mathbf{c}$ の順で左手系になっているときは，$\mathbf{a}\cdot(\mathbf{b}\times\mathbf{c})$ は負になり，その絶対値はベクトル $\mathbf{a}$, $\mathbf{b}$, $\mathbf{c}$ の張る平行六面体の体積に等しい。

付録C　ベクトル値関数の微分

> ベクトル値関数の微分について学ぼう。

　一変数 t のベクトル値関数 $\mathbf{r}(t)=(x(t),\,y(t),\,z(t))$ の微分を，その直交座標成分で表すと，

$$\frac{d}{dt}\mathbf{r}(t)=\left(\frac{d}{dt}x(t),\frac{d}{dt}y(t),\frac{d}{dt}z(t)\right) \quad\text{…………………………}\quad (\text{C}-1)$$

と書ける。「時刻 t」を変数とする場合は，$\dfrac{d}{dt}\mathbf{r}(t)$ を $\dot{\mathbf{r}}(t)$ と点「・」を上につけて表すこともある（ニュートンの記法）。二回微分 $\dfrac{d^2}{dt^2}\mathbf{r}(t)$ の場合は2個の点を上につけて $\ddot{\mathbf{r}}(t)$ と表記する。

　関数 f, g および，ベクトル $\mathbf{a}$, $\mathbf{b}$ を変数 t の関数とすると，次の公式が成立する。

$$\frac{d}{dt}(f(t)\mathbf{b}(t))=\left(\frac{d}{dt}f(t)\right)\mathbf{b}(t)+f(t)\left(\frac{d}{dt}\mathbf{b}(t)\right) \quad\text{…………………}\quad (\text{C}-2)$$

$$\frac{d}{dt}(\mathbf{a}(t)\cdot\mathbf{b}(t))=\left(\frac{d}{dt}\mathbf{a}(t)\right)\cdot\mathbf{b}(t)+\mathbf{a}(t)\cdot\left(\frac{d}{dt}\mathbf{b}(t)\right) \quad\text{……………}\quad (\text{C}-3)$$

$$\frac{d}{dt}(\mathbf{a}(t)\times\mathbf{b}(t))=\left(\frac{d}{dt}\mathbf{a}(t)\right)\times\mathbf{b}(t)+\mathbf{a}(t)\times\left(\frac{d}{dt}\mathbf{b}(t)\right) \quad\text{……………}\quad (\text{C}-4)$$

　これらの公式は，関数の和の微分公式と積の微分公式

$$\frac{d}{dt}(f(t)+g(t))=\left(\frac{d}{dt}f(t)\right)+\left(\frac{d}{dt}g(t)\right) \quad\text{………………………………}\quad (\text{C}-5)$$

$$\frac{d}{dt}(f(t)g(t))=\left(\frac{d}{dt}f(t)\right)g(t)+f(t)\left(\frac{d}{dt}g(t)\right) \quad\text{…………………………}\quad (\text{C}-6)$$

から導かれる。

付録D 座標系

デカルト座標系，円筒座標系，極座標系を理解しよう。

デカルト座標系

通常の直交座標系 $\mathrm{O}xyz$ をデカルト座標ともいう（図D–1参照）。空間の点の位置 $\mathbf{r}$ は，x，y，z の座標値で表される。座標値の1つを微小に増加させたとき，位置ベクトルの変化の方向の単位ベクトルを，その点における**基底ベクトル**という。例えば，x を増加させると位置ベクトルは x 正方向に変化するから $\mathbf{e}_x=\mathbf{i}=(1,0,0)$ が基底ベクトルとなる。同様にして，y，z もそれぞれ $\mathbf{e}_y=\mathbf{j}=(0,1,0)$，$\mathbf{e}_z=\mathbf{k}=(0,0,1)$ である。これらは，これまで用いてきた基本単位ベクトル $\mathbf{i}$，$\mathbf{j}$，$\mathbf{k}$ と等しい。

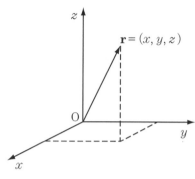

図 D-1

円筒座標系

空間の点の位置を，z 座標値，z 軸からの距離 R $(0 \leq R)$，x 軸からの角度 θ $(0 \leq \theta < 2\pi)$ を使って指し示す座標系（図D–2参照）。デカルト座標系の座標値との関係は，

$$x = R\cos\theta \quad\quad\quad\quad\quad\quad\quad (\text{D}{-}1\text{a})$$
$$y = R\sin\theta \quad\quad\quad\quad\quad\quad\quad (\text{D}{-}1\text{b})$$
$$z = z \quad\quad\quad\quad\quad\quad\quad\quad\quad (\text{D}{-}1\text{c})$$

なので，

$$\mathbf{r} = R\cos\theta\mathbf{i} + R\sin\theta\mathbf{j} + z\mathbf{k} \quad\quad (\text{D}{-}2)$$

と表すことができる。

円筒座標系の基底ベクトルは，デカルト座標系の基底ベクトルを使って，

$$\mathbf{e}_\theta = -\sin\theta\mathbf{i} + \cos\theta\mathbf{j} = (-\sin\theta,\cos\theta,0) \quad\quad (\text{D}{-}3\text{a})$$
$$\mathbf{e}_R = \cos\theta\mathbf{i} + \mathrm{cin}\,\theta\mathbf{j} = (\cos\theta,\sin\theta,0) \quad\quad (\text{D}{-}3\text{b})$$
$$\mathbf{e}_z = \mathbf{k} = (0,0,1) \quad\quad\quad\quad\quad\quad\quad (\text{D}{-}3\text{c})$$

と表される。

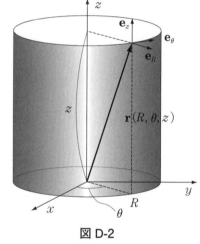

図 D-2

極座標系

空間の点の位置を，原点からの距離 r $(0 \leq r)$，z 軸からの回転角 θ $(0 \leq \theta < \pi)$，x 軸からの回転角 ϕ $(0 \leq \phi < 2\pi)$ を使って指し示す座標系（図D–3参照）。デカルト座標系の座標値との関係は，

$$\mathbf{r} = r\sin\theta\cos\phi\mathbf{i} + r\sin\theta\sin\phi\mathbf{j} + r\cos\theta\mathbf{k} \quad (\text{D}{-}4\text{a})$$
$$x = r\sin\theta\cos\phi \quad\quad\quad\quad\quad\quad (\text{D}{-}4\text{b})$$
$$y = r\sin\theta\sin\phi \quad\quad\quad\quad\quad\quad (\text{D}{-}4\text{c})$$
$$z = r\cos\theta \quad\quad\quad\quad\quad\quad\quad\quad (\text{D}{-}4\text{d})$$

と表すことができる。（原点からの距離 r のことを**動径**という）

極座標系の基底ベクトルをデカルト座標系の基底ベクトルを使って，

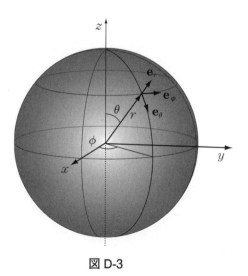

図 D-3

$$\mathbf{e}_\phi = -\sin\theta\sin\phi\,\mathbf{i} + \sin\theta\cos\phi\,\mathbf{j}$$
$$= (-\sin\theta\sin\phi, \sin\theta\cos\phi, 0) \quad\cdots\cdots\cdots\cdots\cdots\cdots\cdots\cdots\cdots\cdots\cdots\cdots\cdots \text{(D-5a)}$$

$$\mathbf{e}_\theta = \cos\theta\cos\phi\,\mathbf{i} + \cos\theta\sin\phi\,\mathbf{j} - \sin\theta\,\mathbf{k}$$
$$= (\cos\theta\cos\phi, \cos\theta\sin\phi, -\sin\theta) \quad\cdots\cdots\cdots\cdots\cdots\cdots\cdots\cdots\cdots\cdots \text{(D-5b)}$$

$$\mathbf{e}_r = \sin\theta\cos\phi\,\mathbf{i} + \sin\theta\sin\phi\,\mathbf{j} + \cos\theta\,\mathbf{k}$$
$$= (\sin\theta\cos\phi, \sin\theta\sin\phi, \cos\theta) \quad\cdots\cdots\cdots\cdots\cdots\cdots\cdots\cdots\cdots\cdots \text{(D-5c)}$$

と表される。

デカルト座標系，円筒座標系，極座標系のように基底ベクトルが互いに直交する座標系を**直交座標系**という。デカルト座標系では基底ベクトルは位置に依存しないが，円筒座標や極座標などの場合には，基底ベクトルの向きが位置によって変化する。なお，円筒座標系のRはrで表しても差し支えないが，本書では極座標系の動径rとの混同を避けるためRと表記している。

付録E　場

ベクトル場とスカラー場について理解し，区別できるようになろう。

ベクトル場

図E-1のようにベクトル $\mathbf{E}=(E_x, E_y, E_z)$ が位置ベクトル $\mathbf{r}$ の関数になっているとき，$\mathbf{E}(\mathbf{r})$ を **ベクトル場**（vector field）という。デカルト座標系では，ベクトル $\mathbf{E}$ の x, y, z 成分が x, y, z の3変数の関数として $E_x=E_x(x, y, z)$, $E_y=E_y(x, y, z)$, $E_z=E_z(x, y, z)$ と表される。電場（第2章），磁場（第6章）等はベクトル場である。

スカラー場

図E-2のようにスカラー ϕ が位置 $\mathbf{r}$ の関数になっているとき，$\phi(\mathbf{r})$ を **スカラー場**（scalar field）という。デカルト座標系では，$\phi(\mathbf{r})$ が x, y, z の3変数の関数として $\phi(x,y,z)$ のように表される。静電ポテンシャル（第3章）はスカラー場である。

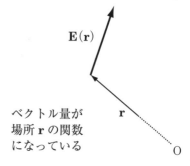

ベクトル場（電場，磁場など）

$\mathbf{E}(\mathbf{r})$

ベクトル量が場所 $\mathbf{r}$ の関数になっている

$\mathbf{r}$

O

図 E-1

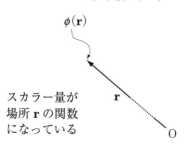

スカラー場（電位など）

$\phi(\mathbf{r})$

スカラー量が場所 $\mathbf{r}$ の関数になっている

$\mathbf{r}$

O

図 E-2

付録F　微分演算子（ナブラ）

微分演算子（ナブラ）の使い方を学ぼう。

勾　配（grad）

スカラー場 $\phi(\mathbf{r})$ の勾配ベクトル $\nabla\phi(\mathbf{r})$ は，デカルト座標系では，

$$\nabla\phi(\mathbf{r})=\left(\frac{\partial}{\partial x}\phi(\mathbf{r}),\frac{\partial}{\partial y}\phi(\mathbf{r}),\frac{\partial}{\partial z}\phi(\mathbf{r})\right)=\mathbf{e}_x\frac{\partial}{\partial x}\phi(x,y,z)+\mathbf{e}_y\frac{\partial}{\partial y}\phi(x,y,z)+\mathbf{e}_z\frac{\partial}{\partial z}\phi(x,y,z)$$

$$\cdots\cdots\cdots\cdots\cdots\cdots\cdots\cdots\cdots\text{(F-1)}$$

と与えられる。$\nabla\phi(\mathbf{r})$ はベクトルであり，位置 $\mathbf{r}$ から見たとき $\phi(\mathbf{r})$ が最も増加する方向に向いており，その大きさが増加率を表している。これは**勾配ベクトル**と呼ばれ，$\mathrm{grad}\,\phi(\mathbf{r})$ と書くこともある。

grad は gradient（勾配）の略であり「グラディエント」と読む。$\mathrm{grad}\,\phi(\mathbf{r})$ はベクトル場になることに注意しよう。

ナブラ演算子

(F-1) で ∇ の右側の $\phi(\mathbf{r})$ を省くと，

$$\nabla=\left(\frac{\partial}{\partial x},\frac{\partial}{\partial y},\frac{\partial}{\partial z}\right)=\mathbf{e}_x\frac{\partial}{\partial x}+\mathbf{e}_y\frac{\partial}{\partial y}+\mathbf{e}_z\frac{\partial}{\partial z}\quad\cdots\cdots\cdots\cdots\cdots\cdots\text{(F-2)}$$

と形式的に書くこともできる。∇ は微分演算子の一種であり**ナブラ演算子**と呼ばれる。∇ はその右側に関数 $\phi(\mathbf{r})$ が書かれて初めて勾配ベクトルを与える。微分に限らず，関数に作用して，その関数を別のものに変えてしまうものを，**演算子**という。

発　散（div）

ベクトル場 $\mathbf{E}(\mathbf{r})$ の発散は，ナブラ演算子を使って，$\nabla\cdot\mathbf{E}(\mathbf{r})$ と定義される。デカルト座標では，

$$\nabla\cdot\mathbf{E}(\mathbf{r})=\left(\frac{\partial}{\partial x},\frac{\partial}{\partial y},\frac{\partial}{\partial z}\right)\cdot(E_x(\mathbf{r}),E_y(\mathbf{r}),E_z(\mathbf{r}))=\frac{\partial}{\partial x}E_x(x,y,z)+\frac{\partial}{\partial y}E_y(x,y,z)+\frac{\partial}{\partial z}E_z(x,y,z)$$

$$\cdots\cdots\cdots\cdots\cdots\cdots\cdots\cdots\cdots\text{(F-3)}$$

となる。ベクトル場 $\mathbf{E}(\mathbf{r})$ の発散を $\mathrm{div}\mathbf{E}(\mathbf{r})$ と書くこともある。div は divergence（発散）の略であり「ダイバージェンス」と読む。$\mathrm{div}\mathbf{E}(\mathbf{r})$ はスカラー場になることに注意しよう。

回　転（rot）

ベクトル場 $\mathbf{E}(\mathbf{r})$ の回転は，ナブラ演算子を使って，$\nabla\times\mathbf{E}(\mathbf{r})$ と定義される。デカルト座標系では，

$$\nabla\times\mathbf{E}(\mathbf{r})=\left(\frac{\partial}{\partial x},\frac{\partial}{\partial y},\frac{\partial}{\partial z}\right)\times(E_x(\mathbf{r}),E_y(\mathbf{r}),E_z(\mathbf{r}))$$

$$=\left(\frac{\partial}{\partial y}E_z(x,y,z)-\frac{\partial}{\partial z}E_y(x,y,z),\frac{\partial}{\partial z}E_x(x,y,z)-\frac{\partial}{\partial x}E_z(x,y,z),\right.$$

$$\left.\frac{\partial}{\partial x}E_y(x,y,z)-\frac{\partial}{\partial y}E_x(x,y,z)\right)\cdots\cdots\cdots\cdots\text{(F-4)}$$

となる。3行3列の行列式を使って，

$$\nabla\times\mathbf{E}(\mathbf{r})=\begin{vmatrix}\mathbf{e}_x & \mathbf{e}_y & \mathbf{e}_z\\ \dfrac{\partial}{\partial x} & \dfrac{\partial}{\partial y} & \dfrac{\partial}{\partial z}\\ E_x(\mathbf{r}) & E_y(\mathbf{r}) & E_z(\mathbf{r})\end{vmatrix}\quad\cdots\cdots\cdots\cdots\cdots\cdots\cdots\text{(F-5)}$$

とも書ける。$\nabla\times\mathbf{E}(\mathbf{r})$ は $\mathrm{rot}\mathbf{E}(\mathbf{r})$ または $\mathrm{curl}\mathbf{E}(\mathbf{r})$ と表記する。rot は rotation（回転）の略であり「ローテーション」と読む。curl は「カール」と読む。本書では $\mathrm{rot}\mathbf{E}(\mathbf{r})$ を用いている。

rot$\mathbf{E}(\mathbf{r})$はベクトル場である。

ラプラシアン

スカラー場 $\phi(\mathbf{r})$ の勾配 $\nabla\phi(\mathbf{r})$ はベクトル場になるが，さらにその発散をとった $\nabla\cdot\nabla\phi(\mathbf{r})=\mathrm{div}$ $(\mathrm{grad}\,\phi(\mathbf{r}))$ は，スカラー場になる。デカルト座標系では，

$$\nabla\cdot\nabla\phi(\mathbf{r})=\frac{\partial}{\partial x}(\nabla\phi(\mathbf{r}))_x+\frac{\partial}{\partial y}(\nabla\phi(\mathbf{r}))_y+\frac{\partial}{\partial z}(\nabla\phi(\mathbf{r}))_z$$

$$=\frac{\partial^2}{\partial x^2}\phi(\mathbf{r})+\frac{\partial^2}{\partial y^2}\phi(\mathbf{r})+\frac{\partial^2}{\partial z^2}\phi(\mathbf{r}) \quad\cdots\cdots\cdots (\mathrm{F}-6)$$

となる。

$$\Delta=\frac{\partial^2}{\partial x^2}+\frac{\partial^2}{\partial y^2}+\frac{\partial^2}{\partial z^2} \quad\cdots\cdots\cdots (\mathrm{F}-7)$$

とおくと，

$$\nabla\cdot\nabla\phi(\mathbf{r})=\mathrm{div}(\mathrm{grad}\phi(\mathbf{r}))=\Delta\phi(\mathbf{r}) \quad\cdots\cdots\cdots (\mathrm{F}-8)$$

と書ける。Δ を**ラプラス演算子**または**ラプラシアン**という。

微分演算子の公式

$$\nabla\cdot(\nabla\times\mathbf{E}(\mathbf{r}))=\mathrm{div}(\mathrm{rot}\mathbf{E}(\mathbf{r}))=0 \quad\cdots\cdots\cdots (\mathrm{F}-9)$$

$$\nabla\times(\nabla\phi(\mathbf{r}))=\mathrm{rot}(\mathrm{grad}\phi(\mathbf{r}))=\mathbf{0} \quad\cdots\cdots\cdots (\mathrm{F}-10)$$

$$\nabla\times(\nabla\times\mathbf{E}(\mathbf{r}))=\mathrm{rot}(\mathrm{rot}\mathbf{E}(\mathbf{r}))=\nabla\nabla\cdot\mathbf{E}(\mathbf{r})-\Delta\mathbf{E}(\mathbf{r})=\mathrm{grad}(\mathrm{div}\mathbf{E}(\mathbf{r}))-\Delta\mathbf{E}(\mathbf{r}) \quad\cdots\cdots (\mathrm{F}-11)$$

$$\nabla\cdot(\nabla\phi(\mathbf{r}))=\mathrm{div}(\mathrm{grad}\phi(\mathbf{r}))=\nabla\cdot(\nabla\phi(\mathbf{r}))=\nabla^2\phi(\mathbf{r})\equiv\Delta\phi(\mathbf{r}) \quad\cdots\cdots\cdots (\mathrm{F}-12)$$

付録G　微分演算子の極座標表示・円筒座標表示

微分演算子を極座標系や円筒座標系で使えるようになろう。

勾　　配

スカラー場 $\varphi(\mathbf{r})$ の勾配 $\nabla\varphi(\mathbf{r})$ は，
極座標系では，

$$\nabla\varphi(\mathbf{r}) = \mathbf{e}_r \frac{\partial}{\partial r}\varphi(\mathbf{r}) + \mathbf{e}_\theta \frac{1}{r}\frac{\partial}{\partial\theta}\varphi(\mathbf{r}) + \mathbf{e}_\phi \frac{1}{r\sin\theta}\frac{\partial}{\partial\phi}\varphi(\mathbf{r}) \quad \cdots\cdots\cdots\cdots\cdots \text{(G-1)}$$

円筒座標系では，

$$\nabla\varphi(\mathbf{r}) = \mathbf{e}_R \frac{\partial}{\partial R}\varphi(\mathbf{r}) + \mathbf{e}_\theta \frac{1}{R}\frac{\partial}{\partial\theta}\varphi(\mathbf{r}) + \mathbf{e}_z \frac{\partial}{\partial z}\varphi(\mathbf{r}) \quad \cdots\cdots\cdots\cdots\cdots\cdots\cdots \text{(G-2)}$$

で与えられる。

発　　散

ベクトル場 $\mathbf{E}(\mathbf{r})$ の発散 $\nabla\cdot\mathbf{E}(\mathbf{r})$ は，
極座標系では，

$$\nabla\cdot\mathbf{E}(\mathbf{r}) = \frac{1}{r^2}\frac{\partial}{\partial r}(r^2 E_r) + \frac{1}{r\sin\theta}\frac{\partial}{\partial\theta}(r\sin\theta E_\theta) + \frac{1}{r\sin\theta}\frac{\partial}{\partial\phi}E_\phi \quad \cdots\cdots\cdots\cdots \text{(G-3)}$$

円筒座標系では，

$$\nabla\cdot\mathbf{E}(\mathbf{r}) = \frac{1}{R}\left[\frac{\partial}{\partial R}(R E_R) + \frac{\partial}{\partial\theta}E_\theta + R\frac{\partial}{\partial z}E_z\right] \quad \cdots\cdots\cdots\cdots\cdots\cdots \text{(G-4)}$$

で与えられる。

スカラー場のラプラシアン

スカラー場 $\varphi(\mathbf{r})$ のラプラシアン $\Delta\varphi(\mathbf{r})$ は，
極座標系では，

$$\Delta\varphi(\mathbf{r}) = \frac{1}{r^2}\frac{\partial}{\partial r}\left(r^2\frac{\partial}{\partial r}\varphi(\mathbf{r})\right) + \frac{1}{r^2\sin\theta}\frac{\partial}{\partial\theta}\left(\sin\theta\frac{\partial}{\partial\theta}\varphi(\mathbf{r})\right) + \frac{1}{r^2\sin^2\theta}\frac{\partial^2}{\partial\phi^2}\varphi(\mathbf{r}) \quad \cdots\cdots \text{(G-5)}$$

円筒座標系では，

$$\Delta\varphi(\mathbf{r}) = \frac{1}{R}\frac{\partial}{\partial R}\left(R\frac{\partial}{\partial R}\varphi(\mathbf{r})\right) + \frac{1}{R}\frac{\partial^2}{\partial\theta^2}\varphi(\mathbf{r}) + R\frac{\partial^2}{\partial z^2}\varphi(\mathbf{r}) \quad \cdots\cdots\cdots\cdots\cdots\cdots \text{(G-6)}$$

で与えられる。

付録H　場の積分　―線積分（経路積分）―

線積分を理解し，電磁気学でよく使う線積分を学ぼう。

ベクトル値関数 $\mathbf{X}(\mathbf{r})$ のAからBへ向かう経路 C（図H-1）に沿った線積分 $\int_C \mathbf{X}(\mathbf{r})\cdot d\mathbf{s}(\mathbf{r})$ は次のように定義される。図H-2のように経路 C を n 個の線素ベクトル $d\mathbf{s}(\mathbf{r}_1), d\mathbf{s}(\mathbf{r}_2), \cdots d\mathbf{s}(\mathbf{r}_i) \cdots, d\mathbf{s}(\mathbf{r}_n)$ がつながった折れ線で近似する。これらの線素は，それぞれの線素上でベクトル場 $\mathbf{X}(\mathbf{r})$ が一定とみなせるくらいに小さくとる。その位置ベクトル $\mathbf{r}_i$ は微小線素の始点にとる。

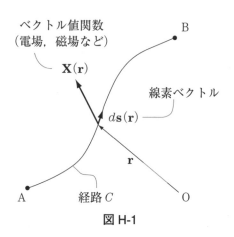

図 H-1

線素 $d\mathbf{s}(\mathbf{r}_i)$ と $\mathbf{X}(\mathbf{r}_i)$ の内積 $\mathbf{X}(\mathbf{r}_i)\cdot d\mathbf{s}(\mathbf{r}_i)$ をすべて加え合わせた値，$\displaystyle\sum_{i=0}^{n-1}\mathbf{X}(\mathbf{r}_i)\cdot d\mathbf{s}(\mathbf{r}_i)$ は折れ線の線素ベクトルをどんどん増やして，一つ一つの線素ベクトルの長さをどんどん短くするとある極限値に収束する。この極限の計算（次式の左辺）をベクトル関数 $\mathbf{X}(\mathbf{r})$ の経路 C に沿った**線積分**といい，次式の右辺のように記す。

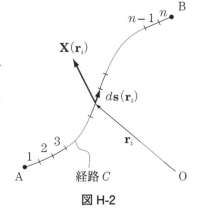

図 H-2

$$\lim_{n\to\infty}\sum_{i=1}^{n}\mathbf{X}(\mathbf{r}_i)\cdot d\mathbf{s}(\mathbf{r}_i)\equiv\int_C \mathbf{X}(\mathbf{r})\cdot d\mathbf{s}(\mathbf{r})$$

始点Aと終点Bおよび経路を示す曲線 C を明記して $\int_{A,C}^{B}\mathbf{X}(\mathbf{r})\cdot d\mathbf{s}(\mathbf{r})$ と書くこともある。線積分は**経路積分**と呼ばれることもある。

線積分の例

(1)　$\mathbf{X}(\mathbf{r})$ が力 $\mathbf{F}(\mathbf{r})$ の場合。

$$\int_{A,C}^{B}\mathbf{F}(\mathbf{r})\cdot d\mathbf{s}(\mathbf{r})=\text{経路}C\text{に沿って点Aから点Bまでに力}\mathbf{F}(\mathbf{r})$$

した仕事。

(2)　$\mathbf{X}(\mathbf{r})$ が曲線 C 上で経路方向の単位ベクトルになっている場合。

$\mathbf{X}(\mathbf{r}_i)\cdot d\mathbf{s}(\mathbf{r}_i)$ は線素ベクトル $d\mathbf{s}(\mathbf{r}_i)$ の長さ $ds(\mathbf{r}_i)$ になるので，$\int_{A,C}^{B}\mathbf{X}(\mathbf{r})\cdot d\mathbf{s}(\mathbf{r})=\int_{A,C}^{B}ds(\mathbf{r})$ と書ける。$\int_{A,C}^{B}ds(\mathbf{r})$ は線素の長さを曲線 C に沿って足した極限なので，曲線 C の長さを表している。

電磁気学でよく使う線積分

電磁気学の問題では経路を自ら設定しなくてはならない場合が多いが，そのような場合は，ベクトル場 $\mathbf{E}(\mathbf{r})$ と線素ベクトル $d\mathbf{s}$ の関係が簡単な関係（平行とか垂直）になるように選ぶと計算が簡単になる。

無限に長い直線に対して軸対称な系

このような系では，ベクトル場 $\mathbf{E}(\mathbf{r})$ の大きさ E が，直線からの距離 R だけの関数 $E(R)$ になるので，直線を中心として半径 R の円周を経路 C に選ぶことが多い。

(1)　ベクトル場が円周 C に沿っている場合

経路の方向をベクトル場の方向に沿ってとる
と，ベクトル場 $\mathbf{E}(\mathbf{r})$ は円周（経路 C）上では線
素ベクトル $d\mathbf{s}(\mathbf{r})$ と常に平行である。
　したがって，$\mathbf{E}(\mathbf{r})$ と $d\mathbf{s}$ の内積 $\mathbf{E}(\mathbf{r})\cdot d\mathbf{s}$ は，

$$\mathbf{E}(\mathbf{r})\cdot d\mathbf{s} = E(R)ds$$

となり，

$$\int_C \mathbf{E}(\mathbf{r})\cdot d\mathbf{s}(\mathbf{r}) = \int_C E(R)ds = E(R)\int_C ds$$

となる。$\int_C ds$ は経路 C の長さであるから，こ
の場合，円周 $2\pi R$ である。したがって，

$$\int_C \mathbf{E}(\mathbf{r})\cdot d\mathbf{s}(\mathbf{r}) = 2\pi R E(r)$$

となる。

　(2)　ベクトル場が直線から放射状になって
いる場合
　このようなベクトル場 $\mathbf{E}(\mathbf{r})$ は円周（経路 C）
上では線素ベクトル $d\mathbf{s}(\mathbf{r})$ と常に垂直である。
　したがって，$\mathbf{E}(\mathbf{r})$ と $d\mathbf{s}$ の内積 $\mathbf{E}(\mathbf{r})\cdot d\mathbf{s}$ は，

$$\mathbf{E}(\mathbf{r})\cdot d\mathbf{s} = 0$$

となるので，線積分は，

$$\int_C \mathbf{E}(\mathbf{r})\cdot d\mathbf{s}(\mathbf{r}) = 0$$

となって 0 となる。

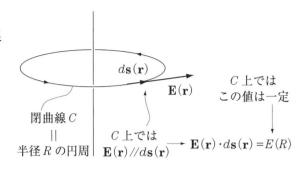

図 H-3

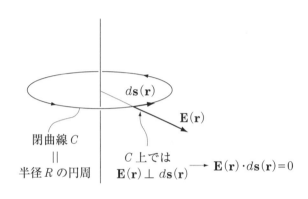

図 H-4

　(3)　ベクトル場の向きがそろっている場合
　このようなベクトル場 $\mathbf{E}(\mathbf{r})$ での線積分は経
路 C を矩形にとることが多い。例えば，**図 H
−5** のように長方形 ABCD を経路 C とし，A
→ B → C → D → A の順に経路 C を一周する積
分

$$\int_C \mathbf{E}(\mathbf{r})\cdot d\mathbf{s}(\mathbf{r})$$

を考える。経路 C は A → B，B → C，C → D，
D → A の 4 つに分割できるので線積分を，

$$\int_C \mathbf{E}(\mathbf{r})\cdot d\mathbf{s}(\mathbf{r})$$
$$= \int_{AB} \mathbf{E}(\mathbf{r})\cdot d\mathbf{s}(\mathbf{r}) + \int_{BC} \mathbf{E}(\mathbf{r})\cdot d\mathbf{s}(\mathbf{r})$$
$$+ \int_{CD} \mathbf{E}(\mathbf{r})\cdot d\mathbf{s}(\mathbf{r}) + \int_{DA} \mathbf{E}(\mathbf{r})\cdot d\mathbf{s}(\mathbf{r})$$

と 4 つに分割して考える。

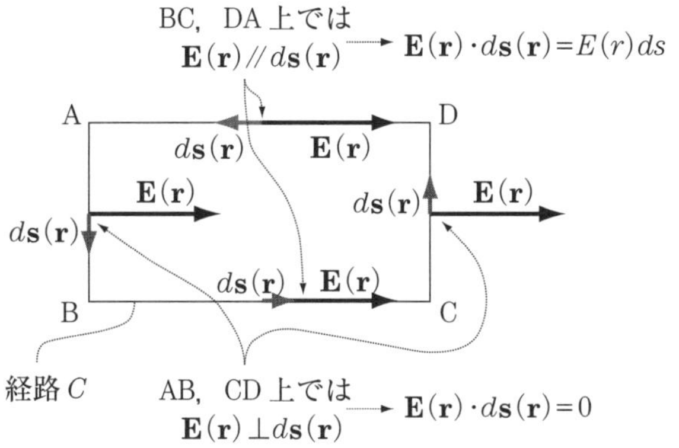

図 H-5

　図 H−5 に示すように AB と CD 上では線素ベクトル $d\mathbf{s}(\mathbf{r})$ はベクトル場 $\mathbf{E}(\mathbf{r})$ に対して常に垂
直である。したがって，$\mathbf{E}(\mathbf{r})$ と $d\mathbf{s}(\mathbf{r})$ の内積 $\mathbf{E}(\mathbf{r})\cdot d\mathbf{s}(\mathbf{r})$ は，$\mathbf{E}(\mathbf{r})\cdot d\mathbf{s}(\mathbf{r}) = 0$ となるので，AB と
CD 上での線積分は，

$$\int_{AB} \mathbf{E}(\mathbf{r})\cdot d\mathbf{s}(\mathbf{r}) = 0, \quad \int_{CD} \mathbf{E}(\mathbf{r})\cdot d\mathbf{s}(\mathbf{r}) = 0$$

となって 0 となる。一方，BC と DA 上では線素ベクトル $d\mathbf{s}(\mathbf{r})$ はベクトル場 $\mathbf{E}(\mathbf{r})$ に対して
常に平行または反平行である。したがって，$\mathbf{E}(\mathbf{r})$ と $d\mathbf{s}(\mathbf{r})$ の内積 $\mathbf{E}(\mathbf{r})\cdot d\mathbf{s}(\mathbf{r})$ は，BC 上で，

$\mathbf{E}(\mathbf{r}) \cdot d\mathbf{s} = |E(\mathbf{r})ds|$，DA 上で，$\mathbf{E}(\mathbf{r}) \cdot d\mathbf{s} = -|E(\mathbf{r})ds|$ となり，

$$\int_{\mathrm{BC}} \mathbf{E}(\mathbf{r}) \cdot d\mathbf{s} = \int_{\mathrm{BC}} |E(\mathbf{r})ds| = \left| \int_{\mathrm{BC}} E(\mathbf{r})ds \right|, \quad \int_{\mathrm{DA}} \mathbf{E}(\mathbf{r}) \cdot d\mathbf{s} = -\int_{\mathrm{DA}} |E(\mathbf{r})ds| = -\left| \int_{\mathrm{DA}} E(\mathbf{r})ds \right|$$

となる。したがって，経路 C を一周する積分は，

$$\int_C \mathbf{E}(\mathbf{r}) \cdot d\mathbf{s}(\mathbf{r}) = \int_{\mathrm{AB}} \mathbf{E}(\mathbf{r}) \cdot d\mathbf{s}(\mathbf{r}) + \int_{\mathrm{BC}} \mathbf{E}(\mathbf{r}) \cdot d\mathbf{s}(\mathbf{r}) + \int_{\mathrm{CD}} \mathbf{E}(\mathbf{r}) \cdot d\mathbf{s}(\mathbf{r}) + \int_{\mathrm{DA}} \mathbf{E}(\mathbf{r}) \cdot d\mathbf{s}(\mathbf{r})$$

$$= 0 + \left| \int_{\mathrm{BC}} E(\mathbf{r})ds \right| + 0 - \left| \int_{\mathrm{DA}} E(\mathbf{r})ds \right| = \left| \int_{\mathrm{BC}} E(\mathbf{r})ds \right| - \left| \int_{\mathrm{DA}} E(\mathbf{r})ds \right|$$

となる。

　特に，ベクトル場 $\mathbf{E}(\mathbf{r})$ の大きさが一定であり，$|\mathbf{E}(\mathbf{r})| = E$ であれば，

$$\left| \int_{\mathrm{BC}} E(\mathbf{r})ds \right| = E \times (\mathrm{BC} \ \text{の長さ})$$

$$\left| \int_{\mathrm{DA}} E(\mathbf{r})ds \right| = E \times (\mathrm{DA} \ \text{の長さ})$$

となる。BC と DA の長さは等しいので，

$$\left| \int_{\mathrm{BC}} E(\mathbf{r})ds \right| - \left| \int_{\mathrm{DA}} E(\mathbf{r})ds \right| = E \times (\mathrm{BC} \ \text{の長さ}) - E \times (\mathrm{DA} \ \text{の長さ}) = 0$$

となって，

$$\int_C \mathbf{E}(\mathbf{r}) \cdot d\mathbf{s}(\mathbf{r}) = 0$$

となる。

付録I 場の積分 —面積分—

面積分を理解し，電磁気学でよく使う面積分を学ぼう。

ベクトル関数 $\mathbf{E}(\mathbf{r})$ の曲面 S 上の面積分は次のように定義される。

図I-1のような表裏を決めた曲面を考える。図I-2のように曲面 S をいくつもの面素片 dS_1, dS_2, $\cdots$, dS_i, $\cdots$, dS_n に分割した多面体を考える。面素片の大きさはその面の範囲で $\mathbf{E}(\mathbf{r})$ が一定とみなせるくらいに小さくとる。面素片の位置ベクトルはその中心にとる。面素片の法線ベクトル $\mathbf{n}(\mathbf{r}_i)$ と $\mathbf{E}(\mathbf{r}_i)$ の内積に面素片の面積 dS_i を掛けた $\mathbf{E}(\mathbf{r}_i)\cdot\mathbf{n}(\mathbf{r}_i)dS_i$ を全ての面素片について加え合わせた値

$$\sum_{i=1}^{n}\mathbf{E}(\mathbf{r}_i)\cdot\mathbf{n}(\mathbf{r}_i)dS_i$$

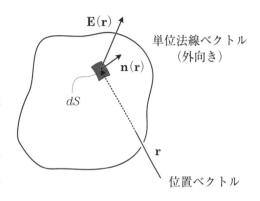

図 I-1

は，面素片の大きさをどんどん小さくし，数をどんどん増やすとある極限値に近づく。この極限の計算をベクトル関数 $\mathbf{E}(\mathbf{r})$ の曲面 S 上の面積分といい，次式の右辺のように記す。

$$\lim_{n\to\infty}\sum_{i=1}^{n}\mathbf{E}(\mathbf{r}_i)\cdot\mathbf{n}(\mathbf{r}_i)\,dS_i \equiv \int_{S}\mathbf{E}(\mathbf{r})\cdot\mathbf{n}(\mathbf{r})dS$$

$\int_{S}\mathbf{E}(\mathbf{r})\cdot\mathbf{n}(\mathbf{r})dS$ は $\mathbf{E}(\mathbf{r})$ が曲面 S を裏から表へ垂直に貫く総量を計算していると考えてよい。

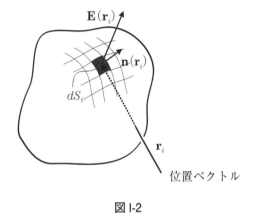

図 I-2

曲面 S が閉曲面のときは，曲面で囲まれた領域内から外へ向かう方向を表向きとすることが多い。

面積分の例

(1) $\mathbf{E}(\mathbf{r})$ が電場のとき。

$\int_{S}\mathbf{E}(\mathbf{r})\cdot\mathbf{n}(\mathbf{r})dS$ ＝曲面 S を垂直に裏から表へ貫く電場の総量

(2) $\mathbf{E}(\mathbf{r})$ が面 S 上で，面 S に垂直な単位ベクトルになっていて，しかも表の方向に向いているとき $\int_{S}\mathbf{E}(\mathbf{r})\cdot\mathbf{n}(\mathbf{r})dS = \int_{S}dS$ となる。これは面素片の面積を加え合わせた極限値だから，面 S の面積になる。

$\int_{S}dS$ ＝曲面 S の面積

であることを覚えておくと便利である。

電磁気学でよく使う面積分

電磁気学の問題では自ら適切な閉曲面 S を設定しなくてはならない。たいていの場合は，ベクトル場 $\mathbf{E}(\mathbf{r})$ と単位法線ベクトル $\mathbf{n}(\mathbf{r})$ の関係が単純な関係（平行とか垂直）になるように選ぶとよい。

無限に長い直線に対して軸対称な系

　軸対称な系ではベクトル場も軸対称になっている。軸対称なベクトル場の面積分を行う場合，軸を中心として半径 r，長さ l の円筒面を閉曲面 S に選ぶと積分が簡単になる場合が多い。以下にその典型的な例を示す。

(1)　ベクトル場が直線から放射状になっている場合

　円筒状閉曲面 S は上面 S_0，側面 S_1，底面 S_2 の 3 つに分けられるので，S に関する面積分も 3 つに分けて計算すれば簡単になる。すなわち，

$$\int_S \mathbf{E}(\mathbf{r})\cdot\mathbf{n}(\mathbf{r})dS = \int_{S_0(=上面)} \mathbf{E}(\mathbf{r})\cdot\mathbf{n}(\mathbf{r})dS + \int_{S_1(=側面)} \mathbf{E}(\mathbf{r})\cdot\mathbf{n}(\mathbf{r})dS + \int_{S_2(=下面)} \mathbf{E}(\mathbf{r})\cdot\mathbf{n}(\mathbf{r})dS$$

と 3 分割する。図 I-4 のようにベクトル場が中心軸から放射状になっている場合，S の上面 S_0 および底面 S_2 ではベクトル場 $\mathbf{E}(\mathbf{r})$ と外向き単位法線ベクトル $\mathbf{n}(\mathbf{r})$ は垂直なので，$\mathbf{E}(\mathbf{r})\cdot\mathbf{n}(\mathbf{r})=0$ となり，面積分は 0 となる。一方，S の側面 S_1 では $\mathbf{E}(\mathbf{r})\,/\!/\,\mathbf{n}(\mathbf{r})$ であるから，$\mathbf{E}(\mathbf{r})\cdot\mathbf{n}(\mathbf{r})=\pm E(r)$ となり，側面 S_1 の積分計算上では定数として扱える。したがって積分計算は，

$$\int_S \mathbf{E}(\mathbf{r})\cdot\mathbf{n}(\mathbf{r})dS = \int_{S_0(=上面)} 0\,dS + \int_{S_1(=側面)} E(r)\,dS + \int_{S_2=底面} 0\,dS = \int_{S_1} E(r)\,dS$$

$$= E(r)\int_{S_1} dS = 2\pi r l E(r) \quad \left[\int_{S_1} dS \text{ は } S_1 \text{ の面積 } 2\pi r l \text{ である。}\right]$$

となる。

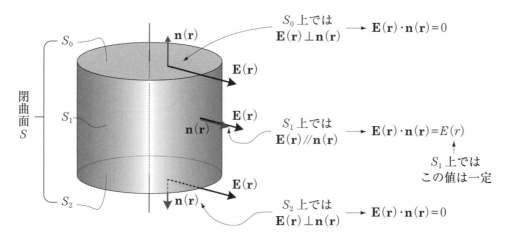

図 I-4

(2)　ベクトル場が円周に沿っている場合

　(1)と同様に円筒状閉曲面 S を上面 S_0，側面 S_1，底面 S_2 の 3 つに分けて議論するとわかりやすい。すなわち，

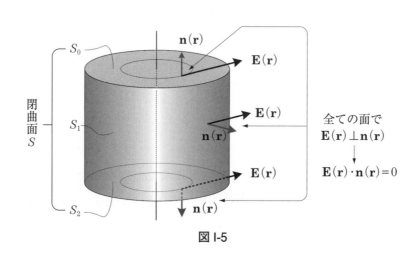

図 I-5

$$\int_S \mathbf{E(r)} \cdot \mathbf{n(r)} dS = \int_{S_0(=\text{上面})} \mathbf{E(r)} \cdot \mathbf{n(r)} dS + \int_{S_1(=\text{側面})} \mathbf{E(r)} \cdot \mathbf{n(r)} dS + \int_{S_2(=\text{下面})} \mathbf{E(r)} \cdot \mathbf{n(r)} dS$$

である。図I–5のようにベクトル場が円周に沿っている場合，S の表面のいたるところでベクトル場 $\mathbf{E(r)}$ と外向き単位法線ベクトル $\mathbf{n(r)}$ は垂直になっているので $\mathbf{E(r)} \cdot \mathbf{n(r)} = 0$ となり，面積分は 0 となる。すなわち，積分計算は，

$$\int_S \mathbf{E(r)} \cdot \mathbf{n(r)} dS = \int_{S_0(=\text{上面})} 0\, dS + \int_{S_1(=\text{側面})} 0\, dS + \int_{S_2(=\text{底面})} 0\, dS = 0$$

となる。

(3) ベクトル場が中心軸と平行な場合

(1)と同様に円筒状閉曲面 S を上面 S_0，側面 S_1，底面 S_2 の 3 つに分けて議論するとわかりやすい。すなわち，

$$\int_S \mathbf{E(r)} \cdot \mathbf{n(r)} dS = \int_{S_0(=\text{上面})} \mathbf{E(r)} \cdot \mathbf{n(r)} dS + \int_{S_1(=\text{側面})} \mathbf{E(r)} \cdot \mathbf{n(r)} dS + \int_{S_2(=\text{下面})} \mathbf{E(r)} \cdot \mathbf{n(r)} dS$$

である。図I–6のようにベクトル場が中心軸と平行な場合，S の上面 S_0 および底面 S_2 ではベクトル場 $\mathbf{E(r)}$ と外向き単位法線ベクトル $\mathbf{n(r)}$ は平行または反平行なので，$\mathbf{E(r)} \cdot \mathbf{n(r)} = \pm E(r)$ となり，面積分は r のみの積分となる。一方，S の側面 S_1 では $\mathbf{E(r)} \perp \mathbf{n(r)}$ であるから，$\mathbf{E(r)} \cdot \mathbf{n(r)} = 0$ となり，側面 S_1 の積分は 0 になる。すなわち，

$$\int_S \mathbf{E(r)} \cdot \mathbf{n(r)} dS = \int_{S_0(=\text{上面})} E(r) dS + \int_{S_1(=\text{側面})} 0\, dS - \int_{S_2(=\text{底面})} E(r) dS$$
$$= \int_{S_0(=\text{上面})} E(r) 2\pi r dr - \int_{S_2(=\text{底面})} E(r) 2\pi r dr$$

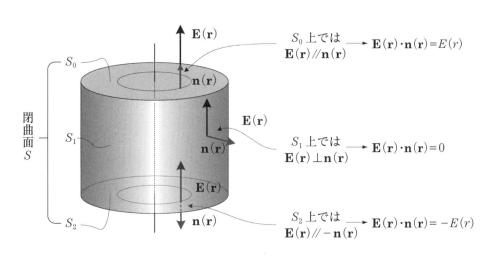

図 I-6

を S の上面 S_0 および底面 S_2 について計算すればよい。

ベクトル場の向きが揃っていて，ベクトル場に垂直な面上では大きさが等しい場合の面積分

　ベクトル場があらゆる場所で同じ向きに揃っていて，なおかつベクトル場に垂直な平面上ではその大きさが等しいような場合も電磁気学ではよく取り扱う。これは，「(3) ベクトル場が中心軸と平行な場合」の特殊な例である。例えば，無限平面上に一様に分布した電荷の作る電場や平行平板コンデンサ内の電場，ソレノイド中の磁場などである。このようなベクトル場の面積分を行う場合，図のように断面積 S，長さ l の筒型の閉曲面 S を選ぶと積分が簡単になる場合が多い。ただし，筒の側面はベクトル場に平行に取り，筒の両端の面はベクトル場と垂直になるようにとる。このような条件を満たしていれば両端の面の形状は任意でよいし，側面の長さ l は計算に都合がよいように選んでよい。また，ベクトル場の向きを座標軸に選ぶとよい。以下にその典型的な例を示す。

筒状閉曲面 S を上面 S_0, 側面 S_1, 底面 S_2 の 3 つに分けて議論するとわかりやすい。すなわち,

$$\int_S \mathbf{E}(\mathbf{r})\cdot\mathbf{n}(\mathbf{r})dS = \int_{S_0(=上面)} \mathbf{E}(\mathbf{r})\cdot\mathbf{n}(\mathbf{r})dS + \int_{S_1(=側面)} \mathbf{E}(\mathbf{r})\cdot\mathbf{n}(\mathbf{r})dS + \int_{S_2(=下面)} \mathbf{E}(\mathbf{r})\cdot\mathbf{n}(\mathbf{r})dS$$

である。なお,図 I-7 で
はベクトル場の向きを z
座標軸に選んでいる。S の
上面 S_0 および底面 S_2 では
ベクトル場 $\mathbf{E}(\mathbf{r})$ と外向き
単位法線ベクトル $\mathbf{n}(\mathbf{r})$ は
平行または反平行なので,
$\mathbf{E}(\mathbf{r})\cdot\mathbf{n}(\mathbf{r})=E(z')$ また
は,$\mathbf{E}(\mathbf{r})\cdot\mathbf{n}(\mathbf{r})=-E(z)$ と
なる。一方,S の側面 S_1
では $\mathbf{E}(\mathbf{r})\perp\mathbf{n}(\mathbf{r})$ であるか
ら,$\mathbf{E}(\mathbf{r})\cdot\mathbf{n}(\mathbf{r})=0$ となり,
側面 S_1 の積分は 0 になる。
すなわち,

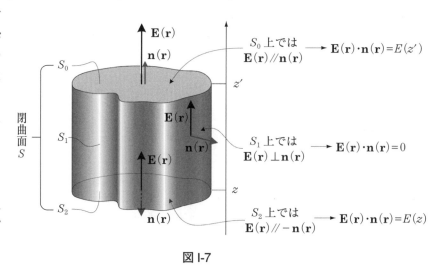

図 I-7

$$\int_S \mathbf{E}(\mathbf{r})\cdot\mathbf{n}(\mathbf{r})dS = \int_{S_0(=上面)} E(z')dS + \int_{S_1(=側面)} 0\,dS + \int_{S_2(=底面)} E(z)dS$$

$$= E(z')\int_{S_0(=上面)} dS - E(z)\int_{S_2(=底面)} dS = [E(z')-E(z)]S$$

となる。

ある一点に対して球対称な系

系が球対称な場合,ベクトル場も球対称でなくてはならない。この条件は対称中心からの距離
$r=$ 一定の場所(球面 S 上)ではベクトル場 $\mathbf{E}(\mathbf{r})$ の大きさ $|\mathbf{E}(\mathbf{r})|$ が同じであり,さらにベクトル
場の方向は球の中心より放射状の方向を持っていなければならない。このような場合では図 I-
8 のように対称中心から半径 r の球面を閉曲面 S に選ぶとよい。

球面 S 上では球面の外向き単位法線ベクトル $\mathbf{n}(\mathbf{r})$ とベクトル場 $\mathbf{E}(\mathbf{r})$ が同方向であり,ベク
トル場 $\mathbf{E}(\mathbf{r})$ の大きさ $|\mathbf{E}(\mathbf{r})|$ が一定であることに気づくことが肝要である。

すなわち,$\mathbf{E}(\mathbf{r})\cdot\mathbf{n}(\mathbf{r})=\pm E(r)$ であるので,半径 r の球面 S に対する面積分は,

$$\int_S \mathbf{E}(\mathbf{r})\cdot\mathbf{n}(\mathbf{r})dS = \int_S E(r)dS = E(r)\int_S dS = 4\pi r^2 E(r)$$

となる。

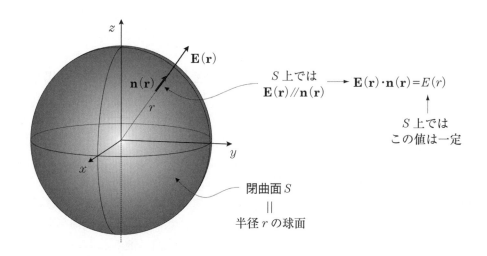

付録 J　場の積分　—体積積分—

体積積分を理解し，電磁気学でよく使う体積積分を学ぼう。

スカラー関数 $f(\mathbf{r}_i)$ の体積領域 V での体積積分は次のように定義される。図 J-1 のように領域 V をいくつもの体積片 $dV_1,\ dV_2,\ \cdots,\ dV_i,\ \cdots,\ dV_i$ に分割して考える。これらの体積片はその領域内でスカラー場 $f(\mathbf{r})$ が一定とみなせるくらいに小さくとる。その位置ベクトル $\mathbf{r}_i$ は体積片の中心にとる。体積片の体積と $f(\mathbf{r}_i)$ を掛けた $f(\mathbf{r}_i)dV_i$ をすべての体積片について加え合わせた $\displaystyle\sum_{i=1}^{n} f(\mathbf{r}_i)dV_i$ は，体積片の大きさをどんどん小さくして，数をどんどん増やすと一定値に収束する。この極限の計算をスカラー関数 $f(\mathbf{r}_i)$ の体積領域 V での**体積積分**といい，次式の右辺のように記す。

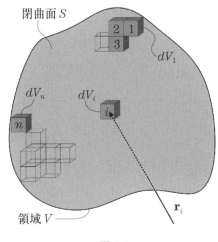

閉曲面 S
dV_1
dV_n
dV_i
領域 V
$\mathbf{r}_i$

図 J-1

$$\lim_{n\to\infty}\sum_{i=1}^{n} f(\mathbf{r}_i)\,dV_i \equiv \int_V f(\mathbf{r})\,dV$$

$\displaystyle\int_V f(\mathbf{r})\,dV$ は，領域 V 内のスカラー場 $f(\mathbf{r})$ の総量を計算していると考えてよい。

体積積分の例

(1) $f(\mathbf{r})$ が電荷密度 $\rho(\mathbf{r})$ のときは，$\rho(\mathbf{r}_i)dV_i$ は体積片 dV_i に含まれる電荷になるから，$\displaystyle\int_V \rho(\mathbf{r})\,dV$ は領域 V の電荷の総量になる。

(2) $f(\mathbf{r})$ が体積領域内で 1 のとき，$\displaystyle\int_V f(\mathbf{r})\,dV = \int_V dV$ となるが，これは体積片の体積を加え合わせた極限なので領域 V の体積になる。

電磁気学でよく使う体積積分

(1) スカラー関数 $\rho(\mathbf{r})$ が一様なとき。

計算すべき領域 V の中のスカラー関数 $\rho(\mathbf{r})$ が一様，つまり $\rho(\mathbf{r}) = \rho = $ 一定値，である場合は，

$$\int_V \rho(\mathbf{r})\,dV = \int_V \rho\,dV = \rho \int_V dV = \rho \times V \text{ の体積}$$

となって，ρ に領域 V の体積を掛けたものになる。

(2) 無限に長い直線に対して軸対称な系。

軸対称な系ではスカラー関数 $\rho(\mathbf{r})$ も軸対称である。すなわち，$\rho(\mathbf{r})$ は R のみの関数 $\rho(R)$ で表わしてよい。例えば，無限に長い直線を中心軸として内半径 a，外半径 b，長さ l の円筒を領域 V に選んだ場合，

$$\int_V \rho(\mathbf{r})\,dV = \int_V \rho(R)\,dV = \int_a^b \rho(R) \times 2\pi R \times l \times dR$$

となって，体積積分は R のみの 1 変数の積分になる。

(3) ある一点に対して球対称な系。

ある一点に対して球対称な系ではスカラー関数 $\rho(\mathbf{r})$ は球対称である。すなわち，$\rho(\mathbf{r})$ は動径 r のみの関数 $\rho(r)$ で表わしてよい。例えば，対称中心から内半径 a，外半径 b の球殻

内を領域 V に選んだ場合,

$$\int_V \rho(\mathbf{r})dV = \int_V \rho(r)dV = \int_a^b \rho(r) \times 4\pi r^2 dr$$

となって,体積積分は動径 r のみの一変数に対する積分になる。

付録K　保存場の定義と性質

保存場の定義と性質を学ぼう。

　ベクトル場 $\mathbf{E}(\mathbf{r})$ が，$\mathbf{E}(\mathbf{r})=-\nabla\phi(\mathbf{r})$ のようにスカラー場 $\phi(\mathbf{r})$ の勾配で書けるとき，ベクトル場 $\mathbf{E}(\mathbf{r})$ を**保存場**といい，スカラー場 $\phi(\mathbf{r})$ を**ポテンシャル関数**という。

　保存場は，回転がゼロ

$$\nabla\times\mathbf{E}(\mathbf{r})=\mathrm{rot}\mathbf{E}(\mathbf{r})=\mathbf{0}$$

である。

　また，保存場を位置 A と B を結ぶ曲線 $\varGamma$ に沿って線積分した結果は，ポテンシャル関数の始点と終点の値を使って，

$$\int_{A,\varGamma}^{B}\mathbf{E}(\mathbf{r})\cdot d\mathbf{s}(\mathbf{r})=\phi(\mathbf{r}_A)-\phi(\mathbf{r}_B)$$

と表され，経路の曲線 $\varGamma$ の形によらない。

　逆に，ベクトル場 $\mathbf{F}(\mathbf{r})$ の線積分が経路の曲線 $\varGamma$ の形によらないなら，$\mathbf{r}_0$ を適当な定点として，

$$U(\mathbf{r})=-\int_{\mathbf{r}_0}^{\mathbf{r}}\mathbf{F}(\mathbf{r}')\cdot d\mathbf{s}(\mathbf{r}')$$

とスカラー場 $U(\mathbf{r})$ を定義すると，$U(\mathbf{r})$ は $\mathbf{F}(\mathbf{r})=-\nabla U(\mathbf{r})$ を満たすポテンシャル関数となる。したがって，ベクトル場 $\mathbf{F}(\mathbf{r})$ は保存場である。

　また，回転がゼロベクトルになるベクトル場は保存場であることも証明できる。

付録L　ガウスの定理，ストークスの定理，マクローリン展開

電磁気学で使う数学のガウスの定理，ストークスの定理を理解しよう。
マクローリン展開を用いた近似計算ができるようになろう。

ガウスの定理

図L–1に示すように，閉曲面Sを考え，Sの内部の領域をVとする。$\mathbf{n}(\mathbf{r})$をSの外向きの単位法線ベクトルとする。ベクトル場$\mathbf{E}(\mathbf{r})$のS上での面積分 と発散$\mathrm{div}\mathbf{E}(\mathbf{r})$の領域$V$についての体積積分 の間には，

$$\int_S \mathbf{E}(\mathbf{r})\cdot\mathbf{n}(\mathbf{r})dS = \int_V \mathrm{div}\,\mathbf{E}(\mathbf{r})dV \quad \cdots\cdots \quad (\mathrm{L}-1)$$

が成立する。これは**ガウスの定理**と呼ばれる純粋に数学的な定理であるが，面積分を体積積分に変換するときに便利である。

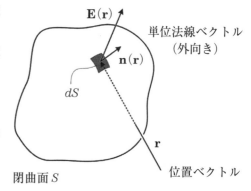

図 L-1

閉曲線Cの方向とCを縁とする任意の曲面Sの表裏

閉曲線Cとそれを縁とする曲面Sがあって，閉曲線Cには経路の向きが定められているとする。閉曲線C上の点Aにおいて経路方向に平行なベクトル$\mathbf{t}$を立てる。ただし，点Aで曲線Cは尖っていないとする。次に，閉曲線C上を除いた曲面S上に点Bをとる。ただし，曲面S上から離れないようにして点Aから点Bへ引いた最短曲線が直線と見なせるくらい，点Bは点Aに近いとする。点Aから点Bに向かうベクトル$\mathbf{u}$を立てる。このときベクトル積$\mathbf{t}\times\mathbf{u}$が向く側を，曲面$S$の表側と約束する。曲面$S$上の位置$\mathbf{r}$における単位法線ベクトル$\mathbf{n}(\mathbf{r})$は，曲面$S$の表側を向くようにとると約束する。このようにして，閉曲線Cの向きを予め決めておくと曲面Sの表側が決まる。逆に，曲面Sの表側を予め決めておくと，上で述べた約束に矛盾しないように閉曲線Cの向きが決められる。

ストークスの定理

図L–2に示すように，閉曲線CとCを縁とする任意の曲面Sを考える。任意のベクトル場$\mathbf{E}(\mathbf{r})$をCに沿って線積分したものと，ベクトル場の回転をS上で積分したものは等しい。すなわち

$$\int_S \mathrm{rot}\,\mathbf{E}(\mathbf{r})\cdot\mathbf{n}(\mathbf{r})dS = \int_C \mathbf{E}(\mathbf{r})\cdot d\mathbf{s}(\mathbf{r})\cdots \quad (\mathrm{L}-2)$$

が成立する。これは**ストークスの定理**と呼ばれる。ここで，ベクトル$\mathbf{n}(\mathbf{r})$は，S上の位置ベクトル$\mathbf{r}$で表される点にある微小面積素片に対する法線方向の単位ベクトルである。

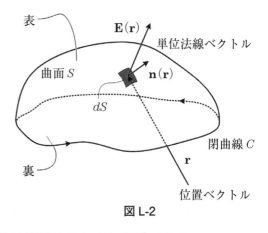

図 L-2

これも純粋に数学的な定理であるが，面積分を線積分に変換するときに便利である。

マクローリン展開

関数$f(x)$の$x=0$のまわりのテイラー展開は**マクローリン（Maclaurin）展開**とも呼ばれ，以下の式で与えられる。

$$f(x) = f(0) + \left(\frac{df}{dx}\right)_{x=0} x + \frac{1}{2!}\left(\frac{d^2 f}{dx^2}\right)_{x=0} x^2 + \frac{1}{3!}\left(\frac{d^3 f}{dx^3}\right)_{x=0} x^3 + \cdots\cdots + \frac{1}{n!}\left(\frac{d^n f}{dx^n}\right)_{x=0} x^n + \cdots\cdots$$

$$\cdots\cdots\cdots (\mathrm{L}-3)$$

電磁気学では，このマクローリン展開を近似計算によく用いる。$|x|\ll 1$のときはxの2次の項まで考えれば十分である。

付録M　MKSA 有理単位系と物理量の単位

> MKSA 有理単位系と物理量の単位の関係を理解しよう。

MKSA 有理単位系

　本書では，長さ，質量，時間を表す単位として，m（メートル），kg（キログラム），s（秒）を用いるMKS単位系に，電流の単位A（アンペア）を加えた **MKSA 有理単位系**を用いている。この単位系は SI 単位系とも呼ばれ，標準的な単位系として広く使われている。これ以外の体系として，長さ，質量，時間を表す単位として，cm（センチメートル），g（グラム），s（秒）を用いる **CGS 単位系**をもとにした **CGS　gauss 単位系**，**CGS　emu 単位系**，**CGS　esu 単位系**などがある。

電磁気における物理量と単位

物理量	記号	MKSA 有理単位系
電荷	Q, q	C（クーロン）＝A·s
電場	**E**	V·m^{-1}＝N·C^{-1}＝kg·m·s^{-2}·A^{-1}·s^{-1}
電束密度	**D**	C·m^{-2}＝A·s·m^{-2}
静電ポテンシャル	ϕ	V（ボルト）＝W·A^{-1}＝N·m·s^{-1}·A^{-1}＝N·m·C^{-1}＝kg·m^2·s^{-2}·C^{-1}
分極	**P**	C·m^{-2}
誘電率	ε	A^2·s^2·N^{-1}·m^{-2}＝F·m^{-1}
磁場の強さ	**H**	A·m^{-1}
磁束	**Φ**	Wb（ウェーバー）＝N·m·A^{-1}
磁束密度	**B**	T（テスラ）＝Wb·m^{-2}＝N·m^{-1}·A^{-1}
透磁率	μ	H·m^{-1}＝N·A^{-2}
電気容量	C	F（ファラッド）＝C·V^{-1}＝A^2·s^2·N^{-1}·m^{-1}
抵抗	R	Ω（オーム）＝V·A^{-1}
抵抗率	ρ	Ω·m
電気伝導率	σ	Ω^{-1}·m^{-1}
インダクタンス	L, M	H（ヘンリー）＝V·s·A^{-1}＝Ω·s＝N·m·A^{-1}
電流	**I**	A（アンペア）
電流密度	**i**	A·m^{-2}
電圧	V	V（ボルト）＝W·A^{-1}＝N·m·s^{-1}·A^{-1}＝N·m·C^{-1}＝kg·m^2·s^{-2}·C^{-1}
力	**F**	N（ニュートン）＝kg·m·s^{-2}
エネルギー	U, W	J（ジュール）＝N·m＝kg·m^2·s^{-2}
仕事率	P	W（ワット）＝J·s^{-1}＝N·m·s^{-1}＝kg·m^2·s^{-3}
周波数（振動数）	f, ν	Hz（ヘルツ）＝s^{-1}

注意 記号は本書で用いている記号の主なものであり，便益のため別の記号を使っている場合もある。

物 理 定 数

真空の誘電率　：$\varepsilon_0 = (4\pi)^2 c^{-2} \times 10^7 = 8.854 \times 10^{-12}$ A^2·s^2·N^{-1}·m^{-2}

真空の透磁率　：$\mu_0 = 4\pi \times 10^{-7}$ N·A^{-2}

真空中の光速度：$c_0 = 2.998 \times 10^8$ m·s^{-1}

電気素量　　　：$e = 1.602176634 \times 10^{-19}$ C

【注意】ここで c は真空中の光速度 c_0 を m·s^{-1} で表したときの数値。（$c = 299792458$）

　1 m は「光が真空中を 1 秒間に進む距離の 299792458 分の 1」と定義されているので，c の値は誤差のない正確な値である。また，2019 年の SI 単位系の改訂により，電気素量は定義値になった。関連して真空透磁率は不確かさを持つ測定値となっている。

付録N　電磁波の分類

波長や周波数によって電磁波が分類されることを学ぼう。

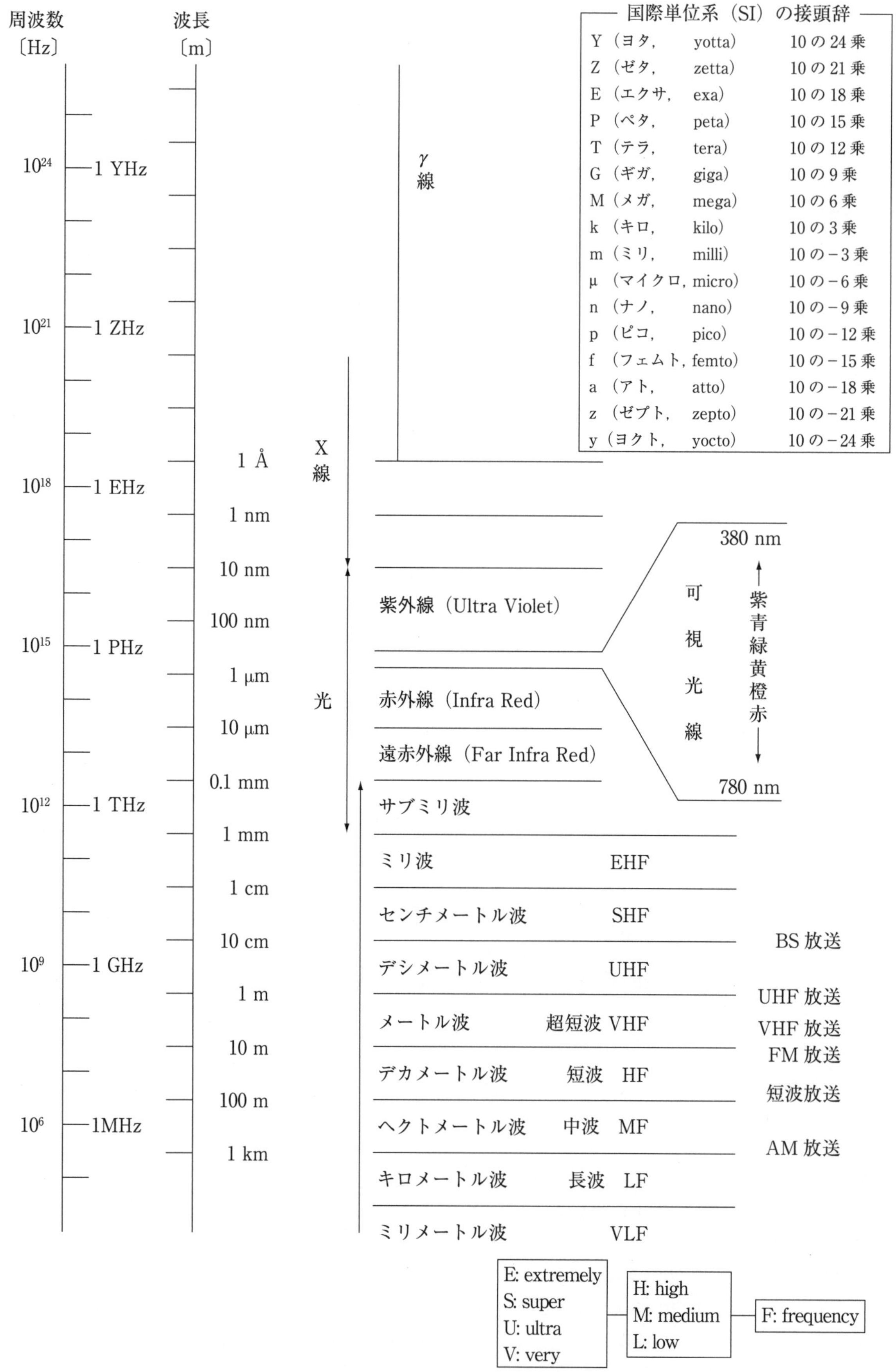

周波数〔Hz〕

波長〔m〕

国際単位系（SI）の接頭辞

Y （ヨタ，	yotta)	10 の 24 乗
Z （ゼタ，	zetta)	10 の 21 乗
E （エクサ，	exa)	10 の 18 乗
P （ペタ，	peta)	10 の 15 乗
T （テラ，	tera)	10 の 12 乗
G （ギガ，	giga)	10 の 9 乗
M （メガ，	mega)	10 の 6 乗
k （キロ，	kilo)	10 の 3 乗
m （ミリ，	milli)	10 の −3 乗
μ （マイクロ，	micro)	10 の −6 乗
n （ナノ，	nano)	10 の −9 乗
p （ピコ，	pico)	10 の −12 乗
f （フェムト，	femto)	10 の −15 乗
a （アト，	atto)	10 の −18 乗
z （ゼプト，	zepto)	10 の −21 乗
y （ヨクト，	yocto)	10 の −24 乗

10^{24} — 1 YHz

10^{21} — 1 ZHz

10^{18} — 1 EHz　1 Å

1 nm

10 nm

10^{15} — 1 PHz　100 nm

1 μm

10 μm

10^{12} — 1 THz　0.1 mm

1 mm

1 cm

10 cm

10^{9} — 1 GHz

1 m

10 m

100 m

10^{6} — 1MHz

1 km

γ線

X線

紫外線（Ultra Violet）

赤外線（Infra Red）

遠赤外線（Far Infra Red）

サブミリ波

光

380 nm

可視光線

紫青緑黄橙赤

780 nm

ミリ波　　　　　　EHF

センチメートル波　SHF

デシメートル波　　UHF

メートル波　　超短波 VHF

デカメートル波　　短波　HF

ヘクトメートル波　中波　MF

キロメートル波　　長波　LF

ミリメートル波　　　　VLF

BS 放送

UHF 放送

VHF 放送

FM 放送

短波放送

AM 放送

E: extremely
S: super
U: ultra
V: very

H: high
M: medium
L: low

F: frequency

右手系とスカラー3重積 I

> 右手系をイメージして図を描ける。スカラー3重積の意味を理解する。

付録例題 **1.1** ベクトル $\mathbf{a}, \mathbf{b}, \mathbf{c}$ がこの順で右手系になっているとする。以下の問いに答えよ。
基礎 (1) ベクトル $\mathbf{a}$, $\mathbf{b}$, $\mathbf{c}$ の関係を図で表せ。
発展 (2) スカラー3重積 $\mathbf{c} \cdot (\mathbf{a} \times \mathbf{b})$ は，ベクトル $\mathbf{a}$, $\mathbf{b}$, $\mathbf{c}$ の張る平行六面体の体積に等しいことを証明せよ。

解答

(1) 右図の通り。

(2) 右下図のように底面積を S と高さを h とすると，平行六面体の体積 V は $V = Sh$。ベクトル積の定義から面積 S は，

$$S = |\mathbf{a} \times \mathbf{b}| \quad \cdots\cdots\cdots\cdots ①$$

高さ h は $\mathbf{c}$ の高さ方向の成分 $c\cos\phi$ である。これは高さ方向の単位ベクトルと $\mathbf{c}$ の内積である。

高さ方向の単位ベクトルは，

$$\frac{\mathbf{a} \times \mathbf{b}}{|\mathbf{a} \times \mathbf{b}|} \quad \cdots\cdots\cdots\cdots ②$$

なので，高さ h は，

$$h = \mathbf{c} \cdot \frac{\mathbf{a} \times \mathbf{b}}{|\mathbf{a} \times \mathbf{b}|} \quad \cdots\cdots\cdots\cdots ③$$

したがって，体積 V は，

$$V = |\mathbf{a} \times \mathbf{b}| \, \mathbf{c} \cdot \frac{\mathbf{a} \times \mathbf{b}}{|\mathbf{a} \times \mathbf{b}|} = \mathbf{c} \cdot (\mathbf{a} \times \mathbf{b}) \quad \cdots\cdots\cdots\cdots ④$$

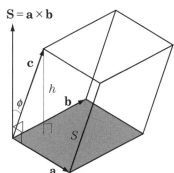

補足

ベクトルの組 $\mathbf{a}$, $\mathbf{b}$, $\mathbf{c}$ がこの順で右手系になっているなら，組 $\mathbf{c}$, $\mathbf{a}$, $\mathbf{b}$, と組 $\mathbf{b}$, $\mathbf{c}$, $\mathbf{a}$ も右手系になっている。また，ベクトルの組 $\mathbf{a}$, $\mathbf{b}$, $\mathbf{c}$ が作る平行六面体，組 $\mathbf{c}$, $\mathbf{a}$, $\mathbf{b}$ が作る平行六面体，組 $\mathbf{b}$, $\mathbf{c}$, $\mathbf{a}$ が作る平行六面体は同じものだから，等式 $\mathbf{c} \cdot (\mathbf{a} \times \mathbf{b}) = \mathbf{a} \cdot (\mathbf{b} \times \mathbf{c}) = \mathbf{b} \cdot (\mathbf{c} \times \mathbf{a})$ が成り立つことは明らかだろう。ベクトルの組 $\mathbf{a}$, $\mathbf{b}$, $\mathbf{c}$ がこの順で左手系になっていると，$\mathbf{c} \cdot (\mathbf{a} \times \mathbf{b})$ の値は負になるが，絶対値はベクトルの組 $\mathbf{a}, \mathbf{b}, \mathbf{c}$ が作る平行六面体の体積に等しい。この計算は，固体物理学や材料力学などの基礎になる。

付録例題 **1.2** ベクトル $\mathbf{a} = (1,2,1)$ $\mathbf{b} = (-1,0,1)$ $\mathbf{c} = (-1,2,-1)$ が作る平行六面体の体積を求めよ。また，ベクトル $\mathbf{a}$, $\mathbf{b}$, $\mathbf{c}$ がこの順で右手系，左手系のどちらか。

解答

$$\mathbf{a} \times \mathbf{b} = ((2 \times 1) - (1 \times 0), (1 \times (-1)) - (1 \times 1), (1 \times 0) - (2 \times (-1))) = (2, -2, 2)$$
$$\mathbf{c} \cdot (\mathbf{a} \times \mathbf{b}) = (1, -2, -1) \cdot (2, -2, 2) = 4$$

よって，体積は 4。また，$\mathbf{c} \cdot (\mathbf{a} \times \mathbf{b})$ が正なので，ベクトル $\mathbf{a}$, $\mathbf{b}$, $\mathbf{c}$ はこの順序で右手系である。

右手系とスカラー3重積 II

ドリル No.71	Class		No.		Name	

必修 問題71

　ベクトル $\mathbf{a}=(1,1,1)$, $\mathbf{b}=(-1,1,1)$, $\mathbf{c}=(-1,1,-1)$ が作る平行六面体の体積を求めよ。また，ベクトル $\mathbf{a}$, $\mathbf{b}$, $\mathbf{c}$ はこの順で右手系，左手系のどちらか。

チェック項目	月　日	月　日
右手系と左手系を理解しているか。スカラー3重積の計算ができるか。		

ベクトル値関数の微分 I

ベクトル値関数の微分ができる。

必修 付録例題 **2** 関数 f, g および，ベクトル $\mathbf{a}$, $\mathbf{b}$ は時間 t の関数とする。

$$\frac{d}{dt}(f(t)\mathbf{b}(t)) = \left(\frac{d}{dt}f(t)\right)\mathbf{b}(t) + f(t)\left(\frac{d}{dt}\mathbf{b}(t)\right) \quad\cdots\cdots\cdots\cdots\cdots\cdots (\text{C}-2)$$

を公式

$$\frac{d}{dt}(f(t)g(t)) = \left(\frac{d}{dt}f(t)\right)g(t) + f(t)\left(\frac{d}{dt}g(t)\right) \quad\cdots\cdots\cdots\cdots\cdots\cdots (\text{C}-6)$$

を使って証明せよ。

解答

(C−2) 式を x, y, z 成分に分けて証明する。最初に x 成分を計算する。(C−2) 式の左辺の x 成分は，

$$\frac{d}{dt}(f(t)\mathbf{b}(t))_x = \frac{d}{dt}(f(t)b_x(t)) \quad\cdots\cdots\cdots\cdots\cdots\cdots\cdots\cdots\cdots\cdots \text{①}$$

である。(C−6) 式を①式の右辺に適用して，

$$\text{与式} = \left(\frac{d}{dt}f(t)\right)b_x(t) + f(t)\left(\frac{d}{dt}b_x(t)\right) \quad\cdots\cdots\cdots\cdots\cdots\cdots \text{②}$$

を得る。一方，(C−2) 式の右辺の x 成分は，

$$\left(\left(\frac{d}{dt}f(t)\right)\mathbf{b}(t) + f(t)\left(\frac{d}{dt}\mathbf{b}(t)\right)\right)_x = \left(\frac{d}{dt}f(t)\right)b_x(t) + f(t)\left(\frac{d}{dt}b_x(t)\right) \quad\cdots\cdots \text{③}$$

なので，②式と等しい。
したがって，

$$\left(\frac{d}{dt}(f(t)\mathbf{b}(t))\right)_x = \left(\left(\frac{d}{dt}f(t)\right)\mathbf{b}(t) + f(t)\left(\frac{d}{dt}\mathbf{b}(t)\right)\right)_x \quad\cdots\cdots\cdots\cdots\cdots \text{④}$$

となる。y, z 成分も同様である。（手を動かして確かめること）
したがって，

$$\frac{d}{dt}(f(t)\mathbf{b}(t)) = \left(\frac{d}{dt}f(t)\right)\mathbf{b}(t) + f(t)\left(\frac{d}{dt}\mathbf{b}(t)\right)$$

ベクトル値関数の微分 II

ドリル No.72	Class		No.		Name	

問題 72 関数 f, g および，ベクトル $\mathbf{a}$, $\mathbf{b}$ は時間 t の関数とする。次式を公式

$$\frac{d}{dt}(f(t)+g(t)) = \left(\frac{d}{dt}f(t)\right) + \left(\frac{d}{dt}g(t)\right) \quad \cdots\cdots\cdots\cdots\cdots\cdots\cdots\cdots\cdots\cdots\cdots\cdots (C-5)$$

$$\frac{d}{dt}(f(t)g(t)) = \left(\frac{d}{dt}f(t)\right)g(t) + f(t)\left(\frac{d}{dt}g(t)\right) \cdots\cdots\cdots\cdots\cdots\cdots\cdots\cdots\cdots (C-6)$$

を使って証明せよ。

必修 (1) $\quad \dfrac{d}{dt}(\mathbf{a}(t)\cdot\mathbf{b}(t)) = \left(\dfrac{d}{dt}\mathbf{a}(t)\right)\cdot\mathbf{b}(t) + \mathbf{a}(t)\cdot\left(\dfrac{d}{dt}\mathbf{b}(t)\right) \cdots\cdots\cdots\cdots\cdots\cdots (C-3)$

発展 (2) $\quad \dfrac{d}{dt}(\mathbf{a}(t)\times\mathbf{b}(t)) = \left(\dfrac{d}{dt}\mathbf{a}(t)\right)\times\mathbf{b}(t) + \mathbf{a}(t)\times\left(\dfrac{d}{dt}\mathbf{b}(t)\right) \cdots\cdots\cdots\cdots\cdots (C-4)$

チェック項目	月　　日	月　　日
ベクトル値関数の微分計算ができるか。		

座　標　系 I

> 座標系を理解している。

発展 付録例題 **3.1**　関係式（D−5a），（D−5b），（D−5c）を利用して，デカルト座標系の基底ベクトル**i**，**j**，**k**を，極座標系の基底ベクトル$\mathbf{e}_r$，$\mathbf{e}_\theta$，$\mathbf{e}_\phi$を用いて表わせ。

解答　デカルト座標系の基底ベクトルとの関係は，

$$\mathbf{e}_\phi = -\sin\theta\sin\phi\,\mathbf{i} + \sin\theta\cos\phi\,\mathbf{j} \quad\text{(D−5a)}$$
$$\mathbf{e}_\theta = \cos\theta\cos\phi\,\mathbf{i} + \cos\theta\sin\phi\,\mathbf{j} - \sin\theta\,\mathbf{k} \quad\text{(D−5b)}$$
$$\mathbf{e}_r = \sin\theta\cos\phi\,\mathbf{i} + \sin\theta\sin\phi\,\mathbf{j} + \cos\theta\,\mathbf{k} \quad\text{(D−5c)}$$

である。任意の3次元ベクトル**A**は，基本単位ベクトル$\mathbf{e}_r$，$\mathbf{e}_\theta$，$\mathbf{e}_\phi$を用いて，

$$\mathbf{A} = (\mathbf{A}\cdot\mathbf{e}_\phi)\mathbf{e}_\phi + (\mathbf{A}\cdot\mathbf{e}_\theta)\mathbf{e}_\theta + (\mathbf{A}\cdot\mathbf{e}_r)\mathbf{e}_r$$

と表せる。

例えば，**A**=**i**ならば$(\mathbf{i}\cdot\mathbf{e}_\phi)$，$(\mathbf{i}\cdot\mathbf{e}_\theta)$，$(\mathbf{i}\cdot\mathbf{e}_r)$を，それぞれ（D−5a），（D−5b），（D−5c）の右辺から計算すればよい。その際，**i**，**j**，**k**自身も直交する基底ベクトルであるから，**j**，**k**との内積は消え，結局**i**の係数だけが残る。

例えば，$(\mathbf{i}\cdot\mathbf{e}_\phi) = -\sin\theta\,\sin\phi$などとなる。**A**=**j**，**k**についても同様で，内積はそれぞれ自分自身を含む係数だけが残る。

結果をまとめると，

$$\mathbf{i} = -\sin\theta\sin\phi\,\mathbf{e}_\phi + \cos\theta\cos\phi\,\mathbf{e}_\theta + \sin\theta\cos\phi\,\mathbf{e}_r$$
$$\mathbf{j} = \sin\theta\cos\phi\,\mathbf{e}_\phi + \cos\theta\sin\phi\,\mathbf{e}_\theta + \sin\theta\sin\phi\,\mathbf{e}_r$$
$$\mathbf{k} = -\sin\theta\,\mathbf{e}_\theta + \cos\theta\,\mathbf{e}_r$$

となる。

発展 付録例題 **3.2**　デカルト座標系で，ベクトル場$\mathbf{E}(\mathbf{r})$が$E_x=0$，$E_y=0$，$E_z=E$と与えられているとする（座標x，y，zによらない）。これらを極座標表示に変換せよ。

解答

$\mathbf{E}(\mathbf{r}) = E\mathbf{e}_z = E\mathbf{k}$に例題3.1で求めた$\mathbf{k} = \cos\theta\,\mathbf{e}_r - \sin\theta\,\mathbf{e}_\theta$を代入すると，

$$\mathbf{E}(\mathbf{r}) = E\cos\theta\,\mathbf{e}_r - E\sin\theta\,\mathbf{e}_\theta$$

これと，$\mathbf{E}(\mathbf{r}) = E_r\mathbf{e}_r + E_\theta\mathbf{e}_\theta + E_\phi\mathbf{e}_\phi$を比較して，$E_r = E\cos\theta$，$E_\theta = -E\sin\theta$，$E_\phi = 0$を得る。

もともとのベクトル場は場所によらない一定のベクトル場であるのに，r，θ成分が極座標値θの値によって変化している。これは，極座標系では基底ベクトルが場所によって変化していることが原因である。

座　標　系 Ⅱ

ドリル No.73	Class		No.		Name	

必修 **問題 73.1** 関係式 (D−3a), (D−3b), (D−3c) を利用して，デカルト座標系の基底ベクトル $\mathbf{i}$, $\mathbf{j}$, $\mathbf{k}$ を，円筒座標系の基底ベクトル $\mathbf{e}_\theta$, $\mathbf{e}_R$, $\mathbf{e}_z$ を用いて表わせ。

必修 **問題 73.2** デカルト座標系で，ベクトル場 $\mathbf{E}(\mathbf{r})$ が $E_x=0$, $E_y=E$, $E_z=0$ と与えられているとする（座標 x, y, z によらない）。これらを円筒座標表示に変換せよ。

チェック項目	月　　日	月　　日
座標系を理解している。		

微分演算子の基礎 I

> スカラー関数の勾配とラプラシアン，ベクトル関数の発散と回転を計算できる。

必修 **付録例題** **4.1** $\phi(\mathbf{r}) = \dfrac{1}{\sqrt{x^2+y^2+z^2}}$ の勾配を求めよ。また，$\Delta\phi(\mathbf{r})$ を求めよ。

解答

$$\frac{\partial}{\partial x}\phi(\mathbf{r}) = \frac{\partial}{\partial x}\frac{1}{\sqrt{x^2+y^2+z^2}} = -\frac{\dfrac{\partial}{\partial x}\sqrt{x^2+y^2+z^2}}{x^2+y^2+z^2} = -\frac{1}{(x^2+y^2+z^2)}\frac{1}{2}\frac{1}{\sqrt{x^2+y^2+z^2}}2x$$

$$= -\frac{x}{(x^2+y^2+z^2)^{\frac{3}{2}}}$$

同様に，

$$\frac{\partial}{\partial y}\phi(\mathbf{r}) = -\frac{y}{(x^2+y^2+z^2)^{\frac{3}{2}}}, \quad \frac{\partial}{\partial z}\phi(\mathbf{r}) = -\frac{z}{(x^2+y^2+z^2)^{\frac{3}{2}}}$$

したがって，

$$\mathrm{grad}\,\phi(\mathbf{r}) = -\frac{(x,y,z)}{(x^2+y^2+z^2)^{\frac{3}{2}}} = -\frac{\mathbf{r}}{r^3}$$

$$\Delta\phi(\mathbf{r}) = -\frac{\partial}{\partial x}\left(\frac{x}{(x^2+y^2+z^2)^{\frac{3}{2}}}\right) - \frac{\partial}{\partial y}\left(\frac{y}{(x^2+y^2+z^2)^{\frac{3}{2}}}\right) - \frac{\partial}{\partial z}\left(\frac{z}{(x^2+y^2+z^2)^{\frac{3}{2}}}\right)$$

$$= -\left(\frac{1}{(x^2+y^2+z^2)^{\frac{3}{2}}} - 3\frac{x^2}{(x^2+y^2+z^2)^{\frac{5}{2}}}\right) - \left(\frac{1}{(x^2+y^2+z^2)^{\frac{3}{2}}} - 3\frac{y^2}{(x^2+y^2+z^2)^{\frac{5}{2}}}\right)$$

$$-\left(\frac{1}{(x^2+y^2+z^2)^{\frac{3}{2}}} - 3\frac{z^2}{(x^2+y^2+z^2)^{\frac{5}{2}}}\right)$$

$$= -\frac{3}{(x^2+y^2+z^2)^{\frac{3}{2}}} + 3\frac{x^2+y^2+z^2}{(x^2+y^2+z^2)^{\frac{5}{2}}} = -\frac{3}{(x^2+y^2+z^2)^{\frac{3}{2}}} + \frac{3}{(x^2+y^2+z^2)^{\frac{3}{2}}} = 0$$

必修 **付録例題** **4.2** $\mathbf{E}(\mathbf{r}) = \mathbf{e}_x yz + \mathbf{e}_y zx + \mathbf{e}_z xy$ の発散と回転を求めよ。

解答

$$\mathrm{div}\,\mathbf{E}(\mathbf{r}) = \frac{\partial}{\partial x}(yz) + \frac{\partial}{\partial y}(zx) + \frac{\partial}{\partial z}(xy) = 0+0+0 = 0$$

$$(\mathrm{rot}\,\mathbf{E}(\mathbf{r}))_x = \frac{\partial}{\partial y}(xy) - \frac{\partial}{\partial z}(zx) = x - x = 0$$

$$(\mathrm{rot}\,\mathbf{E}(\mathbf{r}))_y = \frac{\partial}{\partial z}(yz) - \frac{\partial}{\partial x}(xy) = y - y = 0$$

$$(\mathrm{rot}\,\mathbf{E}(\mathbf{r}))_z = \frac{\partial}{\partial x}(zx) - \frac{\partial}{\partial y}(yz) = z - z = 0$$

よって，$\mathrm{rot}\,\mathbf{E}(\mathbf{r}) = \mathbf{0}$

微分演算子の基礎 II

ドリル No.74	Class		No.		Name	

基礎 **問題 74.1** スカラー関数 $f(\mathbf{r}) = \sqrt{x^2 + y^2 + z^2}$ の勾配を求めよ。また，$\Delta f(\mathbf{r})$ を求めよ。

発展 **問題 74.2** $\mathbf{E}(\mathbf{r}) = \mathbf{e}_x(y^2 + z^2 - x^2) + \mathbf{e}_y(z^2 + x^2 - y^2) + \mathbf{e}_z(x^2 + y^2 - z^2)$ の発散と回転を求めよ。

チェック項目	月 日	月 日
勾配，発散，回転，ラプラシアンの計算ができる。		

微分演算子の基礎 Ⅲ

ドリル No.75	Class		No.		Name	

発展 **問題 75** $\phi(\mathbf{r})$ をスカラー場，$\mathbf{E}(\mathbf{r})$ をベクトル場とする。 デカルト座標での表示を使って，以下の公式を示せ。

(1)　$\nabla \cdot (\nabla \times \mathbf{E}(\mathbf{r})) = \mathrm{div}(\mathrm{rot}\mathbf{E}(\mathbf{r})) = 0$　$\cdots\cdots\cdots\cdots\cdots\cdots\cdots\cdots\cdots\cdots$　(F－9)

(2)　$\nabla \times (\nabla \phi(\mathbf{r})) = \mathrm{rot}(\mathrm{grad}\phi(\mathbf{r})) = \mathbf{0}$　$\cdots\cdots\cdots\cdots\cdots\cdots\cdots\cdots\cdots$　(F－10)

(3)　$\nabla \times (\nabla \times \mathbf{E}(\mathbf{r})) = \mathrm{rot}(\mathrm{rot}\mathbf{E}(\mathbf{r})) = \nabla\nabla \cdot \mathbf{E}(\mathbf{r}) - \Delta\mathbf{E}(\mathbf{r}) = \mathrm{grad}(\mathrm{div}\mathbf{E}(\mathbf{r})) - \Delta\mathbf{E}(\mathbf{r})$　$\cdots\cdots$　(F－11)

(4)　$\nabla \cdot (\nabla\phi(\mathbf{r})) = \mathrm{div}(\mathrm{grad}\phi(\mathbf{r})) = \nabla \cdot (\nabla\phi(\mathbf{r})) = \nabla^2\phi(\mathbf{r}) \equiv \Delta\phi(\mathbf{r})$　$\cdots\cdots\cdots\cdots\cdots\cdots$　(F－12)

チェック項目	月	日	月	日
偏微分の計算ができる。微分演算子の使い方を理解している。				

線積分の基礎 I

ベクトル場の線積分を計算できる。

発展 付録例題 **5** 2次元のベクトル場 $\mathbf{E}(x,y)=(ay,bx)$ について，以下の線積分を求めよ。

(1) 経路①$((0,0)\to(4,0)\to(4,16))$ に沿って O から A まで積分せよ。

解答

t をパラメータとして最初の経路は $\mathbf{r}=(x,y)=(t,0)(t{:}0\to 4)$，

次の経路は，$\mathbf{r}=(x,y)=(4,t-4)$ $(t{:}4\to 20)$ と表せる。

前半の経路上では，

$$\mathbf{E}(x,y)=(ay,bx)=(0,bt),\quad \frac{d\mathbf{r}}{dt}=(1,0)$$

後半の経路上では，

$$\mathbf{E}(x,y)=(a(t-4),4b),\quad \frac{d\mathbf{r}}{dt}=(0,1),$$

なので，

$$\begin{aligned}
W &= \int_0^{20} \mathbf{E}(x,y)\cdot\frac{d\mathbf{r}}{dt}dt \\
&= \int_0^4 \mathbf{E}(x,y)\cdot\frac{d\mathbf{r}}{dt}dt + \int_4^{20} \mathbf{E}(x,y)\cdot\frac{d\mathbf{r}}{dt}dt \\
&= \int_0^4 (0,bt)\cdot(1,0)dt + \int_4^{20}(a(t-4),4b)\cdot(0,1)dt \\
&= \int_0^4 0\,dt + \int_4^{20} 4b\,dt = 0 + [4bt]_4^{20} = 4b(20-4) \\
&= 64b
\end{aligned}$$

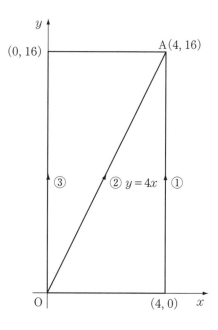

線積分の基礎 II

ドリル No.76	Class		No.		Name	

必修 **問題 76** 付録例題 5 の図を見て 2 次元のベクトル場 $\mathbf{E}(x,y)=(ay,bx)$ について以下の線積分を求めよ。

必修 (1) 経路②に沿って O から A まで積分せよ。

必修 (2) 経路③に沿って O から A まで積分せよ。

発展 (3) 原点を出発して経路①を通り，次に経路③を逆にたどって原点に戻る閉曲線に沿った経路積分をせよ。

チェック項目	月 日	月 日
線積分の計算ができる。		

面積分の基礎 I

ベクトル値関数の面積分を計算できる。

必修 **付録例題** **6.1** 3次元のベクトル値関数 $\mathbf{E}(\mathbf{r}) = \dfrac{A}{4\pi} \dfrac{(x,y,z)}{(x^2+y^2+z^2)^{\frac{3}{2}}}$ を原点 O を中心とし

て半径 a の球面 S について面積分せよ。

解答

球面上の点 $(x,\ y,\ z)$ で，$(x^2+y^2+z^2)^{\frac{1}{2}} = a$ の関係がある。一方，法線方向の単位ベクトルは $\mathbf{n} = \dfrac{1}{a}(x,y,z)$ であるから，面積分は，

$$\int_S \mathbf{E}(\mathbf{r}) \cdot \mathbf{n}(\mathbf{r}) dS = \int_S \frac{A}{4\pi} \frac{(x,y,z)}{a^3} \cdot \frac{1}{a}(x,y,z) dS$$
$$= \int_S \frac{A}{4\pi} \frac{1}{a^2} dS = \frac{A}{4\pi} \frac{1}{a^2} \int_S dS$$

となる。ここで，

$\displaystyle\int_S dS$ は球の表面積なので，$4\pi a^2$ に等しい。

したがって，

$$与式 = \frac{A}{4\pi} \frac{1}{a^2} 4\pi a^2 = A$$

となる。

必修 **付録例題** **6.2**

前問において，$\displaystyle\int_S dS$ を面積分の定義から計算して求めよ。

解答

極座標を使うと微小面積 dS は $dS = a^2 \sin\theta d\theta d\phi$。

$$\int_S dS = \int_S a^2 \sin\theta d\theta d\phi = a^2 \int_0^\pi \sin\theta d\theta \int_0^{2\pi} d\phi = a^2 [-\cos\theta]_0^\pi [\phi]_0^{2\pi}$$
$$= a^2 [(-(-1)) - (-(1))][2\pi - 0] = 4\pi a^2$$

面積分の基礎 II

ドリル No.77	Class		No.		Name	

発展 **問題 77** 3次元のベクトル値関数 $\mathbf{E}(\mathbf{r}) = \dfrac{A}{2\pi} \dfrac{(x,y,0)}{x^2 + y^2}$ を z 軸を中心として半径 a，長さ l の円筒面 S について面積分せよ。

チェック項目	月　日	月　日
電磁気学で多用する面積分の計算ができる。		

体積積分の基礎 I

体積積分を計算できる。

必修 **付録例題** **7.1** 空間を極座標で表したとき，動径変数が$r \sim r + dr$，z軸からの角度が$\theta \sim \theta + d\theta$，$x$軸からの角度が$\phi \sim \phi + d\phi$で囲まれる微小な立体（体積素片）の体積$dV$が$dV = r^2 \sin\theta dr d\theta d\phi$となることを示せ。

解答

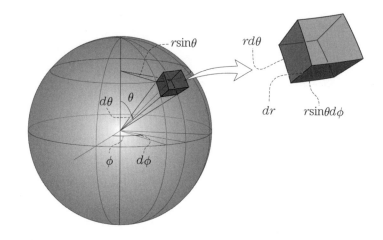

体積素片は右図のような領域である。半径r，中心角が$d\theta$の扇形の弧を一辺，drを他の一辺とするほぼ長方形な底面をもち，半径$r\sin\theta$で中心角が$d\phi$の扇形の弧を高さとする立体の体積を求めればよい。底面積は$rd\theta \times dr$，高さは$r\sin\theta d\phi$であるから，

$$dV = dr \times rd\theta \times r\sin\theta d\phi$$
$$= r^2 \sin\theta dr d\theta d\phi$$

注意 体積素片の底面は，中心からの距離がrの部分と$r + dr$の部分では，弧の長さが違う上，曲がっているので，長方形とはいえないが，drをゼロに近づける極限をとると，限りなく長方形に近づくので，辺の長さの違いは無視できる。

必修 **付録例題** **7.2** 球の体積の公式を極座標での体積積分から求めよ。ただし，球の半径をaとする。

解答

体積素片dVを半径aの球の内部全体にわたって積分すればよい。球対称な系なので極座標系を用いるのが便利である。極座標系で体積素片の体積は，付録例題7.1から$dV = dr \times rd\theta \times r\sin\theta d\phi = r^2 \sin\theta dr d\theta d\phi$である。

これを$0 \leqq r \leqq a$，$0 \leqq \theta \leqq \pi$，$0 \leqq \phi \leqq 2\pi$の範囲で積分すればよい。

したがって，半径aの球の体積は，

$$\int_V dV = \int_0^a dr \int_0^\pi d\theta \int_0^{2\pi} d\phi r^2 \sin\theta = \int_0^a r^2 dr \int_0^\pi \sin\theta d\theta \int_0^{2\pi} d\phi = \left[\frac{1}{3}r^3\right]_{r=0}^{r=a} \left[-\cos\theta\right]_{\theta=0}^{\theta=\pi} \left[\phi\right]_{\phi=0}^{\phi=2\pi}$$

$$= \left[\frac{1}{3}a^3 - \frac{1}{3}0^3\right][(-(-1)) - (-1)][2\pi - 0] = \frac{1}{3}a^3 \cdot 2 \cdot 2\pi = \frac{4\pi}{3}a^3$$

となる。

マクローリン展開 I

マクローリン展開を使った近似計算ができる。

必修 付録例題 8 関数 $f(x) = \dfrac{1}{\sqrt{1 \pm x}}$ （$|x| \ll 1$）についてマクローリン展開し，2次以上の微小量を無視した近似式を求めよ。

解答

$$f(0) = 1, \left(\frac{df}{dx}\right)_{x=0} = \left(\frac{d}{dx}\frac{1}{\sqrt{1 \pm x}}\right)_{x=0} = \left(-\frac{1}{2}\frac{\pm 1}{(1 \pm x)^{\frac{3}{2}}}\right)_{x=0} = \mp\frac{1}{2}$$

なので，

$$f(x) = \frac{1}{\sqrt{1 \pm x}} \approx 1 \mp \frac{1}{2}x$$

マクローリン展開Ⅱ

ドリル No.78	Class		No.		Name	

必修 **問題 78** $f(x) = \dfrac{1}{(a \pm x)^{\frac{3}{2}}}$ 関数（$|x| \ll a$）についてマクローリン展開し，2次以上の微小量を無視した近似式を求めよ。

チェック項目	月 日	月 日
マクローリン展開を使った近似計算ができる。		

1章　電磁気学の基礎数学　　解　答

1.1

$$(\mathbf{a} \pm \mathbf{b})^2 = (\mathbf{a} \pm \mathbf{b}) \cdot (\mathbf{a} \pm \mathbf{b}) = (\mathbf{a} \pm \mathbf{b}) \cdot \mathbf{a} \pm (\mathbf{a} \pm \mathbf{b}) \cdot \mathbf{b}$$
$$= \mathbf{a} \cdot \mathbf{a} \pm \mathbf{b} \cdot \mathbf{a} \pm \mathbf{a} \cdot \mathbf{b} + \mathbf{b} \cdot \mathbf{b}$$
$$= \mathbf{a} \cdot \mathbf{a} \pm 2\mathbf{a} \cdot \mathbf{b} + \mathbf{b} \cdot \mathbf{b} = a^2 \pm 2ab\cos\theta + b^2$$

（複号同順）

1.2

$$(\mathbf{a} + \mathbf{b}) \cdot (\mathbf{a} - \mathbf{b}) = (\mathbf{a} + \mathbf{b}) \cdot \mathbf{a} - (\mathbf{a} + \mathbf{b}) \cdot \mathbf{b}$$
$$= \mathbf{a} \cdot \mathbf{a} + \mathbf{b} \cdot \mathbf{a} - \mathbf{a} \cdot \mathbf{b} - \mathbf{b} \cdot \mathbf{b}$$
$$= \mathbf{a} \cdot \mathbf{a} - \mathbf{b} \cdot \mathbf{b} = a^2 - b^2$$

1.3

$\mathbf{a} \cdot \mathbf{b} = 0$ ということは，$ab\cos\theta = 0$ である。また，$\mathbf{a} \neq \mathbf{0}$, $\mathbf{b} \neq \mathbf{0}$ であるので $a \neq 0$, $b \neq 0$ である。

ゆえに，$\cos\theta = 0$ である。したがって，$\theta = \dfrac{\pi}{2}$

1.4

ベクトル $\mathbf{a}$ とベクトル $\mathbf{b}$ が垂直なので $\theta = \dfrac{\pi}{2}$ である。

$\cos\left(\dfrac{\pi}{2}\right) = 0$ なので，$\mathbf{a} \cdot \mathbf{b} = ab\cos\theta = 0$

2.1

(1) $\alpha\mathbf{a} \times \mathbf{b}$, $\mathbf{a} \times \alpha\mathbf{b}$, $\alpha(\mathbf{a} \times \mathbf{b})$ の向きと大きさが等しいことが示せればよい。

外積の定義から，これら 3 つのベクトルの向きは同じである。一方，大きさも外積の定義から，それぞれ $\alpha\mathbf{a}$ と $\mathbf{b}$ のつくる平行四辺形の面積，$\mathbf{a}$ と $\alpha\mathbf{b}$ のつくる平行四辺形の面積，$\mathbf{a}$ と $\mathbf{b}$ のつくる平行四辺形の面積の α 倍であるが，どれも $\alpha ab\sin\theta$ に等しい。したがって，$\alpha\mathbf{a} \times \mathbf{b} = \mathbf{a} \times \alpha\mathbf{b} = \alpha(\mathbf{a} \times \mathbf{b})$ が成立する。（証明終）

(2) $\mathbf{a} \times \mathbf{b}$ と $\mathbf{b} \times \mathbf{a}$ の大きさが等しく，向きが逆向きであることが示せればよい。外積の定義から，$\mathbf{a} \times \mathbf{b}$ と $\mathbf{b} \times \mathbf{a}$ の大きさはどちらも $\mathbf{a}$ と $\mathbf{b}$ のつくる平行四辺形の面積なので等しい。一方，外積 $\mathbf{a} \times \mathbf{b}$ の方向は外積の定義より，「ベクトル $\mathbf{a}$，$\mathbf{b}$ の両方に垂直で，ベクトル $\mathbf{a}$ と $\mathbf{b}$ が張る平行四辺形の内部を横切るようにしてベクトル $\mathbf{a}$ をベクトル $\mathbf{b}$ に重ねるようにスパナを回したときに，ナットが進む方向」である。また，外積 $\mathbf{b} \times \mathbf{a}$ の方向は「ベクトル $\mathbf{a}$，$\mathbf{b}$ の両方に垂直で，ベクトル $\mathbf{a}$ と $\mathbf{b}$ が張る平行四辺形の内部を横切るようにしてベクトル $\mathbf{b}$ をベクトル $\mathbf{a}$ に重ねるようにスパナを回したときに，ナットが進む方向」である。したがって，$\mathbf{a} \times \mathbf{b}$ と $\mathbf{b} \times \mathbf{a}$ は逆向

きである。（証明終）

(3) 外積の定義から，$\mathbf{a} \times \mathbf{a}$ の大きさは $\mathbf{a}$ と $\mathbf{a}$ のつくる平行四辺形の面積となる。一方，$\mathbf{a}$ と $\mathbf{a}$ のつくる平行四辺形の面積は 0 である。従って，$\mathbf{a} \times \mathbf{a}$ の大きさは 0。大きさ 0 のベクトルは $\mathbf{0}$ であるから，$\mathbf{a} \times \mathbf{a} = \mathbf{0}$。

【別解1】$\mathbf{a}$ と $\mathbf{a}$ の間の角を θ とすれば，題意より $\theta = 0$。外積の定義から $|\mathbf{a} \times \mathbf{a}| = aa\sin\theta$ であるが，$\sin\theta = 0$ であるので $|\mathbf{a} \times \mathbf{a}| = 0$。よって，$\mathbf{a} \times \mathbf{a} = \mathbf{0}$

【別解2】小問題(2)において $\mathbf{b} = \mathbf{a}$ とすれば，$\mathbf{a} \times \mathbf{a} = -\mathbf{a} \times \mathbf{a}$ が成立する。右辺の項を左辺へ移項すると $2\mathbf{a} \times \mathbf{a} = \mathbf{0}$ となるので，$\mathbf{a} \times \mathbf{a} = \mathbf{0}$（証明終）

〔注意：$\mathbf{a} \times \mathbf{a} = \mathbf{0}$ の右辺のゼロはベクトルなので太字〕

2.2

外積の定義から，$\mathbf{a} \times \mathbf{b}$ の大きさは $\mathbf{a}$ と $\mathbf{b}$ のつくる平行四辺形の面積となる。一方 互いに平行な $\mathbf{a}$ と $\mathbf{b}$ のつくる平行四辺形の面積は 0 である。従って，$\mathbf{a} \times \mathbf{b}$ の大きさは 0。大きさ 0 のベクトルは $\mathbf{0}$ であるから，

$\mathbf{a} \times \mathbf{b} = \mathbf{0}$。

【別解】$\mathbf{a}$ と $\mathbf{b}$ の間の角を θ とすれば，題意より $\theta = 0$。外積の定義から $|\mathbf{a} \times \mathbf{b}| = ab\sin\theta$ であるが，$\sin\theta = 0$ であるので $|\mathbf{a} \times \mathbf{b}| = 0$。よって，$\mathbf{a} \times \mathbf{b} = \mathbf{0}$。

〔注意：$\mathbf{a} \times \mathbf{b} = \mathbf{0}$ の右辺のゼロはベクトルなので太字〕

2.3

題意より，$\mathbf{a}$ と $\mathbf{b}$ の間の角 θ が $\dfrac{\pi}{2}$ であるから $\sin\theta = 1$，したがって，$|\mathbf{a} \times \mathbf{b}| = ab\sin\theta = ab$。

3.1

それぞれの成分に分けて証明する。まず，x 成分を計算する。

$$[\mathbf{a} \times (\mathbf{b} \times \mathbf{c})]_x = a_y(\mathbf{b} \times \mathbf{c})_z - a_z(\mathbf{b} \times \mathbf{c})_y$$
$$= a_y(b_x c_y - b_y c_x) - a_z(b_z c_x - b_x c_z)$$
$$= a_y b_x c_y - a_y b_y c_x - a_z b_z c_x + a_z b_x c_z$$
$$= (a_y c_y + a_z c_z)b_x - (a_y b_y + a_z b_z)c_x$$
$$= (a_x c_x + a_y c_y + a_z c_z)b_x - (a_x b_x + a_y b_y + a_z b_z)c_x$$
$$= (\mathbf{a} \cdot \mathbf{c})b_x - (\mathbf{a} \cdot \mathbf{b})c_x = [(\mathbf{a} \cdot \mathbf{c})\mathbf{b} - (\mathbf{a} \cdot \mathbf{b})\mathbf{c}]_x$$

（他の成分については x 成分にならって，自分で確かめること）

$\mathbf{a} \times (\mathbf{b} \times \mathbf{c})$ と $(\mathbf{a} \cdot \mathbf{c})\mathbf{b} - (\mathbf{a} \cdot \mathbf{b})\mathbf{c}$ の双方の x, y, z 成分が等しいので，

$\mathbf{a} \times (\mathbf{b} \times \mathbf{c}) = (\mathbf{a} \cdot \mathbf{c})\mathbf{b} - (\mathbf{a} \cdot \mathbf{b})\mathbf{c}$ 。

3.2 $\mathbf{a}$ と $\mathbf{b}$ の両方に垂直なベクトルは，$\mathbf{a}$ と $\mathbf{b}$ の外積 $\mathbf{a} \times \mathbf{b}$ と平行になるので，t を適当な定数として，

$$
\begin{aligned}
t(\mathbf{a} \times \mathbf{b}) &= t[(2\mathbf{i} + 3\mathbf{j} - 2\mathbf{k}) \times (3\mathbf{i} - 2\mathbf{j} + 4\mathbf{k})] \\
&= t[2\mathbf{i} \times (3\mathbf{i} - 2\mathbf{j} + 4\mathbf{k}) + 3\mathbf{j} \times (3\mathbf{i} - 2\mathbf{j} + 4\mathbf{k}) \\
&\qquad\qquad -2\mathbf{k} \times (3\mathbf{i} - 2\mathbf{j} + 4\mathbf{k})] \\
&= t[-4\mathbf{i} \times \mathbf{j} + 8\mathbf{i} \times \mathbf{k} + 9\mathbf{j} \times \mathbf{i} + 12\mathbf{j} \times \mathbf{k} \\
&\qquad\qquad -6\mathbf{k} \times \mathbf{i} + 4\mathbf{k} \times \mathbf{j}] \\
&= t[-4\mathbf{k} - 8\mathbf{j} - 9\mathbf{k} + 12\mathbf{i} - 6\mathbf{j} - 4\mathbf{i}] \\
&= t[8\mathbf{i} - 14\mathbf{j} - 13\mathbf{k}]
\end{aligned}
$$

3.3 点 P から点 Q へ引いたベクトルを $\mathbf{a}$，点 P から点 R へ引いたベクトルを $\mathbf{b}$ とする。

すなわち，$\mathbf{a} = (-2, -1, -5)$，$\mathrm{b} = (1, -2, 2)$ である。定義より $\mathbf{a}$ と $\mathbf{b}$ の外積は $\mathbf{a}$ と $\mathbf{b}$ のつくる平行四辺形の面積だから，$|\mathbf{a} \times \mathbf{b}|$ の半分 が求める三角形の面積 S である。

すなわち，

$$
\begin{aligned}
|\mathbf{a} \times \mathbf{b}| &= |(-2, -1, -5) \times (1, -2, 2)| = |(-2 - 10, -5 + 4, 4 + 1)| \\
&= |(-12, -1, 5)| = \sqrt{12 \cdot 12 + 1 \cdot 1 + 5 \cdot 5} = \sqrt{170}
\end{aligned}
$$

であるから，

$$
S = \frac{|\mathbf{a} \times \mathbf{b}|}{2} = \frac{\sqrt{170}}{2}
$$

4.1

$$
\begin{aligned}
\frac{\partial}{\partial x} \phi(\mathbf{r}) &= \frac{\partial}{\partial x} \frac{1}{\sqrt{x^2 + y^2 + z^2}} = -\frac{\frac{\partial}{\partial x}\sqrt{x^2 + y^2 + z^2}}{x^2 + y^2 + z^2} \\
&= -\frac{1}{(x^2 + y^2 + z^2)} \frac{1}{2} \frac{1}{\sqrt{x^2 + y^2 + z^2}} 2x \\
&= -\frac{x}{(x^2 + y^2 + z^2)^{\frac{3}{2}}}
\end{aligned}
$$

4.2

(1) $\dfrac{\partial \phi(x,t)}{\partial x} = \phi_0 \dfrac{\partial}{\partial x} \sin(\omega t - kx) = -k\phi_0 \cos(\omega t - kx)$

(2) $\dfrac{\partial \phi(x,t)}{\partial t} = \phi_0 \dfrac{\partial}{\partial t} \sin(\omega t - kx) = \omega\phi_0 \cos(\omega t - kx)$

(3)

$$
\begin{aligned}
\frac{\partial^2 \phi(x,t)}{\partial x^2} &= \phi_0 \frac{\partial}{\partial x}\left[\frac{\partial}{\partial x}\sin(\omega t - kx)\right] = -k\phi_0 \frac{\partial}{\partial x}\cos(\omega t - kx) \\
&= -k^2\phi_0 \sin(\omega t - kx)
\end{aligned}
$$

(4)

$$
\begin{aligned}
\frac{\partial^2 \phi(x,t)}{\partial t^2} &= \phi_0 \frac{\partial}{\partial t}\left[\frac{\partial}{\partial t}\sin(\omega t - kx)\right] = \omega\phi_0 \frac{\partial}{\partial t}\cos(\omega t - kx) \\
&= -\omega^2\phi_0 \sin(\omega t - kx)
\end{aligned}
$$

5.1

全微分の定義（1.15）式から，

$$
\begin{aligned}
df(\mathbf{r}) &= \frac{\partial f(\mathbf{r})}{\partial x}dx + \frac{\partial f(\mathbf{r})}{\partial y}dy + \frac{\partial f(\mathbf{r})}{\partial z}dz \\
&= \left(\frac{\partial}{\partial x}\sqrt{x^2 + y^2 + z^2}\right)dx + \left(\frac{\partial}{\partial y}\sqrt{x^2 + y^2 + z^2}\right)dy \\
&\qquad + \left(\frac{\partial}{\partial z}\sqrt{x^2 + y^2 + z^2}\right)dz \\
&= \frac{x}{\sqrt{x^2 + y^2 + z^2}}dx + \frac{y}{\sqrt{x^2 + y^2 + z^2}}dy \\
&\qquad + \frac{z}{\sqrt{x^2 + y^2 + z^2}}dz \\
&= \frac{1}{\sqrt{x^2 + y^2 + z^2}}(xdx + ydy + zdz)
\end{aligned}
$$

5.2

この問題は変数が xyz だけではない場合にも慣れてもらうためのものである。

$$
dD = \frac{\partial D}{\partial T}dT + \frac{\partial D}{\partial E}dE + \frac{\partial D}{\partial H}dH + \frac{\partial D}{\partial \Theta}d\Theta
$$

6

(1) 仮に合力が **0** ではないとする。その場合にどのような向きが可能か考えてみる。

(a) 図を q_0 を中心に面内で 90 度回転させると，もとの電荷分布と完全に一致するので，回転する前と後で力の向きは同じでなければならない。この条件を満たすのは，力の向きが紙面に垂直である場合だけである。

(b) 全体を裏返してみると，もとの電荷分布と一致するので，裏返しにする前と後で力の向きは同じでなければならない。

(a)の考察から，力の向きは面に垂直のはずなので，紙面表向きと仮定する。裏返しにすると，力の向きも裏返しになるが，(b)の考察と矛盾する。

従って，(a)と(b)の考察の双方ともに矛盾しない力の向きは存在しない。つまり，合力が **0** でない解は存在しない。

よって，合力は **0** である。

(2) もともと合力が **0** であったところから，q_1 の電荷が及ぼしていた力がなくなる。従って，合力は，q_1 によるクーロン力と同じ大きさで向きが反対。

$$F = \frac{1}{4\pi\varepsilon_0} \times \frac{Q^2}{2a^2}$$ の大きさで，q_1 から q_0 に向かう方向。

7

(1) 仮に合力が **0** ではないとする。その場合にどのような向きが可能か考えてみる。

(a) 図を q_0 を中心に面内で $120°$ 回転させると，もとの電荷分布と完全に一致するので，回転する前と後で力の向きは同じでなければならない。この条件を満たすのは，力の向きが紙面に垂直である場合だけである。

(b) 全体を裏返してみると，もとの電荷分布と一致するので，裏返しにする前と後で力の向きは同じでなければならない。

(a)の考察から，力の向きは面に垂直のはずなので，紙面の表の向きと仮定する。裏返しにすると，力の向きも裏返しになるが，(b)の考察と矛盾する。

したがって，(a)と(b)の考察の双方ともに矛盾しない力の向きは存在しない。つまり，合力が **0** でない解は存在しない。

よって，合力は **0** である。

(2) もともと合力が **0** であったところから，q_1 の電荷が及ぼしていた力がなくなる。すなわち合力は，q_1 によるクーロン力と同じ大きさで向きが反対になる。したがって，

$$F = \frac{1}{4\pi\varepsilon_0} \times \frac{3q^2}{4a^2}$$ の大きさで，q_1 から q_0 に向かう方向。

8

(1) 2 個の小球間の距離は，右下の図の関係から，$2L\sin\theta$ であるため，小球間に働くクーロン力 **F** の大きさ F は，クーロンの法則から，

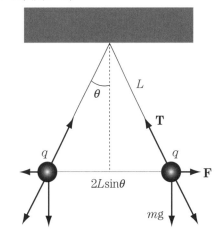

$$F = \frac{1}{4\pi\varepsilon_0} \times \frac{q^2}{(2L\sin\theta)^2}$$

である。上式と，$\tan\theta = \dfrac{F}{mg}$ の関係から F を消去すれば，

$$\frac{\sin^3\theta}{\cos\theta} = \frac{q^2}{4\pi\varepsilon_0 mg(2L)^2}$$

を得る。（証明終）

(2) $\theta \ll 1$ より，$\sin\theta \sim \theta$，$\cos\theta \sim 1$

$$\therefore \quad \frac{\sin^3\theta}{\cos\theta} \sim \theta^3 = \frac{q^2}{4\pi\varepsilon_0 mg(2L)^2}$$

$q = 5 \text{ nC}$，$L = 1 \text{ m}$ より，

$$\theta^3 = \frac{1}{4 \times 3.142 \times 8.854 \times 10^{-12}} \left[\frac{1}{\text{A}^2 \cdot \text{s}^2 \cdot \text{N}^{-1} \cdot \text{m}^{-2}} \right]$$

$$\times \frac{\left(5 \times 10^{-9}\right)^2}{1.11 \times 9.8 \times 2^2} \left[\frac{\text{C}^2}{\text{kg} \cdot \text{m} \cdot \text{s}^{-2} \cdot \text{m}^2} = \frac{\text{A}^2 \cdot \text{s}^2}{\text{N} \cdot \text{m}^2} \right]$$

$$\cong 5.16 \times 10^{-9}$$

となる。したがって，

$$\theta = \sqrt[3]{5.16 \times 10^{-9}} = \sqrt[3]{5.16} \times 10^{-3} \cong 1.73 \times 10^{-3} \text{rad} \cong 0.1°$$

9

図のように各点を A，B，C として考える。(2.3) 式を用いて，各点の電荷が受ける力を計算すればよい。

点 A の電荷が受ける力は，

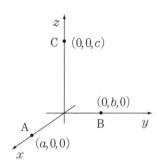

$$\mathbf{F}_{\mathrm{A}}(\mathbf{r}) = \frac{q^2}{4\pi\varepsilon_0}\frac{(a,0,0)-(0,b,0)}{(a^2+b^2)^{\frac{3}{2}}} + \frac{q^2}{4\pi\varepsilon_0}\frac{(a,0,0)-(0,0,c)}{(a^2+c^2)^{\frac{3}{2}}}$$

$$= \frac{q^2}{4\pi\varepsilon_0}\frac{(a,-b,0)}{(a^2+b^2)^{\frac{3}{2}}} + \frac{(a,0,-c)}{(a^2+c^2)^{\frac{3}{2}}}$$

$$= \frac{q^2}{4\pi\varepsilon_0}\left(\frac{a}{(a^2+b^2)^{\frac{3}{2}}}+\frac{a}{(a^2+c^2)^{\frac{3}{2}}}, \frac{-b}{(a^2+b^2)^{\frac{3}{2}}}, \frac{-c}{(a^2+c^2)^{\frac{3}{2}}}\right)$$

点 B の電荷が受ける力は,

$$\mathbf{F}_{\mathrm{B}}(\mathbf{r}) = \frac{q^2}{4\pi\varepsilon_0}\frac{(0,b,0)-(a,0,0)}{(a^2+b^2)^{\frac{3}{2}}} + \frac{q^2}{4\pi\varepsilon_0}\frac{(0,b,0)-(0,0,c)}{(b^2+c^2)^{\frac{3}{2}}}$$

$$= \frac{q^2}{4\pi\varepsilon_0}\frac{(-a,b,0)}{(a^2+b^2)^{\frac{3}{2}}} + \frac{(0,b,-c)}{(b^2+c^2)^{\frac{3}{2}}}$$

$$= \frac{q^2}{4\pi\varepsilon_0}\left(\frac{-a}{(a^2+b^2)^{\frac{3}{2}}}, \frac{b}{(a^2+b^2)^{\frac{3}{2}}}+\frac{b}{(b^2+c^2)^{\frac{3}{2}}}, \frac{-c}{(b^2+c^2)^{\frac{3}{2}}}\right)$$

点 C の電荷が受ける力は,

$$\mathbf{F}_{\mathrm{C}}(\mathbf{r}) = \frac{q^2}{4\pi\varepsilon_0}\frac{(0,b,0)-(a,0,0)}{(a^2+c^2)^{\frac{3}{2}}} + \frac{q^2}{4\pi\varepsilon_0}\frac{(0,0,c)-(0,b,0)}{(b^2+c^2)^{\frac{3}{2}}}$$

$$= \frac{q^2}{4\pi\varepsilon_0}\frac{(-a,0,c)}{(a^2+c^2)^{\frac{3}{2}}} + \frac{(0,-b,c)}{(b^2+c^2)^{\frac{3}{2}}}$$

$$= \frac{q^2}{4\pi\varepsilon_0}\left(\frac{-a}{(a^2+c^2)^{\frac{3}{2}}}, \frac{-b}{(b^2+c^2)^{\frac{3}{2}}}, \frac{c}{(a^2+c^2)^{\frac{3}{2}}}+\frac{c}{(b^2+c^2)^{\frac{3}{2}}}\right)$$

10

(1) $\mathbf{r}_0 = (l,0,0)$, $\mathbf{r} = (0,0,z)$ とし, (2.6) 式に代入すればよい.

$$\mathbf{E}(\mathbf{r}) = \frac{q}{4\pi\varepsilon_0}\frac{\mathbf{r}-\mathbf{r}_0}{|\mathbf{r}-\mathbf{r}_0|^3} = \frac{q}{4\pi\varepsilon_0}\frac{(-l,0,z)}{(l^2+z^2)^{\frac{3}{2}}}$$

したがって, x, y, z 成分は順に,

$$-\frac{q}{4\pi\varepsilon_0}\frac{l}{(l^2+z^2)^{\frac{3}{2}}}, \ 0, \ \frac{q}{4\pi\varepsilon_0}\frac{z}{(l^2+z^2)^{\frac{3}{2}}}$$

(2) $\mathbf{r}_0 = (-l,0,0)$, $\mathbf{r} = (0,0,z)$ とし, (2.6) 式に代入すればよい.

$$\mathbf{E}(\mathbf{r}) = \frac{q}{4\pi\varepsilon_0}\frac{\mathbf{r}-\mathbf{r}_0}{|\mathbf{r}-\mathbf{r}_0|^3} = \frac{q}{4\pi\varepsilon_0}\frac{(l,0,z)}{(l^2+z^2)^{\frac{3}{2}}}$$

したがって, x, y, z 成分は順に,

$$\frac{q}{4\pi\varepsilon_0}\frac{l}{(l^2+z^2)^{\frac{3}{2}}}, \ 0, \ \frac{q}{4\pi\varepsilon_0}\frac{z}{(l^2+z^2)^{\frac{3}{2}}}$$

(3) 原点にある電荷が点 P に作る電場は, $\mathbf{r}_0 = (0,0,0)$, $\mathbf{r} = (0,0,z)$, $q = -Q$ とし, (2.6) 式に代入すればよいので x,

---

y, z 成分はそれぞれ $0, 0, -\dfrac{Q}{4\pi\varepsilon_0}\dfrac{z}{|z|^3}$ となる. 合成電場は,
重ね合わせの原理 (2.7) 式より, (1), (2)で求めたものの成分同士を加えればよいので, x, y, z 成分は順に

$$0, \ 0, \ \frac{q}{2\pi\varepsilon_0}\frac{z}{(l^2+z^2)^{\frac{3}{2}}} - \frac{Q}{4\pi\varepsilon_0}\frac{z}{|z|^3}$$

〔注意〕分母の絶対値記号に注意すること.

11

電荷の分布した直線を直線 L と呼ぶことにする. まず, 点 P にできる合成電場の方向が, 点 P から直線 L に引いた垂線に沿って外向きであることを示す.

点 P から直線 L に引いた垂線の足を点 O とする. 直線 L 上の任意の点 A に, 長さ dx の微小素片を考える. 直線 L の上に, 線分 OA と線分 OB の長さが等しくなる

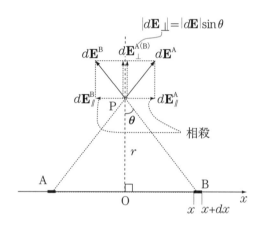

点 B をとり, そこにも長さ dx の微小素片を考える. 2つの微小素片に含まれる電荷の量は等しく, 点 P までの距離も等しいので, 両者が点 P に作る電場の大きさは等しい. それぞれの電場を直線 L に垂直な成分と, 平行な成分に分けると, 後者は打ち消し合う. (図参照) すなわち, 直線 L 上の任意の電荷が点 P に作る電場のうち, 直線に平行な成分は必ず『反対側』にいる電荷により打ち消されることが示された.

そこで以後は直線 L に垂直な成分だけの重ね合わせを考えればよい. 直線 L に沿って x 軸をとり, $x \sim x+dx$ の区間からなる微小素片は電荷 λdx を含む. これが点 P に作る電場 $d\mathbf{E}$ の大きさは $|d\mathbf{E}| = \dfrac{\lambda dx}{4\pi\varepsilon_0(r^2+x^2)}$ であり, 図のように θ をとれば直線 L に垂直な成分は,

$$dE_\perp = |d\mathbf{E}|\cos\theta = \frac{\lambda dx}{4\pi\varepsilon_0(r^2+x^2)}\cos\theta$$

となる.

ここで, 図から $\tan\theta = \dfrac{x}{r}$ であることを用いれば,

$$\frac{1}{\cos^2\theta}d\theta = \frac{1}{r}dx$$

であるから,

$$dE_\perp = \frac{\lambda dx}{4\pi\varepsilon_0 r^2\left(1+\left(\frac{x}{r}\right)^2\right)}\cos\theta = \frac{\lambda dx}{4\pi\varepsilon_0 r^2(1+\tan^2\theta)}\cos\theta$$

$$= \frac{\lambda}{4\pi\varepsilon_0 r\left(\dfrac{1}{\cos^2\theta}\right)}\cos\theta\frac{1}{r}dx$$

$$= \frac{\lambda}{4\pi\varepsilon_0 r}\cos^3\theta\frac{1}{\cos^2\theta}d\theta = \frac{\lambda}{4\pi\varepsilon_0 r}\cos\theta d\theta$$

となる。

すべての電荷からの寄与を加えるためには，$dE_\perp$ を $-\frac{\pi}{2}$ から $\frac{\pi}{2}$ まで θ について積分すればよいので，

$$E_\perp = \int dE_\perp = \frac{\lambda}{4\pi\varepsilon_0 r}\int_{-\frac{\pi}{2}}^{\frac{\pi}{2}}\cos\theta d\theta = \frac{\lambda}{4\pi\varepsilon_0 r}[\sin\theta]_{-\frac{\pi}{2}}^{\frac{\pi}{2}}$$

$$= \frac{\lambda}{2\pi\varepsilon_0 r}$$

となる。

図のように r に反比例するグラフになる。

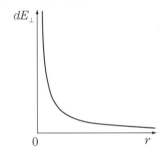

12

無限平面とは，無限の半径を持った円板と考えてよいので，例題 2.6 の結果

$$E_{/\!/} = \frac{\sigma}{2\varepsilon_0}(1-\cos\varphi_0) = \frac{\sigma}{2\varepsilon_0}\left(1-\frac{x}{\sqrt{x^2+b^2}}\right)$$

ただし，$\cos\varphi_0 = \dfrac{x}{\sqrt{x^2+b^2}}$

において，$b\to\infty$ $\left(\phi_0\to\dfrac{\pi}{2}\right)$ の極限をとればよい。

したがって，

$$E_{/\!/} = \frac{\sigma}{2\varepsilon_0}\left(1-\cos\left(\frac{\pi}{2}\right)\right) = \frac{\sigma}{2\varepsilon_0}$$

となる。

13

電荷の分布は球対称性を示すので，電場も球対称性を示す。すなわち，例題 3.1 の(1)で調べたように，球の中心からの距離が等しい点の電場の大きさはすべて等しく，方向は動径方向となっている。このような場合，積分形式のガウスの法則

$$\int_S \mathbf{E}(\mathbf{r}) \cdot \mathbf{n}(\mathbf{r}) dS = \frac{1}{\varepsilon_0} \times (S \text{内の全電荷})$$

を適用するにあたり，閉曲面 S として，半径が r で，電荷が分布している球と中心が共通となる球の表面を選ぶとよい。S 上のすべての位置で電場の大きさは等しく，電場の方向はちょうど面からの外向き法線方向と一致する。すなわち，S 上のすべての点で $\mathbf{E}(\mathbf{r}) \cdot \mathbf{n}(\mathbf{r}) = E(r)$ となり，S 上では一定となるので積分の外に取り出せる。これらの事情は S の半径の値に無関係なので，ガウスの法則の左辺の電場の面積分は r によらず，

$$\int_S \mathbf{E}(\mathbf{r}) \cdot \mathbf{n}(\mathbf{r}) dS = \int_S E(r) dS = E(r) \int_S dS = 4\pi r^2 E(r) \quad \text{①}$$

となる。一方，ガウスの法則の右辺の S 内に含まれる電荷の総量は，S の半径によって異なるので $Q(r)$ と書く。$r > a$ であれば，球に分布した全電荷量である。$r < a$ であれば，体積電荷密度に S の体積を掛けた量になる。よって，

$$Q(r) = \begin{cases} \dfrac{4\pi r^3}{3}\rho, & r < a \\ \dfrac{4\pi a^3}{3}\rho \equiv Q, & r > a \end{cases} \quad \text{②}$$

となる。なお，半径 a の球に分布した全電荷量を Q とした。したがって，ガウスの法則は，

$$\int_S \mathbf{E}(\mathbf{r}) \cdot \mathbf{n}(\mathbf{r}) dS = 4\pi r^2 E(r) = \begin{cases} \dfrac{4\pi r^3}{3\varepsilon_0}\rho, & r < a \\ \dfrac{4\pi a^3}{3\varepsilon_0}\rho = \dfrac{Q}{\varepsilon_0}, & r > a \end{cases} \quad \text{③}$$

となって，

$$E(r) = \begin{cases} \dfrac{r}{3\varepsilon_0}\rho, & r < a \\ \dfrac{a^3}{3\varepsilon_0 r^2}\rho = \dfrac{Q}{4\pi\varepsilon_0 r^2}, & r > a \end{cases} \quad \text{④}$$

を得る。

さて，$r > a$ の結果の $E(r) = \dfrac{Q}{4\pi\varepsilon_0 r^2}$ をみると，中心に電荷 Q の点電荷があったときに，その点電荷が作る電場の大きさと同じである。つまり，外部の電場を調べただけでは，中心付近にある電荷が点電荷なのか，大きさをもった球状分布をしているかの識別ができないことがわかる。

14

最初に対称性を考える。電荷密度が ρ_0 〔C·m^{-3}〕の電荷が半径 r_0 の無限に長い円筒の中に一様に分布しているということは，電荷密度の分布が円筒の中心軸に対して対称であるということである。これは，この電荷分布によって作られる電場 $\mathbf{E}(\mathbf{r})$ も中心軸に対して軸対称であるということである。つまり中心軸からの距離 r が等しければ電場の大きさも等しいのである。さらに無限に長い系なので，中心軸上の任意の点に対して 180° ひっくり返しても対称である。この対称性を満足するためには電場の方向は中心軸に対して常に垂直になっていなければならない。このようなケースで (3.1)式の真空中のガウスの法則

$$\int_S \mathbf{E}(\mathbf{r}) \cdot \mathbf{n}(\mathbf{r}) dS = \frac{1}{\varepsilon_0} \times (S \text{内の全電荷})$$

を使って電場を求める場合，ガウスの法則を適用する閉

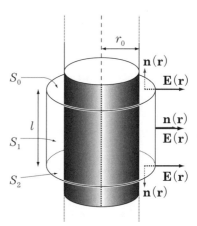

曲面としては，図の様に系の対称性を満足する様に円筒と同軸の，半径 r，長さ l の円筒状閉曲面 S を設定するとよい。ただし，r の範囲によって電荷の分布が異なる。

半径 $r > r_0$ のとき，長さ l の円筒状閉曲面 S 内には $\pi r_0^2 l \rho_0$ の電荷が含まれているので，ガウスの法則の右辺は $\dfrac{\pi r_0^2 l \rho_0}{\varepsilon_0}$ である。

一方，ガウスの法則の左辺の計算は，付録 H の「電磁気学で良く使う面積分」の「無限に長い直線に対して軸対称な系」「(1) ベクトル場が直線から放射状になっている場合」の計算と同様である。つまり，円筒状閉曲面 S を上面 S_0，側面 S_1，底面 S_2 の三つに分け，S に関する面積分も三つに分けて計算すれば，

$$\int_S \mathbf{E}(\mathbf{r}) \cdot \mathbf{n}(\mathbf{r}) dS = \int_{S_0(=\text{上面})} \mathbf{E}(\mathbf{r}) \cdot \mathbf{n}(\mathbf{r}) dS + \int_{S_1(=\text{側面})} \mathbf{E}(\mathbf{r}) \cdot \mathbf{n}(\mathbf{r}) dS$$
$$+ \int_{S_2(=\text{下面})} \mathbf{E}(\mathbf{r}) \cdot \mathbf{n}(\mathbf{r}) dS$$
$$= \int_{S_0(=\text{上面})} 0 \, dS + \int_{S_1(=\text{側面})} E(r) dS + \int_{S_2(=\text{底面})} 0 \, dS$$
$$= \int_{S_1} E(r) dS = E(r) \int_{S_1} dS = 2\pi r l E(r)$$
$$\left[\int_{S_1} dS \text{ は } S_1 \text{ の面積 } 2\pi r l \text{ である。} \right]$$
$$\cdots\cdots\cdots\cdots\cdots\cdots ①$$

となる。したがって，ガウスの法則は，

$$\int_S \mathbf{E}(\mathbf{r}) \cdot \mathbf{n}(\mathbf{r}) dS = 2\pi r l E(r) = \frac{\pi r_0^2 l \rho_0}{\varepsilon_0} \quad \cdots\cdots\cdots\cdots ②$$

となって，

$$E(r) = \frac{r_0^2 \rho_0}{2\varepsilon_0} \frac{1}{r} \quad \cdots\cdots\cdots\cdots\cdots\cdots\cdots\cdots\cdots\cdots\cdots\cdots ③$$

を得る。

一方，$r \leqq r_0$ のとき，

半径 r，長さ l の円筒状閉曲面 S 内にある全電荷は，$\pi r^2 l \rho_0$ である。

したがって，ガウスの法則の右辺は $\dfrac{\pi r^2 l \rho_0}{\varepsilon_0}$ である。

一方，左辺の積分は，$\displaystyle\int_S \mathbf{E}(\mathbf{r}) \cdot \mathbf{n}(\mathbf{r}) dS = 2\pi r l E(r)$ であるから，ガウスの法則は，

$$\int_S \mathbf{E}(\mathbf{r}) \cdot \mathbf{n}(\mathbf{r}) dS = 2\pi r l E(r) = \frac{\pi r^2 l \rho_0}{\varepsilon_0} \quad \cdots\cdots\cdots\cdots ④$$

となって，

$$E(r) = \frac{\rho_0}{2\varepsilon_0} r \quad \cdots\cdots\cdots\cdots\cdots\cdots\cdots\cdots\cdots\cdots\cdots\cdots\cdots ⑤$$

を得る。

15

便宜上，電荷の分布している平面を電荷平面と呼ぶ。点Pから電荷平面に垂線を引き，その交点を原点Oに選んでみる。つまり点Pは原点の真上で距離 x の位置である。ところが，電荷分布の様子は原点の位置をどこに選んでも変わらない。したがって，違う場所に選んだ原点の真上で距離 x の位置にできる電場は，点Pにできる電場と同じはずである。これは電荷平面に平行な面上にあるすべての点にできる電場が同じであることを意味している。さらに，原点を通り，電荷平面に垂直な軸を回転軸とし，任意の角度だけ系を回転してもやはり系の様子は変わらない。したがって，各点にできる電場の方向は平面に垂直であることがわかる。もし傾いていれば，回転すると電場の方向が変わってしまうからである。よって，任意の点にできる電場の向きは，電荷平面に垂直で，外側に向かうこと，電場の強さは平面からの距離が等しければ一定であることが結論される。ここで，電荷平面と平行で距離 x だけ離れた平面は電荷平面を挟んで2枚あることに注意しよう。電場の大きさは，この2枚の平面上の任意の点で等しい。ただし，電場の向きは反対である。さて，(3.1)式の真空中のガウスの法則

$$\int_S \mathbf{E}(\mathbf{r}) \cdot \mathbf{n}(\mathbf{r}) dS = \frac{1}{\varepsilon_0} \times (S \text{ 内の全電荷}) \quad \cdots\cdots\cdots\cdots ①$$

を適用する際の閉曲面 S として，断面積が A で，高さが $2x$ の筒の表面を採用する。この筒の2つの底面のそれぞれが，点Pと同じ電場の大きさの点を含む2枚の平面に重なるように置く。電荷平面が S の真ん中を横切るイメージである。このように S を取れば，S 内の全電荷は σA であるから，ガウスの法則の右辺は，$\sigma A \div \varepsilon_0$ である。一方，ガウスの法則の左辺の計算は，付録Hの「電磁気学で良く使う面積分」の「無限に長い直線に対して軸対称な系」「(3) ベクトル場が中心軸に沿っている場合」の計算と同様である。

円筒状閉曲面 S を上面 S_0，側面 S_1，底面 S_2 の3つに分けて考えれば，積分は3分割できて，

$$\int_S \mathbf{E}(\mathbf{r}) \cdot \mathbf{n}(\mathbf{r}) dS = \int_{S_0(=\text{上面})} \mathbf{E}(\mathbf{r}) \cdot \mathbf{n}(\mathbf{r}) dS$$
$$+ \int_{S_1(=\text{側面})} \mathbf{E}(\mathbf{r}) \cdot \mathbf{n}(\mathbf{r}) dS$$
$$+ \int_{S_2(=\text{下面})} \mathbf{E}(\mathbf{r}) \cdot \mathbf{n}(\mathbf{r}) dS \quad \cdots\cdots\cdots\cdots ②$$

である。S の上面 S_0 および底面 S_2 では電場 $\mathbf{E}(\mathbf{r})$ と外向き単位法線ベクトル $\mathbf{n}(\mathbf{r})$ は平行なので，$\mathbf{E}(\mathbf{r}) \cdot \mathbf{n}(\mathbf{r}) = E(x)$ となる。一方，S の側面 S_1 では $\mathbf{E}(\mathbf{r}) \perp \mathbf{n}(\mathbf{r})$ であるから，$\mathbf{E}(\mathbf{r}) \cdot \mathbf{n}(\mathbf{r}) = 0$ となり，側面 S_1 の積分は0になる。すなわち，

$$\int_S \mathbf{E}(\mathbf{r}) \cdot \mathbf{n}(\mathbf{r}) dS = \int_{S_0(=\text{上面})} E(x) dS + \int_{S_1(=\text{側面})} 0 \, dS + \int_{S_2(=\text{底面})} E(x) dS$$
$$= \int_{S_0(=\text{上面})} E(x) dS + \int_{S_2(=\text{底面})} E(x) dS$$
$$= E(x) \int_{S_0(=\text{上面})} dS + E(x) \int_{S_2(=\text{底面})} dS = 2AE(x)$$
$$\cdots\cdots\cdots\cdots\cdots\cdots\cdots\cdots\cdots\cdots\cdots\cdots ③$$

となる，したがって，ガウスの法則は，

$$\int_S \mathbf{E}(\mathbf{r}) \cdot \mathbf{n}(\mathbf{r}) dS = 2AE(x) = \frac{\sigma A}{\varepsilon_0} \quad \cdots\cdots\cdots\cdots ④$$

となり，

$$E(x) = \frac{\sigma}{2\varepsilon_0}$$

を得る。結果が電荷平面からの距離に無関係な定数であることに注意する。また，計算の過程を見直すと，閉曲面の断面の形が円である必要はないことが以下のようにわかる。

つまり，側面と電荷平面が垂直なら法線成分がゼロで積分には寄与しない。また④式において，底面の断面積 A は，S 内の電荷量 σA の A とキャンセルされてしまうので，その中身が円の面積であることは計算に利用され

ていない。結論として，側面が電荷平面に垂直になることだけに注意しさえすれば，閉曲面の断面の形状は自由に選んでもよいことがわかる。

16

(1) 密度に体積を掛けて $Q = \rho_0 \dfrac{4}{3}\pi r_0^3$。

(2) 電場は球の中心に対し，球対称になる。その理由は問題 13 の解答に述べたものと同じである。したがって，球の中心を原点とする極座標を用いた解析が適している。この場合，中心から距離 r 位置の電場の大きさ $E(r)$ は，極座標における r 成分（動径方向成分）に等しく，残りの成分はゼロなので，ガウスの法則は，

$$\frac{1}{r^2}\frac{d}{dr}[r^2 E(r)] = \frac{\rho(r)}{\varepsilon_0} = \begin{cases} \dfrac{\rho_0}{\varepsilon_0}, & r < r_0 \\ 0, & r > r_0 \end{cases} \quad \cdots\cdots\cdots \text{①}$$

となる。$r > r_0$ では，両辺に r^2 を掛けて $\dfrac{d}{dr}[r^2 E(r)] = 0$。この両辺を r で積分すると，$rE(r) = C_1$ となり，

$$E(r) = \frac{C_1}{r} \quad \cdots\cdots\cdots\cdots\cdots\cdots\cdots\cdots \text{②}$$

が得られる。C_1 は積分定数である。$r < r_0$ では両辺に r^2 を掛けて $\dfrac{d}{dr}[r^2 E(r)] = r^2 \dfrac{\rho_0}{\varepsilon_0}$。この両辺を r で積分すると，$r^2 E(r) = \dfrac{\rho_0}{\varepsilon_0}\dfrac{r^3}{3} + C_2$ となり，

$$E(r) = \frac{\rho_0}{\varepsilon_0}\frac{r}{3} + \frac{C_2}{r^2} \quad \cdots\cdots\cdots\cdots\cdots\cdots \text{③}$$

が得られる。C_2 は積分定数である。次に境界条件を用いて積分定数を決める。まず，球の中心ではすべての電荷による影響が打ち消し合うので，電場がゼロになる。③式で $E(0) = 0$ となるためには，$C_2 = 0$ が必要である。さらに $r = r_0$ で $r > r_0$ の解と $r < r_0$ の解は一致することから $\dfrac{C_1}{r_0^2} = \dfrac{\rho_0}{\varepsilon_0}\dfrac{r_0}{3}$。したがって，$C_1 = \dfrac{\rho_0 r_0^3}{3\varepsilon_0}$ が導ける。以上を代入すれば，

$$E(r) = \begin{cases} \dfrac{\rho_0}{3\varepsilon_0}r, & r < r_0 \\ \dfrac{\rho_0 r_0^3}{3\varepsilon_0 r^2} = \dfrac{Q}{4\pi\varepsilon_0 r^2}, & r > r_0 \end{cases}$$

となる。

17

(1) 円筒単位長さあたりに含まれる電荷 λ は，この部分の体積に電荷密度 ρ_0 を掛けて求めた電荷量のことであるから，$\lambda = \pi r_0^2 \rho_0$。

(2) 電場は円筒の中心軸に対して軸対称である。その理由は例題 3.2 の解答を参照のこと。したがって，z 軸を中心軸とする円筒座標を用いた解析が適している。この場

合，中心軸から距離 r の位置の電場の大きさ $E(r)$ は，円筒座標における r 成分に等しく，残りの成分はゼロなので，ガウスの法則は次のように書ける。

$$\frac{1}{r}\frac{d}{dr}[rE(r)] = \frac{\rho(r)}{\varepsilon_0} = \begin{cases} \dfrac{\rho_0}{\varepsilon_0}, & r < r_0 \\ 0, & r > r_0 \end{cases} \quad \cdots\cdots\cdots\cdots \text{①}$$

$r > r_0$ では，両辺に r を掛けて，$\dfrac{d}{dr}[rE(r)] = 0$。この両辺を r で積分すると，$rE(r) = C_1$ となり

$$E(r) = \frac{C_1}{r} \quad \cdots\cdots\cdots\cdots\cdots\cdots\cdots\cdots \text{②}$$

が得られる。C_1 は積分定数である。$r < r_0$ では，両辺に r を掛け，$\dfrac{d}{dr}[rE(r)] = \dfrac{\rho_0}{\varepsilon_0}r$。この両辺を r で積分すると，$rE(r) = \dfrac{\rho_0}{2\varepsilon_0}r^2 + C_2$ となり，

$$E(r) = \frac{\rho_0}{2\varepsilon_0}r + \frac{C_2}{r} \quad \cdots\cdots\cdots\cdots\cdots\cdots \text{③}$$

を得る。

C_2 は積分定数である。あとは境界条件より，②，③式から積分定数を消去すればよい。まず，原点 $r = 0$ では，$E(0) = 0$ であることに注意しよう。中心軸上の任意の点では，対称性より周囲の電荷による電場の影響はすべて打ち消しあうからである。③式が $r = 0$ でゼロになるためには $C_2 = 0$ が必要である。$r = r_0$ で②，③式の値が一致する必要があるので，$\dfrac{C_1}{r_0} = \dfrac{\rho_0}{2\varepsilon_0}r_0$。従って，$C_1 = \dfrac{\rho_0}{2\varepsilon_0}r_0^2$ が得られる。これらを代入して，

$$E(r) = \begin{cases} \dfrac{\rho_0}{2\varepsilon_0}r, & r < r_0 \\ \dfrac{\rho_0 r_0^2}{2\varepsilon_0 r} = \dfrac{\lambda}{2\pi\varepsilon_0 r}, & r > r_0 \end{cases}$$

となる。

18

(1) 板上に面積 1 の部分を考える。$\sigma = 1 \cdot d \cdot \rho_0 = d\rho_0$。

(2) 板の中心に板と平行な平面を考える。平面内の任意の位置に原点をとり，平面に垂直に z 軸を取る（z 軸は任意の位置にとって良い）。無限に広がる平面を考えているので，系は板の中心の平面に対して面対称である。また，任意に立てた z 軸を中心に周りを見渡しても電荷の分布の様子は変わらない。これは系がどこでも軸対称であるということである。電場も電荷の分布を反映するので，板の真ん中の平面に対して面対称であり，任意に立てた z 軸に対して軸対称である。例えば，電場が板に平行な成分を有すると，任意の位置で軸対称が成立しない。したがって，軸対称であるためには電場は平面に対して常に垂直でなくてはならない。また，面対称性を満たすためには板の中心からの距離が一定の場所では電場の大きさは一様でなくてはならない。

以上から，電場は板の中心からの距離，z のみの関数となる。このような場合，デカルト座標系や円筒座標系で扱うのが便利である。ここではデカルト座標系で考える。微分形ガウスの法則は，

$$\operatorname{div}\mathbf{E}(\mathbf{r})=\frac{\partial E_x(\mathbf{r})}{\partial x}+\frac{\partial E_y(\mathbf{r})}{\partial y}+\frac{\partial E_z(\mathbf{r})}{\partial z}=\frac{\rho(\mathbf{r})}{\varepsilon_0}$$

である。上記の考察から，第1項と第2項は0となるので，

$$\operatorname{div}\mathbf{E}(\mathbf{r})=\frac{\partial E_z(\mathbf{r})}{\partial z}=\frac{\rho(\mathbf{r})}{\varepsilon_0} \quad\cdots\cdots\cdots\cdots\cdots\text{①}$$

いま，$-\dfrac{d}{2}\leqq z\leqq\dfrac{d}{2}$ のとき，$\rho(r)=\rho_0$ より①式は，

$$E_z(\mathbf{r})=\frac{\rho_0}{\varepsilon_0}z+k_1 \quad\cdots\cdots\cdots\cdots\cdots\text{②}$$

となる。ここで系の対称性から $z=0$ のとき電場は0になるので $k_1=0$。したがって，

$$E_z(\mathbf{r})=\frac{\rho_0}{\varepsilon_0}z \quad -\frac{d}{2}\leqq z\leqq\frac{d}{2} \quad\cdots\cdots\cdots\text{③}$$

一方，$z<-\dfrac{d}{2}$ または $z>\dfrac{d}{2}$ のとき，$\rho(r)=0$ より①式は，

$$\frac{\partial E_z(z)}{\partial z}=\frac{0}{\varepsilon_0}\rightarrow E_z(z)=k_2 \quad\cdots\cdots\cdots\text{④}$$

となる。$z>+\dfrac{d}{2}$ の場合，$z=\dfrac{d}{2}$ で電場は連続であるから，③式，④式より，$\dfrac{\rho_0}{2\varepsilon_0}d=k_2$ となり，

$$E_z(z)=\frac{\sigma}{2\varepsilon_0}, \quad z>\frac{d}{2}$$ となる。

同様に $z<-\dfrac{d}{2}$ の場合，$z=-\dfrac{d}{2}$ で電場は連続であるから，③式，④式より，$-\dfrac{\rho_0}{2\varepsilon_0}d=k_2$ となり，

$$E_z(z)=-\frac{\sigma}{2\varepsilon_0}, \quad z<-\frac{d}{2}$$ となる。

19

本問で求める未知数は Q_1，Q_2，Q_3，Q_4 の4つであるので，4つの独立な方程式が立てて解けばよい。

2枚の金属板のそれぞれで電荷の外部とのやり取りはないので，次の2式が成り立つ。

$$Q_1+Q_2=Q \quad\cdots\cdots\cdots\cdots\cdots\cdots\text{①}$$
$$Q_3+Q_4=2Q \quad\cdots\cdots\cdots\cdots\cdots\text{②}$$

次に，導体の内外の電場から得られる条件を求める。

導体内外の電場を図のように電荷密度が ω_1，ω_2，ω_3，ω_4 の4枚の無限平面状電荷が作るそれぞれの電場 $\mathbf{E}_1$，$\mathbf{E}_2$，$\mathbf{E}_3$，$\mathbf{E}_4$ の合成と考えて求める。題意より，「電場の性質が板の面積が無限大の場合と同じとみなせる」のであるから，それぞれの電場は導体板の表面に対して垂直方向に一様な強さで分布しているはずであるので，導体の内外の電場の大きさはそれぞれの大きさの加減算で求められる。導体表面上の電荷密度を ω_1，ω_2，ω_3，ω_4 と

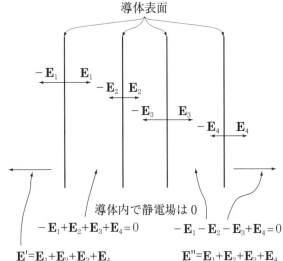

導体表面

$-\mathbf{E}_1 \quad \mathbf{E}_1$
$-\mathbf{E}_2 \quad \mathbf{E}_2$
$-\mathbf{E}_3 \quad \mathbf{E}_3$
$-\mathbf{E}_4 \quad \mathbf{E}_4$

導体内で静電場は 0

$-\mathbf{E}_1+\mathbf{E}_2+\mathbf{E}_3+\mathbf{E}_4=0 \qquad -\mathbf{E}_1-\mathbf{E}_2-\mathbf{E}_3+\mathbf{E}_4=0$

$\mathbf{E}'=\mathbf{E}_1+\mathbf{E}_2+\mathbf{E}_3+\mathbf{E}_4 \qquad \mathbf{E}''=\mathbf{E}_1+\mathbf{E}_2+\mathbf{E}_3+\mathbf{E}_4$

すると，

$$\omega_1=\frac{Q_1}{S},\ \omega_2=\frac{Q_2}{S},\ \omega_3=\frac{Q_3}{S},\ \omega_4=\frac{Q_4}{S} \quad\cdots\cdots\text{③}$$

である。

帯電している導体の電場に関連する性質より，導体表面上の電荷密度を ω と電場の大きさの関係は，$E=\dfrac{\omega}{\varepsilon_0}$ であたえられるから，

$$E_1=\frac{Q_1}{\varepsilon_0 S},\quad E_2=\frac{Q_2}{\varepsilon_0 S},\quad E_3=\frac{Q_3}{\varepsilon_0 S},\quad E_4=\frac{Q_4}{\varepsilon_0 S} \quad\cdots\cdots\text{④}$$

である。また，帯電している導体の電場に関連する性質の「3. 導体内には静電場は存在しない。」より，

$$-E_1+E_2+E_3+E_4=0 \quad\cdots\cdots\cdots\cdots\cdots\text{⑤}$$
$$-E_1-E_2-E_3+E_4=0 \quad\cdots\cdots\cdots\cdots\cdots\text{⑥}$$

である。⑤，⑥式と④式に代入して整理すると，

$$-Q_1+Q_2+Q_3+Q_4=0 \quad\cdots\cdots\cdots\cdots\cdots\text{⑦}$$
$$-Q_1-Q_2-Q_3+Q_4=0 \quad\cdots\cdots\cdots\cdots\cdots\text{⑧}$$

である。⑧式と⑨式の両辺の和をとれば，$-Q_1+Q_4=0$ となって，

$$Q_1=Q_4 \quad\cdots\cdots\cdots\cdots\cdots\cdots\cdots\cdots\cdots\text{⑨}$$

を得る。さらに⑨式を⑧式に代入すれば，$-Q_1+Q_2+Q_3+Q_1=0$ となって，$Q_2+Q_3=0$ となり，

$$Q_2=-Q_3 \quad\cdots\cdots\cdots\cdots\cdots\cdots\cdots\cdots\cdots\text{⑩}$$

を得る。

①，②，⑨，⑩式が未知数 Q_1，Q_2，Q_3，Q_4 に関する4つの方程式である。①式より，

$$Q_2=Q-Q_1 \quad\cdots\cdots\cdots\cdots\cdots\cdots\cdots\cdots\text{⑪}$$

②，⑨式より，

$$Q_3=2Q-Q_4=2Q-Q_1 \quad\cdots\cdots\cdots\cdots\cdots\text{⑫}$$

⑩式に⑪，⑫式を代入して，

$$Q-Q_1=-2Q+Q_1 \quad\cdots\cdots\cdots\cdots\cdots\cdots\text{⑬}$$

となって，

$$Q_1=\frac{3}{2}Q \quad\cdots\cdots\cdots\cdots\cdots\cdots\cdots\cdots\cdots\text{⑭}$$

を得る。

⑭式を⑨，⑪，⑫式に代入すれば，

$Q_2 = -\dfrac{1}{2}Q$, $Q_3 = +\dfrac{1}{2}Q$, $Q_4 = +\dfrac{3}{2}Q$ が導かれる。

20

導体の性質により，電荷は球の表面に一様に分布する。したがって，電荷分布は球対称になるので，例題 3.1 (1) の解答にあるように，任意の点にできる電場は，動径方向成分しか持たず，中心からの距離が等しい点では電場の大きさも等しい。導体の性質により，電荷は球の表面に一様に分布する。電場の様子は球対称性を示すので，ガウスの法則で用いる閉曲面 S としては同じ対称性の球面を考える。すなわち，導体球と中心を共有する半径 r の球の表面を閉曲面に選び，(3.1) 式の真空中のガウスの法則

$$\int_S \mathbf{E}(\mathbf{r}) \cdot \mathbf{n}(\mathbf{r}) dS = \frac{1}{\varepsilon_0} \times (S\text{内の全電荷}) \cdots\cdots\cdots\cdots ①$$

を適用して電場を求める。まず左辺の積分を考える。球面 S 上では電場の大きさは一定なので，これを $E(r)$ とする。電場の向きは動径方向で外向きであるから S の各点における法線方向 $\mathbf{n}(\mathbf{r})$ を向いているので，左辺の積分の中身の内積は $\mathbf{E}(\mathbf{r}) \cdot \mathbf{n}(\mathbf{r}) dS = E(r)$ となる。これは S 上では一定なので，積分の外側に取り出すことができ，

$$\int_S \mathbf{E}(\mathbf{r}) \cdot \mathbf{n}(\mathbf{r}) dS = \int_S E(r) dS = E(r) \int_S dS = 4\pi r^2 E(r)$$
$$\cdots\cdots\cdots\cdots\cdots\cdots\cdots\cdots\cdots\cdots\cdots ②$$

となる。

次に，r を導体球の内外について場合分けして考える。導体の性質により $r < a$ では S 内の電荷量は 0 であるから，①式の右辺は 0 となる。一方，$r \geq a$ では①式の右辺は Q となる。したがって，①式の右辺は，

$$\frac{1}{\varepsilon_0} \times (S\text{内の全電荷}) = \begin{cases} \dfrac{Q}{\varepsilon_0} & (r \geq a) \\ 0 & (r < a) \end{cases} \cdots\cdots\cdots\cdots ③$$

となる。②式の結果＝③式であるから，

$$4\pi r^2 E(r) = \begin{cases} \dfrac{Q}{\varepsilon_0} & (r \geq a) \\ 0 & (r < a) \end{cases} \cdots\cdots\cdots\cdots\cdots\cdots\cdots ④$$

となって，

$$E(r) = \begin{cases} \dfrac{Q}{4\pi\varepsilon_0 r^2} & (r \geq a) \\ 0 & (r < a) \end{cases} \cdots\cdots\cdots\cdots\cdots\cdots\cdots ⑤$$

を得る。

21

電荷は導体円筒の表面に均等に分布するので，円筒の中心軸に対して軸対称である。したがって，できる電場の性質も軸対称性を持つ。真空中のガウスの法則

$$\int_S \mathbf{E}(\mathbf{r}) \cdot \mathbf{n}(\mathbf{r}) dS = \frac{1}{\varepsilon_0} \times (S\text{内の全電荷}) \cdots\cdots\cdots\cdots ①$$

を使って電場を求める場合，例題 3.2 と同様，導体円筒と軸を共通に持ち，高さ L，半径 r の円筒面を閉曲面 S として採用する。電場の方向が軸に垂直な放射線状になっていることから，円筒の 2 つの底面では，電場は法線方向とは直角になり，ガウスの法則の左辺の面積積分には値が残らない。S の側面の電場の大きさを $E(r)$ と表すと，閉曲面の円筒側面で $\mathbf{E}(\mathbf{r}) \cdot \mathbf{n}(\mathbf{r}) = E(r)$ と一定値になることを用い，

$$\int_S \mathbf{E}(\mathbf{r}) \cdot \mathbf{n}(\mathbf{r}) dS = \int_{\text{側面}} E(r) dS$$
$$= E(r) \int_{\text{側面}} dS \quad\cdots\cdots\cdots\cdots ②$$
$$= 2\pi r L E(r)$$

一方，閉曲面内の電荷の量は，S が導体円筒の内側なら明かにゼロ，外側なら，導体円筒の長さ L の側面にある分なので $L\lambda$ である。ε_0 で割ったものを②式と等しいとおくと，導体円筒より内側なら電場は 0，外側なら $\dfrac{\lambda}{2\pi\varepsilon_0 r}$。これは単位長さあたりの例題 2 で解いた，電荷密度が同じ線状電荷の作る電場と同じである。すなわち，円筒の外側では，直線電荷の作る電場と区別ができない。

22

このように電荷分布だけが与えられていて静電ポテンシャルを求める問題の解き方はいくつかあるが，ここでは電場から電位を計算する。

系（電荷分布）は球対称なので，電場 $\mathbf{E}(\mathbf{r})$ や静電ポテンシャル $\phi(\mathbf{r})$ も電荷分布を反映して球対称になる。このような場合，極座標系で扱うのが便利である。例えば，球対称な電場は，$\mathbf{E}(\mathbf{r} = r, \theta, \varphi) = (E(r), 0, 0) = E(r)\mathbf{e}_r$ であるし，$\phi(\mathbf{r}) = \phi(r)$ である。

(3.16) 式にある静電ポテンシャルと電場の関係，

$$\mathbf{E}(\mathbf{r}) = -\nabla\phi(\mathbf{r}) = -\text{grad}\,\phi(\mathbf{r})$$

を極座標系で表せば，(3.22c) 式にあるように，

$$\mathbf{E}(\mathbf{r}) = -\left(\frac{\partial\phi(\mathbf{r})}{\partial r}\mathbf{e}_r + \frac{1}{r}\frac{\partial\phi(\mathbf{r})}{\partial\theta}\mathbf{e}_\theta + \frac{1}{r\sin\theta}\frac{\partial\phi(\mathbf{r})}{\partial\varphi}\mathbf{e}_\varphi \right)$$

である。
$\mathbf{E}(\mathbf{r} = r, \theta, \varphi) = (E(r), 0, 0) = E(r)\mathbf{e}_r$，
$\phi(\mathbf{r}) = \phi(r)$ であるから，

$$\mathbf{E}(\mathbf{r}) = (E(r), 0, 0) = E(r)\mathbf{e}_r = -\frac{\partial\phi(\mathbf{r})}{\partial r}\mathbf{e}_r$$

となり，$E(r) = -\dfrac{\partial\phi(r)}{\partial r}$ である。

すなわち，$\phi(r) = -\displaystyle\int E(r) dr$ を計算すればよい。

さて，電場 $E(r)$ については，本章の問題 13 で

$$E(r) = \begin{cases} \dfrac{r}{3\varepsilon_0}\rho, & r < a \\[3mm] \dfrac{a^3}{3\varepsilon_0 r^2}\rho, & r > a \end{cases}$$

をすでに得ている。ここで ρ は電荷密度であるが，題意より，$\rho = Q \div \dfrac{4}{3}\pi a^3 = \dfrac{3Q}{4\pi a^3}$ であるので，

$$E(r) = \begin{cases} \dfrac{Q}{4\pi\varepsilon_0 a^3}r, & r < a \\[3mm] \dfrac{Q}{4\pi\varepsilon_0 r^2}, & r > a \end{cases}$$

となる。したがって，

$$\begin{aligned} \phi(r) &= -\int E(r)dr \\ &= \begin{cases} -\int \dfrac{Q}{4\pi\varepsilon_0 a^3}r\,dr = -\dfrac{Q}{8\pi\varepsilon_0 a^3}r^2 + k_1 & r < a \\[3mm] -\int \dfrac{Q}{4\pi\varepsilon_0 r^2}\,dr = \dfrac{Q}{4\pi\varepsilon_0 r} + k_2 & r > a \end{cases} \end{aligned}$$

を得る。

ここで，k_1，k_2 は積分定数であるが，$r = \infty$ のとき，

$$\phi(\infty) = \frac{Q}{4\pi\varepsilon_0 \infty} + k_2 = k_2$$

であるから，無限遠方の電位を 0 とすれば，$k_2 = 0$ である。一方，静電ポテンシャルの連続性により，範囲の境界 $r = a$ で静電ポテンシャルは連続でなくてはならない。つまり，

$$\phi(a) = -\frac{Q}{8\pi\varepsilon_0 a^3}a^2 + k_1 = \frac{Q}{4\pi\varepsilon_0 a} + k_2$$

である。$k_2 = 0$ であるから，

$$k_1 = \frac{Q}{4\pi\varepsilon_0 a} + \frac{Q}{8\pi\varepsilon_0 a} = \frac{3Q}{8\pi\varepsilon_0 a}$$

となる。したがって，

$$\phi(r) = \begin{cases} -\dfrac{Q}{8\pi\varepsilon_0 a^3}r^2 + \dfrac{3Q}{8\pi\varepsilon_0 a} & r < a \\[3mm] \dfrac{Q}{4\pi\varepsilon_0 r} & r > a \end{cases}$$

を得る。

23

この問題は問題 17 と同様の考え方で解けばよい。系（電荷分布）は無限に長くかつ軸対称なので，電場 $\mathbf{E}(\mathbf{r})$ や静電ポテンシャル $\phi(\mathbf{r})$ も電荷分布を反映して軸対称になる。このような場合，円筒座標系で扱うのが便利である。例えば，無限に長くかつ軸対称な電場は，

$$\mathbf{E}(\mathbf{r} = R,\theta,z) = (E(R),0,0) = E(R)\mathbf{e}_r$$

であるし，$\phi(\mathbf{r}) = \phi(R)$ である。

(3.16) 式にある静電ポテンシャルと電場の関係，

$$\mathbf{E}(\mathbf{r}) = -\nabla\phi(\mathbf{r}) = -\mathrm{grad}\,\phi(\mathbf{r})$$ は (3.22b) 式にあるように円筒座標系では，

$$\begin{aligned} \mathbf{E}(\mathbf{r} = R,\theta,z) &= -\left(\frac{\partial}{\partial R}, \frac{1}{R}\frac{\partial}{\partial \theta}, \frac{\partial}{\partial z}\right)\phi(\mathbf{r}) \\ &= -\left(\frac{\partial\phi(\mathbf{r})}{\partial R}\mathbf{e}_R + \frac{1}{R}\frac{\partial\phi(\mathbf{r})}{\partial \theta}\mathbf{e}_\theta + \frac{\partial\phi(\mathbf{r})}{\partial z}\mathbf{e}_z\right) \end{aligned}$$

である。$\mathbf{E}(\mathbf{r} = R,\theta,z) = (E(R),0,0) = E(R)\mathbf{e}_R$，$\phi(\mathbf{r}) = \phi(R)$ であるから，

$$\mathbf{E}(\mathbf{r}) = (E(R),0,0) = E(R)\mathbf{e}_R = -\frac{\partial\phi(R)}{\partial R}\mathbf{e}_R$$

となり，$E(R) = -\dfrac{\partial\phi(R)}{\partial R}$ である。

すなわち，$\phi(R) = -\displaystyle\int E(R)dR$ を計算すればよい。

さて，電場 $E(R)$ については，本章の問題 14 および問題 17 で

$$E(R) = \begin{cases} \dfrac{\rho_0}{2\varepsilon_0}R & R < a \\[3mm] \dfrac{\rho_0 a^2}{2\varepsilon_0 R} & R > a \end{cases}$$

をすでに得ている。したがって，

$$\begin{aligned} \phi(R) &= -\int E(R)dR \\ &= \begin{cases} -\int \dfrac{\rho_0}{2\varepsilon_0}R\,dR = -\dfrac{\rho_0}{4\varepsilon_0}R^2 + k_1 & R < a \\[3mm] -\int \dfrac{\rho_0 a^2}{2\varepsilon_0 R}\,dR = -\dfrac{\rho_0 a^2}{2\varepsilon_0}\log R + k_2 & R > a \end{cases} \end{aligned}$$

を得る。

ここで，k_1，k_2 は積分定数である。一方，静電ポテンシャルの連続性により，範囲の境界 $R = a$ で静電ポテンシャルは連続でなくてはならない。つまり，

$$\phi(a) = -\frac{\rho_0}{4\varepsilon_0}a^2 + k_1 = -\frac{\rho_0 a^2}{2\varepsilon_0}\log a + k_2$$

であるから，

$$k_1 = \frac{\rho_0 a^2}{4\varepsilon_0} - \frac{\rho_0 a^2}{2\varepsilon_0}\log a + k_2$$

となる。したがって，

$$\phi(R) = \begin{cases} \dfrac{\rho_0}{4\varepsilon_0}\left(a^2 - R^2\right) - \dfrac{\rho_0 a^2}{2\varepsilon_0}\log a + k_2 & R < a \\[3mm] -\dfrac{\rho_0 a^2}{2\varepsilon_0}\log R + k_2 & R > a \end{cases}$$

を得る。

ここで，積分定数 k_2 は $R = 1$ における電位に相当する。

24

この問題も問題 17 と同様の流れで解けばよい。系の設定は問題 15 と同じであり，電場に関する考察は問題 15 に述べられているので省略する。問題 15 によれば，任意の点にできる電場の向きは，電荷平面に垂直で外側に向かい，電場の強さは平面からの距離に関わらず，$E(z) = \dfrac{\sigma}{2\varepsilon_0}$ と一定である。平面に垂直に z 軸を取った

デカルト座標系で電場 $\mathbf{E}(\mathbf{r})$ を表せば，

$$\mathbf{E}(\mathbf{r}=x,y,z)=(0,0,E(z))=\left(0,0,\pm\frac{\sigma}{2\varepsilon_0}\right)$$
$$(+ は z>0, - は z<0)$$

である。静電ポテンシャルと電場の関係，

$$\mathbf{E}(\mathbf{r})=-\nabla\phi(\mathbf{r})=-\mathrm{grad}\,\phi(\mathbf{r})$$

をデカルト座標系で表せば，（3.22a）式にあるように，

$$\mathbf{E}(\mathbf{r})=-\left(\frac{\partial}{\partial x},\frac{\partial}{\partial y},\frac{\partial}{\partial z}\right)\phi(\mathbf{r})=-\left(\frac{\partial\phi(\mathbf{r})}{\partial x},\frac{\partial\phi(\mathbf{r})}{\partial y},\frac{\partial\phi(\mathbf{r})}{\partial z}\right)$$

であるが，$\mathbf{E}(\mathbf{r})=(0,0,E(z))$ の関係を代入すれば，

$$(0,0,E(z))=-\left(\frac{\partial\phi(\mathbf{r})}{\partial x},\frac{\partial\phi(\mathbf{r})}{\partial y},\frac{\partial\phi(\mathbf{r})}{\partial z}\right)$$

である。これは静電ポテンシャルが z のみの関数であることを示している。

すなわち，$\phi(\mathbf{r})=\phi(z)$ であるから，

$$\mathbf{E}(\mathbf{r})=(0,0,E(z))=E(z)\mathbf{e}_z=-\frac{\partial\phi(z)}{\partial z}\mathbf{e}_z$$

となり，$E(z)=-\dfrac{\partial\phi(z)}{\partial z}$ である。すなわち，

$$\phi(z)=-\int E(z)dz$$

を計算すればよい。

$$\phi(z)=-\int E(z)dz=-\int\pm\frac{\sigma}{2\varepsilon_0}dz=\mp\frac{\sigma}{2\varepsilon_0}z+k,\quad(k は$$

積分定数，$-$ は $z>0$，$+$ は $z<0$)

ここで，積分定数 k は $z=0$ における電位に相当する。静電ポテンシャルの連続性から $k=0$ である。

25

例題 3.6 より，半径 a の孤立導体球の静電容量は，$C=4\pi\varepsilon_0 a$ で与えられる。

この a に地球の半径 6,360 km を代入して計算すればよい。ただし，MKSA 単位系での計算なので単位を km から m に換算することを忘れてはいけない。$a=6,360$ km $=6360\times10^3$ m であるから，

$$\begin{aligned}C&=4\pi\varepsilon_0 a=4\times3.14\times8.854\times10^{-12}\times6360\times10^3\\&=7.07\times10^{-4}\,\mathrm{F}=707\mu\mathrm{F}\end{aligned}$$

となる。数 100 μF 級のコンデンサは数多く市販されているが，地球の静電容量はこれらと同等の値であり，意外に小さいことがわかる。

ちなみに，20 世紀末頃までは 1F 級のコンデンサといえば質量 100 kg 以上の巨大なコンデンサが主流であった。しかし最近の技術開発により，**電気 2 重層**という物理現象を利用した電気 2 重層コンデンサが実用化され市販されるようになってきた。電気 2 重層コンデンサは数 F の大容量を 1 cm^3 程度の大きさで実現できることから，スーパーキャパシタまたはウルトラキャパシタと呼ばれている。科学技術の進展により手の平サイズの大き

さで地球の数千倍の電気容量が実現できるようになったのである。

26

(1) 点電荷 $+Q$ が r 離れた場所に作る静電場の大きさ $E(r)$ は，$E(r)=\dfrac{Q}{4\pi\varepsilon_0 r^2}$ であるから，このとき点電荷 $+q$ が受ける力の大きさ $F(r)$ は，$F(r)=q\cdot E(r)=\dfrac{qQ}{4\pi\varepsilon_0 r^2}$ である。符号は正（＋）なので斥力である。点電荷 $+q$ をこの力に逆らって点電荷 $+Q$ に微小距離 dr だけ近づけるために必要な仕事 $dW(r)$ は，$dW(r)=F(r)dr=\dfrac{qQ}{4\pi\varepsilon_0 r^2}dr$ である。

したがって，点電荷 $+q$ を無限遠方から距離 r まで運ぶときの仕事 W は，$dW(r)$ を r について $+\infty$ から r まで積分すればよい。

すなわち，

$$W=\int_\infty^r dW(r)=\int_\infty^r\frac{qQ}{4\pi\varepsilon_0 r^2}dr=\frac{qQ}{4\pi\varepsilon_0}\int_\infty^r\frac{1}{r^2}dr$$
$$=\frac{qQ}{4\pi\varepsilon_0}\left[-\frac{1}{r}\right]_\infty^r=\frac{qQ}{4\pi\varepsilon_0}\left[-\frac{1}{\infty}+\frac{1}{r}\right]=\frac{qQ}{4\pi\varepsilon_0 r}$$

(2) (1)で述べたように，点電荷 $+Q$ が r 離れた場所に作る静電場 $\mathbf{E}(\mathbf{r})$ の大きさは，$E(r)=\dfrac{Q}{4\pi\varepsilon_0 r^2}$ である。真空中の場所 $\mathbf{r}$ における静電場のエネルギー密度 $u(\mathbf{r})$ は，$u(\mathbf{r})=\dfrac{\varepsilon_0}{2}E^2(\mathbf{r})$ だから，

$$u(\mathbf{r})=\frac{1}{2}\varepsilon_0\mathbf{E}^2(\mathbf{r})=\frac{1}{2}\varepsilon_0\left(\frac{Q}{4\pi\varepsilon_0 r^2}\right)^2=\frac{Q^2}{32\pi^2\varepsilon_0 r^4}$$

となる。

(3) 全空間における静電場のエネルギーは，

$$U=\int_V u(\mathbf{r},t)dV=\int_V\frac{\varepsilon_0}{2}E^2(\mathbf{r},t)dV$$

を全空間にわたって積分すればよい。ただし，系は点電荷 $+Q$ に対して球対称なので極座標系を用いた積分が便利である。

(2)の結果より，

$$U=\int_0^\infty r^2\sin\theta dr\int_0^\pi d\theta\int_0^{2\pi}d\varphi\left(\frac{Q^2}{32\pi^2\varepsilon_0 r^4}\right)$$
$$=4\pi\times\int_0^\infty\frac{Q^2 r^2}{32\pi^2\varepsilon_0 r^4}dr$$
$$=4\pi\frac{Q^2}{32\pi^2\varepsilon_0}\left[-\frac{1}{r}\right]_0^\infty=\frac{Q^2}{8\pi\varepsilon_0}\left[-\frac{1}{\infty}+\frac{1}{0}\right]=\infty$$

27

(1) 例題 3.6 より半径 a の導体球の静電容量は，$C_\mathrm{A}=4\pi\varepsilon_0 a$ である。

例題 8 の(1)で求めた関係を利用すれば，

$$V=\frac{C_\mathrm{A}V_\mathrm{A}+C_\mathrm{B}V_\mathrm{B}}{C_\mathrm{A}+C_\mathrm{B}}$$

であるから，$V\left(C_A+C_B\right)=C_AV_A+C_BV_B$ である。これを C_B について解けば，

$$C_B=C_A\left(\frac{V-V_A}{V_B-V}\right)=4\pi\varepsilon_0a\left(\frac{V-V_A}{V_B-V}\right)$$

となる。

(2) 例題8の(3)の結果に(1)の結果

$$C_B=C_A\left(\frac{V-V_A}{V_B-V}\right)=4\pi\varepsilon_0a\left(\frac{V-V_A}{V_B-V}\right)$$

を代入すればよい，

静電エネルギーの差は，

$$U_1-U_2=\frac{1}{2}\frac{C_AC_B\left(V_A-V_B\right)^2}{C_A+C_B}=\frac{1}{2}\frac{C_AC_A\left(\frac{V-V_A}{V_B-V}\right)\left(V_A-V_B\right)^2}{C_A+C_A\left(\frac{V-V_A}{V_B-V}\right)}$$

$$=\frac{1}{2}C_A\left(V-V_A\right)\left(V_B-V_A\right)=2\pi\varepsilon_0a\left(V-V_A\right)\left(V_B-V_A\right)$$

となる。

28

(1) コンデンサ C_A と C_B に蓄えられている静電エネルギーの和をとればよい。

静電容量 C のコンデンサに蓄えられる静電エネルギーは，

$$U=\frac{1}{2}CV^2=\frac{1}{2}QV=\frac{Q^2}{2C}$$

であるから，

$$U=\frac{Q_A{}^2}{2C_A}+\frac{Q_B{}^2}{2C_B}$$

(2) SW1 を ON にしても電荷は移動しないので，移動する電荷の総量は0。したがってエネルギー変化もない。

(3) SW2 を ON にすることで C_A と C_B の並列接続になる。すなわち，C_A と C_B に加わる電圧は等しくなる。

SW2 の ON 後の電圧を V とし，C_A と C_B に蓄えられている電荷をそれぞれ $\pm Q_A{}'$，$\pm Q_B{}'$ とすれば，$Q_A{}'=C_AV$，$Q_B{}'=C_BV$ である。一方，電荷は保存するので，$Q_A+Q_B=Q_A{}'+Q_B{}'$ である。

すなわち，$Q_A+Q_B=C_AV+C_BV=\left(C_A+C_B\right)V$ であり，$V=\dfrac{Q_A+Q_B}{C_A+C_B}$ を得る。

電荷の移動量を ΔQ とすると，

$$\Delta Q=Q_A-Q_A{}'=Q_A-C_A\frac{Q_A+Q_B}{C_A+C_B}$$

である。一方，SW2 の ON 後の静電エネルギーは，

$$U=\frac{1}{2}C_AV^2+\frac{1}{2}C_BV^2=\frac{1}{2}\left(C_A+C_B\right)V^2$$

$$=\frac{1}{2}\left(C_A+C_B\right)\left(\frac{Q_A+Q_B}{C_A+C_B}\right)^2$$

であり，エネルギー変化は，

$$\Delta U=\frac{Q_A{}^2}{2C_A}+\frac{Q_B{}^2}{2C_B}-\frac{1}{2}\frac{\left(Q_A+Q_B\right)^2}{C_A+C_B}$$

となる。

29

例題3.10より，r 方向の電場成分は，

$$E_r=\frac{1}{2\pi\varepsilon_0}\frac{p\cos\theta}{r^3}$$

である。また，r と直交する θ 方向の電場成分は，

$$E_\theta=\frac{+p\sin\theta}{4\pi\varepsilon_0r^3}$$

である。

電場を $\mathbf{E}$，電荷 $+Q$ を持つ粒子に働く力を $\mathbf{F}$ とすれば，$\mathbf{F}=+Q\mathbf{E}$ であるから，r 方向に働く力は，

$$F_r=+Q\frac{2p\cos\theta}{4\pi\varepsilon_0r^3}$$

であり，θ 方向に働く力は，

$$F_\theta=Q\frac{-p\sin\theta}{4\pi\varepsilon_0r^3}$$

である。

したがって，力の大きさは，

$$|\mathbf{F}|=\sqrt{F_r{}^2+F_\theta{}^2}=\sqrt{\left(-Q\frac{2p\cos\theta}{4\pi\varepsilon_0r^3}\right)^2+\left(Q\frac{-p\sin\theta}{4\pi\varepsilon_0r^3}\right)^2}$$

$$=\frac{pQ}{4\pi\varepsilon_0r^3}\sqrt{1+3\cos^2\theta}$$

30

(1) 電場中の電気双極子の電気的位置エネルギー $U(\mathbf{r})$ は，(3.31) 式より，

$$U(\mathbf{r})=+q\times\phi\left(\mathbf{r}+\frac{\mathbf{s}}{2}\right)-q\times\phi\left(\mathbf{r}-\frac{\mathbf{s}}{2}\right)\cdots\cdots\cdots\cdots①$$

である。一方，

$$d\phi(\mathbf{r})=\phi(\mathbf{r}+d\mathbf{r})-\phi(\mathbf{r})$$

$$=\frac{\partial\phi(\mathbf{r})}{\partial x}dx+\frac{\partial\phi(\mathbf{r})}{\partial y}dy+\frac{\partial\phi(\mathbf{r})}{\partial z}dz$$

$$=\left(\frac{\partial\phi(\mathbf{r})}{\partial x},\frac{\partial\phi(\mathbf{r})}{\partial y},\frac{\partial\phi(\mathbf{r})}{\partial z}\right)\cdot(dx,dy,dz)$$

$$=\mathrm{grad}\,\phi(\mathbf{r})\cdot d\mathbf{r}$$

で表せるから，

$$\phi(\mathbf{r}+d\mathbf{r})=\phi(\mathbf{r})+d\phi(\mathbf{r})$$
$$=\phi(\mathbf{r})+\mathrm{grad}\,\phi(\mathbf{r})\cdot d\mathbf{r}\cdots\cdots\cdots\cdots②$$

となる。

②式の関係を考えれば，①式において，

$$\phi\left(\mathbf{r}+\frac{\mathbf{s}}{2}\right)=\phi(\mathbf{r})+\mathrm{grad}\,\phi(\mathbf{r})\cdot\frac{\mathbf{s}}{2}$$

$$\phi\left(\mathbf{r}-\frac{\mathbf{s}}{2}\right)=\phi(\mathbf{r})-\mathrm{grad}\,\phi(\mathbf{r})\cdot\frac{\mathbf{s}}{2}$$

$$\cdots\cdots\cdots\cdots\cdots\cdots③$$

となる。③式を①式に代入して，

$$U(\mathbf{r}) = q \times \left[\phi\left(\mathbf{r} + \frac{\mathbf{s}}{2}\right) - \phi\left(\mathbf{r} - \frac{\mathbf{s}}{2}\right) \right]$$

$$= q \left[\left(\phi(\mathbf{r}) + \operatorname{grad}\phi(\mathbf{r}) \cdot \frac{\mathbf{s}}{2} \right) - \left(\phi(\mathbf{r}) - \operatorname{grad}\phi(\mathbf{r}) \cdot \frac{\mathbf{s}}{2} \right) \right]$$

$$= q \times \operatorname{grad}\phi(\mathbf{r}) \cdot \mathbf{s} = q\mathbf{s} \cdot \operatorname{grad}\phi(\mathbf{r}) = -\mathbf{p} \cdot \mathbf{E}(\mathbf{r})$$

$$\cdots\cdots\cdots\cdots\cdots\cdots\cdots\cdots\cdots\cdots\cdots ④$$

を得る。

④式に（3.29）式の関係，

$$\mathbf{E}(\mathbf{r}) = \frac{1}{4\pi\varepsilon_0} \left[-\frac{\mathbf{p}}{r^3} + \frac{3\mathbf{r}(\mathbf{p} \cdot \mathbf{r})}{r^5} \right]$$

を代入すれば，

$$U(\mathbf{r}) = -\frac{1}{4\pi\varepsilon_0} \left[-\frac{\mathbf{p} \cdot \mathbf{p'}}{r^3} + \frac{3(\mathbf{p} \cdot \mathbf{r})(\mathbf{p'} \cdot \mathbf{r})}{r^5} \right] \cdots\cdots\cdots ⑤$$

題意より，$\mathbf{p} \cdot \mathbf{p'} = -p^2$，また $\mathbf{p} \perp \mathbf{r}$ および $\mathbf{p'} \perp \mathbf{r}$ であるから⑤式第 2 項は 0 となる。

したがって，

$$U(\mathbf{r}) = -\frac{1}{4\pi\varepsilon_0} \frac{\mathbf{p} \cdot \mathbf{p'}}{r^3} = -\frac{1}{4\pi\varepsilon_0} \left[\frac{p^2}{r^3} \right] \cdots\cdots\cdots\cdots\cdots ⑥$$

を得る。

(2)　⑥式より，$U(\mathbf{r})$ は r のみの関数である。本章例題 3.7 の解答で述べたように，力はエネルギーの微分であるから，⑥式を変数 r で微分すれば，

$$F(\mathbf{r}) = -\frac{dU(\mathbf{r})}{dr} = -\frac{d}{dr}\left(-\frac{1}{4\pi\varepsilon_0}\left(\frac{p^2}{r^3}\right) \right) = -\frac{3}{4\pi\varepsilon_0}\left(\frac{p^2}{r^4}\right)$$

$$\cdots\cdots\cdots\cdots\cdots\cdots\cdots\cdots\cdots\cdots\cdots ⑦$$

となり引力である。

31

(1) 印加される電場の方向は誘電体表面に垂直なので,「誘電体の分極」や例題4.1(3)に述べられているように分極電荷密度 σ と誘電分極の大きさ $|\mathbf{P}|$ は等しくなる。したがって, $\sigma = |\mathbf{P}|$ の関係がある。

(2) (4.25 (a)) 式にあるように, 誘電体の境界面上では電束密度の法線成分は連続であるから, $\mathbf{D}_0 = \mathbf{D}$ である。

本問では電束密度は境界面に垂直であるので, $\mathbf{D}_0 = \mathbf{D}$ である。

一方, $\mathbf{D}_0 = \varepsilon_0 \mathbf{E}_0$, $\mathbf{D} = \varepsilon \mathbf{E}$ であるから, $\varepsilon_0 \mathbf{E}_0 = \varepsilon \mathbf{E}$。したがって,

$$\mathbf{E} = \frac{\varepsilon_0}{\varepsilon} \mathbf{E}_0 = \frac{1}{\varepsilon_r} \mathbf{E}_0 \, 。$$

(3) (4.14) 式より, $\mathbf{D}(\mathbf{r}) = \varepsilon_0 \mathbf{E}(\mathbf{r}) + \mathbf{P}(\mathbf{r})$ であるから, この問題の誘電体中では $\mathbf{D} = \varepsilon_0 \mathbf{E} + \mathbf{P}$ である。

これより, $\mathbf{P} = \mathbf{D} - \varepsilon_0 \mathbf{E}$ である。この式を少し変形して,

$$\mathbf{P} = \mathbf{D} - \varepsilon \frac{\varepsilon_0}{\varepsilon} \mathbf{E} = \mathbf{D} - \frac{1}{\varepsilon_r} \varepsilon \mathbf{E} = \mathbf{D} - \frac{1}{\varepsilon_r} \mathbf{D} = \left(1 - \frac{1}{\varepsilon_r}\right) \mathbf{D}$$

となる。

このように誘電体内の分極と電束密度は密接な関係にある。

32

(1) 法線方向の条件

例題4.2(1)と同じ考え方で求まる。唯一違う点は電荷密度 σ の真電荷が存在することである。例題4.2(1)と同様に境界面を跨ぐ微小な筒形閉曲面 S についてガウスの法則を適用する。境界面の電荷面密度は σ であるから, S 内の電荷は $\Delta S \sigma$ である。したがって, ガウスの法則をこの閉曲面 S について適用すると,

$$\int_S \mathbf{D}(\mathbf{r}) \cdot \mathbf{n}(\mathbf{r}) dS = S \text{ 内の全真電荷} = \Delta S \sigma \quad \text{………①}$$

となる。①式の左辺の積分計算は例題4.2(1)とまったく同じであるので,

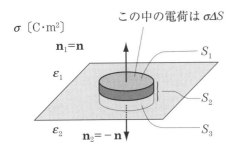

σ 〔C·m²〕

この中の電荷は $\sigma \Delta S$

$\mathbf{n}_1 = \mathbf{n}$

ε_1

ε_2

$\mathbf{n}_2 = -\mathbf{n}$

S_1

S_2

S_3

境界面を跨ぐように筒状の閉曲面を考える

$$\int_S \mathbf{D}(\mathbf{r}) \cdot \mathbf{n}(\mathbf{r}) dS = (\mathbf{D}_1 - \mathbf{D}_2) \cdot \mathbf{n} \times \Delta S$$

となる。したがって,

$(\mathbf{D}_1 - \mathbf{D}_2) \cdot \mathbf{n} \times \Delta S = \Delta S \sigma$ となり,

$$\mathbf{D}_1 \cdot \mathbf{n} - \mathbf{D}_2 \cdot \mathbf{n} = \sigma \quad \text{……………………②}$$

または,

$$\varepsilon_2 E_2 \cos \theta_2 - \varepsilon_1 E_1 \cos \theta_1 = \sigma \quad \text{………③}$$

を得る。

(2) 接線方向の条件

誘電体中に真電荷が存在していてもクーロン力は保存力であるから, 電場の一周積分 $\int_C \mathbf{E}(\mathbf{r}) \cdot d\mathbf{r} = 0$ 成立する。したがって, 例題4.2(2)とまったく同様の計算でよく,

$$E_1 \sin \theta_1 = E_2 \sin \theta_2 \quad \text{………………④}$$

が得られる。

33

(1) 接線方向の境界条件 (4.24) 式より,

$$E \sin \theta = E_0 \sin \theta_0 \quad \text{…………………①}$$

また, 法線方向の境界条件 (4.25 (b)) 式より,

$$\varepsilon E \cos \theta = \varepsilon_0 E_0 \cos \theta_0 \quad \text{………………②}$$

②式の両辺を ε で割り,

$$E \cos \theta = \frac{\varepsilon_0}{\varepsilon} E_0 \cos \theta_0 \quad \text{…………………③}$$

①式と③式の両辺の2乗の和をとって,

$$(E \sin \theta)^2 + (E \cos \theta)^2 = E^2$$
$$= (E_0 \sin \theta_0)^2 + \left(\frac{\varepsilon_0}{\varepsilon} E_0 \cos \theta_0\right)^2 \quad \text{…………④}$$

$$E = E_0 \sqrt{\sin^2 \theta_0 + \left(\frac{\varepsilon_0}{\varepsilon}\right)^2 \cos^2 \theta_0} \quad \text{……………⑤}$$

また, ①式÷②式より,

$$\frac{E \sin \theta}{\varepsilon E \cos \theta} = \frac{E_0 \sin \theta_0}{\varepsilon_0 E_0 \cos \theta_0}, \quad \tan \theta = \frac{\varepsilon}{\varepsilon_0} \tan \theta_0$$

$$\therefore \quad \theta = \tan^{-1}\left(\frac{\varepsilon}{\varepsilon_0} \tan \theta_0\right) \quad \text{………………⑥}$$

(2) (4.14) 式, $\mathbf{D} = \varepsilon_0 \mathbf{E} + \mathbf{P}$ より,

$$\mathbf{P} = \mathbf{D} - \varepsilon_0 \mathbf{E} = (\varepsilon - \varepsilon_0) \mathbf{E} \quad \text{………………⑦}$$

したがって,

$$P = |\mathbf{P}| = (\varepsilon - \varepsilon_0)|\mathbf{E}| \quad \text{………………⑧}$$

⑧式に⑤式を代入して,

$$P = |\mathbf{P}| = (\varepsilon - \varepsilon_0)|\mathbf{E}| = (\varepsilon - \varepsilon_0) E_0 \sqrt{\sin^2 \theta_0 + \left(\frac{\varepsilon_0}{\varepsilon}\right)^2 \cos^2 \theta_0}$$

34.1

直列接続の場合は各コンデンサに蓄えられる電気量 Q が等しい。

したがって，
$$Q = C_1 V_1 = C_2 V_2 = \cdots = C_n V_n。$$
ところで $V = V_1 + V_2 + \cdots + V_n$ であるから $Q = C_t V$ とおくと，
$$V = \frac{Q}{C_t} = \frac{Q}{C_1} + \frac{Q}{C_2} + \cdots + \frac{Q}{C_n}。$$
したがって，
$$\frac{1}{C_t} = \frac{1}{C_1} + \frac{1}{C_2} + \cdots + \frac{1}{C_n}$$
となる。また，i 番目のコンデンサに加わる電圧は $\dfrac{Q}{C_i}$ である。

34.2

並列接続の場合は各コンデンサの電位 V が等しい。したがって，
$$Q_1 = C_1 V, \quad Q_2 = C_2 V \cdots Q_n = C_n V 。$$
ところでコンデンサに蓄えられる電気量の合計を Q とすれば $Q = Q_1 + Q_2 + \cdots + Q_n$ であるから $Q = C_p V$ とおくと，
$$Q = C_p V = C_1 V + C_2 V + \cdots + C_n V 。$$
したがって，
$$C_p = C_1 + C_2 + \cdots + C_n$$
となる。また，i 番目のコンデンサに加わる電圧は V である。

35

(1) 系は球対称であるから，電場 $\mathbf{E}(\mathbf{r})$，電束密度 $\mathbf{D}(\mathbf{r})$，静電ポテンシャル $\phi(\mathbf{r})$ は球対称な関数となり，その大きさは r のみの関数である。このような場合，球の中心から半径 r $(a < r < c)$ の球面 S についてガウスの法則を適用し，極座標系で計算するとよい。内側の球に $+Q$ の電荷，外側の球に $-Q$ の電荷が帯電していると仮定する。

次に，ガウスの法則
$$\int_S \mathbf{D}(\mathbf{r}) \cdot \mathbf{n}(\mathbf{r}) dS = S 内の全真電荷$$
を球面 S について適用する。右辺の S 内の全真電荷は $+Q$ であることは明らかであろう。左辺の積分は，付録Ⅰの「電磁気学で良く使う面積分」の「ある一点に対して球対称な系」と同様の考え方と計算でよい。すなわち，球面 S 上では球面の外向き単位法線ベクトル $\mathbf{n}(\mathbf{r})$ と電束密度 $\mathbf{D}(\mathbf{r})$ が同方向であり，$\mathbf{D}(\mathbf{r}) \cdot \mathbf{n}(\mathbf{r}) = |\mathbf{D}(\mathbf{r})| = D(r)$ である。球面 S 上では $\mathbf{D}(\mathbf{r})$ の大きさ $D(r)$ が一定であるので，積分の中身は外に出せて，
$$\int_S \mathbf{D}(\mathbf{r}) \cdot \mathbf{n}(\mathbf{r}) dS = \int_S D(r) dS = D(r) \int_S dS$$
となる。半径 r の球面 S の場合，$\int_S dS = 4\pi r^2$ だから，ガウスの法則は，

$$\int_S \mathbf{D}(\mathbf{r}) \cdot \mathbf{n}(\mathbf{r}) dS = 4\pi r^2 D(r) = Q$$
となり，
$$D(r) = \frac{Q}{4\pi r^2} \text{ を得る。}$$

ここで，$\mathbf{D}(\mathbf{r}) = \varepsilon \mathbf{E}(\mathbf{r})$ であるが r の範囲によって誘電率が変わるので，
$$\therefore \quad D(r) = \begin{cases} \varepsilon_1 E(r) & (a \le r < b) \\ \varepsilon_2 E(r) & (b \le r \le c) \end{cases} \text{ となり,}$$
$$E(r) = \begin{cases} \dfrac{Q}{4\pi \varepsilon_1} \dfrac{1}{r^2} & (a \le r < b) \\ \dfrac{Q}{4\pi \varepsilon_2} \dfrac{1}{r^2} & (b \le r \le c) \end{cases} \text{ となる。}$$

(2) $\mathbf{E}(\mathbf{r}) = -\mathrm{grad}\phi(\mathbf{r})$ の関係を極座標系で表せば，
$$\mathbf{E}(\mathbf{r}) = -\mathrm{grad}\phi(\mathbf{r})$$
$$= -\left(\mathbf{e}_r \frac{\partial}{\partial r}\phi(\mathbf{r}) + \mathbf{e}_\theta \frac{1}{r}\frac{\partial}{\partial \theta}\phi(\mathbf{r}) + \mathbf{e}_\phi \frac{1}{r\sin\theta}\frac{\partial}{\partial \phi}\phi(\mathbf{r}) \right)$$
であるが，本問では(1)で述べたように静電ポテンシャル $\phi(\mathbf{r})$ は球対称で r のみの関数 $\phi(r)$ である。また，$\mathbf{E}(\mathbf{r})$ は $\mathbf{e}_r$ 方向成分しかないので，
$$\mathbf{E}(\mathbf{r}) = E(r) \times \mathbf{e}_r + 0 \times \mathbf{e}_\theta + 0 \times \mathbf{e}_\phi$$
$$= -\left(\mathbf{e}_r \frac{\partial}{\partial r}\phi(r) + \mathbf{e}_\theta \frac{1}{r}\frac{\partial}{\partial \theta}\phi(r) + \mathbf{e}_\phi \frac{1}{r\sin\theta}\frac{\partial}{\partial \phi}\phi(r) \right)$$
$$= -\frac{\partial}{\partial r}\phi(r) \times \mathbf{e}_r$$
である。

したがって，$E(r) = -\dfrac{\partial}{\partial r}\phi(r)$ となり，$\phi(r)$ を求めるには $E(r)$ を r について積分すればよい。(1)の結果を，それぞれの範囲で積分して，
$$\phi(r) = -\int E(r) dr = \begin{cases} \dfrac{Q}{4\pi\varepsilon_1}\dfrac{1}{r} + k_1 = \phi_1(r) & (a \le r \le b) \\ \dfrac{Q}{4\pi\varepsilon_2}\dfrac{1}{r} + k_2 = \phi_2(r) & (b \le r \le c) \end{cases}$$
を得る。ただし，k_1, k_2 は積分定数。

次に積分定数を求める。内側の導体球の電位が ϕ_0 なので，
$$\phi(a) = \phi_1(a) = \frac{Q}{4\pi\varepsilon_1}\frac{1}{a} + k_1 = \phi_0 \text{ となって,}$$
$$k_1 = \phi_0 - \frac{Q}{4\pi\varepsilon_1}\frac{1}{a}$$

一方，3章の「3.2　静電ポテンシャル」の「静電ポテンシャルの連続性」で述べたように，静電ポテンシャルは必ず連続である。つまり，本問では誘電体の接合部 $r = b$ において，$\phi_1(r)$ と $\phi_2(r)$ の値は等しくなければならない。すなわち，$\phi_1(b) = \phi_2(b)$ である。
$$\phi_1(b) = \frac{Q}{4\pi\varepsilon_1}\frac{1}{b} + k_1, \quad \phi_2(b) = \frac{Q}{4\pi\varepsilon_2}\frac{1}{b} + k_2 \text{ であるから,}$$
$$\frac{Q}{4\pi\varepsilon_1}\frac{1}{b} + k_1 = \frac{Q}{4\pi\varepsilon_2}\frac{1}{b} + k_2 \text{ となり,}$$
$$k_2 = \frac{Q}{4\pi b}\left(\frac{1}{\varepsilon_1} - \frac{1}{\varepsilon_2}\right) + k_1 = \frac{Q}{4\pi b}\left(\frac{1}{\varepsilon_1} - \frac{1}{\varepsilon_2}\right) + \phi_0 - \frac{Q}{4\pi\varepsilon_1}\frac{1}{a}$$

を得る。

(3) 電極間の電位の差を求めればよいのだから，

$$V = \phi(a) - \phi(c)$$
$$= \left(\frac{Q}{4\pi\varepsilon_1}\frac{1}{a} + k_1\right) - \left(\frac{Q}{4\pi\varepsilon_2}\frac{1}{c} + \left\{\frac{Q}{4\pi b}\left(\frac{1}{\varepsilon_1} - \frac{1}{\varepsilon_2}\right) + k_1\right\}\right)$$
$$= \frac{Q}{4\pi}\left\{\frac{1}{\varepsilon_1}\left(\frac{1}{a} - \frac{1}{b}\right) + \frac{1}{\varepsilon_2}\left(\frac{1}{b} - \frac{1}{c}\right)\right\}$$

となる。

(4) $C = \dfrac{Q}{V}$ の関係から，

$$C = \frac{Q}{V} = \frac{Q}{\phi(a) - \phi(b)} = 4\pi\left\{\frac{1}{\varepsilon_1}\left(\frac{1}{a} - \frac{1}{b}\right) + \frac{1}{\varepsilon_2}\left(\frac{1}{b} - \frac{1}{c}\right)\right\}^{-1}$$
$$= 4\pi\frac{\varepsilon_1 a(c-b) + \varepsilon_2 c(b-a)}{\varepsilon_1\varepsilon_2 abc}$$

36

(1) まず，内側の球に $+Q$ の電荷，外側の球に $-Q$ の電荷が帯電していると仮定して，そのときの電場の様子について考えてみよう。電場は導体表面上では，導体表面に垂直になっているので，電場 $\mathbf{E}(\mathbf{r})$，電束密度 $\mathbf{D}(\mathbf{r})$ は球の中心から外側に向く $\mathbf{e}_r$ 方向成分しか持たない。さらに，「2つの誘電体の境界面における静電場の境界条件」にあるように，「電場の接線方向成分は連続」である。これは，電場 $\mathbf{E}(\mathbf{r})$ は球対称なベクトル関数となり，その大きさは r のみの関数である。つまり，電場 $\mathbf{E}(\mathbf{r})$ は極座標系で計算するとよい。

次に，ガウスの法則（(4.19) 式）

$$\int_S \mathbf{D}(\mathbf{r})\cdot\mathbf{n}(\mathbf{r})dS = S\text{内の全真電荷}$$

を球の中心から半径 r $(a \leq r \leq b)$ の球面 S について適用する。右辺の S 内の全真電荷は $+Q$ であることは明らかである。左辺の積分の中身 $\mathbf{D}(\mathbf{r})\cdot\mathbf{n}(\mathbf{r})$ は，球面 S 上では球面の外向き単位法線ベクトル $\mathbf{n}(\mathbf{r})$ と電束密度 $\mathbf{D}(\mathbf{r})$ が同方向であるので，$\mathbf{D}(\mathbf{r})\cdot\mathbf{n}(\mathbf{r}) = |\mathbf{D}(\mathbf{r})| = D(r)$ である。ただし，誘電体の詰まり方を考えると前問のように球面 S 上では $\mathbf{D}(\mathbf{r})$ の大きさ $D(r)$ は一定にはならないことに注意する。そこで，積分を ε_1 側，ε_2 側の2つの半球に分けて計算する。それぞれの半球上では，$D(r)$ は一定になるので，積分は，

$$\int_S \mathbf{D}(\mathbf{r})\cdot\mathbf{n}(\mathbf{r})dS$$
$$= \int_{\varepsilon_1\text{側の半球}} \mathbf{D}(\mathbf{r})\cdot\mathbf{n}(\mathbf{r})dS + \int_{\varepsilon_2\text{側の半球}} \mathbf{D}(\mathbf{r})\cdot\mathbf{n}(\mathbf{r})dS$$
$$= \int_{\varepsilon_1\text{側の半球}} \varepsilon_1 \mathbf{E}(\mathbf{r})\cdot\mathbf{n}(\mathbf{r})dS + \int_{\varepsilon_2\text{側の半球}} \varepsilon_2 \mathbf{E}(\mathbf{r})\cdot\mathbf{n}(\mathbf{r})dS$$
$$= \varepsilon_1 E(r)\int_{\varepsilon_1\text{側の半球}} dS + \varepsilon_2 E(r)\int_{\varepsilon_2\text{側の半球}} dS$$
$$= 2\pi r^2\varepsilon_1 E(r) + 2\pi r^2\varepsilon_2 E(r)$$
$$= 2\pi r^2(\varepsilon_1 + \varepsilon_2)E(r)$$

となる。

したがって，ガウスの法則は，

$$\int_S \mathbf{D}(\mathbf{r})\cdot\mathbf{n}(\mathbf{r})dS = 2\pi r^2(\varepsilon_1 + \varepsilon_2)E(r) = Q$$

となって，

$$E(r) = \frac{Q}{2\pi r^2(\varepsilon_1 + \varepsilon_2)}$$

を得る。

(2) $\mathbf{E}(\mathbf{r})$ は $\mathbf{e}_r$ 方向成分しかないので，

$$\mathbf{E}(\mathbf{r}) = E(r)\times\mathbf{e}_r + 0\times\mathbf{e}_\theta + 0\times\mathbf{e}_\phi$$
$$= -\left(\mathbf{e}_r\frac{\partial}{\partial r}\phi(r) + \mathbf{e}_\theta\frac{1}{r}\frac{\partial}{\partial\theta}\phi(r) + \mathbf{e}_\phi\frac{1}{r\sin\theta}\frac{\partial}{\partial\phi}\phi(r)\right)$$
$$= -\frac{\partial}{\partial r}\phi(r)\times\mathbf{e}_r$$

である。

したがって，$E(r) = -\dfrac{\partial}{\partial r}\phi(r)$ となり，$\phi(r)$ を求めるには $E(r)$ を r について積分すればよい。

$$\phi(r) = -\int E(r)dr = -\int \frac{Q}{2\pi r^2(\varepsilon_1 + \varepsilon_2)}dr$$
$$= \frac{Q}{2\pi(\varepsilon_1 + \varepsilon_2)r} + k$$

ただし，k は積分定数。

(3) 電極間の電位の差を求めればよいのだから，

$$V = \phi(a) - \phi(b) = \left(\frac{Q}{2\pi(\varepsilon_1 + \varepsilon_2)a} + k\right) - \left(\frac{Q}{2\pi(\varepsilon_1 + \varepsilon_2)b} + k\right)$$
$$= \frac{Q}{2\pi(\varepsilon_1 + \varepsilon_2)}\left(\frac{1}{a} - \frac{1}{b}\right)$$

(4) $C = \dfrac{Q}{V}$ の関係から，

$$C = \frac{Q}{V} = \frac{Q}{\phi(a) - \phi(b)} = 2\pi(\varepsilon_1 + \varepsilon_2)\left(\frac{1}{a} - \frac{1}{b}\right)^{-1}$$
$$= 2\pi(\varepsilon_1 + \varepsilon_2)\frac{ab}{b-a}$$

37

(1) 電場を求める論理と手順は，「例題 4.5 (1)」とほぼ同じである。違う点は誘電体が2層になっていることであり R の範囲によって誘電率が異なる点である。「例題 4.5 (1)」と同様に，中心から半径 R $(a \leq R \leq c)$，長さ l の芯線を囲むような円筒 S についてガウスの法則

$$\int_S \mathbf{D}(\mathbf{r})\cdot\mathbf{n}(\mathbf{r})dS = S\text{内の全真電荷}$$

を適用すれば，

$$\int_S \mathbf{D}(\mathbf{r})\cdot\mathbf{n}(\mathbf{r})dS$$
$$= \int_{S_0(=\text{上面})} \mathbf{D}(\mathbf{r})\cdot\mathbf{n}(\mathbf{r})dS + \int_{S_1(=\text{側面})} \mathbf{D}(\mathbf{r})\cdot\mathbf{n}(\mathbf{r})dS + \int_{S_2(=\text{下面})} \mathbf{D}(\mathbf{r})\cdot\mathbf{n}(\mathbf{r})dS$$
$$= \int_{S_0(=\text{上面})} 0 dS + \int_{S_1(=\text{側面})} D(R)dS + \int_{S_2(=\text{底面})} 0 dS = \int_{S_1} D(R)dS$$
$$= D(R)\int_{S_1} dS = 2\pi Rl D(R) = \lambda l$$

となり，

$$D(R) = \frac{\lambda}{2\pi R}$$ を得る。ここで，$\mathbf{D}(\mathbf{r}) = \varepsilon\mathbf{E}(\mathbf{r})$ であるので，R の範囲で場合分けして，

$$E(R)=\begin{cases}\dfrac{\lambda}{2\pi\varepsilon_1 R} & (a\le R\le b)\\[2mm]\dfrac{\lambda}{2\pi\varepsilon_2 R} & (b\le R\le c)\end{cases}\quad\text{となる。}$$

(2) 静電ポテンシャルを求める論理と手順も「例題 4.5（3）」とほぼ同じである。ただし，誘電体接合部において静電ポテンシャルの連続性に注意する。

円筒座標系での $\mathbf{E}(\mathbf{r})=-\operatorname{grad}\phi(\mathbf{r})$ の関係より，

$$\mathbf{E}(\mathbf{r})=E(R)\mathbf{e}_R=-\mathbf{e}_R\frac{\partial}{\partial R}\phi(R)$$

となる。$E(R)$ を R について積分すれば静電ポテンシャルが得られる。

$$\phi(R)=-\int E(R)dR=-\int\frac{\lambda}{2\pi\varepsilon R}dR$$
$$=\begin{cases}-\dfrac{\lambda}{2\pi\varepsilon_1}\ln R+k_1=\phi_1(R) & (a\le R\le b)\\[2mm]-\dfrac{\lambda}{2\pi\varepsilon_2}\ln R+k_2=\phi_2(R) & (b\le R\le c)\end{cases}$$

ただし，$k_1,\ k_2$ は積分定数。

静電ポテンシャルの連続性により，

$$\phi_1(b)=\phi_2(b),\quad -\frac{\lambda}{2\pi\varepsilon_1}\ln b+k_1=-\frac{\lambda}{2\pi\varepsilon_2}\ln b+k_2,$$

(3) 両極間の電位差は，$V=\phi_1(a)-\phi_2(c)$ を計算すればよいから，

$$V=\phi_1(a)-\phi_2(c)=\left(-\frac{\lambda}{2\pi\varepsilon_1}\ln a+k_1\right)-\left(-\frac{\lambda}{2\pi\varepsilon_2}\ln c+k_2\right)$$
$$=\left(-\frac{\lambda}{2\pi\varepsilon_1}\ln a+k_1\right)-\left(-\frac{\lambda}{2\pi\varepsilon_2}\ln c+\frac{\lambda}{2\pi}\ln b\left(\frac{1}{\varepsilon_2}-\frac{1}{\varepsilon_1}\right)+k_1\right)$$
$$=\frac{\lambda}{2\pi}\left(-\frac{1}{\varepsilon_1}\ln a+\frac{1}{\varepsilon_2}\ln c-\frac{1}{\varepsilon_2}\ln b+\frac{1}{\varepsilon_1}\ln b\right)$$
$$=\frac{\lambda}{2\pi}\left[\frac{1}{\varepsilon_1}(\ln b-\ln a)+\frac{1}{\varepsilon_2}(\ln c-\ln b)\right]$$
$$=\frac{\lambda}{2\pi}\left[\frac{1}{\varepsilon_1}\ln\left(\frac{b}{a}\right)+\frac{1}{\varepsilon_2}\ln\left(\frac{c}{b}\right)\right]$$

(4) 長さ l あたりの静電容量は，$C=\dfrac{Q}{V}$ の関係から，

$$C=\frac{Q}{V}=\frac{Q}{\phi(a)-\phi(b)}=\frac{\lambda l}{\dfrac{\lambda}{2\pi}\left[\dfrac{1}{\varepsilon_1}\ln\left(\dfrac{b}{a}\right)+\dfrac{1}{\varepsilon_2}\ln\left(\dfrac{c}{b}\right)\right]}$$
$$=2\pi l\left[\frac{1}{\varepsilon_1}\ln\left(\frac{b}{a}\right)+\frac{1}{\varepsilon_2}\ln\left(\frac{c}{b}\right)\right]^{-1}$$

単位長さあたりでは，$l=1$ を代入して，

$$C=2\pi\left[\frac{1}{\varepsilon_1}\ln\left(\frac{b}{a}\right)+\frac{1}{\varepsilon_2}\ln\left(\frac{c}{b}\right)\right]^{-1}$$

38

(1) 本問題も電場を求める論理と手順は，「例題 4.5（1）」とほぼ同じである。違う点は 2 種類の誘電体が半円筒状に接合している点である。この点は，「問題 36. 球形コンデンサⅢ」の考え方が参考になる。

「例題 4.5（1）」と同様に，中心から半径 R（$a\le R\le b$），長さ l の芯線を囲むような円筒 S についてガウスの法則

$$\int_S \mathbf{D}(\mathbf{r})\cdot\mathbf{n}(\mathbf{r})dS=S\text{ 内の全真電荷}$$

を適用して，

$$\int_S \mathbf{D}(\mathbf{r})\cdot\mathbf{n}(\mathbf{r})dS$$
$$=\int_{S_0(=\text{上面})}\mathbf{D}(\mathbf{r})\cdot\mathbf{n}(\mathbf{r})dS+\int_{S_1(=\text{側面})}\mathbf{D}(\mathbf{r})\cdot\mathbf{n}(\mathbf{r})dS+\int_{S_2(=\text{下面})}\mathbf{D}(\mathbf{r})\cdot\mathbf{n}(\mathbf{r})dS$$
$$=\int_{S_0(=\text{上面})}0\,dS+\int_{S_1(=\text{側面})}D(R)dS+\int_{S_2(=\text{底面})}0\,dS=\int_{S_1}D(R)dS$$

と，ここまでは「例題 4.5（1）」や問題 37（1）と同じである。積分 $\displaystyle\int_{S_1}D(R)dS$ において，S_1 の半分の領域では誘電率は ε_1 であり，残りの半分では誘電率は ε_2 で計算しなくてはならないから，

$$\int_{S_1}D(R)dS=\int_{\varepsilon_1\text{側}}D(R)dS+\int_{\varepsilon_2\text{側}}D(R)dS$$
$$=\int_{\varepsilon_1\text{側}}\varepsilon_1 E(R)dS+\int_{\varepsilon_2\text{側}}\varepsilon_2 E(R)dS$$
$$=\varepsilon_1 E(R)\int_{\varepsilon_1\text{側}}dS+\varepsilon_2 E(R)\int_{\varepsilon_2\text{側}}dS$$
$$=\pi Rl\times\varepsilon_1 E(R)+\pi Rl\times\varepsilon_2 E(R)=\pi Rl(\varepsilon_1+\varepsilon_2)E(R)$$
$$=\lambda l$$

となり，$E(R)=\dfrac{\lambda}{\pi(\varepsilon_1+\varepsilon_2)R}$ を得る。

(2) 静電ポテンシャルを求める論理と手順も「例題 4.5（3）」とほぼ同じである。

円筒座標系での $\mathbf{E}(\mathbf{r})=-\operatorname{grad}\phi(\mathbf{r})$ の関係より，$E(R)$ を R について積分すれば静電ポテンシャルが得られる。

$$\phi(R)=-\int E(R)dR=-\int\frac{\lambda}{\pi(\varepsilon_1+\varepsilon_2)R}dR$$
$$=-\frac{\lambda}{\pi(\varepsilon_1+\varepsilon_2)}\ln R+k$$

ここで，k は積分定数を示す。

(3) 両極間の電位差は，$V=\phi(a)-\phi(b)$ を計算すればよいから，

$$V=\phi(a)-\phi(b)$$
$$=\left(-\frac{\lambda}{\pi(\varepsilon_1+\varepsilon_2)}\ln a+k\right)-\left(-\frac{\lambda}{\pi(\varepsilon_1+\varepsilon_2)}\ln b+k\right)$$
$$=\frac{\lambda}{\pi(\varepsilon_1+\varepsilon_2)}\ln\left(\frac{b}{a}\right)$$

(4) 長さ l あたりの静電容量は，$C=\dfrac{Q}{V}$ の関係から，

$$C=\frac{Q}{V}=\frac{Q}{\phi(a)-\phi(b)}=\frac{\lambda l}{\dfrac{\lambda}{\pi(\varepsilon_1+\varepsilon_2)}\ln\left(\dfrac{b}{a}\right)}$$
$$=\pi l(\varepsilon_1+\varepsilon_2)\left[\ln\left(\frac{b}{a}\right)\right]^{-1}$$

単位長さあたりでは，$l=1$ を代入して，

$$C=\pi(\varepsilon_1+\varepsilon_2)\left[\ln\left(\frac{b}{a}\right)\right]^{-1}$$

39

(1) 誘電体板とそれに接着された電極，さらに導体板によって平行平板コンデンサが作られている。このコンデ

ンサの静電容量 C は，$C = \varepsilon \dfrac{S}{x}$ である。

このコンデンサに電荷 Q が蓄えられているときの静電エネルギー U は，

$$U = \frac{Q^2}{2C} = \frac{1}{2}\frac{Q^2}{\varepsilon S}x$$

である。

このコンデンサに働く力 f は，静電エネルギー U を x で微分して，

$$f = -\frac{dU}{dx} = -\frac{1}{2}\frac{Q^2}{\varepsilon S}$$

である。この力は重力と同じ向きである。

誘電体板は，力 f と重力 mg で導体板に押し付けられるので，誘電体板が受ける動摩擦力 F は，

$$F = \mu(f + mg) = \mu\left(\frac{Q^2}{2\varepsilon S} + mg\right)$$

となる。

40

(1) 電極面積 S，電極間距離 d の平行平板コンデンサに誘電率 ε の誘電体が詰まっている時の静電容量は，例題4.3 の⑨式にあるように $C = \varepsilon \dfrac{S}{d}$ である。誘電体を詰める前は真空であるから，$\varepsilon = \varepsilon_0$ として，

$$C_0 = \varepsilon_0 \frac{S}{d} = 8.854 \times 10^{-12} \times \frac{0.2}{10^{-2}} = 1.77 \times 10^{-10}\,\text{F}$$

となる。

(2) 誘電体の挿入の前後で電極に蓄えられる電荷は変化しないから，挿入前の電荷を計算すればよい。C_0 の静電容量のコンデンサに 3000 V の電圧が印加されたのだから，

$$Q = C_0 V = 1.77 \times 10^{-10} \times 3000 = 5.312 \times 10^{-7}\,\text{C}$$

(3) 誘電体の挿入後も蓄えられている電荷は Q のまま変化せず，電圧のみが 1000 V になったのだから，

$$Q = 3000 \times C_0 = 1000 \times C$$

となる。

したがって，

$$C = 3C_0 = 5.31 \times 10^{-10}\,\text{F}。$$

(4) 電極間を誘電体で満たしたときの静電容量は，$C = \varepsilon \dfrac{S}{d}$ で与えられる。(3)の結果 $C = 3C_0$ より，$\varepsilon \dfrac{S}{d} = 3\varepsilon_0 \dfrac{S}{d}$ である。

したがって，

$$\therefore\ \varepsilon = 3\varepsilon_0 = 26.56 \times 10^{-12}\,\text{A}^2 \cdot \text{s}^2 \cdot \text{N}^{-1} \cdot \text{m}^{-2}。$$

(5) 挿入前の電位差 3000 V を距離 10^{-2} m で割ればよい，

$$E_0 = \frac{3000}{10^{-2}} = 3 \times 10^5\,\text{V} \cdot \text{m}^{-1}$$

(6) 挿入後の電位差 1000 V を距離 10^{-2} m で割ればよい，

$$E = \frac{1000}{10^{-2}} = 1 \times 10^5\,\text{V} \cdot \text{m}^{-1}$$

(7) 挿入した誘電体に生じる分極ベクトル **P** の大きさを

P とすると，誘電体表面に生じる分極電荷は電極面積が S であるから，$Q' = PS$ である。電極面積 S は $0.2\,\text{m}^2$ である。

一方，分極ベクトル **P** と電場 **E** には (4.14) 式より，

$$\mathbf{D} = \varepsilon\mathbf{E} = \varepsilon_0\mathbf{E} + \mathbf{P}\ \text{の関係がある。}$$

これより，

$$\mathbf{P} = \varepsilon\mathbf{E} - \varepsilon_0\mathbf{E}$$

である。

したがって，$P = (\varepsilon - \varepsilon_0)E$ である。

(4)より $\varepsilon = 3\varepsilon_0$ であるから，$P = 2\varepsilon_0 E$ である。E は(6) より，$E = 1 \times 10^5\,\text{V} \cdot \text{m}^{-1}$ であるから，

$$P = 2 \times 8.854 \times 10^{-12} \times 10^5 = 1.77 \times 10^{-6}\,\text{C} \cdot \text{m}^{-2}\ \text{である。}$$

以上より，

$$Q' = 1.77 \times 10^{-6} \times 0.2 = 3.54 \times 10^{-7}\,\text{C}$$

となる。

41

(1)　$1m^3$ の銅の質量は 8.93×10^6g である。銅 1mol は 63.5g であるから，これは $8.93 \times 10^6 \div 63.5$mol である。銅 1mol（63.5g）の中には 6.02×10^{23} 個の原子が含まれているので，$1m^3$ あたりに含まれる原子数を n_a とすると，$n_a = 6.02 \times 10^{23} \times 8.93 \times 10^6 \div 63.5 = 8.47 \times 10^{28} m^{-3}$。銅は原子 1 個につき伝導電子を 1 個出すので $1m^3$ あたりの伝導電子数 n は $n = n_a \times 1 = 8.47 \times 10^{28} m^{-3}$

また，(5.9) 式より，

$$\sigma = \frac{ne^2\tau}{m} = \frac{8.47 \times 10^{28} \times (1.6 \times 10^{-19})^2 \times 2.4 \times 10^{-14}}{9.1 \times 10^{-31}}$$
$$= 5.7 \times 10^7 \, \Omega^{-1} \cdot m^{-1}$$

(2)　平均距離 l は電子速度 v_F に平均自由時間（緩和時間）τ をかけたものである。したがって，

平均距離は，$l = v_F \tau = 1.0 \times 10^6 \times 2.4 \times 10^{-14} = 2.4 \times 10^{-8} m$

この値の意味を，銅原子の平均間隔との比較で考えると，銅原子間の平均間隔は，

約 $n_a^{-\frac{1}{3}} = (8.47 \times 10^{28})^{-\frac{1}{3}} = 2.3 \times 10^{-10} m$

である。

一方，平均距離は $2.4 \times 10^{-8} m$ なので，平均間隔の $(2.4 \times 10^{-8}) \div (2.3 \times 10^{-10}) = 104$ 倍。ゆえに銅原子の伝導電子は自由に動き回る電子（自由電子）とみなした前提の妥当性が示される。

(3)　銅線の電気抵抗は (5.7) 式より，

$$R = \frac{1}{\sigma S} = \frac{1}{(5.7 \times 10^7)(1 \times 10^{-6})} = 1.8 \times 10^{-2} \Omega,$$

オームの法則により，両端間の電位差は，

$\Delta\phi = RI = 1.8 \times 10^{-2} \times 1 = 1.8 \times 10^{-2} V$。

また，銅線内に生じる電場は，

$$E = \frac{\Delta\phi}{l} = \frac{1.8 \times 10^{-2}}{1} = 1.8 \times 10^{-2} \, V \cdot m^{-1}$$

だから，1 秒間に発生するジュール熱は，

$\sigma E^2 lS = 5.7 \times 10^7 \times (1.8 \times 10^{-2})^2 \times 1 \times 1 \times 10^{-6}$
$= 1.8 \times 10^{-2} \, J$

(4)　断面積 S の銅線を流れる電流は $I = envS$ である。よって，

$$v = \frac{I}{enS} = \frac{1}{1.6 \times 10^{-19} \times 8.47 \times 10^{28} \times 1 \times 10^{-6}}$$
$$= 7.4 \times 10^{-5} \, m \cdot s^{-1}$$。

（または $v = \frac{eE\tau}{m}$ を計算してもよい）

ここで得られた v は電場を印加したとき生じるもので，電子が動き回る速度 v_F と比較すると $v \ll v_F$ であることに注意する。

42

(1)　1 秒間に通過する電荷量は $10^{-3} A \times 1s = 10^{-3} C$ である。電子の電荷の大きさは $1.602 \times 10^{-19} C$ であるから，1 秒間に通過する電子の数は，$10^{-3} \div (1.602 \times 10^{-19}) = 6.25 \times 10^{15}$ 個

(2)　(5.9) 式より，$\mathbf{i} = ne\mathbf{v}$ であるから，$\mathbf{v} = \frac{\mathbf{i}}{ne}$ である。したがって，電流密度の大きさ i と自由電子の数密度 n がわかれば電子の平均速度 v が計算できる。

n は，銅 $1m^3$ あたりに含まれる自由電子数である。

銅の密度が $8.9 \times 10^3 \, kg \cdot m^{-3}$ であり原子量が 63.5 であるから，銅 $1m^3$ あたりに銅原子は，

$$\frac{8.9 \times 10^6}{63.5} = 1.40 \times 10^5 \, mol \, ある。$$

銅原子は 1 個の自由電子を供給するので，銅原子の数密度 = 自由電子の数密度　である。

したがって，$n = (1.40 \times 10^5) \times (6.02 \times 10^{23}) = 8.44 \times 10^{28}$ 個 $\cdot m^{-3}$ となる。

全電流 I と電流密度の関係は，導線の断面積 $10^{-6} m^2$ を用いて，

$I = 10^{-6} i = 10^{-3} A$

であるので，$i = 10^3 \, A \cdot m^{-2}$ である。

電子の平均速度を v とすれば，

$i = nev$ より，

$$v = \frac{i}{ne} = \frac{10^3}{(8.44 \times 10^{28}) \times (1.60 \times 10^{-19})} = 0.074 \times 10^{-6} \, m \cdot s^{-1}$$

(3)　この平均速度を用いれば，1cm 電子が進むのに要する時間は，

$$\frac{10^{-2}}{0.074 \times 10^{-6}} = 1.35 \times 10^5 \, s \, （37.5 時間）$$

となる。

43.1

(1)　CD 間は $2r$ と $3r$ の並列接続であるから，

$$R_{CD} = \frac{1}{\frac{1}{2r} + \frac{1}{3r}} = \frac{1}{\frac{5}{6r}} = \frac{6}{5}r \, である。$$

(2)　AB 間は r, R_{CD}, r の直列接続であるから，

$$R_{AB} = r + \frac{6}{5}r + r = \frac{16}{5}r \, となる。$$

(3)　$V = I_{AB} R_{AB}$ であるから，$I_{AB} = \frac{V}{R_{AB}} = \frac{5V}{16r}$ となる。

(4)　$V_{CD} = I_{AB} R_{CD}$ である。一方，(1) より $R_{CD} = \frac{6}{5}r$，

(2) より $I_{AB} = \frac{V}{R_{AB}} = \frac{5V}{16r}$ であるから，$V_{CD} = \frac{5V}{16r} \frac{6r}{5} = \frac{3}{8}V$

となる。

(5)　$V_{CD}=I_{CED}2r$ であるから，　$I_{CED}=\dfrac{V_{CD}}{2r}=\dfrac{3V}{8}\div 2r=\dfrac{3V}{16r}$
となる。

43.2

$$R=\cfrac{1}{\dfrac{1}{r}+\cfrac{1}{r+\cfrac{1}{\dfrac{1}{r}+\dfrac{1}{r}}}}=\cfrac{1}{\dfrac{1}{r}+\cfrac{1}{r+\dfrac{r}{2}}}=\cfrac{1}{\dfrac{1}{r}+\dfrac{2}{3r}}=\dfrac{3r}{5}$$

44

図(a)のような抵抗が3個の場合の抵抗をR_1とする。

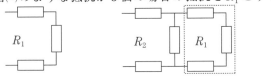

$R_1=3r$ である。

図(a)　　　　　　　図(b)

次に，図(b)にようになっている場合の合成抵抗R_2は，

$$R_2=2r+\cfrac{1}{\dfrac{1}{r}+\dfrac{1}{R_1}}=2r+\cfrac{1}{\dfrac{1}{r}+\dfrac{1}{3r}}=2r+\dfrac{3r}{4}=\dfrac{11}{4}r$$

である。

さらに図(c)のように順に抵抗をつないでいって，n段での抵抗がR_nとすると，$n+1$段での抵抗R_{n+1}は，

$$R_{n+1}=2r+\cfrac{1}{\dfrac{1}{r}+\dfrac{1}{R_n}}$$

と書ける。nをどんどん大きくしていくと，R_nとR_{n+1}の差は小さくなると考えられるから，$n\to\infty$で$R_n=R_{n+1}=R$とすると，

$$R=2r+\cfrac{1}{\dfrac{1}{r}+\dfrac{1}{R}}$$

を得る。整理すると，　$R^2-2rR-2r^2=0$。

よって，$R>0$に注意して，　$R=\left(1+\sqrt{3}\right)r$。

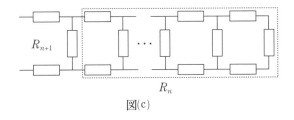

図(c)

45

Aから電流をI流し込むと，対称性からAから四方に$\dfrac{I}{4}$ずつ電流が流れ出る。隣接格子点Bから電流をIだけ流し出すと，四方からBに$\dfrac{I}{4}$ずつ電流が流れ込む。A，B同時に電流源をつないだとき，AB間の辺には$\dfrac{I}{2}$だけ

電流が流れて電圧降下は$\dfrac{rI}{2}$。

よって，AB間の抵抗は$\dfrac{r}{2}$。

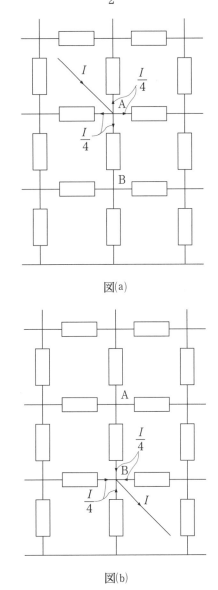

図(a)

図(b)

46

対称性を考えると点Aから流れ出す電流の様子と点Cに流れ込む電流の様子が同じでなければならない。すなわち，AからB（またはD）に流れ出す電流はB（またはD）からCに流れ込む電流と等しくなければならず，

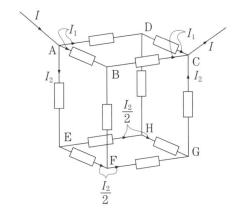

AからEに流れ出す電流はGからCに流れ込む電流と等しくなければならない。

したがって，BF（またはDH）間に電流は流れず，電位が等しくなる。以上の考察から電流分布は次図のようになると考えられる。AC間の電位差VをADC，AEFGCに沿って計算すると，

$$V = 2I_1 r = 3I_2 r \quad \therefore \quad I_2 = \frac{2I_1}{3}$$

$I = 2I_1 + I_2$ であるから，

$$I_1 = \frac{3I}{8}$$

$$\therefore \quad V = 2I_1 r = \frac{3}{4}Ir$$

全抵抗 $\quad R = \frac{V}{I} = \frac{3}{4}r$

別解

回路は面ACGEに対して対称なので，BとD，FとHはそれぞれ等電位である。そのため，BとDを短絡し，さらに，FとHを短絡しても，電流の流れ方に変化は起きない。つまり，この回路は，図のような回路と等価である。

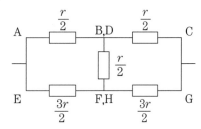

さらに，次図の回路はホイーストンブリッジ抵抗回路の平衡条件を満たしているので，中央の抵抗には電流が流れない。したがって，この抵抗を取り去っても電流の流れ方に変化はない。

結局，もとの立体回路は，次図の並列回路と等価である。よって，全抵抗は，

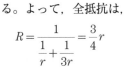

$$R = \frac{1}{\dfrac{1}{r} + \dfrac{1}{3r}} = \frac{3}{4}r$$

となる。

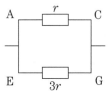

47

電流密度が中心軸からの距離だけの関数であるから，これは軸対称性を持つ。したがって，この電流によって周囲の空間にできる磁束密度も軸対称性を持つ。状況は例題6.3と同じなので，中心軸と垂直な平面上に，中心軸との交点を中心とする半径 r の円の円周を経路 C とすると，経路上の各点では，磁束密度の大きさはすべて同じで $|\mathbf{B}(\mathbf{R})| = B(r)$ と書ける。ただし $\mathbf{R}$ は C 上の点の位置ベクトルを表す。$\mathbf{B}(\mathbf{R})$ の向きは，経路 C の各点で，円の接線方向であり，$d\mathbf{s}$ ベクトルと平行である。したがって，アンペールの法則（6.3）式の右辺の計算は，形式上，例題6.3とまったく同じように実行でき，

$$\int_C \mathbf{B}(\mathbf{R}) \cdot d\mathbf{s} = B(r) \int_C |d\mathbf{s}| = 2\pi r B(r) \quad \cdots\cdots\cdots\cdots ①$$

となる。

次に（6.3）式の右辺を考える。$r \leq a$ として，経路 C を貫く電流を $I(r)$ と書く。経路 C と同一平面上に，中心が中心軸の位置で，半径 x $(0 \leq x \leq r)$ と $x + dx$ となる2つの近接した同心円を考える。これら2つの同心円で囲まれる細い円環内を貫く電流の量 $dI(x)$ は，円環の面積と電流密度 $i(x)$ の積であるから，$dI(x) = i(x) 2\pi x dx = 2\pi i_0 x dx$ である。これを $0 \leq x \leq r$ で加えたものが経路 C 全体を貫く電流の大きさなので

$$I(r) = \int_{x=0}^{x=r} dI(x) = 2\pi i_0 \int_0^r dx = 2\pi i_0 r \quad \cdots\cdots\cdots\cdots ②$$

が求まる。経路 C の半径が，導体の半径 a より大きいと経路を貫く電流は全電流のまま変化せず，その値は $I(a) = 2\pi i_0 a$ のままとなる。まとめると，

$$\mu_0 \times (経路Cを貫く電流の大きさ) = \begin{cases} 2\pi\mu_0 i_0 r, & 0 \leq r < a \\ 2\pi\mu_0 i_0 a, & a \leq r \end{cases}$$

$$\cdots\cdots\cdots\cdots\cdots\cdots\cdots\cdots ③$$

となる。

アンペールの法則より，①式と③式は等しいので，以下の最終結果を得る。

$$B(r) = \begin{cases} \mu_0 i_0 r, & 0 \leq r < a \\ \dfrac{\mu_0 i_0 a}{r}, & a \leq r \end{cases} \quad\cdots\cdots\cdots\cdots\cdots\cdots ④$$

48

平面電流に平行で，平面電流からの距離から等しい平面は，上下合わせて2枚存在する。これらの平面上にできる磁束密度の大きさは，x, y 座標や，面の上下によらず一定であると予想される。向きに対する検討と合わせ，以下で調べる。

平面電流は図のように導線を平面状に束ねたものとして考えることができる。今，図中の j 番目の電流 i_j に着目すると，i_j の直上 z の位置に電流 i_j が作る磁束密度の方向は右ねじの法則から平面に平行である。さて，i_j を中心として等距離離れた電流 i_{j+k} および i_{j-k} が同じ場所に作る磁束密度はそのベクトル的な合成になるのでや

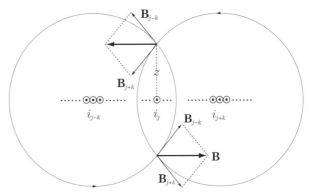

はり平面に平行になる。無限に広がる平面なので，どの電流もこのような関係を満たしている。したがって，磁束密度は平面に対して平行であり，電流の方向に対して垂直な x 軸に沿った方向を向いている。さらに，図には電流 i_{j+k} と i_{j-k} が，電流 i_j のちょうど真下で同じ距離離れた点に作る磁束密度を合成した様子も示してある。これより平面電流の上下で磁束密度の向きは互いに，逆向きになることがわかる。さらに，位置関係から，B_{j+k}, $B_{i_{j-k}}$ の大きさも上下で等しいことが自明なので，合成した大きさが同じになることも明らかである。同様に，m 番目の電流 i_m の真上と，真下の点に，i_m を中心に等距離離れた電流 i_{m+k}, i_{m-k} が作る磁束密度を合成する図を描くと，単に中心 i_j を i_m に平行移動した図が書ける。どの m に対しても事情は同じだから，結局，平面電流からの距離が等しい上下2枚の平面上の点にできる磁束密度の大きさは全て等しく，それからは x, y にはよらないことがわかる。また，向きは x 軸に沿って，面の上下が逆になることがわかった。

次に磁束密度の大きさを求める。次頁図のように平面電流をまたぐように矩形の閉曲線 C を考えて，（6.3）式のアンペールの法則

$$\int_C \mathbf{B}(\mathbf{r}) \cdot d\mathbf{s}(\mathbf{r}) = \mu_0 I = \mu_0 \times (面\ ABCD\ を貫く電流)$$

を適用する。経路は AB，BC，CD，DA に分割できるので左辺の経路積分は，

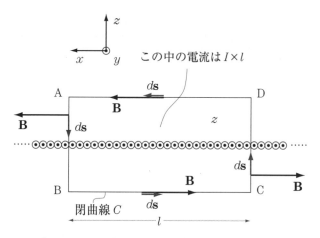

この中の電流は $I \times l$

$$\int_C \mathbf{B}(\mathbf{r})\cdot d\mathbf{s} = \int_{AB}\mathbf{B}(\mathbf{r})\cdot d\mathbf{s} + \int_{BC}\mathbf{B}(\mathbf{r})\cdot d\mathbf{s} + \int_{CD}\mathbf{B}(\mathbf{r})\cdot d\mathbf{s} + \int_{CA}\mathbf{B}(\mathbf{r})\cdot d\mathbf{s}$$

と分割できる。

BC, DA 上の点では, 磁束密度ベクトルの大きさは等しいので, これを B と表す。これらの経路における線素ベクトルを $d\mathbf{s}$ と書くと, BC 上でも, DA 上でも, それぞれ磁束密度と線素ベクトルは平行で向きが同じなので, $\mathbf{B}\cdot d\mathbf{s}=B|d\mathbf{s}|$ と書ける。一方, AB 上と CD 上では, 磁束密度と線素ベクトルは直交しているので, $\mathbf{B}\cdot d\mathbf{s}=0$ に注意する。

以上より, アンペールの法則の左辺は,

$$\int_{AB}\mathbf{B}\cdot d\mathbf{s} + \int_{BC}\mathbf{B}\cdot d\mathbf{s} + \int_{CD}\mathbf{B}\cdot d\mathbf{s} + \int_{DA}\mathbf{B}\cdot d\mathbf{s}$$
$$= B\int_{BC}|d\mathbf{s}| + B\int_{DA}|d\mathbf{s}|$$
$$= Bl + Bl = 2Bl$$

となる。

一方, アンペールの法則の右辺は C に囲まれた領域内の全電流 $I \times l$ に真空の透磁率 μ_0 を掛ければよい。

以上より, $2Bl = \mu_0 Il$ となり,

$$B = \frac{\mu_0 I}{2}$$

となる。

この値は z に依存しないので, 平面からの距離 z にかかわらず磁束密度はあらゆるところで一定の大きさ $B=\dfrac{\mu_0 I}{2}$, x 軸に沿った方向を向く事が解る。

49

ビオ・サバールの法則((6.11)式参照)より, 曲線 C 上を流れる電流 I によって作られる磁束密度は,

$$\mathbf{B}(\mathbf{x}) = \frac{\mu_0 I}{4\pi}\int_C \frac{d\mathbf{s}(\mathbf{r}')\times(\mathbf{x}-\mathbf{r}')}{|\mathbf{x}-\mathbf{r}'|^3}$$

で与えられる。ここで問題の導線を x 軸に沿った部分と y 軸に沿った部分に 2 分割して考える。すなわち,

$$\mathbf{B}(\mathbf{x}) = \frac{\mu_0 I}{4\pi}\int_C \frac{d\mathbf{s}(\mathbf{r}')\times(\mathbf{x}-\mathbf{r}')}{|\mathbf{x}-\mathbf{r}'|^3}$$
$$= \frac{\mu_0 I}{4\pi}\int_{x=-\infty}^{x=0} \frac{d\mathbf{s}_1(\mathbf{r}')\times(\mathbf{x}-\mathbf{s}_1)}{|\mathbf{x}-\mathbf{s}_1|^3}$$
$$+ \frac{\mu_0 I}{4\pi}\int_{y=0}^{y=-\infty} \frac{d\mathbf{s}_2(\mathbf{r}')\times(\mathbf{x}-\mathbf{s}_2)}{|\mathbf{x}-\mathbf{s}_2|^3}$$

を計算する。

ここで, x 軸上の線素ベクトルを $d\mathbf{s}_1$ (位置ベクトル $\mathbf{s}_1 = (s_1, 0, 0)$ とし, y 軸上の線素ベクトルを $d\mathbf{s}_2$ (位置ベクトル $\mathbf{s}_2 = (0, s_2, 0)$) とする。また $d\mathbf{s}_1$ から点 P まで引いたベクトルを $\mathbf{r}_1 = \mathbf{x}-\mathbf{s}_1$, $d\mathbf{s}_2$ から点 P まで引いたベクトルを $\mathbf{r}_2 = \mathbf{x}-\mathbf{s}_2$ とする。(次図参照)

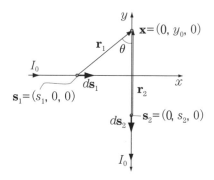

y 軸上の経路に対しては $d\mathbf{s}_2$ と $\mathbf{x}-\mathbf{s}_2$ は反平行であるからそのベクトル積 $d\mathbf{s}_2\times(\mathbf{x}-\mathbf{s}_2)=\mathbf{0}$ となり, 第 2 項は 0 となって点 P における磁束密度には寄与しない。したがって, x 軸上の経路についてのみ計算すればよい。

$$\frac{d\mathbf{s}_1(\mathbf{r}')\times(\mathbf{x}-\mathbf{s}_1)}{|\mathbf{x}-\mathbf{s}_1|^3} = \frac{(ds_1,0,0)\times((0,y_0,0)-(s_1,0,0))}{|(0,y_0,0)-(s_1,0,0)|^3}$$
$$= -\frac{(ds_1,0,0)\times(s_1,y_0,0)}{(s_1^2+y_0^2)^{\frac{3}{2}}} = \frac{(0,0,y_0 ds_1)}{(s_1^2+y_0^2)^{\frac{3}{2}}}$$

であるから,

$$\mathbf{B}(\mathbf{x}) = \frac{\mu_0 I}{4\pi}\int_{s_1=-\infty}^{s_1=0} \frac{d\mathbf{s}_1(\mathbf{r}')\times(\mathbf{x}-\mathbf{s}_1)}{|\mathbf{x}-\mathbf{s}_1|^3}$$
$$= \frac{\mu_0 I}{4\pi}\int_{s_1=-\infty}^{s_1=0} \frac{(0,0,y_0 ds_1)}{(s_1^2+y_0^2)^{\frac{3}{2}}}$$
$$= (B_x, B_y, B_z)$$

となる。

上の式より $B_x=0$, $B_y=0$ は明らか。また, B_z は,

$$B_z = \frac{\mu_0 I}{4\pi}\int_{-\infty}^{0} \frac{y_0 ds_1}{(s_1^2+y_0^2)^{\frac{3}{2}}} = \frac{\mu_0 I}{4\pi}\int_{-\infty}^{0} \frac{ds_1}{\left[1+\left(\frac{s_1}{y_0}\right)^2\right]^{\frac{3}{2}}}$$

ここで, $\dfrac{s_1}{y_0}=\tan\theta$ とおくと, s_1 の変化 $-\infty \to 0$ に対し, θ は $-\dfrac{\pi}{2} \to 0$ となる。

また, $ds_1 = \dfrac{y_0}{\cos^2\theta}d\theta$ と

$$\frac{1}{\left[1+\left(\frac{s_1}{y_0}\right)^2\right]^{\frac{3}{2}}}=\cos^3\theta$$

を代入すれば，

$$B_z=\frac{\mu_0 I}{4\pi}\frac{y_0}{y_0{}^3}\int_{-\infty}^{0}\frac{ds_1}{\left[1+\left(\frac{s_1}{y_0}\right)^2\right]^{\frac{3}{2}}}=\frac{\mu_0 I}{4\pi}\frac{y_0}{y_0{}^3}\int_{-\frac{\pi}{2}}^{0}\cos^3\theta\frac{y_0 d\theta}{\cos^2\theta}$$

$$=\frac{\mu_0 I}{4\pi}\frac{1}{y_0}\int_{-\frac{\pi}{2}}^{0}\cos\theta d\theta=\frac{\mu_0 I}{4\pi}\frac{1}{y_0}\Big[\sin\theta\Big]_{-\frac{\pi}{2}}^{0}=\frac{\mu_0 I}{4\pi y_0}$$

を得る。

　以上より，

$$B(0,y_0,0)=\left(0,0,\frac{\mu_0 I}{1\pi y_0}\right)$$

50

　この問題は例題 6.5 の発展問題である。例題 6.5 でも述べたように，この系は軸対称であるから，磁場も軸対称になる。特に中心軸上では磁場は中心軸に沿った向きしか取りえない。次頁下の図に磁場の概略が示してある。

　これは，下図に示すように点 A における電流素片が

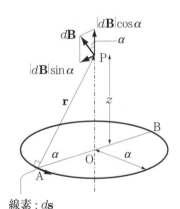

線素：$d\mathbf{s}$
電流素片：$I d\mathbf{s}$

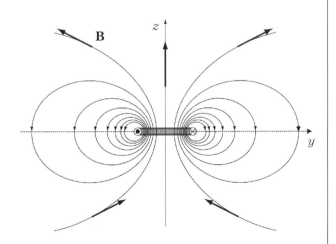

円形コイルに流れる電流が作る $\mathbf{B}$ は，
①中心軸に対して対称
②コイル面上では中心軸（z 軸）に平行

点 P に作る磁場は確かに傾いているが，系は軸対称なので，磁束密度の水平成分 $|d\mathbf{B}|\sin\alpha$ は点 B のような反対側の電流素片の作る磁束密度の水平成分と相殺してしまう。したがって，磁場の形成に寄与するのは磁束密度の垂直成分 $|d\mathbf{B}|\cos\alpha$ のみである。これを円形電流全体にわたって加え合わせればよい。一方，ビオ・サバールの法則（(6.10) 式参照）

$$d\mathbf{B}(\mathbf{x})=\frac{\mu_0}{4\pi}\frac{Id\mathbf{s}(\mathbf{r}')\times\mathbf{r}}{r^3}$$

より，円形電流上の電流素片 $Id\mathbf{s}(\mathbf{r}')$（$\mathbf{r}'$ は電流素片の位置ベクトル）が点 P に作る磁束密度の向きは点 O，点 A，点 P を含む平面内で中心軸に対して角度 α 傾いている。また，分子の外積の大きさが，

$$|Id\mathbf{s}(\mathbf{r}')\times\mathbf{r}|=I|\mathbf{r}||d\mathbf{s}(\mathbf{r}')|\sin\frac{\pi}{2}=Irds$$

であるから，

$$|d\mathbf{B}(\mathbf{x})|=dB=\frac{\mu_0}{4\pi}\frac{|Id\mathbf{s}(\mathbf{r}')\times\mathbf{r}|}{r^3}=\frac{\mu_0}{4\pi}\frac{Irds}{r^3}=\frac{\mu_0 I}{4\pi r^2}ds$$

となる。磁場の形成に寄与するのは磁束密度の垂直成分

$$|d\mathbf{B}|\cos\alpha=dB\cos\alpha=\left(\frac{\mu_0 I}{4\pi r^2}\cos\alpha\right)ds$$

のみであるから，これを円形電流全体の経路を C として積分すればよい。

$$|\mathbf{B}|=B=\int_C\left(\frac{\mu_0 I}{4\pi r^2}\cos\alpha\right)ds=\frac{\mu_0 I}{4\pi r^2}\cos\alpha\int_C ds$$

$$=\frac{\mu_0 I}{4\pi(a^2+z^2)}\frac{a}{\sqrt{a^2+z^2}}2\pi a=\frac{\mu_0 a^2 I}{2(a^2+z^2)^{\frac{3}{2}}}$$

を得る。

51

　この問題は前問の円形電流の中心軸上の静磁場の応用問題である。

　問題 50 より，半径 a の円形電流の中心から中心軸に沿って z だけ離れた場所に作られる磁束密度は，

$$B(z)=\frac{\mu_0 I a^2}{2[a^2+z^2]^{\frac{3}{2}}}$$

である。

　下図のように中心 O より x だけ離れた点における磁

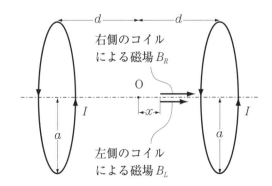

束密度を $\left|\dfrac{x}{a}\right| \ll 1$ として，$\dfrac{x}{a}$ についての多項式の形でもとめる。対称性から，$B(x)$ は偶関数のはずなので，
$B(x) = B_0 + C\left(\dfrac{x}{a}\right)^2 + D\left(\dfrac{x}{a}\right)^4 \cdots$ という形になる。$a = 2d$ でなくても必ずこの形になることに注意しよう。$a = 2d$ の場合に，C がゼロになることを示し，また B_0，D を求めてみよう。

題意より，$d = \dfrac{a}{2}$ であるから，左側のコイルによる磁束密度 $B_L(x)$ は，この式の z に $z = d + x = \dfrac{a}{2} + x$ を代入すれば，

$$B_L(x) = \frac{\mu_0 I a^2}{2\left[a^2 + \left(\frac{a}{2}+x\right)^2\right]^{\frac{3}{2}}} = \frac{\mu_0 I a^2}{2\left[\frac{5}{4}a^2 + ax + x^2\right]^{\frac{3}{2}}}$$

$$= \frac{\mu_0 I a^2}{2\left(\frac{5}{4}a^2\right)^{\frac{3}{2}}\left[1 + \frac{4x}{5a} + \frac{4x^2}{5a^2}\right]^{\frac{3}{2}}}$$

と得られる。

同様にして，

$$B_R(x) = \frac{\mu_0 I a^2}{2\left[a^2 + \left(-\frac{a}{2}+x\right)^2\right]^{\frac{3}{2}}} = \frac{\mu_0 I a^2}{2\left[\frac{5}{4}a^2 - ax + x^2\right]^{\frac{3}{2}}}$$

$$= \frac{\mu_0 I a^2}{2\left(\frac{5}{4}a^2\right)^{\frac{3}{2}}\left[1 - \frac{4x}{5a} + \frac{4x^2}{5a^2}\right]^{\frac{3}{2}}}$$

を得る。

$\left[\dfrac{4x}{5a} + \dfrac{4x^2}{5a^2}\right] \ll 1$ として，$B_L(x)$ をマクローリン展開すると，

$$B_L(x) = \frac{\mu_0 I a^2}{2\left(\frac{5}{4}a^2\right)^{\frac{3}{2}}}\left(1 - \frac{3}{2}\frac{4}{5}\left[\frac{x}{a} + \frac{x^2}{a^2}\right] + \frac{\frac{3}{2}\frac{5}{2}}{2!}\left(\frac{4}{5}\right)^2\left[\frac{x}{a} + \frac{x^2}{a^2}\right]^2\right.$$

$$\left. - \frac{\frac{3}{2}\frac{5}{2}\frac{7}{2}}{3!}\left(\frac{4}{5}\right)^3\left[\frac{x}{a} + \frac{x^2}{a^2}\right]^3 + \frac{\frac{3}{2}\frac{5}{2}\frac{7}{2}\frac{9}{2}}{4!}\left(\frac{4}{5}\right)^4\left[\frac{x}{a} + \frac{x^2}{a^2}\right]^4 \cdots\right)$$

$$= \frac{\mu_0 I a^2}{2\left(\frac{5}{4}a^2\right)^{\frac{3}{2}}}\left(1 - \frac{6}{5}\left[\frac{x}{a} + \frac{x^2}{a^2}\right] + \frac{6}{5}\left[\frac{x}{a} + \frac{x^2}{a^2}\right]^2\right.$$

$$\left. - \frac{28}{25}\left[\frac{x}{a} + \frac{x^2}{a^2}\right]^3 + \frac{126}{125}\left[\frac{x}{a} + \frac{x^2}{a^2}\right]^4 - \cdots\right)$$

$$= \frac{\mu_0 I a^2}{2\left(\frac{5}{4}a^2\right)^{\frac{3}{2}}}\left(1 - \frac{6}{5}\left(\frac{x}{a}\right) - \left(\frac{6}{5} - \frac{6}{5}\right)\left(\frac{x}{a}\right)^2\right.$$

$$\left. + \left(\frac{12}{5} - \frac{28}{25}\right)\left(\frac{x}{a}\right)^3 - \left(\frac{84}{25} - \frac{126}{125}\right)\left(\frac{x}{a}\right)^4 + \cdots\right)$$

$$= \frac{\mu_0 I a^2}{2\left(\frac{5}{4}a^2\right)^{\frac{3}{2}}}\left(1 - \frac{6}{5}\left(\frac{x}{a}\right) + \frac{32}{25}\left(\frac{x}{a}\right)^3 - \frac{294}{125}\left(\frac{x}{a}\right)^4 + \cdots\right)$$

となる。

【注】 2次の項が消えるのは、$a = 2d$ の場合に限られる。

同様に $\left[-\dfrac{4x}{5a} + \dfrac{4x^2}{5a^2}\right] \ll 1$ として，$B_R(x)$ をマクローリン展開すると，

$$B_R(x) = \frac{\mu_0 I a^2}{2\left(\frac{5}{4}a^2\right)^{\frac{3}{2}}}\left(1 - \frac{3}{2}\frac{4}{5}\left[-\frac{x}{a} + \frac{x^2}{a^2}\right] + \frac{\frac{3}{2}\frac{5}{2}}{2!}\left(\frac{4}{5}\right)^2\left[-\frac{x}{a} + \frac{x^2}{a^2}\right]^2\right.$$

$$\left. - \frac{\frac{3}{2}\frac{5}{2}\frac{7}{2}}{3!}\left(\frac{4}{5}\right)^3\left[-\frac{x}{a} + \frac{x^2}{a^2}\right]^3 + \frac{\frac{3}{2}\frac{5}{2}\frac{7}{2}\frac{9}{2}}{4!}\left(\frac{4}{5}\right)^4\left[-\frac{x}{a} + \frac{x^2}{a^2}\right]^4 - \cdots\right)$$

$$= \frac{\mu_0 I a^2}{2\left(\frac{5}{4}a^2\right)^{\frac{3}{2}}}\left(1 - \frac{6}{5}\left[-\frac{x}{a} + \frac{x^2}{a^2}\right] + \frac{6}{5}\left[-\frac{x}{a} + \frac{x^2}{a^2}\right]^2\right.$$

$$\left. - \frac{28}{25}\left[-\frac{x}{a} + \frac{x^2}{a^2}\right]^3 + \frac{126}{125}\left[-\frac{x}{a} + \frac{x^2}{a^2}\right]^4 - \cdots\right)$$

$$= \frac{\mu_0 I a^2}{2\left(\frac{5}{4}a^2\right)^{\frac{3}{2}}}\left(1 + \frac{6}{5}\left(\frac{x}{a}\right) - \left(\frac{6}{5} - \frac{6}{5}\right)\left(\frac{x}{a}\right)^2\right.$$

$$\left. + \left(-\frac{12}{5} + \frac{28}{25}\right)\left(\frac{x}{a}\right)^3 + \left(\frac{6}{5} - \frac{84}{25} + \frac{126}{125}\right)\left(\frac{x}{a}\right)^4 + \cdots\right)$$

$$= \frac{\mu_0 I a^2}{2\left(\frac{5}{4}a^2\right)^{\frac{3}{2}}}\left(1 + \frac{6}{5}\left(\frac{x}{a}\right) - \frac{32}{25}\left(\frac{x}{a}\right)^3 - \frac{144}{125}\left(\frac{x}{a}\right)^4 + \cdots\right)$$

となる。$B_R(x)$ と $B_L(x)$ を合わせると、

$$B(x) \cong \frac{8\mu_0 I}{\sqrt{125}\,a}\left(1 - \frac{144}{125}\left(\frac{x}{a}\right)^4 + \cdots\right)$$

となる。奇数次の項は $B_R(x)$ と $B_L(x)$ で互いに打消し合いゼロになっており，最初に対称性から考察した通りになっている。また，2次の項もゼロになるのは，$a = 2d$ であるからである。

以上から，点O近傍（$\left|\dfrac{x}{a}\right| \ll 1$）の中心軸上の磁束密度は $B(0) = \dfrac{8\mu_0 I}{\sqrt{125}\,a}$ にほぼ等しく一定みなせることがわかる。

なお，同じ半径の二つの円形コイルを下の図のように中心軸を一致させて配置し，同じ電流を流した場合，二つの円形コイルの中間面上の磁束密度は中心軸に沿った向きをとることを覚えておくと良い。

次の例題6.6「円形電流の作る磁場IV—無限の長さのソレノイドを流れる電流が作る磁場—」での考察に役立つであろう。

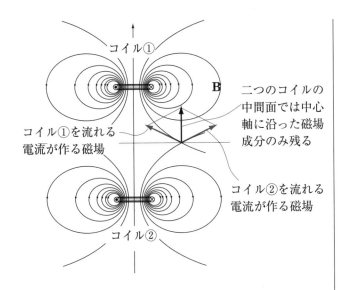

コイル①

B

二つのコイルの
中間面では中心
軸に沿った磁場
成分のみ残る

コイル①を流れる
電流が作る磁場

コイル②を流れる
電流が作る磁場

コイル②

52

この問題は無限に長いソレノイドの問題の一般化である。半径 a の円形電流 I が，その中心軸上で x だけ離れた場所に作る磁束密度の大きさは，$B(x) = \dfrac{\mu_0 a^2}{2(x^2 + a^2)^{\frac{3}{2}}} I$ である。この結果を利用する。

下図の微小幅 dz' の部分を円形電流 $nI \times dz'$ として見れば，これが作る磁束密度 $dB(z')$ は，上式の I を $nIdz'$ に，x を $z+z'$ に書き換えればよい。

電流：I〔A〕，巻数：n〔巻/m〕

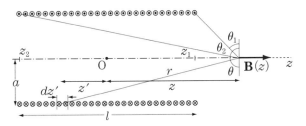

すなわち，

$$dB(z') = \frac{\mu_0 a^2}{2r^3} nIdz' = \frac{\mu_0 a^2}{2((z+z')^2 + a^2)^{\frac{3}{2}}} nIdz'$$

であるから，これをソレノイド全体で積分すればよい。後は数学的なテクニックの問題である。

$$B(z) = \int dB = \int_{z_1}^{z_2} \frac{\mu_0 a^2}{2((z+z')^2 + a^2)^{\frac{3}{2}}} nIdz'$$

$$= \frac{\mu_0 a^2}{2} nI \int_{z_1}^{z_2} \frac{1}{a^3 \left(\left(\dfrac{z+z'}{a}\right)^2 + 1\right)^{\frac{3}{2}}} dz'$$

ここで，$z+z' = a\tan\theta$ より，

$\dfrac{dz'}{d\theta} = \dfrac{a}{\cos^2\theta}$ となり，

$dz' = \dfrac{a}{\cos^2\theta} d\theta$ となる。

すなわち，

$$B(z) = \frac{\mu_0 a^2}{2} nI \int_{\theta_1}^{\theta_2} \frac{1}{a^3 \left(\tan^2\theta + 1\right)^{\frac{3}{2}}} \frac{a}{\cos^2\theta} d\theta$$

$$= \frac{\mu_0}{2} nI \int_{\theta_1}^{\theta_2} \cos\theta d\theta = \frac{\mu_0}{2} nI [\sin\theta]_{\theta_1}^{\theta_2}$$

$$= \frac{\mu_0}{2} nI (\sin\theta_2 - \sin\theta_1)$$

となる。ただし，

$$\sin\theta_1 = \frac{z - \dfrac{l}{2}}{\sqrt{\left(z - \dfrac{l}{2}\right)^2 + a^2}}, \quad \sin\theta_2 = \frac{z + \dfrac{l}{2}}{\sqrt{\left(z + \dfrac{l}{2}\right)^2 + a^2}}$$

である。

磁束密度の方向は，電流の向きが反時計回りに見える方向から見たとき，紙面に対して垂直（右図）。

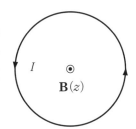

53

環状ソレノイドの対称性は中心軸 O に対して軸対称である。今，ソレノイド内部の任意の点 P から中心軸へ垂線を下ろしたときの距離を r とする。この系の軸対称性より，中心軸 O と同心で点 P を通る半径 r の円周上では磁場の大きさは等しくなくてはいけない。

次に，磁場の向きについて考える。「ソレノイド内部の磁場の向きは，ソレノイドの中心軸 O と同心の円に沿った向き」を示すということは面 OP に対して磁場が垂直であることを言えばよい。まず点 P を囲むコイル 1 巻きを流れる電流が作る磁場を考える。問題 50 で円形電流の作る磁場の向きついて述べたが，これと同じ議論である。すなわち，この磁場の向きはコイル面に対して垂直である。ではそれ以外の磁場はどうであろうか？右下の図のように面 OP をはさんで対称的な位置にある二つの 1 巻コイルを考える。これらのコイルを流れる電流の作る磁場の向きは，それらの中間面（面 OP）では，中間面に対して垂直である。したがって，その中心軸と同心の円周上では，環状ソレノイドを流れる電流が作る磁場は常に円の接線方向を向いている。また，系は軸対称なので円周上では磁場の大きさは一定である。

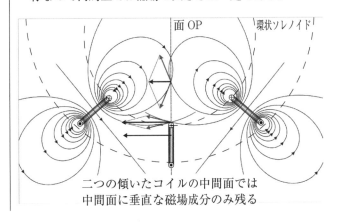

面 OP　　環状ソレノイド

二つの傾いたコイルの中間面では
中間面に垂直な磁場成分のみ残る

54

問題53で考察したように，ソレノイド内部の磁場の向きはソレノイドの中心軸Oと同心の円に沿っている。

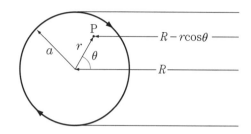

次に磁束密度の大きさを考える。上図のようにコイルの中心から距離r（$0 \leq r \leq a$），角度θの点Pでの磁束密度を考える。環状ソレノイドの中心軸Oから点Pまでの距離は$R - r\cos\theta$である。この半径の円周C上でアンペールの法則

$$\int_C \mathbf{B}(\mathbf{r}) \cdot d\mathbf{s}(\mathbf{r}) = \mu_0 I = \mu_0 \times (C を貫く全電荷)$$

を適用する。右辺は，N巻のコイルに電流Iが流れているのだから，この円周C内の全電流はNIとなって，$\mu_0 NI$である。

一方，左辺の積分は，$\mathbf{B}(\mathbf{r})$と$d\mathbf{s}(\mathbf{r})$は平行であるから，$\mathbf{B}(\mathbf{r}) \cdot d\mathbf{s}(\mathbf{r}) = Bds$となって，

$$\int_C \mathbf{B}(\mathbf{r}) \cdot d\mathbf{s}(\mathbf{r}) = \int_C B \cdot ds = B \int_C ds = B \cdot 2\pi(R - r\cos\theta)$$

となる。したがって，アンペールの法則は，

$$B \cdot 2\pi(R - r\cos\theta) = \mu_0 NI$$

となって，

$$B = \frac{\mu_0 NI}{2\pi(R - r\cos\theta)} \quad \cdots\cdots\cdots\cdots\cdots\cdots ①$$

を得る。さらに①式は，

$$B = \frac{\mu_0 NI}{2\pi R\left(1 - \dfrac{r}{R}\cos\theta\right)}$$

とも書くことができる。$a \ll R$のとき，$r \ll R$であるから，$\dfrac{r}{R} \fallingdotseq 0$と近似すれば，

$$B = \frac{\mu_0 NI}{2\pi R} \quad \cdots\cdots\cdots\cdots\cdots\cdots\cdots ②$$

となる。ちなみに，点Pがソレノイドの外部にあるときは，アンペールの法則の右辺は0になり，$B = 0$が得られる。

以上をまとめると，

① 巻数Nの環状ソレノイドの中心半径Rがソレノイド半径aに比べて十分に大きいとき，電流Iを流したときの内部の磁束密度の大きさは，$B = \dfrac{\mu_0 NI}{2\pi R}$

② 内部の磁場の向きはソレノイドに対して常に平行な向き

③ 外部には磁場は発生しない。

となる。

55

無限に長い直線電流I_1の作る磁束密度$\mathbf{B}$は図内に示すように，その大きさはI_1からの距離xのみで決まり，その方向は右ねじの法則からI_1と同じ方向に右ねじを

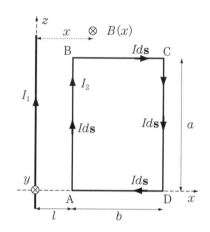

進めるときの回転方向である。

本設問の回路ABCDはxz平面内，$x > 0$の領域にあるので，磁束密度$\mathbf{B}$は$+y$方向成分のみであり，その大きさは(6.9a)式より$B_y(x) = \dfrac{\mu_0 I_1}{2\pi x}$である。

アンペールの力の法則によれば，磁束密度$\mathbf{B}(\mathbf{r})$中の電流素片に働く力$d\mathbf{F}(\mathbf{r})$は，

$$d\mathbf{F}(\mathbf{r}) = Id\mathbf{s}(\mathbf{r}) \times \mathbf{B}(\mathbf{r}) \quad \cdots\cdots\cdots\cdots\cdots\cdots ①$$

で与えられる。①式で得られる力の各成分をそれぞれの区間で積分すれば各成分の合計が求まる。

最初にABが受ける力を求める。AB上の電流素片$I_2 d\mathbf{s}$は$I_2 d\mathbf{s} = I_2(0, 0, dz)$であるから，これが磁場から受ける力$d\mathbf{F}_{\mathrm{AB}}(\mathbf{r})$は，①式より，$\mathbf{r} = (l, 0, z)$なので，

$$\begin{aligned} d\mathbf{F}_{\mathrm{AB}}(\mathbf{r}) &= I_2 d\mathbf{s} \times \mathbf{B}(\mathbf{r}) \\ &= I_2(0, 0, dz) \times \left(0, \frac{\mu_0 I_1}{2\pi l}, 0\right) = \left(-I_2 dz \cdot \frac{\mu_0 I_1}{2\pi l}, 0, 0\right) \cdots ② \end{aligned}$$

となり，x軸の負の方向に力を受ける。y方向，z方向には力は作用しない。

AB全体に働く力$\mathbf{F}_{\mathrm{AB}}$を求めるには，②式のx成分dF_{AB}をABの区間で積分すればよい。すなわち，

$$\begin{aligned} F_{\mathrm{AB}} &= \int_{\mathrm{AB}} dF_{\mathrm{AB}} = \int_0^a \left(-\frac{\mu_0 I_1 I_2}{2\pi l}\right) dz = -\frac{\mu_0 I_1 I_2}{2\pi l} \int_0^a dz \\ &= -\frac{\mu_0 I_1 I_2}{2\pi} \frac{a}{l} \end{aligned}$$

となる。ベクトルの形で表せば，

$$\mathbf{F}_{\mathrm{AB}} = \left(-\frac{\mu_0 I_1 I_2}{2\pi} \frac{a}{l}, 0, 0\right)$$

となる。

BC間では，BC上の電流素片$I_2 d\mathbf{s}$は$I_2 d\mathbf{s} = I_2(dx, 0, 0)$であるから，これが受ける力$d\mathbf{F}_{\mathrm{BC}}(\mathbf{r})$は，$\mathbf{r} = (x, 0, a)$な

ので,

$$dF_{BC}(\mathbf{r}) = I_2 d\mathbf{s} \times \mathbf{B}(\mathbf{r}) = I_2(dx,0,0) \times \left(0, \frac{\mu_0 I_1}{2\pi x}, 0\right)$$

$$= \left(0, 0, I_2 dx \cdot \frac{\mu_0 I_1}{2\pi x}\right) \quad \cdots\cdots\cdots\cdots\cdots\cdots \text{③}$$

z 軸の正の方向に力を受ける。x 方向,y 方向には力は作用しない。

BC 全体に働く力 $\mathbf{F}_{BC}$ を求めるには③式の z 成分 dF_{BC} を BC の区間で積分すればよい。すなわち,

$$F_{BC} = \int_{BC} dF_{BC} = \int_l^{l+b} \frac{\mu_0 I_1 I_2}{2\pi x} dx$$

$$= \frac{\mu_0 I_1 I_2}{2\pi} \int_l^{l+b} \frac{1}{x} dx = \frac{\mu_0 I_1 I_2}{2\pi} [\log x]_l^{l+b}$$

$$= \frac{\mu_0 I_1 I_2}{2\pi} \log\left(\frac{l+b}{l}\right)$$

となる。ベクトルの形で表せば,

$$\mathbf{F}_{BC} = \left(0, 0, \frac{\mu_0 I_1 I_2}{2\pi} \log\left(\frac{l+b}{l}\right)\right)$$

となる。

CD 間では,CD 上の電流素片 $I_2 d\mathbf{s}$ は $I_2 d\mathbf{s} = I_2(0,0,dz)$ であるから,これが受ける力 $dF_{CD}(\mathbf{r})$ は,$\mathbf{r} = (l+b, 0, z)$ なので,

$$dF_{CD}(\mathbf{r}) = I_2 d\mathbf{s} \times \mathbf{B}(\mathbf{r}) = I_2(0,0,dz) \times \left(0, \frac{\mu_0 I_1}{2\pi(l+b)}, 0\right)$$

$$= \left(-I_2 dz \cdot \frac{\mu_0 I_1}{2\pi(l+b)}, 0, 0\right) \quad \cdots\cdots\cdots\cdots \text{④}$$

となり,C から D へ向かう経路では dz が負となるので,x 軸の正の方向に力を受ける。y 方向,z 方向には力は作用しない。

CD 全体に働く力 $\mathbf{F}_{CD}$ を求めるには④式の x 成分 dF_{CD} を CD の区間で積分すればよい。すなわち,

$$F_{CD} = \int_{CD} dF_{CD} = \int_a^0 \frac{-\mu_0 I_1 I_2}{2\pi(l+b)} dz$$

$$= -\frac{\mu_0 I_1 I_2}{2\pi} \frac{1}{l+b} \int_a^0 dz = \frac{\mu_0 I_1 I_2}{2\pi} \frac{a}{l+b}$$

となる。ベクトルの形で表せば,

$$\mathbf{F}_{CD} = \left(\frac{\mu_0 I_1 I_2}{2\pi} \frac{a}{l+b}, 0, 0\right)$$

となる。

同様に DA 間では,DA 上の線素 $d\mathbf{s} = (dx, 0, 0)$ であるから,DA 上の電流素片 $I_2 d\mathbf{s}$ が磁場から受ける力 $dF_{BC}(\mathbf{r})$ は,①式より $\mathbf{r} = (x, 0, 0)$ なので,

$$dF_{DA}(\mathbf{r}) = I_2 d\mathbf{s} \times \mathbf{B}(\mathbf{r}) = I_2(dx,0,0) \times \left(0, \frac{\mu_0 I_1}{2\pi x}, 0\right)$$

$$= \left(0, 0, I_2 dx \cdot \frac{\mu_0 I_1}{2\pi x}\right) \quad \cdots\cdots\cdots\cdots\cdots\cdots \text{⑤}$$

となり,D から A へ向かう経路では dx が負となるので,z 軸の負の方向に力を受ける。x 方向,y 方向には力は作用しない。

DA 全体に働く力 $\mathbf{F}_{DA}$ を求めるには⑤式の z 成分 dF_{DA} を BC の区間で積分すればよい。すなわち,

$$F_{DA} = \int_{DA} dF_{DA} = \int_D^A \frac{\mu_0 I_1 I_2}{2\pi x} dx$$

$$= \frac{\mu_0 I_1 I_2}{2\pi} \int_{l+b}^l \frac{1}{x} dx = \frac{\mu_0 I_1 I_2}{2\pi} [\log x]_{l+b}^l$$

$$= \frac{\mu_0 I_1 I_2}{2\pi} \log\left(\frac{l}{l+b}\right)$$

$$= -\frac{\mu_0 I_1 I_2}{2\pi} \log\left(\frac{l+b}{l}\right)$$

となる。ベクトルの形で表せば,

$$\mathbf{F}_{DA} = \left(0, 0, -\frac{\mu_0 I_1 I_2}{2\pi} \log\left(\frac{l+b}{l}\right)\right)$$

となる。

以上の計算で得られた力のベクトルの和

$$\mathbf{F} = \mathbf{F}_{AB} + \mathbf{F}_{BC} + \mathbf{F}_{CD} + \mathbf{F}_{DA}$$

を取れば,

$$\mathbf{F} = \left(-\frac{\mu_0 I_1 I_2}{2\pi} \frac{a}{l}, 0, 0\right) + \left(0, 0, \frac{\mu_0 I_1 I_2}{2\pi} \log\left(\frac{l+b}{l}\right)\right)$$

$$+ \left(\frac{\mu_0 I_1 I_2}{2\pi} \frac{a}{l+b}, 0, 0\right) + \left(0, 0, -\frac{\mu_0 I_1 I_2}{2\pi} \log\left(\frac{l+b}{l}\right)\right)$$

$$= \left(\frac{\mu_0 I_1 I_2 a}{2\pi} \left(-\frac{1}{l} + \frac{1}{l+b}\right), 0, 0\right) = \left(-\frac{\mu_0 I_1 I_2}{2\pi} \frac{ab}{l(l+b)}, 0, 0\right)$$

となって,回路全体では直線電流に引きつけられる向きに合力を受けることになる。

56

この問題のポイントは電流密度が場所に依存することを念頭に置かなくてはならないことである。考え方としては電流密度が一定とみなせるくらいの微小部分に働く力 $d\mathbf{F}$ が求まれば,力のモーメント $d\mathbf{N}$ は $\mathbf{r} \times d\mathbf{F}$ とすぐに計算できるので,これを積分すればよい。系は円板の中心軸に対して軸対称なので円筒座標系 (r, θ, z) で議論するのが便利である。軸対称な系では力のモーメントも軸対称になる。円板の中心を原点に取れば,円板上の座標は $(r, \theta, 0)$ となり,以後の計算に z が含まれない。

全電流が I なので,電流密度 i は中心からの距離 r の関数となって,$i(r) = \dfrac{I}{2\pi r}$ である。図のように中心 O からの距離 $r \sim r+dr$ の領域で微小角 $d\theta$ の微小な「扇状」の部分(面積 $rdrd\theta$)を考える。この部分は電流密度が一定とみなせる位に十分に小さくとる。流れる電流 dI は,

$$dI = \frac{I}{2\pi r} rd\theta = \frac{d\theta}{2\pi} I$$

である。

(6.13) 式より,この部分に働く力 $d\mathbf{F}$ は $d\mathbf{F}(\mathbf{r}) = dIdr \times \mathbf{B}$ である。つまり,力の方向は半径方向に垂直で円面内であり(図参照),その大きさ

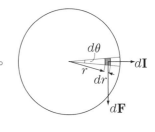

は, $dF(r) = BdIdr$ である。この部分に作用する力のモーメントの大きさ dN は $dF(r)$ に中心からの距離 r を掛けてやればよいので, $dN = rdF(r)$ となる。したがって, dN は,

$$|d\mathbf{N}| = dN = rdF(r) = rBdIdr = rB\frac{d\theta}{2\pi}Idr = \frac{BI}{2\pi}rdrd\theta$$

となる。これを円板全体, すなわち $0 \leq r \leq a$, $0 \leq \theta \leq 2\pi$ の範囲で積分すれば全モーメントが得られる。

　したがって, 全モーメントの大きさは,

$$N = \int dN = \frac{BI}{2\pi}\int_0^a rdr \int_0^{2\pi} d\theta = BI\int_0^a rdr = \frac{BIa^2}{2}$$

となる。

　モーメントの作用する方向は $d\mathbf{F}$ と同じ $-\theta$ 方向であるが, $\mathbf{N}$ の方向は, 定義 $\mathbf{N} = \mathbf{r} \times \mathbf{F}$ より, $-z$ 方向であることに注意する。

57

これは例題 7.1 の応用問題である。金属棒の両端の電位差 V は例題 7.1 の⑤式より，

$$V = vBl$$

である。回路の全抵抗は r なので，この回路に流れる電流 I はオームの法則より，

$$I = \frac{V}{r} = \frac{vBl}{r}$$

を得る。

58

(1) 点 P は $v = \omega r$ の速さで動いているので，そこにある電子（電荷 $-e$）は大きさ $f = evB = eB\omega r$ のローレンツ力を受ける。方向は A → O の向き。

(2) 電子が，発生する電場から受ける力 $eE(r)$ と(1)のローレンツ力 $eB\omega r$ は釣り合うので，

$$eB\omega r = eE(r)$$

となって，

$$E(r) = B\omega r$$

を得る。方向はローレンツ力と同じ A → O の向き。

(3) $E(r)$ を OA 間で r について積分すればよい。

$$V = \int_0^l E(r)dr = \int_0^l B\omega r dr = \left[\frac{1}{2}B\omega r^2\right]_0^l = \frac{1}{2}B\omega l^2$$

(4) O からの距離 $r \sim r+dr$ の微小電流素片 Idr に作用する力は，アンペールの力 (6.13) 式からわかる。電流素片と磁束密度の間の角度が 90 度であるから，大きさは $dF(r) = IdrB$ で，向きは金属棒に直角で時計まわりの向きになる。この電流素片に作用する O 点まわりの力のモーメントの向きは z 軸の負の方向となり，大きさは $dN(r) = rdF(r) = IBrdr$ である。

これを OA 間で r について積分すればよい。

$$N = \int_0^l N(r)dr = \int_0^l IBr dr = \left[\frac{1}{2}IBr^2\right]_0^l = \frac{1}{2}IBl^2$$

59

(1) この小問題は例題 7.2 と全く同じである。

$$V = \frac{1}{2}B\omega a^2$$

(2) 振れない。理由：この問題は自由電子の平均的な運動を考えたとき，磁場に対して動いているか否かを問題にしている。題意にあるように「磁石が作る磁束密度の大きさは B で一様」なので磁石をいくら回転させても磁場の様子は全く変わらない。つまり磁場は磁石が止まっていようが動こうが「変化しない」のである。一方，円板が静止しているということは，円板内の自由電子も

平均的な運動で考えると止まっていると見なして差し支えない。つまり，この問題は「時間的に変化しない磁場の中で静止した導体に誘導起電力は発生するか？」という問題と同じである。静止した自由電子は磁場から力を受けないので誘導起電力は発生しない。したがって，電流は流れないので検流計の針は振れない。

(3) 振れる。理由：(2)より，磁石が回転しても，磁束密度は変化しないので，「円板と磁石が同じ角速度で回転する」という状況は，「一様な磁場中で円板のみが回転する」ことと同等である。これは (1) と同じ状況なので，同じ理由から検流計の針は振れる。

60

(7.2) 式より，回路に発生する誘導起電力 $\phi_{e.m.}$ は回路を貫く磁束 $\Phi(t)$ の時間微分 $\phi_{e.m.} = -\dfrac{d\Phi}{dt}$ で与えられるので，時刻 t においてこの回路を貫く磁束を計算し，その時間微分をとれば誘導起電力が求まる。下図は回路を回転軸から見たものである。

コイルの面積が a^2 であるから，時刻 t でコイルを貫

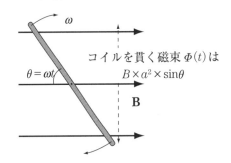

コイルを貫く磁束 $\Phi(t)$ は
$B \times a^2 \times \sin\theta$

く磁束 $\Phi(t)$ は，$B \times a^2 \times \sin\omega t$ である。ただし，$t=0$ のとき $\theta = 0$ とした。

したがって，誘導起電力は，

$$\phi_{e.m.} = -\frac{d\Phi}{dt} = -\frac{d}{dt}(Ba^2\sin\omega t) = -\omega Ba^2\cos\omega t$$

である。

61

(1) 「ローレンツ力に基づいた方法」とは導線内の自由電子が磁場から受ける力を考えて起電力を計算せよ。ということである。導線は速度 $\mathbf{v}(\mathbf{r})$ で動いているのだから，その中の電子も同じ速度 $\mathbf{v}(\mathbf{r})$ で動いていると見なしてよい。速度 $\mathbf{v}(\mathbf{r})$ で運動する電子が磁場から受けるローレンツ力は，(6.17) 式より，$\mathbf{F}(\mathbf{r}) = -e\mathbf{v}(\mathbf{r}) \times \mathbf{B}(\mathbf{r})$ である。特に，本問では $\mathbf{v}(\mathbf{r})$ は一定であるので，$\mathbf{F}(\mathbf{r}) = -e\mathbf{v} \times \mathbf{B}(\mathbf{r})$ である。$\mathbf{B}(\mathbf{r})$ の向きは，電流 I に対して右ねじの法則をあてはめると，y 軸に平行で紙

面表→裏の方向
である。これを
もとに長方形回
路 ABCD のそれ
ぞれの辺 AB, BC,
CD, DA 内の電子
が受ける力の方向
を考えると右図の
ようになる。電子
が受けるローレン
ツ力が誘導起電力
の正体である。つ

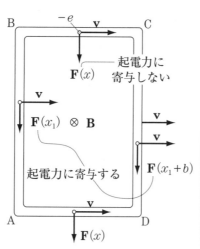

まり，誘導起電力による電場を $\mathbf{E}(\mathbf{r})$ とすると，$-e\mathbf{E}(\mathbf{r})=-e\mathbf{v}\times\mathbf{B}(\mathbf{r})$ であるから，$\mathbf{E}(\mathbf{r})=\mathbf{v}\times\mathbf{B}(\mathbf{r})$ である。これを回路一周について積分すれば，全誘導起電力が得られる。

　長方形回路の運動に伴い，紙面の表→裏向きの磁束密度が減少するので，その向きの磁束密度を発生する向きに誘導電流が流れる。右ねじの法則より，その誘導電流は ABCDA の向きに流れる。したがって，回路一周に対する積分経路も ABCDA の向きにとればよい。具体的な計算をしてみよう。

$$\phi_{e.m.}=\int_{ABCD}\mathbf{v}\times\mathbf{B}(\mathbf{r})\cdot d\mathbf{s}(\mathbf{r})$$
$$=\frac{-1}{e}\Big[\int_{AB}\mathbf{F}(\mathbf{r})\cdot d\mathbf{s}(\mathbf{r})+\int_{BC}\mathbf{F}(\mathbf{r})\cdot d\mathbf{s}(\mathbf{r})$$
$$+\int_{CD}\mathbf{F}(\mathbf{r})\cdot d\mathbf{s}(\mathbf{r})+\int_{DA}\mathbf{F}(\mathbf{r})\cdot d\mathbf{s}(\mathbf{r})\Big]$$

を計算すればよいのだが，BC, DA 上では $\mathbf{F}(\mathbf{r})\perp d\mathbf{s}$ であるから，最右辺の第2項と第4項の積分は 0 になる。また，AB では $\mathbf{F}(\mathbf{r})//d\mathbf{s}$ で両ベクトルは逆向き，CD 上では $\mathbf{F}(\mathbf{r})//d\mathbf{s}$ で両ベクトルは同じ向きであるので，$\mathbf{F}(\mathbf{r})=F(x)=evB(x)$ に注意して，

$$\phi_{e.m.}=\frac{-1}{e}\Big[\int_{AB}\mathbf{F}(\mathbf{r})\cdot d\mathbf{s}(\mathbf{r})+\int_{CD}\mathbf{F}(\mathbf{r})\cdot d\mathbf{s}(\mathbf{r})\Big]$$
$$=\frac{1}{e}\Big[\int_{AB}F(\mathbf{r})ds(\mathbf{r})+\int_{CD}-F(\mathbf{r})ds(\mathbf{r})\Big]$$
$$=\frac{1}{e}\Big[F(x_1)\int_{AB}ds-F(x_1+b)\int_{CD}ds\Big]$$
$$=\frac{1}{e}\Big[F(x_1)a-F(x_1+b)a\Big]$$
$$=a(vB(x_1)-vB(x_1+b))=av(B(x_1)-B(x_1+b))$$

となる。ここで，直線電流 I から距離 x だけ離れた場所での磁束密度の大きさは，

$$B(x)=\frac{\mu_0 I}{2\pi x}$$

であるから，

$$\phi_{e.m.}=av(B(x_1)-B(x_1+b))=av\left(\frac{\mu_0 I}{2\pi x_1}-\frac{\mu_0 I}{2\pi(x_1+b)}\right)$$
$$=\frac{\mu_0 avI}{2\pi}\left(\frac{1}{x_1}-\frac{1}{x_1+b}\right)$$

である。

この問題では，$x_1=x_0+vt$ であるので，

$$\phi_{e.m.}=\frac{\mu_0 avI}{2\pi}\left(\frac{1}{x_0+vt}-\frac{1}{x_0+vt+b}\right)$$

となる。

(2)　レンツの法則に基づいた方法とはある時刻で ABCD を貫く磁束 Φ を計算してその時間変化から起電力を計算せよ。ということである。磁束 Φ の計算は例題 7.3 と同様に行えばよい。(6.9a) 式より，無限に長い直線状導線を流れる電流が x 離れた場所に作る磁束密度の大きさは，

$$B(x)=\frac{\mu_0 I}{2\pi x}$$

である。したがって，ABCD を貫く全磁束 Φ は，右図の様に面素片 $dS=adx$ に磁束密度 $B(x)$ をかけて積分すればよい。

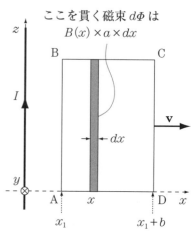

$$\Phi(t)=\int B(x,t)dS=\int_{x_1}^{x_1+b}B(x)adx=\int_{x_1}^{x_1+b}\frac{\mu_0 I}{2\pi x}adx$$
$$=\frac{\mu_0 aI}{2\pi}\int_{x_1}^{x_1+b}\frac{1}{x}dx=\frac{\mu_0 aI}{2\pi}[\log x]_{x_1}^{x_1+b}=\frac{\mu_0 aI}{2\pi}\log\left(\frac{x_1+b}{x_1}\right)$$

この問題では，$x_1=x_0+vt$ であるので，

$$\Phi(t)=\frac{\mu_0 aI}{2\pi}\log\left(\frac{x_0+vt+b}{x_0+vt}\right)$$

となる。したがって，誘導起電力は，

$$\phi_{e.m.}=-\frac{d\Phi(t)}{dt}=-\frac{d}{dt}\left[\frac{\mu_0 aI}{2\pi}\log\left(\frac{x_0+vt+b}{x_0+vt}\right)\right]$$
$$=\frac{\mu_0 avI}{2\pi}\left(\frac{1}{x_0+vt}-\frac{1}{x_0+vt+b}\right)$$

となって，(1)の結果と一致する。

62

(6.9c) 式にあるように，ソレノイド内の磁束密度は，

　透磁率×単位長さ当たりの巻数×電流＝ $\mu n I$

である。

　1次コイルの単位長さ当たりの巻数は $n=\dfrac{N_1}{L}$ であるから，時刻 t に1次コイルを流れる電流により生成される磁束密度は，

$$B(t)=\mu\frac{N_1}{L}I_1(t)$$

である。ただし，

$$I_1(t)=I_0\sin\omega t \quad\cdots\cdots\cdots\cdots\cdots\cdots\cdots\cdots\cdots ①$$

で与えられる。磁束の漏れを無視しているので，$B(t)$

は2次コイルを貫く磁束密度に等しい。磁心の任意の断面を貫く全磁束 $\Phi(t)$ は $B(t)$ に断面積 S を掛ければよいので,

$$\Phi(t) = B(t)S = \mu\frac{N_1}{L}I_1(t)S = \frac{\mu N_1 S I_0}{L_1}\sin\omega t \quad \cdots\cdots \text{②}$$

となる。1次コイルを貫く全磁束 $\Phi_1(t)$ は,②式の $\Phi(t)$ に巻数 N_1 を掛ければよいので,

$$\Phi_1(t) = N_1\Phi(t) = \mu\frac{N_1^2}{L}I_1(t)S = \frac{\mu N_1^2 S I_0}{L}\sin\omega t$$
$$\cdots\cdots\cdots\cdots\cdots\cdots\cdots\cdots \text{③}$$

である。1次コイルに発生する誘導起電力 V_1 は $\Phi_1(t)$ の時間微分で与えられるので,

$$V_1 = -\frac{d\Phi_1(t)}{dt} = -N_1^2\mu S\frac{dI_1(t)}{dt} = -\frac{\mu N_1^2 S I_0 \omega}{L}\cos\omega t$$
$$\cdots\cdots\cdots\cdots\cdots\cdots\cdots\cdots \text{④}$$

となる。一方,1次コイルを貫く全磁束 $\Phi_2(t)$ は,②式の $\Phi(t)$ に巻数 N_2 を掛ければよいので,

$$\Phi_2(t) = N_2\Phi(t) = \mu\frac{N_1 N_2}{L}I_1(t)S = \frac{\mu N_1 N_2 S I_0}{L_1}\sin\omega t$$
$$\cdots\cdots\cdots\cdots\cdots\cdots\cdots\cdots \text{⑤}$$

となる。2次コイルに発生する誘導起電力 V_2 は $\Phi_2(t)$ の時間微分で与えられるので,

$$V_2 = -\frac{d\Phi_2(t)}{dt} = -\mu\frac{N_1 N_2}{L}S\frac{dI_1(t)}{dt} = -\frac{\mu N_1 N_2 S I_0 \omega}{L}\cos\omega t$$
$$\cdots\cdots\cdots\cdots\cdots\cdots\cdots\cdots \text{⑥}$$

となる。

補足 ④式と⑥式を比較すると,

$$V_2 = -\mu\frac{N_1 N_2}{L}S\frac{dI_1(t)}{dt} = \frac{N_2}{N_1}\times\left\{-\mu\frac{N_1^2}{L}S\frac{dI_1(t)}{dt}\right\} = \frac{N_2}{N_1}\times V_1$$

となって,

$$\frac{V_2}{V_1} = \frac{N_2}{N_1} \quad \cdots\cdots\cdots\cdots\cdots\cdots\cdots\cdots \text{⑦}$$

の関係が得られ,出力電圧比=巻数比であることがわかる。

また,変圧器によるエネルギーの損失を考えていないので,エネルギー保存則から,

1次側から入るエネルギー=2次側から出るエネルギー

であり,$V_1 I_1 = V_2 I_2$ となる。

⑦式より,

$$\frac{V_2}{V_1} = \frac{N_2}{N_1}$$

であるから,

$$V_2 I_2 = \frac{N_2}{N_1}V_1 I_2 = V_1 I_1$$

となり,

$$\frac{I_1}{I_2} = \frac{N_2}{N_1} \quad \cdots\cdots\cdots\cdots\cdots\cdots\cdots\cdots \text{⑧}$$

となって,電流の比=巻数の逆比であることがわかる。

63

第6章の問題53および問題54にあるように,巻数 n の環状ソレノイドの中心半径 R がソレノイド半径 a に比べて十分に大きいとき,電流 I を流したときの内部の磁束密度の大きさは,$B = \dfrac{\mu_0 n I}{2\pi R}$ であるから,これに断面積 πa^2 を掛けたものがソレノイド内部の磁束 Φ になる。すなわち,$\Phi = \dfrac{\mu_0 n I}{2\pi R}\pi a^2 = \dfrac{\mu_0 n a^2 I}{2R}$ である。また,ソレノイド外部には磁場は発生しないので,問題の図にある回路を貫く磁束は $\Phi = \dfrac{\mu_0 n a^2 I}{2R}$ である。したがって,電流が時間的に変化する場合,誘導起電力は,

$$\phi_{e.m.} = -\frac{d\Phi}{dt} = -\frac{\mu_0 n a^2}{2R}\frac{dI(t)}{dt}$$

である。

64

方針は,直線と長方形のどちらかに電流を流し,他方に生じる磁束から相互インダクタンスを求めればよい。相互インダクタンスの満たす関係式(7.7)式より,どちらに電流を流して求めても結果は同じである。(6.9a)式より,無限に長い導線中の電流が作る磁束密度がわかっているので,この電流により長方形回路を貫く磁束を求めることにする。

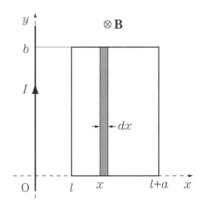

下図のように,直線導線に上向きに $I(t)$ の電流を流す。この方向に y 軸をとり,x 軸は長方形の底辺に沿ってとる。

磁束密度の向きは紙面に向かって垂直に入る方向である。直線電流から距離 x の位置にできる磁束密度は,(6.9a)式より $B = \dfrac{\mu_0 I}{2\pi x}$ であった。

したがって,長方形回路のうち,$x\sim x+dx$ の区間にある面積 bdx の微小な長方形の内部を貫く磁束の大きさ $d\Phi(x)$ は,面積 bdx を掛けて,

$$d\Phi(x) = Bbdx = \frac{\mu_0 b I(t)}{2\pi x}dx$$

となる。時刻 t に長方形コイル全体を貫く全磁束 $\Phi(t)$ は,$l \leqq x \leqq l+a$ で積分して,

$$\Phi(t) = \int d\Phi(x) = \int^{l+a} \frac{\mu_0 I(t)b}{2\pi x} dx$$

$$= \frac{\mu_0 I(t)b}{2\pi}[\ln x]_l^{l+a} = \frac{\mu_0 bI(t)}{2\pi}\ln\frac{l+a}{l}$$

が得られる。最左辺と最右辺を時間 t で微分して,

$$\frac{d\Phi(t)}{dt} = \frac{\mu_0 b}{2\pi}\ln\frac{l+a}{l} \times \frac{dI(t)}{dt}$$

これを (7.7) 式と比較すれば,

$$M = \frac{\mu_0 b}{2\pi}\ln\frac{l+a}{l}$$

が得られる。

65

6章の例題 6.2 より, 無限に長い直線導線に電流 I が流れているとき, 導線の外側で中心軸からの距離 r の点に作る磁束密度の大きさは, $B=\frac{\mu_0 I}{2\pi r}$ であることがわかっている。右ねじの法則より, 2本導線の間にある点では, どちらの電流により作られる磁束密度の向きも同じで, 紙面の裏から表へ垂直に外に飛び出す方向である。したがって, 各点における磁束密度は, それぞれの電流によって作られる磁束密度の大きさの和をとればよい。下図のように座標軸をとると, x 座標が x の点における磁束密度は以下のようになる。

$$B(x) = \frac{\mu_0 I}{2\pi x} + \frac{\mu_0 I}{2\pi(d-x)} = \frac{\mu_0 I}{2\pi}\left[\frac{1}{x} + \frac{1}{d-x}\right]$$

長さ l の部分全体を貫く磁束 Φ を計算するため, 問題 64 と同様, 座標 $x \sim x+dx$ に含まれる面積 ldx をもつ微小長方形内にできる微小磁束 $d\Phi=B(x)ldx$ を, $a \leq x \leq d-a$ の範囲で積分すればよい。

$$\Phi = \int d\Phi(x) = \int_a^{d-a} B(x)ldx$$

$$= \frac{\mu_0 lI}{2\pi}\int_a^{d-a}\left(\frac{1}{x} + \frac{1}{d-x}\right)dx$$

$$= \frac{\mu_0 Il}{2\pi}[\ln x - \ln|d-x|]_a^{d-a}$$

$$= 2\frac{\mu_0 Il}{2\pi}\ln\frac{d-a}{a} = \frac{\mu_0 Il}{\pi}\ln\frac{d-a}{a}$$

ゆえに, $\Phi = \frac{\mu_0 Il}{\pi}\ln\frac{d-a}{a}$。

これを時刻で微分して, 定義式 (7.6) と比べると,

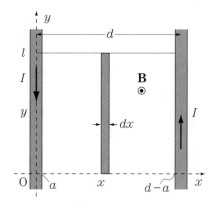

$$L = \frac{\mu_0 l}{\pi}\ln\frac{d-a}{a}$$

が得られる。単位長さ当たりの自己インダクタンスは, $l=1$ を代入して,

$$L = \frac{\mu_0}{\pi}\ln\frac{d-a}{a}$$

となる。

66

(1) コイルに電流 $I(t)$ が流れているときの自己誘導による起電力は, (7.6) 式より $-L\frac{dI(t)}{dt}$ である。

(2) (1)で求めた自己誘導による起電力と例題 7.6 で求めた誘導起電力の合計は,

$$E(t) = -NBS\omega\cos(\omega t) - L\frac{dI(t)}{dt}$$

となる。キルヒホッフの第2法則より, 起電力の合計が抵抗による電圧降下 $RI(t)$ に等しいので,

$$-NBS\omega\cos(\omega t) - L\frac{dI(t)}{dt} = RI(t) \quad\cdots\cdots\cdots\cdots\cdots①$$

が得られる。

(3) この方程式の解は, 以下のように求めることができる。まず①式で $I(t)$ を含まない $\cos\omega t$ の項を除外した

$$L\frac{dI(t)}{dt} + RI(t) = 0 \quad\cdots\cdots\cdots\cdots\cdots\cdots②$$

を考える。②式は変数分離形に直せば解ける。

$$\frac{dI}{I} = -\frac{R}{L}dt$$

であるから,

$$\ln I = -\frac{R}{L}t + C$$

となって,

$$I(t) = e^C e^{-\frac{R}{L}t} = I_0 e^{-\frac{R}{L}t} \quad\cdots\cdots\cdots\cdots\cdots\cdots③$$

を得る。最初の積分定数 C を置き換えて, I_0 が積分定数である。一方, ①式を満たす解の1つを

$$I(t) = X\cos(\omega t) + Y\sin(\omega t) \quad\cdots\cdots\cdots\cdots\cdots④$$

の形に仮定し, ①に代入すると,

$$-NBS\omega\cos(\omega t)$$
$$= L\omega[-X\sin(\omega t) + Y\cos(\omega t)]$$
$$\quad + R[X\cos(\omega t) + Y\sin(\omega t)] \quad\cdots\cdots\cdots⑤$$

となる。任意の時刻でこの式が成立するためには, 両辺で $\sin$ と $\cos$ の係数が一致しなければならないので,

$$\left.\begin{array}{l} 0 = -\omega LX + RY \\ -NBS\omega = \omega LY + RX \end{array}\right\} \quad\cdots\cdots\cdots⑥$$

である。この連立方程式を解くと,

$$\left.\begin{array}{l} X = -\omega NBS\dfrac{R}{(\omega L)^2 + R^2} \\ Y = -\omega NBS\dfrac{\omega L}{(\omega L)^2 + R^2} \end{array}\right\} \quad\cdots\cdots\cdots⑦$$

と求まる。すなわち, 仮定した④式は, 係数 X, Y が⑦式の値をとるとき, ①式の解になっている。最終的な解

は，③式と④式を加えた

$$I(t) = I_0 e^{-\frac{R}{L}t} + X\cos(\omega t) + Y\sin(\omega t) \quad\cdots\cdots\cdots\cdots \quad ⑧$$

となる。

補足

　⑧式がコイルに流れる電流の一般解を与える。第1項は，指数関数の肩に負の係数が乗っているので，時間の経過とともに速やかに減少する。この項が減少してしまう前の状況を**過渡現象**と呼ぶ。これに対し，第2項，第3項は，振動する解であるから，第1項が消え去った後でも定常的に残る。これを定常解と呼ぶ。三角関数の合成を行うと，

$$X\cos(\omega t) + Y\sin(\omega t)$$
$$= -\omega NBS\sin(\omega t + \alpha), \quad \tan\alpha = \frac{R}{\omega L} \quad\cdots\cdots\cdots \quad ⑨$$

とまとまるので，定常解の振幅は ωNBS であることがわかる。

　①式は，数学用語では『1階の線型常微分方程式の非同次形』と分類される。この種類の方程式の一般解は，本問の解答のようにすれば求まる。その手順を以下に数学の用語を用いてまとめておく。

　ここで微分方程式の一般解とは，元の方程式を満たす解のうち，未定定数が微分の階数に等しい個数（この場合1つ）含まれているものをいう。

手順(1)　元の微分方程式から，非同次項を除外した同次方程式の一般解を求める。ここで，「非同次項」とは求める未知関数やその微分を含まない項のことであり，①式では $-NBS\omega\cos(\omega t)$ に相当する。

手順(2)　元の微分方程式の特殊解を求める。ここで微分方程式の特殊解とは，「方程式を満たし，かつ未定定数を含まない解」を表す。

手順(3)　手順(1)と(2)で求めた解の和をとると，それが元の方程式の一般解である。

67.1

真空中の光速度 c は $2.998 \times 10^8 \, \mathrm{m \cdot s^{-1}}$ なので，これを $12 \, \mathrm{GHz} = 12 \times 10^9 \, \mathrm{s^{-1}}$ で割り算すればよい。

つまり，

$$\lambda = (2.998 \times 10^8 \, \mathrm{m \cdot s^{-1}}) \div (12 \times 10^9 \, \mathrm{s^{-1}})$$
$$= 2.498 \times 10^{-2} \, \mathrm{m} = 2.498 \, \mathrm{cm}$$

である。

67.2

(8.24) 式の $n = \sqrt{\varepsilon_r \mu_r}$ に $\mu_r = 1$ とそれぞれの ε_r の値を代入して計算すればよい。

(1) 水：$n = \sqrt{80.4 \times 1} = 8.97$

(2) ダイヤモンド：$n = \sqrt{5.7 \times 1} = 2.39$

(3) 石英：$n = \sqrt{3.8 \times 1} = 1.95$

(4) アルミナ：$n = \sqrt{8.5 \times 1} = 2.92$

(5) チタン酸バリウム：$n = \sqrt{5000 \times 1} = 70.7$

68

(8.27b) 式より，真空中を伝わる電磁波が単位面積・単位時間当たりに運ぶ平均エネルギー $\langle S \rangle$ は，$\langle S \rangle = \dfrac{1}{2} \sqrt{\dfrac{\varepsilon_0}{\mu_0}} E_0^2$ で与えられるので，これに照射面積 A を掛けたのが照射される送信出力（全電力）P に等しい。

すなわち，$P = \langle S \rangle \cdot A = \dfrac{1}{2} \sqrt{\dfrac{\varepsilon_0}{\mu_0}} E_0^2 \cdot A$ である。

これに数値を代入して計算を行えばよい。

題意より，$A = 40$ 万 $\mathrm{km^2} = 4 \times 10^5 \times 10^6 \, \mathrm{m^2}$（日本の国土面積に近い値）であるから，

$$P = 200 \, [\mathrm{W} = \mathrm{J \cdot s^{-1}}]$$
$$= \frac{1}{2} \sqrt{\frac{8.854 \times 10^{-12} \, [\mathrm{A^2 \cdot s^2 \cdot N^{-1} \cdot m^{-2}}]}{4\pi \times 10^{-7} \, [\mathrm{N \cdot A^{-2}}]}} E_0^2 \times 4 \times 10^{11} \, [\mathrm{m^2}]$$
$$= \frac{1}{2} \sqrt{7.046 \times 10^{-6} \, [\mathrm{N^{-2} \cdot m^{-2} \cdot s^2 \cdot A^4}]} \, E_0^2 \times 4 \times 10^{11} \, [\mathrm{m^2}]$$
$$= \frac{1}{2} 2.65 \times 10^{-3} \, [\mathrm{N^{-1} \cdot m^{-1} \cdot s \cdot A^2}] \, E_0^2 \times 4 \times 10^{11} \, [\mathrm{m^2}]$$
$$= 5.30 \times 10^8 \, E_0^2 \, [\mathrm{J^{-1} \cdot s \cdot A^2 \cdot m^2}]$$

$$E_0^2 = \frac{200}{5.30 \times 10^8} \left[\frac{\mathrm{J \cdot s^{-1}}}{\mathrm{J^{-1} \cdot s \cdot A^2 \cdot m^2}} \right]$$
$$= 3.77 \times 10^{-7} \, [\mathrm{J^2 \cdot s^{-2} \cdot A^{-2} \cdot m^{-2}}]$$

となって，

$$E_0 = 6.14 \times 10^{-4} \, [\mathrm{J \cdot s^{-1} \cdot A^{-1} \cdot m^{-1}}]$$
$$= 6.14 \times 10^{-4} \, [\mathrm{J \cdot s^{-1} \cdot J^{-1} \cdot s \cdot V \cdot m^{-1}}] = 6.14 \times 10^{-4} \, \mathrm{V \cdot m^{-1}}$$

を得る。

ここで，最後の式の単位計算において $[\mathrm{W}] = [\mathrm{J \cdot s^{-1}}] = [\mathrm{A \cdot V}]$

より，

$$[\mathrm{A}] = \left[\frac{\mathrm{W}}{\mathrm{V}} \right] = \left[\frac{\mathrm{J \cdot s^{-1}}}{\mathrm{V}} \right]$$

を用いた。

69

(8.27b) 式より，電磁波が運ぶ平均エネルギーは単位面積，単位時間当たり $\langle S \rangle = \dfrac{1}{2} \sqrt{\dfrac{\varepsilon_0}{\mu_0}} E_0^2$ で与えられるので，

$$\langle S \rangle = \frac{1}{2} \sqrt{\frac{\varepsilon_0}{\mu_0}} E_0^2$$
$$= \frac{1}{2} \sqrt{\frac{10^7}{4\pi \times (2.998 \times 10^8)^2 \times (4\pi \times 10^{-7})}} \, [\Omega^{-1}] E_0^2$$
$$= \frac{1}{2} \sqrt{\left(\frac{10^7}{4\pi \times 2.998 \times 10^8} \right)^2} \, [\Omega^{-1}] E_0^2$$
$$= \frac{1}{2} \frac{10^7}{4\pi \times 2.998 \times 10^8} \, [\Omega^{-1}] E_0^2 = 1.33 \times 10^{-3} [\Omega^{-1}] E_0^2$$

一方，$\langle S \rangle = 1.37 \times 10^3 \, \mathrm{W \cdot m^{-2}}$ と与えられているので，

$$0.133 \, \Omega^{-1} E_0^2 = 1.37 \times 10^3 \, \mathrm{W \cdot m^{-2}}$$

となって，

$$E_0^2 = 1.03 \times 10^6 \, \mathrm{W \cdot m^{-2} \cdot \Omega}$$

となる。

$\mathrm{W \cdot m^{-2} \cdot \Omega} = \mathrm{A \cdot V \cdot m^{-2} \cdot V \cdot A^{-1}} = \mathrm{V^2 \cdot m^{-2}}$ なので，

$$E_0 = 1.01 \times 10^3 \, \mathrm{V \cdot m^{-1}}$$ を得る。

また，

$$B_0 = \frac{1}{c} E_0 = \frac{1.01 \times 10^3 \, \mathrm{V \cdot m^{-1}}}{2.998 \times 10^8 \, \mathrm{m \cdot s^{-1}}} = 3.37 \times 10^{-6} \, \mathrm{V \cdot s \cdot m^{-2}}$$
$$= 3.37 \times 10^{-6} \, \mathrm{T}$$

となる。

注意 太陽からは遠赤外から真空紫外までの幅広い波

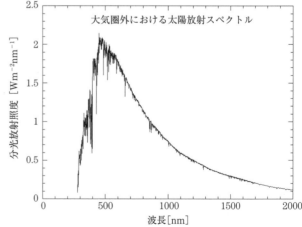

使用データ：Renewable Resource Data Center (RReDC) より。

長領域の光が放射されている。図のように太陽から届く光の強度は波長によって異なるので,「太陽光」の「振幅」を一意的に決めることはできない。本問題は極端に簡略化した問題であることを断っておく。

70

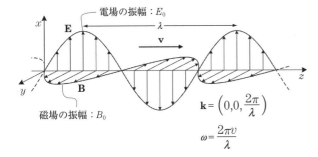

[補足] 標準的な教科書には上のような図がよく描かれている。しかし、この表し方が唯一の正解ではないことを常に留意して欲しい。この図を何も考えないで見た場合、「電場と磁場はz軸上以外では存在しない」という誤解をするかもしれない。電場と磁場はxy平面全体に分布している平面波であることを強調するにはどのように図示すればよいだろうか。いろいろ工夫した図を考えて欲しい。

71

$\mathbf{a}\times\mathbf{b}=((1\times1)-(1\times1),(1\times(-1))-(1\times1),(1\times1)-(1\times(-1)))$
$=(0,-2,2)$

$\mathbf{c}\cdot(\mathbf{a}\times\mathbf{b})=(-1,1,-1)\cdot(0,-2,2)=-4$

よって，体積は4。また，$\mathbf{c}\cdot(\mathbf{a}\times\mathbf{b})$ が負なので，ベクトル $\mathbf{a}$，$\mathbf{b}$，$\mathbf{c}$ はこの順で左手系である。

72

(1)　(C-3) 式を x, y, z 成分で表せば，

$$\frac{d}{dt}(\mathbf{a}(t)\cdot\mathbf{b}(t))=\frac{d}{dt}(a_x(t)b_x(t)+a_y(t)b_y(t)+a_z(t)b_z(t))\quad\text{①}$$

①式の右辺に (C-5) 式を使うと，

$$\text{与式}=\frac{d}{dt}(a_x(t)b_x(t))+\frac{d}{dt}(a_y(t)b_y(t))+\frac{d}{dt}(a_z(t)b_z(t))\quad\text{②}$$

となる。さらに (C-6) 式を使うと，

$$=\left(\left(\frac{d}{dt}a_x(t)\right)b_x(t)+a_x(t)\left(\frac{d}{dt}b_x(t)\right)\right)$$
$$+\left(\left(\frac{d}{dt}a_y(t)\right)b_y(t)+a_y(t)\left(\frac{d}{dt}b_y(t)\right)\right)$$
$$+\left(\left(\frac{d}{dt}a_z(t)\right)b_z(t)+a_z(t)\left(\frac{d}{dt}b_z(t)\right)\right)\quad\text{③}$$

となる。③式を整理して，

$$=\left(\left(\frac{d}{dt}a_x(t)\right)b_x(t)+\left(\frac{d}{dt}a_y(t)\right)b_y(t)+\left(\frac{d}{dt}a_z(t)\right)b_z(t)\right)$$
$$+\left(a_x(t)\left(\frac{d}{dt}b_x(t)\right)+a_y(t)\left(\frac{d}{dt}b_y(t)\right)+a_z(t)\left(\frac{d}{dt}b_z(t)\right)\right)\quad\text{④}$$

を得る。まとめると，

$$\text{与式}=\left(\frac{d}{dt}\mathbf{a}(t)\right)\cdot\mathbf{b}(t)+\mathbf{a}(t)\cdot\left(\frac{d}{dt}\mathbf{b}(t)\right)$$

(2)　(C-4) 式を x, y, z 成分にわけて証明する。最初に z 成分を計算する。(C-4) 式の左辺の z 成分は，

$$\left(\frac{d}{dt}(\mathbf{a}(t)\times\mathbf{b}(t))\right)_z=\frac{d}{dt}(\mathbf{a}(t)\times\mathbf{b}(t))_z$$
$$=\frac{d}{dt}(a_x(t)b_y(t)-a_y(t)b_x(t))\cdots\text{⑤}$$

⑤式の右辺に (C-5) 式をつかって，

$$\text{与式}=\frac{d}{dt}(a_x(t)b_y(t))-\frac{d}{dt}(a_y(t)b_x(t))\quad\text{⑥}$$

⑥式に (C-6) を使って，

$$\text{与式}=\left(\frac{d}{dt}a_x(t)\right)b_y(t)$$
$$+a_x(t)\left(\frac{d}{dt}b_y(t)\right)-\left(\frac{d}{dt}a_y(t)\right)b_x(t)-a_y(t)\left(\frac{d}{dt}b_x(t)\right)\quad\text{⑦}$$

⑦式を整理して，

$$\text{与式}=\left(\left(\frac{d}{dt}a_x(t)\right)b_y(t)-\left(\frac{d}{dt}a_y(t)\right)b(t)\right)$$
$$+\left(a_x(t)\left(\frac{d}{dt}b_y(t)\right)-a_y(t)\left(\frac{d}{dt}b_x(t)\right)\right)\quad\text{⑧}$$

一方，(C-4) 式の右辺の z 成分は，

$$\left(\left(\frac{d}{dt}\mathbf{a}(t)\right)\times\mathbf{b}(t)+\mathbf{a}(t)\times\left(\frac{d}{dt}\mathbf{b}(t)\right)\right)_z$$
$$=\left(\frac{d}{dt}(a_x(t))b_y(t)-\frac{d}{dt}(a_y(t))b(t)\right)$$
$$+\left(a_x(t)\frac{d}{dt}(b_y(t))-a_y(t)\frac{d}{dt}(b_x(t))\right)\quad\text{⑨}$$

なので，

$$\left(\frac{d}{dt}(\mathbf{a}(t)\times\mathbf{b}(t))\right)_z=\left(\left(\frac{d}{dt}\mathbf{a}(t)\right)\times\mathbf{b}(t)+\mathbf{a}(t)\times\left(\frac{d}{dt}\mathbf{b}(t)\right)\right)_z$$

を得る。x, y 成分も同様に証明できる（自分で確かめること）。

よって，

$$\frac{d}{dt}(\mathbf{a}(t)\times\mathbf{b}(t))=\left(\frac{d}{dt}\mathbf{a}(t)\right)\times\mathbf{b}(t)+\mathbf{a}(t)\times\left(\frac{d}{dt}\mathbf{b}(t)\right)$$

73.1

デカルト座標系の基底ベクトルとの関係は，

$$\mathbf{e}_\theta=-\sin\theta\mathbf{i}+\cos\theta\mathbf{j}\quad\text{(D-3a)}$$
$$\mathbf{e}_R=\cos\theta\mathbf{i}+\sin\theta\mathbf{j}\quad\text{(D-3b)}$$
$$\mathbf{e}_z=\mathbf{k}\quad\text{(D-3c)}$$

であった。(D-3c) より $\mathbf{k}=\mathbf{e}_z$ は明らかなので，(D-3a,3b) 式を用いて $\mathbf{i}$, $\mathbf{j}$ について考えればよい。

例題3.1と同様に，任意のベクトル $\mathbf{A}$ に対し

$$\mathbf{A}=(\mathbf{A}\cdot\mathbf{e}_\theta)\mathbf{e}_\theta+(\mathbf{A}\cdot\mathbf{e}_R)\mathbf{e}_R+(\mathbf{A}\cdot\mathbf{e}_z)\mathbf{e}_z$$

と表せる。$\mathbf{A}=\mathbf{i},\mathbf{j}$ に対しては明らかに $(\mathbf{A}\cdot\mathbf{e}_z)=0$ である。$\mathbf{i}$, $\mathbf{j}$, $\mathbf{k}$ が規格直交する基本ベクトルであることから，$(\mathbf{i}\cdot\mathbf{e}_\theta)=-\sin\theta,(\mathbf{i}\cdot\mathbf{e}_R)=\cos\theta$，および $(\mathbf{j}\cdot\mathbf{e}_\theta)=\cos\theta,(\mathbf{j}\cdot\mathbf{e}_R)=\sin\theta$ がわかるので，

$$\mathbf{i}=\sin\theta\mathbf{e}_\theta+\text{co}\theta\mathbf{e}_R$$
$$\mathbf{j}=\cos\theta\mathbf{e}_\theta+\sin\theta\mathbf{e}_R$$

73.2

$\mathbf{E}(\mathbf{r})=E\mathbf{e}_y=E\mathbf{j}$ に問題73.1で求めた $\mathbf{j}=\cos\theta\mathbf{e}_\theta+\sin\theta\mathbf{e}_R$ を代入すると，

$\mathbf{E}(\mathbf{r})=E\cos\theta\mathbf{e}_\theta+E\sin\theta\mathbf{e}_R$。

これと，

$\mathbf{E}(\mathbf{r})=E\theta\mathbf{e}_\theta+E_R\mathbf{e}_R+E_z\mathbf{e}_z$

を比較して，$E_\theta=E\cos\theta$, $E_R=E\sin\theta$, $E_z=0$ を得る。

74.1

$$\operatorname{grad} f(r) = \nabla f(r) = \left(\frac{\partial}{\partial x}, \frac{\partial}{\partial y}, \frac{\partial}{\partial z}\right)\sqrt{x^2+y^2+z^2}$$

$$= \left(\frac{\partial}{\partial x}\sqrt{x^2+y^2+z^2}, \frac{\partial}{\partial y}\sqrt{x^2+y^2+z^2}, \frac{\partial}{\partial z}\sqrt{x^2+y^2+z^2}\right)$$

$$= \left(\frac{x}{\sqrt{x^2+y^2+z^2}}, \frac{y}{\sqrt{x^2+y^2+z^2}}, \frac{z}{\sqrt{x^2+y^2+z^2}}\right)$$

$$\Delta f(\mathbf{r}) = \nabla \cdot \nabla f(\mathbf{r})$$

$$= \nabla \cdot \left(\frac{x}{\sqrt{x^2+y^2+z^2}}, \frac{y}{\sqrt{x^2+y^2+z^2}}, \frac{z}{\sqrt{x^2+y^2+z^2}}\right)$$

$$= \frac{\partial}{\partial x}\left(\frac{x}{\sqrt{x^2+y^2+z^2}}\right) + \frac{\partial}{\partial y}\left(\frac{y}{\sqrt{x^2+y^2+z^2}}\right)$$

$$+ \frac{\partial}{\partial z}\left(\frac{z}{\sqrt{x^2+y^2+z^2}}\right)$$

$$= \left(\frac{1}{(x^2+y^2+z^2)^{\frac{1}{2}}} - \frac{x^2}{(x^2+y^2+z^2)^{\frac{3}{2}}}\right)$$

$$+ \left(\frac{1}{(x^2+y^2+z^2)^{\frac{1}{2}}} - \frac{y^2}{(x^2+y^2+z^2)^{\frac{3}{2}}}\right)$$

$$+ \left(\frac{1}{(x^2+y^2+z^2)^{\frac{1}{2}}} - \frac{z^2}{(x^2+y^2+z^2)^{\frac{3}{2}}}\right)$$

$$= \frac{3}{(x^2+y^2+z^2)^{\frac{1}{2}}} - \frac{x^2+y^2+z^2}{(x^2+y^2+z^2)^{\frac{3}{2}}}$$

$$= \frac{3}{(x^2+y^2+z^2)^{\frac{1}{2}}} - \frac{1}{(x^2+y^2+z^2)^{\frac{1}{2}}} = \frac{2}{(x^2+y^2+z^2)^{\frac{1}{2}}}$$

74.2

$$\operatorname{div}\mathbf{E}(\mathbf{r}) = \frac{\partial}{\partial x}(y^2+z^2-x^2) + \frac{\partial}{\partial y}(z^2+x^2-y^2)$$

$$+ \frac{\partial}{\partial z}(x^2+y^2-z^2)$$

$$= -2x-2y-2z$$

$$= -2(x+y+z)$$

$$(\operatorname{rot}\mathbf{E}(\mathbf{r}))_x = \frac{\partial}{\partial y}(x^2+y^2-z^2) - \frac{\partial}{\partial z}(z^2+x^2-y^2)$$

$$= 2y-2z$$

$$= 2(y-z)$$

$$(\operatorname{rot}\mathbf{E}(\mathbf{r}))_y = \frac{\partial}{\partial z}(y^2+z^2-x^2) - \frac{\partial}{\partial x}(x^2+y^2-z^2)$$

$$= 2z-2x$$

$$= 2(z-x)$$

$$(\operatorname{rot}\mathbf{E}(\mathbf{r}))_z = \frac{\partial}{\partial x}(z^2+x^2-y^2) - \frac{\partial}{\partial y}(y^2+z^2-x^2)$$

$$= 2x-2y$$

$$= 2(x-y)$$

よって,

$$\operatorname{rot}\mathbf{E}(\mathbf{r}) = 2(y-z, z-x, x-y)$$

75

(1)

$$\operatorname{div}(\operatorname{rot}\mathbf{E}(\mathbf{r})) = \frac{\partial}{\partial x}(\operatorname{rot}\mathbf{E}(\mathbf{r}))_x + \frac{\partial}{\partial y}(\operatorname{rot}\mathbf{E}(\mathbf{r}))_y + \frac{\partial}{\partial z}(\operatorname{rot}\mathbf{E}(\mathbf{r}))_z$$

$$= \frac{\partial}{\partial x}\left(\frac{\partial}{\partial y}E_z - \frac{\partial}{\partial z}E_y\right) + \frac{\partial}{\partial y}\left(\frac{\partial}{\partial z}E_x - \frac{\partial}{\partial x}E_z\right)$$

$$+ \frac{\partial}{\partial z}\left(\frac{\partial}{\partial x}E_y - \frac{\partial}{\partial y}E_x\right)$$

$$= \left(\frac{\partial}{\partial y}\frac{\partial}{\partial z}E_x - \frac{\partial}{\partial z}\frac{\partial}{\partial y}E_x\right)$$

$$+ \left(\frac{\partial}{\partial z}\frac{\partial}{\partial x}E_y - \frac{\partial}{\partial x}\frac{\partial}{\partial z}E_y\right)$$

$$+ \left(\frac{\partial}{\partial x}\frac{\partial}{\partial y}E_z - \frac{\partial}{\partial y}\frac{\partial}{\partial x}E_z\right)$$

微分の順番は入れ替えられるので,

$$= \left(\frac{\partial}{\partial y}\frac{\partial}{\partial z}E_x - \frac{\partial}{\partial y}\frac{\partial}{\partial z}E_x\right) + \left(\frac{\partial}{\partial z}\frac{\partial}{\partial x}E_y - \frac{\partial}{\partial z}\frac{\partial}{\partial x}E_y\right)$$

$$+ \left(\frac{\partial}{\partial x}\frac{\partial}{\partial y}E_z - \frac{\partial}{\partial x}\frac{\partial}{\partial y}E_z\right) = 0$$

(2) 成分に分けて計算する。(E−10) 式の左辺の x 成分は,

$$\left(\operatorname{rot}(\operatorname{grad}\phi(\mathbf{r}))\right)_x = \frac{\partial}{\partial y}(\operatorname{grad}\phi(\mathbf{r}))_z - \frac{\partial}{\partial z}(\operatorname{grad}\phi(\mathbf{r}))_y$$

$$= \frac{\partial}{\partial y}\frac{\partial}{\partial z}\phi(\mathbf{r}) - \frac{\partial}{\partial z}\frac{\partial}{\partial y}\phi(\mathbf{r})$$

微分の順番は入れ替えられるので,

$$与式 = \frac{\partial}{\partial y}\frac{\partial}{\partial z}\phi(\mathbf{r}) - \frac{\partial}{\partial y}\frac{\partial}{\partial z}\phi(\mathbf{r}) = 0$$

同様に計算して y, z 成分も 0 である。
よって,

$$\operatorname{rot}(\operatorname{grad}\phi(\mathbf{r})) = \mathbf{0}$$

(3) (E−11) 式はベクトルであるので,左辺と右辺を成分ごとに計算し,両辺を比較する。

(E−11) 式の左辺の x 成分は,

$$(\operatorname{rot}(\operatorname{rot}\mathbf{E}(\mathbf{r})))_x = \frac{\partial}{\partial y}(\operatorname{rot}\mathbf{E}(\mathbf{r}))_z - \frac{\partial}{\partial z}(\operatorname{rot}\mathbf{E}(\mathbf{r}))_y$$

$$= \frac{\partial}{\partial y}\left(\frac{\partial}{\partial x}E_y - \frac{\partial}{\partial y}E_x\right) - \frac{\partial}{\partial z}\left(\frac{\partial}{\partial z}E_x - \frac{\partial}{\partial x}E_z\right) \quad \cdots \quad ①$$

微分の順序を入れ替えて整理すると,

$$与式 = \frac{\partial}{\partial x}\left(\frac{\partial}{\partial y}E_y + \frac{\partial}{\partial z}E_z\right) - \left(\frac{\partial^2}{\partial y^2}E_x + \frac{\partial^2}{\partial z^2}E_x\right) \cdots \quad ②$$

②式に恒等的にゼロである項 $\dfrac{\partial^2}{\partial x^2}E_x - \dfrac{\partial^2}{\partial x^2}E_x$ を加えて,整理すると,

$$与式 = \frac{\partial}{\partial x}\left(\frac{\partial}{\partial x}E_x + \frac{\partial}{\partial y}E_y + \frac{\partial}{\partial z}E_z\right)$$

$$- \left(\frac{\partial^2}{\partial x^2}E_x + \frac{\partial^2}{\partial y^2}E_x + \frac{\partial^2}{\partial z^2}E_x\right)$$

$$= \frac{\partial}{\partial x}\operatorname{div}\mathbf{E} - \Delta E_x \quad \cdots\cdots\cdots\cdots\cdots\cdots\cdots\cdots \quad ③$$

一方,(E−11) 式の右辺の x 成分は,

$$\big(\operatorname{grad}(\operatorname{div}\mathbf{E}(\mathbf{r}))-\Delta\mathbf{E}(\mathbf{r})\big)_x=\frac{\partial}{\partial x}\operatorname{div}\mathbf{E}-\Delta E_x \quad\cdots\cdots\ ④$$

なので，③式の結果と等しくなる。

よって，

$$\big(\operatorname{rot}((\operatorname{rot}\mathbf{E}(\mathbf{r})))\big)_x=\big(\operatorname{grad}(\operatorname{div}\mathbf{E}(\mathbf{r}))-\Delta\mathbf{E}(\mathbf{r})\big)_x\quad\cdots\cdots\ ⑤$$

$y,\ z$ 成分も同様なので，

$$\big(\operatorname{rot}(\operatorname{rot}\mathbf{E}(\mathbf{r}))\big)=\operatorname{grad}(\operatorname{div}\mathbf{E}(\mathbf{r}))-\Delta\mathbf{E}(\mathbf{r})$$

(4)

$$\operatorname{div}\big(\operatorname{grad}\phi(\mathbf{r})\big)$$
$$=\frac{\partial}{\partial x}\big(\operatorname{grad}\phi(\mathbf{r})\big)_x+\frac{\partial}{\partial y}\big(\operatorname{grad}\phi(\mathbf{r})\big)_y+\frac{\partial}{\partial z}\big(\operatorname{grad}\phi(\mathbf{r})\big)_z$$
$$=\frac{\partial}{\partial x}\left(\frac{\partial}{\partial x}\phi(\mathbf{r})\right)+\frac{\partial}{\partial y}\left(\frac{\partial}{\partial y}\phi(\mathbf{r})\right)+\frac{\partial}{\partial z}\left(\frac{\partial}{\partial z}\phi(\mathbf{r})\right)$$
$$=\frac{\partial^2}{\partial x^2}\phi(\mathbf{r})+\frac{\partial^2}{\partial y^2}\phi(\mathbf{r})+\frac{\partial^2}{\partial z^2}\phi(\mathbf{r})=\Delta\phi(\mathbf{r})$$

76

(1) t をパラメータとして，経路は，

$$\mathbf{r}=(x,y)=(t,4t)\quad(t:0\to 4)$$ と表せる。

経路上では $\mathbf{E}(x,y)=(ay,bx)=(4at,bt),\quad\dfrac{d\mathbf{r}}{dt}=(1,4)$ なので，

$$W=\int_0^4\mathbf{E}(x,y)\cdot\frac{d\mathbf{r}}{dt}dt$$
$$=\int_0^4(4at,\ bt)\cdot(1,4)dt$$
$$=\int_0^4(4at+4bt)dt=2(a+b)\big[t^2\big]_0^4$$
$$=32(a+b)$$

(2) t をパラメータとして最初の経路は，

$$\mathbf{r}=(x,y)=(0,4t)\quad(t:0\to 4),$$

次の経路は，

$$\mathbf{r}=(x,y)=(t-4,16)\quad(t:4\to 8)$$

と表せる。前半の経路上では，

$$\mathbf{E}(x,y)=(ay,bx)=(4at,0),\quad\frac{d\mathbf{r}}{dt}=(0,4),$$

後半の経路上では，

$\mathbf{E}(x,y)=(16a,b(t-4)),\quad\dfrac{d\mathbf{r}}{dt}=(1,0)$ なので，

$$W=\int_0^8\mathbf{E}(x,y)\cdot\frac{d\mathbf{r}}{dt}dt$$
$$=\int_0^4\mathbf{E}(x,y)\cdot\frac{d\mathbf{r}}{dt}dt+\int_4^8\mathbf{E}(x,y)\cdot\frac{d\mathbf{r}}{dt}dt$$
$$=\int_0^4(4at,0)\cdot(0,4)dt+\int_4^8(16a,b(t-4))\cdot(1,0)dt$$
$$=\int_0^4 0\,dt+\int_4^8 16a\,dt=64a$$

(3)

(経路①の線積分) − (③の線積分)
$$=64b-64a=64(b-a)$$

77

円筒面上の点 (x,y,z) で $(x^2+y^2)^{\frac{1}{2}}=a$，法線方向の単位

ベクトルは $\mathbf{n}=\dfrac{1}{a}(x,y,0)$

$$\int_S\mathbf{E}(\mathbf{r})\cdot\mathbf{n}(\mathbf{r})dS=\int_S\frac{A}{2\pi}\frac{(x,y,0)}{a^2}\cdot\frac{1}{a}(x,y,0)\,dS$$
$$=\frac{A}{2\pi}\frac{1}{a}\int_S dS$$

$\displaystyle\int_S dS$ は，円筒面の面積なので，$2\pi al$ に等しい。

したがって，

$$与式=\frac{A}{2\pi}\frac{1}{a}2\pi al=Al$$

となる。

78

$$f(0)=a^{-\frac{3}{2}},\qquad\left(\frac{df}{dx}\right)_{x=0}=\left(\frac{d}{dx}\frac{1}{(a\pm x)^{\frac{3}{2}}}\right)_{x=0}$$
$$=\left(-\frac{3}{2}\frac{\pm 1}{(a\pm x)^{\frac{5}{2}}}\right)_{x=0}=\mp\frac{3}{2a^{\frac{5}{2}}}$$

なので，

$$f(x)=\frac{1}{(a\pm x)^{\frac{3}{2}}}\approx a^{-\frac{3}{2}}\mp\frac{3}{2}a^{-\frac{5}{2}}x$$

監 修
伊藤　文武（群馬大学　名誉教授）

編著者代表
古澤　伸一（群馬大学　准教授）

著 者
伊藤　文武（群馬大学　名誉教授）
古澤　伸一（群馬大学　准教授）
高橋　学　（群馬大学　教　授）
長尾　辰哉（群馬大学　教　授）
櫻井　浩　（群馬大学　教　授）
伊藤　正久（群馬大学　教　授）

本書は『ドリルと演習シリーズ 電磁気学』をA4判にし，2穴とミシン目をつけない体裁にしたものです．

コンパクト版　ドリルと演習シリーズ　電磁気学

2024年 1 月31日　　第 1 版第 1 刷発行

監　修　伊　藤　文　武
発 行 者　田　中　聡
発 行 所
株式会社 電 気 書 院
ホームページ　www.denkishoin.co.jp
（振替口座　00190-5-18837）
〒101-0051　東京都千代田区神田神保町1-3 ミヤタビル 2F
電話 (03) 5259-9160／FAX (03) 5259-9162

印刷　創栄図書印刷株式会社
Printed in Japan／ISBN978-4-485-30266-8

• 落丁・乱丁の際は，送料弊社負担にてお取り替えいたします．

書籍の正誤について

万一，内容に誤りと思われる箇所がございましたら，以下の方法でご確認いただきますようお願いいたします.

なお，正誤のお問合せ以外の書籍の内容に関する解説や受験指導などは**行っておりません**. このようなお問合せにつきましては，お答えいたしかねますので，予めご了承ください.

正誤表の確認方法

最新の正誤表は，弊社Webページに掲載しております. 書籍検索で「正誤表あり」や「キーワード検索」などを用いて，書籍詳細ページをご覧ください.
正誤表があるものに関しましては，書影の下の方に正誤表をダウンロードできるリンクが表示されます. 表示されないものに関しましては，正誤表がございません.

弊社Webページアドレス
https://www.denkishoin.co.jp/

正誤のお問合せ方法

正誤表がない場合，あるいは当該箇所が掲載されていない場合は，書名，版刷，発行年月日，お客様のお名前，ご連絡先を明記の上，具体的な記載場所とお問合せの内容を添えて，下記のいずれかの方法でお問合せください.
回答まで，時間がかかる場合もございますので，予めご了承ください.

郵便で問い合わせる	郵送先	〒101-0051 東京都千代田区神田神保町1-3 ミヤタビル2F ㈱電気書院　編集部　正誤問合せ係
FAXで問い合わせる	ファクス番号	**03-5259-9162**
ネットで問い合わせる		弊社Webページ右上の「**お問い合わせ**」から **https://www.denkishoin.co.jp/**

お電話でのお問合せは，承れません

（2022年5月現在）